Optimierungsmethoden

Ralf Hollstein

Optimierungsmethoden

Einführung in die klassischen, naturanalogen
und neuronalen Optimierungen

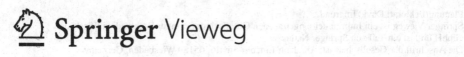

Ralf Hollstein
Linnich, Deutschland

ISBN 978-3-658-39854-5   ISBN 978-3-658-39855-2   (eBook)
https://doi.org/10.1007/978-3-658-39855-2

Die Deutsche Nationalbibliothek verzeichnet diese Publikation in der Deutschen Nationalbibliografie; detaillierte bibliografische Daten sind im Internet über http://dnb.d-nb.de abrufbar.

Planung/Lektorat: David Imgrund
Springer Vieweg ist ein Imprint der eingetragenen Gesellschaft Springer Fachmedien Wiesbaden GmbH und ist ein Teil von Springer Nature.
Die Anschrift der Gesellschaft ist: Abraham-Lincoln-Str. 46, 65189 Wiesbaden, Germany

Für Marita, Melanie und Leo

Vorwort

Optimierungen spielen in allen Lebensbereichen eine wichtige Rolle, sei es, um Kosten, Ressourcen, Risiken, Bearbeitungszeiten, Umweltbelastungen, Energieverbrauch, Reise- und Transportzeiten zu minimieren oder Gewinn, Motorleistung, Portfolio, Produktion, Umsatz und sportliche Leistungen zu maximieren. Die Optimierungsprobleme in der realen Welt sind vielfältig und unterscheiden sich in der Komplexität. In der Literatur gibt es eine unübersehbare Vielzahl von Optimierungsmethoden, davon wiederum Varianten und Untervarianten. Dieses Buch gibt einen Überblick zu den wichtigsten Optimierungsmethoden, wobei die Verfahren beispielhaft vorgestellt werden. Auf detaillierte Erläuterungen zur Theorie der in diesem Buch beschriebenen Verfahren wird verzichtet und auf die einschlägige Literatur verwiesen.

Zu vielen Optimierungsproblemen kann das Optimum bei größeren Eingabegrößen nicht in akzeptabler Zeit exakt bestimmt werden. Deshalb wendet man für komplexere Optimierungsprobleme sogenannte heuristische Verfahren an, die zwar nicht notwendigerweise die beste Lösung liefern, aber dafür in vertretbarer Zeit möglichst gute Lösungen finden. Beispielsweise ist in Kommunikationsnetzen beim dynamischen Routen von Datenpaketen nicht entscheidend, den kürzesten Weg zum Zielknoten zu bestimmen, sondern in möglichst kurzer Zeit einen möglichst kurzen Weg zu ermitteln. Bei vielen Optimierungsproblemen stoßen herkömmliche Großrechner an ihre Grenzen, wie zum Beispiel bei der Nutzung von Stromnetzen oder bei der optimalen Steuerung des Verkehrsflusses in einer Stadt. Hierbei muss der Verkehrsfluss dynamisch gesteuert werden, Staus müssen erkannt und Ersatzrouten bei ständig sich verändernden Optima gefunden werden. Dazu spielen effiziente Optimierungsalgorithmen eine wichtige Rolle.

Bei der Entwicklung von heuristischen Optimierungsverfahren werden gezielt Lösungen in der Biologie gesucht, analog wie in der Bionik, bei der zur Lösung von technischen Problemen Konstruktionen und Strukturen aus der Natur nachgeahmt werden. Dazu zählen beispielsweise der Klettverschluss nach dem Vorbild einer Klette, die Konstruktion von Flugzeugen nach dem Vorbild der Vögel, die selbstreinigenden Oberflächen nach dem Vorbild von Lotusblättern oder die Form des japanischen Shinkansen-Schnellzuges nach dem Vorbild des Eisvogelschna-bels zur Lärmreduzierung.

Bei der Entwicklung von naturinspirierten Optimierungsverfahren stehen die Verfahrensweisen der Natur im Vordergrund. Zu den bekanntesten Optimierungs-methoden zählen die evolutionären Algorithmen, die sich am Vorbild der natürli-chen Evolution orientieren. Die Grundprinzipien der Evolution wie Mutation, Rekombination und Selektion lassen sich algorithmisch in Optimierungsverfah-ren umsetzen, die breite Anwendung in vielen Gebieten finden. Bei diesen natur-analogen Optimierungsverfahren werden Ausgangslösungen so lange verändert und kombiniert, bis eine dieser Lösungen zu den Anforderungen passt. Ebenfalls weitverbreitet sind Optimierungsmethoden, die das Verhalten von Schwärmen imi-tieren. Schwärme bilden eine Gruppe von vielen primitiven Lebewesen, die kom-plexe Fähigkeiten entwickeln können, was man als Schwarmintelligenz bezeichnet. Beobachtet man etwa Ameisen bei der Nahrungssuche, so kann man feststellen, dass die Ameisen von ihrem Nest zum Futterplatz meistens den kürzesten Weg fin-den. Die Optimierungsmethode, die diese Optimierungsstrategie nachahmt, konnte erfolgreich in vielen Bereichen angewendet werden, wie zum Beispiel bei der Tou-renplanung. Es haben sich weitere schwarmbasierte Optimierungsmethoden eta-bliert, unter anderem Verfahren, die Optimierungsstrategien von Bienen und Vögeln imitieren. Ebenfalls lassen sich viele Probleme mithilfe von sogenannten künstli-chen Immunsystemen lösen, die Konzepte natürlicher Immunsysteme bei der Bekä-mpfung von Antigenen wie Bakterien, Viren, Pilzen und Parasiten nachahmen.

Im ersten Teil werden verschiedene Optimierungsprobleme vorgestellt. Gegen-stand des zweiten Teils sind klassische Methoden zur Lösung von Optimierungs-problemen. Im dritten Teil werden naturanaloge Optimierungsmethoden behandelt.

Gegenstand des letzten Teils des Buches sind Optimierungen von künstlichen neuronalen Netzen sowie Methoden des maschinellen Lernens zur Lösung von Optimierungsproblemen. Das künstliche neuronale Netz ist dem Aufbau des bio-logischen Gehirns nachempfunden. Es besteht aus Neuronen (Knoten), die über sogenannte Kanten mit anderen Neuronen verbunden sind und Informationen modifiziert an andere Neuronen weiterleiten.

Ein neues Forschungsgebiet sind neuronale kombinatorische Optimierungs-verfahren, abgekürzt NCO. Dieser Begriff ist von Bello et al. 2015 eingeführt worden. Die NCO-Methoden stellen einen Strategie-Wechsel dar. Bei der herköm-mlichen Programmierung einer Heuristik erhält der Computer Anweisungen zur Bestimmung einer brauchbaren Lösung des Optimierungsproblems. Dagegen ermittelt der Computer mit dem NCO-Verfahren selbstständig ohne menschliche Hilfe die Heuristik, wobei die Heuristik im Verborgenen bleibt. Dabei werden Verfahren aus dem Bereich des maschinellen Lernens angewendet. Dazu stehen vorprogrammierte Module aus Programmbibliotheken wie z. B. TensorFlow zur Verfügung. Der wesentliche Vorteil der NCO-Methoden besteht darin, dass diese Verfahren auf praktische Optimierungsprobleme anwendbar sind, zu denen keine guten Heuristiken existieren. Dieses Buch gibt eine Einführung in dieses neue vielversprechende Forschungsgebiet der KI-basierten, selbstlernenden Optimie-rungsalgorithmen.

Das Buch dient als Einstieg in die Optimierungsverfahren und wendet sich an Anwender auf den Gebieten der praktischen Optimierung sowie an Studierende der Informatik, Mathematik, Wirtschaftswissenschaften und Ingenieurwissenschaften.

Linnich   Ralf Hollstein
September 2022

Inhaltsverzeichnis

Abkürzungsverzeichnis

ABC	Artificial Bee Colony Algorithm
ACS	Ant Colony System
Adam	Adaptive Moment Estimation
aiNet	Künstlicher Immunnetzwerk-Algorithmus
AIS	Künstliches Immunsystem
AS	Ameisenalgorithmus
ASrank	Ranked-Based Ant System
AS-SCSP	Ant System-Shortest Common Supersequence Problem
BA	Bienenalgorithmus
BAT	Fledermausalgorithmus
BFD	Best Fit decreasing
BinBA	Binärer Fledermausalgorithmus
BN	Batch-Normalisierung
BPTT	Backpropagation through Time
C&P	Cutting and Packing Problem
CLONALG	Klonaler Selektions-Algorithmus
CVRP	Capacitated Vehicle Routing Problem
DPSO	Diskreter Partikelschwarmalgorithmus
EAS	Elitist Ant System
ERX	Edge Recombination Crossover
ES	Evolutionsstrategien
FFD	First Fit decreasing
GA	Genetischer Algorithmus
GAP	Generalised Assignment Problem
GNN	Graphische Neuronale Netze
HopSA	Hopfield-Simulated-Annealing-Algorithmus
KNN	Künstliche neuronale Netze
LSTM	Long Short-Term Memory
MDVVRP	Multi-Depot Vehicle Routing Problem
MMAS	MAX-MIN Ant System
MOBA	Multikriterieller Fledermausalgorithmus

MOPSO	Multikriterielle Partikelschwarmoptimierung
NCO	Neuronale kombinatorische Optimierung
NFD	Next Fit decreasing
NSA	Negativer-Selektions-Algorithmus
NSGAII	Nondominated Sorting Genetic Algorithm II
OX	Order Crossover
PMX	Partially Matched Crossover
PSA	Positiver-Selektions-Algorithmus
PSO	Partikelschwarmalgorithmus
RL	Reinforcement Learning
RMSProp	Root Mean Square Propogation
RNN	Rekurrente Neuronale Netze
S2V	Structure2Vec
SA	Simulated Annealing
SCSP	Shortest Common Supersequence Problem
SGD	stochastisches Gradientenverfahren
SI	Sinflut-Algorithmus
SUS	Stochastic Universal Sampling
TA	Threshhold-Accepting-Algorithmus
TSP	Traveling Salesman Problem
VPR	Vehicle Routing Problem
VRPTW	Vehicle Routing Problem with Time Windows

Teil I
Optimierungsprobleme

Kapitel 1
Einführung

Es gibt eine unübersehbare Vielzahl verschiedener Optimierungsprobleme in der realen Welt, wie zum Beispiel Optimierungsaufgaben aus den Bereichen Logistik, Technik, Finanzwirtschaft, Medizin, Telekommunikation oder Verkehrsplanung. Im ersten Kapitel werden verschiedene Optimierungsprobleme aus diesen Bereichen aufgelistet. Weiterhin werden Grundbegriffe der Optimierung eingeführt.

1.1 Optimierungsprobleme in der realen Welt

Im Folgenden werden stellvertretend einige Optimierungsprobleme aus unterschiedlichen Bereichen aufgeführt:

Produktionsplanung

- Minimierung des Verschnitts beim Zuschneiden von Rohren, Holzplatten oder Stoffen und beim Stanzen von Blechen
- Minimierung des Laderaums beim Beladen von LKWs, Containern oder Schiffen
- Optimierung der Lagerhaltung einer Firma
- Kostengünstige Mischung aus einem Vorrat (z. B. Futtermischungen)

Tourenplanung

- Minimierung der Wegstrecke zwischen zwei Orten
- Bestimmung der kürzesten Rundreise
- Optimierung der Routen für Müllabfuhr, Wartungsfahrten, Paketlieferung oder Entleerung von Briefkästen
- Optimierung der Laufwege von Bohrautomaten
- Optimierung der Auslastung von Fahrzeugen

Städte- und Verkehrsplanung

- Optimale Steuerung des Verkehrsflusses
- Optimierung bei der Auslegung von Strom- und Wasserleitungen

R. Hollstein, *Optimierungsmethoden*, https://doi.org/10.1007/978-3-658-39855-2_1

- Optimierung bei der Standortbestimmung wie zum Beispiel von Feuerwehrstationen und Windrädern
- Optimale Platzierung von Parkplätzen

Telekommunikation

- Optimale Ausrichtung von Antennen
- Optimierung der Auslegung von Telefonleitungen
- Suche nach der besten Standortverteilung für Mobilfunkmasten
- Optimale Steuerung von Datenströmen in Kommunikationsnetzwerken während des Betriebs

Ablaufplanung

- Optimierung von Arbeitsabläufen
- Optimale Ausnutzung von Maschinen
- Maximierung der Kapazitätsauslastung
- Minimierung der Terminabweichung
- Optimierung bei der Erstellung von Stunden-, Bahn-, Bus- und Flugplänen

Medizin

- Maximierung der Wirkung eines Medikaments bei gleichzeitiger Minimierung der Nebenwirkungen
- Optimierung bei der medizinischen Bildverarbeitung in der Radiologie
- Erstellung eines optimalen Diätplans

Technik

- Optimierung der Oberfläche eines PKWs zur Reduzierung des Luftwiderstandsbeiwertes
- Optimale Kalibrierung eines Motors zur Minimierung des Kraftstoffverbrauchs und des Schadstoffausstoßes bei möglichst hoher Motorleistung
- Optimierung von PKW-Reifen
- Minimierung der Laufwege von Schweißrobotern beim Punktschweißen von Karosserieteilen
- Optimierung von Flugzeugflügeln
- Optimierung von Brillengläsern

Finanzwirtschaft

- Portfolio-Optimierung
- Risikominimierung von Finanzprodukten
- Optimierung von Geschäftsabläufen
- Optimierung von Investitionen
- Preisoptimierung
- Kostenminimierung

1.2 Grundbegriffe der Optimierung

Bei einer Optimierung geht es darum, zu einer Bewertungsfunktion $f : S \rightarrow \mathbb{R}$ unter allen Elementen aus einer Menge S ein Element mit der besten Bewertung zu ermitteln. Die zu optimierende Funktion f wird *Zielfunktion* und im Zusammenhang mit evolutionären Algorithmen (Kap. 12) auch *Fitnessfunktion* genannt. Der Definitionsbereich S von f wird mit *Suchraum* bezeichnet, die Elemente aus dem Suchraum nennt man *Lösungen*.

1.2.1 Globales und lokales Optimum

Definitionen

- Eine Zielfunktion $f : S \rightarrow \mathbb{R}$ besitzt in $x^* \in S$ ein *globales Maximum* bzw. *globales Minimum*, wenn für alle $x \in S$ gilt: $f(x) \leq f(x^*)$ bzw. $f(x^*) \leq f(x)$.

- Eine Zielfunktion $f : S \rightarrow \mathbb{R}$ besitzt in $x^* \in S$ ein *lokales Maximum* bzw. *lokales Minimum*, wenn es eine (kleine) Umgebung U von x^* gibt, sodass für alle $x \in U \cap S$ gilt: $f(x) \leq f(x^*)$ bzw. $f(x^*) \leq f(x)$ (s. Abb. 1.1).

1.2.2 Umwandlung eines Maximierungsproblems in ein Minimierungsproblem und umgekehrt

Durch Multiplikation einer Zielfunktion $f(x)$ mit -1 kann ein Maximierungsproblem (Minimierungsproblem) in ein Minimierungsproblem (Maximierungsproblem) umgewandelt werden. Die Extremstellen beider Funktionen sind identisch (s. Abb. 1.2).

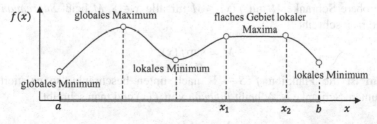

Abb. 1.1 Globale und lokale Extremwerte der Zielfunktion $f : [a, b] \rightarrow \mathbb{R}$ mit den Randextremwerten in a und b. In dem Bereich zwischen x_1 und x_2 ist jeder Punkt eine Maximalstelle.

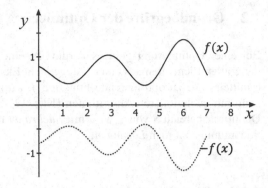

Abb. 1.2 Graphisch bewirkt die Multiplikation der Zielfunktion $f(x)$ mit -1 eine Spiegelung an der x-Achse. Die Lage der Extremstellen bleibt unberührt.

1.2.3 Notationen

Für die Bestimmung eines Maximums bzw. Minimums der Funktion $f(x)$ ist folgende Schreibweise üblich:

$$f(x) \to \max \quad \text{bzw.} \quad f(x) \to \min.$$

Besitzt die Funktion $f : S \to \mathbb{R}$ in x^* ein globales Maximum bzw. Minimum, so schreibt man

$$f(x^*) = \max_{x \in S} f(x) \quad \text{bzw.} \quad f(x^*) = \min_{x \in S} f(x)$$

und

$$x^* = \operatorname{argmax}_{x \in S} f(x) \quad \text{bzw.} \quad x^* = \arg\min_{x \in S} f(x).$$

1.2.4 *Supremum und Infimum*

Supremum Ist die Funktion $f : S \to \mathbb{R}$ nach oben beschränkt, so existiert die kleinste obere Schranke M mit $f(x) \leq M$ für alle $x \in S$. M heißt *Supremum* von $f(x)$ und man schreibt

$$M = \sup_{x \in S} f(x).$$

Infimum Ist die Funktion $f : S \to \mathbb{R}$ nach unten beschränkt, so existiert die größte untere Schranke N. N heißt *Infimum* von $f(x)$ und man schreibt

$$N = \inf_{x \in S} f(x).$$

Beispiel:
Gegeben sei die Funktion

$$f: [0,3] \rightarrow \mathbb{R}, f(x) = \begin{cases} x & \text{wenn } x \in [0,2) \\ 1 & \text{wenn } x \in [2,3] \end{cases}$$

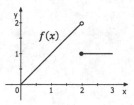

Die Funktion $f(x)$ besitzt im Intervall [0,3] in 0 ein globales Minimum und kein Maximum. Es gilt

$$f(0) = \min_{x \in [0,3]} f(x) = \inf_{x \in [0,3]} f(x) = 0$$

und

$$\sup_{x \in [0,3]} f(x) = 2.$$

Die Funktion $f(x)$ nimmt im Intervall [0,3] ihr Supremum nicht an.

1.2.5   Kontinuierliche, diskrete und kombinatorische Optimierung

Ein Optimierungsproblem mit der Zielfunktion $f : S \rightarrow \mathbb{R}$ heißt

- **kontinuierlich,** wenn der Suchraum S überabzählbar unendlich ist (z. B. $S = [a,b] \subset \mathbb{R}$).
- **diskret,** wenn S endlich oder abzählbar unendlich ist (z. B. $S =$ Menge $\mathbb{Z}$ der ganzen Zahlen).
- **kombinatorisch,** wenn S endlich ist (z. B. $S =$ Menge der Zahlen $1, \ldots, 10$).

Kapitel 2
Kontinuierliche Optimierungsprobleme

In diesem Kapitel werden Beispiele von kontinuierlichen Optimierungsproblemen vorgestellt. Weiterhin wird der Begriff Regression eingeführt. Bei der Regression wird eine Funktion vom bestimmten Typ an eine Datenwolke von Punkten angepasst, wobei man von linearer, quadratischer und exponentieller Regression spricht, wenn die anzupassende Funktion linear, quadratisch bzw. exponentiell ist. Weiterhin werden Extremwerteigenschaften von konkaven und konvexen Funktionen beschrieben.

2.1 Graph einer Funktion

Im Folgenden sei $f : S \to \mathbb{R}$ eine zu optimierende kontinuierliche Funktion, wobei S eine Teilmenge von $\mathbb{R}^n$ ist.

- Für eine Funktion $f : S \to \mathbb{R}$ mit $S \subset \mathbb{R}$ heißt die Menge $\{(x, f(x)) \in \mathbb{R}^2 : x \in S\}$ *Graph* von f und stellt eine ebene Kurve dar.
- Für $S \subset \mathbb{R}^2$ beschreibt der Graph $\{(x, y, f(x)) \in \mathbb{R}^3 : (x, y) \in S\}$ ein Gebirge, in dem die Talsohlen die lokalen Minima und die Berggipfel die lokalen Maxima darstellen. Der höchste Berg ist dann das globale Maximum und das tiefste Tal das globale Minimum.

Beispiele
Im Folgenden sind die Funktionsgebirge von vier (Benchmark)-Funktionen dargestellt, die oft für Performance-Tests von Optimierungsalgorithmen verwendet werden (s. Abb. 2.1).
Rastrigin-Funktion Diese Funktion ist definiert durch

$$f(x, y) = 20 + \left(x^2 - 10\cos{(2\pi x)}\right) + \left(y^2 - 10\cos{(2\pi y)}\right).$$

Sie stellt ein schweres Optimierungsproblem dar, da die Wertelandschaft sehr viele lokale Minima und ein globales Minimum im Punkt (0,0) besitzt.

R. Hollstein, *Optimierungsmethoden*, https://doi.org/10.1007/978-3-658-39855-2_2

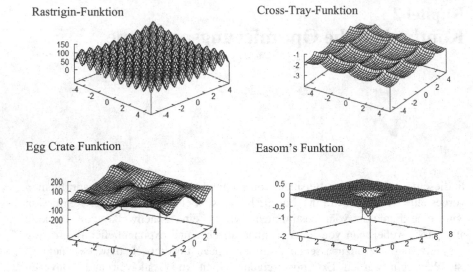

Abb. 2.1 Die Graphen der vier Benchmark-Funktionen

Cross-Tray-Funktion Diese Funktion ist definiert durch

$$f(x,y) = -0.0001 |\sin(x)\sin(y)\exp\left(\left|100 - \frac{1}{\pi}\sqrt{x^2 + y^2}\right|\right)| + 1)^{0.1}.$$

Die vier globalen Minima dieser Funktion sind gegeben durch $(x_0, y_0) = (\pm1.349407, \mp1.349407)$ mit $f(x_0, y_0) = -2.0626122$.

Egg-Crate-Funktion Diese Funktion ist definiert durch

$$f(x,y) = x^2 + y^2 + 25(\sin^2 x + \sin^2 y).$$

Das globale Minimum liegt in $(0,0)$, wobei $f(0,0) = 0$.

Easom's Funktion Diese Funktion ist definiert durch

$$f(x,y) = -\cos(x)\cos(y)\exp\left(-(x - \pi)^2 - (y - \pi)^2\right).$$

Sie besitzt in (π, π) ein globales Minimum mit $f(\pi, \pi) = -1$.

2.2 Optimierungen mit Nebenbedingungen

In vielen Anwendungen sucht man Extremstellen einer Funktion $f : S \to \mathbb{R}$, $S \subset \mathbb{R}^n$, wobei die Lösungen x zusätzlich die Nebenbedingung $x \in M$ erfüllen sollen. Die Menge $M \cap S$ heißt dann *zulässiger Bereich* und $x \in M \cap S$ *zulässige*

Lösung. Die Nebenbedingungen können in Form von Ungleichungen $g(x) \geq 0$ oder Gleichungen der Form $h(x) = 0$ gegeben sein.

Optimierungsproblem mit Nebenbedingungen
Ein Optimierungsproblem ist gegeben durch
    Zielfunktion: $f(x) \to min(max)$
    Nebenbedingungen: $g_i(x) \geq 0, \quad i = 1, \dots, m$
$$h_k(x) = 0, \quad k = 1, \dots n$$
$$x \in S$$

Ungleichungen der Form $g(x) \leq 0$ können durch Vorzeichenwechsel in eine Ungleichung ≥ 0 übergeführt werden.

2.3 Anwendungsbeispiele

• Optimierungsproblem aus der Wirtschaft

Zu bestimmen sind die Maße einer zylindrischen Dose mit einem Volumeninhalt von V, sodass die Dose mit minimalem Material hergestellt werden kann.

Die zu minimierende Oberfläche O ist gegeben durch die Summe des Flächeninhalts der Mantelfläche $2\pi rh$ und des doppelten Flächeninhalts der Deckelfläche πr^2. Das Volumen der zylindrischen Dose ergibt sich aus $V = \pi r^2 h$.

Das Optimierungsproblem lautet demzufolge:

    Zielfunktion: $f(h, r) = 2\pi r^2 + 2\pi rh \to min$
$$\pi r^2 h = V$$
    Nebenbedingungen: $\quad r \geq 0$
$$h \geq 0$$

Die Lösung des Optimierungsproblems kann mit den in Kap. 6 beschriebenen analytischen Methoden leicht berechnet werden. Die optimale Lösung lautet (vgl. Abschn. 6.6.7)

$$r_0 = \sqrt[3]{\frac{V}{2\pi}}, \quad h_0 = 2\sqrt[3]{\frac{V}{2\pi}}.$$

● **Optimierungsproblem aus der Geometrie**

In einem Quadrat mit einer gegebenen Seitenlänge a soll ein Quadrat so ein-beschrieben werden, dass dessen Flächeninhalt minimal ist.

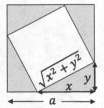

Einbeschriebenes Quadrat in einem Quadrat

Der Flächeninhalt des eingeschriebenen Quadrats ist gleich $x^2 + y^2$. Man erhält damit folgendes Optimierungsproblem:

Zielfunktion: $f(x, y) = x^2 + y^2 \rightarrow min$

Nebenbedingungen:
$$x + y = a$$
$$a - x \geq 0$$
$$a - y \geq 0$$
$$x, y \geq 0$$

Mittels analytischer Methoden (vgl. Kap. 6) erhält man als optimale Lösung:

$$x = y = \frac{a}{2}.$$

● **Regression**

Einführendes Beispiel Eine Feder wird durch Anhängen eines Gewichts gedehnt. Nach dem Hookschen Gesetz besteht der lineare Zusammenhang $F = D \cdot x$ zwischen der Auslenkung x und der Gewichtskraft F, wobei D die Feder-konstante ist. Das Hooksche Gesetz ist zum Beispiel auch auf die Ausdehnung eines Gummiseils beim Bungee-Springen anwendbar, wobei die Ausdehnung von der Gummihärte D und vom Gewicht des Bungee-Springers abhängt. Für die Bestimmung der Federkonstante D einer Feder seien die fünf Messdaten wie in Abb. 2.2 ermittelt worden. Es ist das Ziel, die Gerade $F = D \cdot x$ bestmöglich an die Messdaten anzupassen. Diese Gerade nennt man Ausgleichsgerade. Hierzu wird die Summe der Quadrate der Fehler $F_i - Dx_i$ (senkrechte Abweichung zur Geraden) minimiert:

$$f(D) = \sum_{i=1}^{5} (F_i - Dx_i)^2 \rightarrow min.$$

Das Quadrieren ist erforderlich, da bei der einfachen Summierung die negativen und positiven Fehler sich gegenseitig aufheben können. Die Verwendung von Beträgen ist nicht sinnvoll, da das Rechnen mit Beträgen aufwendig ist.

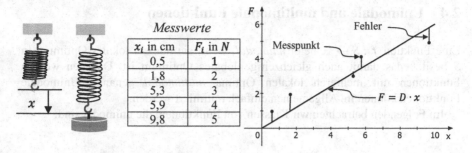

Messwerte	
x_i in cm	F_i in N
0,5	1
1,8	2
5,3	3
5,9	4
9,8	5

Abb. 2.2 Bestimmung einer Federkonstante D durch eine Ausgleichsgerade $F = D \cdot x$, die optimal an die Messdaten anzupassen ist

Arten von Regressionen

Bei der Regression wird eine Funktion $g(x)$ vom bestimmten Typ optimal an eine Datenwolke von Punkten (x_i, y_i), $i = 1, \ldots, n$, angepasst (s. Abb. 2.3). Je nach Funktionstyp $g(x)$ unterscheidet man folgende Arten von Regressionen:

Lineare Regression $(g(x) = ax + b)$:

$$f(a, b) = \sum_{i=1}^{n} (y_i - (ax_i + b))^2 \to min$$

Quadratische Regression $(g(x) = ax^2 + bx + c)$:

$$f(a, b, c) = \sum_{i=1}^{n} \left(y_i - \left(ax_i^2 + bx_i + c\right)\right)^2 \to min$$

Exponentielle Regression $(g(x) = a \cdot e^{kx})$:

$$f(a, k) = \sum_{i=1}^{n} \left(y_i - ae^{kx}\right)^2 \to min$$

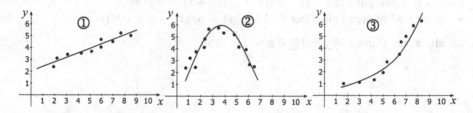

Abb. 2.3 ① Lineare Regression: Anpassung durch eine Gerade ② Quadratische Regression: Anpassung durch eine Parabel ③ Exponentielle Regression: Anpassung durch eine Exponentialfunktion

2.4 Unimodale und multimodale Funktionen

Eine Funktion $f : S \to \mathbb{R}$ heißt *unimodal*, wenn sie nur ein lokales Optimum in S besitzt, das damit auch gleichzeitig globales Optimum ist. Dagegen werden Funktionen mit mehreren lokalen Optima *multimodal* genannt. Unimodale Funktionen können im Allgemeinen einfach optimiert werden.

Im Folgenden betrachten wir Klassen von Funktionen, die unimodal sind.

2.5 Konvexe und konkave Funktionen

Konvexe Menge

Eine Menge $C \subseteq \mathbb{R}^n$ heißt *konvex*, wenn für alle $x, y \in C$ und alle $\alpha \in [0,1]$ gilt:

$$\alpha x + (1 - \alpha)y \in C.$$

Bemerkung: Die Menge

$$S = \{ \alpha x + (1 - \alpha)y : \alpha \in [0,1]\}$$

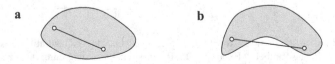

stellt die Verbindungsstrecke zwischen den Punkten x und y dar. Somit ist die Menge C genau dann konvex, wenn für je zwei beliebige Punkte $x, y \in C$ auch stets deren Verbindungsstrecke in C liegt (s. Abb. 2.4).

Definition

Eine Funktion $f : C \to \mathbb{R}$, die auf einer konvexen Menge $C \subseteq \mathbb{R}^n$ definiert ist, heißt

- *konvex*, wenn gilt $f(\alpha\, x + (1 - \alpha)y) \leq \alpha f(x) + (1 - \alpha)f(y)$
- *streng konvex*, wenn gilt $f(\alpha x + (1 - \alpha)y) < \alpha f(x) + (1 - \alpha)f(y)$
- *konkav*, wenn gilt $f(\alpha x + (1 - \alpha)y) \geq \alpha f(x) + (1 - \alpha)f(y)$
- *streng konkav*, wenn gilt $f(\alpha x + (1 - \alpha)y) > \alpha f(x) + (1 - \alpha)f(y)$

für alle $x, y \in C$ mit $x \neq y$ und $0 < \alpha < 1$ (s. Abb. 2.5).

Abb. 2.4 (a) konvexe Menge (b) Mengen mit Einbuchtungen sind nicht konvex

Abb. 2.5 Illustration der
konvexen Funktion

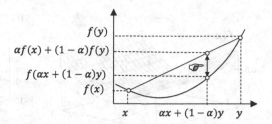

Konvexe und konkave Funktionen besitzen folgende geometrische Eigenschaft:

Satz
Eine auf einer konvexen Menge $C \subseteq \mathbb{R}^n$ definierte Funktion $f : C \to \mathbb{R}$ ist genau dann konvex (konkav), wenn für alle $x, y \in C$ der Graph von f unterhalb (oberhalb) der Verbindungsstrecke der beiden Punkte $(x, f(x))$ und $(y, f(y))$ liegt (s. Abb. 2.6).

2.6 Extrema konvexer und konkaver Funktionen

Satz
a) Nimmt eine konvexe (konkave) $f(x)$ in einem Punkt x_0 ein lokales Minimum (Maximum) an, so besitzt sie in x_0 auch ihr globales Minimum (Maximum).
b) Eine streng konvexe (streng konkave) Funktion $f(x)$ ist unimodal, wenn sie ein lokales Minimum (Maximum) besitzt.

Bemerkungen

1) Die konstante Funktion $f(x) = 1$ ist sowohl konkav als auch konvex und nimmt in jedem Punkt x ein globales Minimum und Maximum an.
2) Die Funktion $f(x) = e^x$ ist in $\mathbb{R}$ streng konvex, besitzt aber kein globales Maximum.
3) Die Funktion $f(x,y) = x^2$ ist konvex und besitzt in jedem Punkt $(0,y), y \in \mathbb{R}$, ein globales Minimum (s. Abb. 2.7).

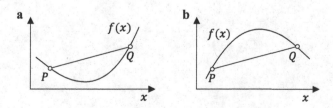

Abb. 2.6 (a) Konvexe Funktion: Graph von f liegt unterhalb der Verbindungsstrecke.
(b) Konkave Funktion: Graph von f liegt oberhalb der Verbindungsstrecke

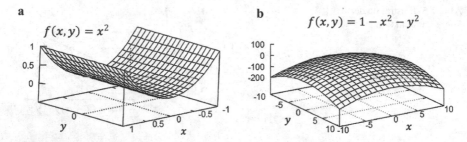

Abb. 2.7 (a) $f(x,y) = x^2$ ist konvex (aber nicht streng konvex) und besitzt in jedem Punkt der Geraden $G = \{(0,y) : y \in \mathbb{R}\}$ ein globales Minimum (b) $f(x,y) = 1 - x^2 - y^2$ ist streng konkav und besitzt nur in $(0,0)$ ein globales Maximum

Kapitel 3
Kombinatorische Optimierungsprobleme

Viele kombinatorische Optimierungsprobleme können eingeordnet werden in die Optimierungsgebiete Vehicle-Routing-Probleme, Graphenprobleme, Scheduling-Probleme, Zuschnittprobleme und Packungsprobleme, die in diesem Kapitel beschrieben werden.

Unter einem Vehicle-Routing-Problem versteht man allgemein die Optimierungsaufgabe, mit einer Anzahl von Fahrzeugen von Depots aus mehrere Standorte anzufahren, sodass die Gesamtstrecke minimal ist.

Es gibt eine Vielzahl von Optimierungsproblemen, die in ein Graphenproblem umformuliert werden können. Auf diese Weise lassen sich diese Probleme einfach beschreiben und können mit graphentheoretischen Methoden gelöst werden.

Man bezeichnet allgemein als Scheduling-Problem die Optimierungsaufgabe, Arbeitsabläufe zu optimieren sowie Maschinen, Personal und Arbeitszeit effizient auszunutzen. Je nach Art der Maschinenreihenfolge werden die Scheduling-Probleme unterschiedlich klassifiziert.

Zuschnittoptimierungen werden in der textil-, metall-, papier- oder holzverarbeitenden Industrie angewendet. Packungsprobleme treten zum Beispiel bei der Beladung von Lastkraftwagen oder Containern auf. Zuschnitt- und Packungsprobleme werden zu einem Optimierungsgebiet zusammengefasst, da die Optimierungskriterien äquivalent sind. Bei einem Packungsproblem werden kleinere Teile in größere Objekte gepackt, während bei einem Zuschnittproblem größere Objekte in kleinere Teile zerlegt werden.

3.1 Einführende Beispiele

Im Folgenden werden das *Problem des Handlungsreisenden* und das *Rucksackproblem* vorgestellt, die zu den am intensivsten untersuchten kombinatorischen Optimierungsproblemen gehören. Wir werden die in diesem Buch vorgestellten Optimierungsmethoden oft wegen der einfachen und leicht verständlichen Formulierung mit diesen Optimierungsproblemen illustrieren.

3.1.1 Problem des Handlungsreisenden

Viele Optimierungsmethoden wurden am Beispiel des *Problems des Handlungs-reisenden* (engl. *Traveling Salesman Problem*, abgekürzt TSP) entwickelt und oft für die Bestimmung der Performance eines Optimierungsverfahrens verwendet. Es ist einfach zu beschreiben, sehr praxisrelevant und erscheint auf den ersten Blick leicht lösbar. Tatsächlich gehört das TSP zu den komplizierten Optimierungs-problemen, da der Suchraum bei einer größeren Anzahl von Städten eine astronomische Größe annimmt.

Unter dem Problem des Handlungsreisenden versteht man die folgende Optimierungsaufgabe:

> **Problem des Handlungsreisenden (TSP)**
> Gesucht ist die kürzeste Rundreise durch n verschiedene Städte, wobei bis auf den Startort jede Stadt nur einmal besucht werden soll.

Das Problem des Handlungsreisenden tritt bei vielen Anwendungen auf, wie z. B. in der Logistik bei der Tourenplanung für Kundenlieferungen. In der Automobil-industrie werden verschiedene Karosserieteile mithilfe von Schweißrobotern durch Punktschweißen aneinandergefügt, wobei der Gesamtweg zwischen Tausenden Schweißpunkten minimiert werden soll. Bei der Herstellung von Leiterplatten werden Löcher gebohrt, in denen Leiterbahnen auf der Oberseite mit Leiterbahnen auf der Unterseite verbunden oder in denen Bauteile eingesteckt werden. Auch hier liegt ein Problem des Handlungsreisenden vor, wobei die Herstellungszeit einer Platine mit oftmals mehreren Hundert Bohrstellen durch Minimierung des Laufweges des Bohrers reduziert werden soll.

Als Beispiel betrachten wir eine Rundreise durch die folgenden fünf größten Städte Deutschlands: Berlin (B), Hamburg (HH), München (M), Köln (K) und Frankfurt a. M. (F). Der Startort sei K.

Der Suchraum S ist die Menge aller möglichen Rundreisen und die zu minimierende Zielfunktion $f : S \to \mathbb{R}$ ist die gesamte Reisestrecke.

Für die Rundreise $x : K \to HH \to M \to B \to F \to K$ ergibt sich nach der Entfernungstabelle von Abb. 3.1 die Länge $f(x) = 2387(km)$.

Abb. 3.1 Entfernungstabelle für die fünf größten Städte Deutschlands

	B	HH	M	K	F
B	-	289	589	583	549
HH	289	-	791	425	492
M	589	791	-	575	393
K	583	425	575	-	189
F	549	492	393	189	-

Das Minimierungsproblem kann gelöst werden, indem man die Reisestrecken aller möglichen Rundreisen berechnet und die Tour mit der kürzesten Weglänge auswählt. In unserem Beispiel sind es insgesamt 12 verschiedene Rundreisen. Dieses Lösungsverfahren ist jedoch nur praktikabel für eine kleine Anzahl von Städten.

Bei n Städten gibt es insgesamt

$$\frac{1}{2}(n-1)!$$

verschiedene Rundreisen (vgl. Abschn. 3.2.1). Unter der Annahme, dass ein Computer für die Lösung für 11 Städte mit $10!/2 = 1{,}8 \cdot 10^6$ verschiedenen Rundreisen eine Sekunde benötigt, ergeben sich die in Abb. 3.2 angegebenen Laufzeiten, die bei steigender Anzahl der zu besuchenden Städte überexponentiell rasant anwachsen. Die Enumerationsmethode, bei der die Gesamtstrecken aller möglichen Rundreisen berechnet werden, ist somit nur für wenige Städte anwendbar. Für längere Touren sind Näherungsverfahren notwendig, die in akzeptabler Zeit brauchbare Lösungen liefern. Verschiedene Näherungsmethoden für das Problem des Handlungsreisenden werden in späteren Kapiteln beschrieben.

3.1.2 Rucksackproblem

Unter dem *Rucksackproblem (Knapsack-Problem)* versteht man die Optimierungsaufgabe, aus einer Menge von Gegenständen möglichst die wertvollsten auszuwählen, die in einen Rucksack mit gegebener Kapazität eingepackt werden können.

Rucksackproblem
Zu einer Menge von Gegenständen mit gegebener Größe und Nutzwert sollen die Gegenstände ausgewählt werden, die in einen Rucksack mit gegebener Größe eingepackt werden können, sodass der Gesamtnutzwert der eingepackten Gegenstände maximal ist.

Anwendungsbeispiel ist Beladung eines LKWs, der verschiedene Güter mit jeweils unterschiedlichem Gewinn transportieren soll, wobei aufgrund der

Abb. 3.2 Laufzeiten bei Anwendung der Enumerationsmethode

Orte	Anzahl	Laufzeit
11	$1{,}8 \cdot 10^6$	1 sec
15	$4{,}3 \cdot 10^{10}$	6,7 h
19	$3{,}2 \cdot 10^{15}$	55,9 h
23	$5{,}6 \cdot 10^{20}$	$9{,}8 \cdot 10^6$ Jahre
27	$2{,}0 \cdot 10^{26}$	$3{,}5 \cdot 10^{12}$ Jahre

beschränkten Ladekapazität nicht alle Güter berücksichtigt werden können. Es soll
eine Auswahl mit maximalem Gesamtgewinn bestimmt werden.

Als Beispiel betrachten wir einen Rucksack mit einer Maximallast von 20 kg
und fünf Gegenstände $1, \ldots, 5$, deren Gewichte c_i und Nutzwert w_i in Abb. 3.3
angegeben sind. Es soll die Menge der Gegenstände mit maximalem Gesamtnutzwert bestimmt werden, dessen Gesamtgewicht 20 kg nicht überschreitet.

Der Suchraum S ist die Menge aller Teilmengen M von $\{1, \ldots, 5\}$. Die zu
maximierende Funktion $f : S \to \mathbb{R}$ gegeben durch

$$\textbf{Gesamtnutzwert: } f(M) = \textstyle\sum_{i=1}^{5} w_i x_i, \quad x_i = \begin{cases} 1 & \text{wenn } i \in M \\ 0 & \text{wenn } i \notin M \end{cases} \quad \boxed{\begin{array}{l}\text{Gegenstand} \\ i \text{ wird} \\ \text{eingepackt}\end{array}}$$

Der zulässige Bereich besteht aus allen Lösungen $M \in S$ mit

$$\textbf{Gewichtsbedingung } g(M) = \textstyle\sum_{i=1}^{5} c_i x_i \leq 20$$

Der Suchraum S besteht aus insgesamt 32 verschiedenen Teilmengen. Mithilfe der
Enumerationsmethode, bei der für jede mögliche Auswahl der Gesamtnutzwert
berechnet wird, erhält man die optimale Lösung $M = \{1,3,5\}$ mit einem Gesamtnutzwert $f(M) = 56$ und einem Gesamtgewicht von $g(M) = 18$.

Allgemein gibt es bei n Objekten 2^n verschiedene Auswahlmöglichkeiten (vgl.
Abschn. 3.2.1), sodass bei steigender Anzahl n die Zahl der verschiedenen Teilmengen exponentiell anwächst. Die Enumerationsmethode ist damit nur für
kleinere Eingangsgrößen n anwendbar. Für das Rucksackproblem für größeres n
sind daher Näherungsverfahren erforderlich, die in akzeptabler Zeit brauchbare
Lösungen liefern.

3.2 Lösungspräsentationen

Um ein Optimierungsproblem mathematisch modellieren zu können, muss die
mathematische Darstellung der Lösungen festgelegt werden. Dabei kann die Wahl
der Darstellung für die Effizienz eines Algorithmus von Bedeutung sein. In diesem
Abschnitt werden verschiedene Darstellungsarten vorgestellt.

Abb. 3.3 Von den fünf
Gegenständen sollen die
Objekte ausgewählt werden,
die in den Rucksack
passen und den größten
Gesamtnutzwert haben

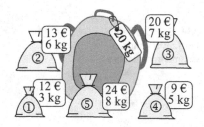

3.2.1 Kombinatorik

Die *Kombinatorik* beschäftigt sich mit der Berechnung der Anzahl aller möglichen Anordnungen einer bestimmten Menge von Objekten, wobei unterschieden wird, ob die Reihenfolge der Objekte berücksichtigt wird und ob die Objekte wiederholt auftreten können.

Eine n-Menge ist eine Menge mit n Elementen. Für die Auswahl von k Elementen aus einer n-Menge ergeben sich, abhängig vom Auswahlverfahren, folgende Anzahl von Anordnungen:

	mit Berücksichtigung der Reihenfolge		**ohne** Berücksichtigung der Reihenfolge	
	mit Wiederholung ($k \in \mathbb{N}_0$)	**ohne** Wiederholung $k \leq n$	**mit** Wiederholung ($k \in \mathbb{N}_0$)	**ohne** Wiederholung $k \leq n$
Name	k-Tupel	k-Permutation	k-Kombination	k-Menge
Notation	$(a_1, ..., a_k)$	$(a_1, ..., a_k)$	$[a_1, ..., a_k]$	$\{a_1, ..., a_k\}$
Anzahl	n^k	$\dfrac{n!}{(n-k)!}$	$\dbinom{n+k-1}{k}$	$\dbinom{n}{k}$

Den Ausdruck $\dbinom{n}{k}$ nennt man *Binomialkoeffizient* und ist definiert durch

$$\binom{n}{k} = \begin{cases} \frac{n!}{k!(n-k)!} & \text{für } 0 \leq k \leq n \\ 0 & \text{für } 0 \leq n < k. \end{cases}$$

Zur Illustration betrachten wir die Auswahl von $k = 2$ Elementen aus der 3-Menge $\{1,2,3\}$:

k −Tupel	k −Permutationen	k −Kombinationen	k −Mengen
(1,1)(1,2)(1,3) (2,1)(2,2)(2,3) (3,1)(3,2)(3,3)	(1,2)(1,3) (2,1) (2,3) (3,1)(3,2)	[1,1][1,2][1,3] [2,2][2,3] [3,3]	{1,2} {1,3} {2,3}

Beispiele

Lotto „6 aus 49" Das Ergebnis einer Ziehung beim Lotto „6 aus 49" kann als 6-Menge aus der Menge $\{1, \ldots, 49\}$ dargestellt werden (Reihenfolge unwesentlich, Wiederholung nicht erlaubt). Demnach gibt es insgesamt $\binom{49}{6} = \frac{49!}{6!(49-6)!} = 13\,983\,816$ verschiedene Ergebnisse.

Rucksackproblem Die Lösungen beim Rucksackproblem mit n Objekten können dargestellt werden als k-Mengen ($k \leq n$). Nach der obigen Formel gibt es insgesamt $\binom{n}{k}$ verschiedene Möglichkeiten k Objekte in den Rucksack einzupacken. Die Anzahl aller Auswahlmöglichkeiten ergibt sich dann aus der Gesamtsumme, die sich mithilfe des binomischen Satzes wie folgt berechnen lässt:

$$\sum_{k=0}^{n} \binom{n}{k} = \sum_{k=0}^{n} \binom{n}{k} 1^{n-k} \cdot 1^{k} = (1+1)^n = 2^n.$$

Problem des Handlungsreisenden Beim TSP kann eine Rundreise durch n Städte, die von 1 bis n durchnummeriert seien, dargestellt werden als eine $(n-1)$-Permutation der $(n-1)$-Menge $\{2, \ldots, n\}$, wobei die Stadt 1 der Startort ist (Reihenfolge wesentlich, Wiederholung nicht erlaubt). Beispielsweise kann die Route $1 \to 4 \to 2 \to 5 \to 3 \to 1$ als 4-Permutation $(4,2,5,3)$ dargestellt werden. Nach der obigen Formel gibt es

$$\frac{(n-1)!}{((n-1)-(n-1))!} = \frac{(n-1)!}{0!} = (n-1)!$$

verschiedene $(n-1)$-Permutationen. Da die Richtung der Rundreise nicht relevant ist, halbiert sich die Anzahl der möglichen Routen. Somit erhält man insgesamt $\frac{1}{2}(n-1)!$ verschiedene Rundreisen.

Toto Bei der Elferwette wird auf elf Spielpaarungen getippt, indem auf dem Tippschein bei jeder Spielpaarung entweder die 1 (Heimmannschaft gewinnt), die 0 (unentschieden) oder die 2 (Auswärtsmannschaft gewinnt) angekreuzt wird. Eine Auswahl kann als 11-Tupel aus der 3-Menge $\{0, 1, 2\}$ dargestellt werden (Reihenfolge wesentlich und Wiederholung erlaubt). Damit gibt es insgesamt

$$3^{11} = 177.147$$

verschiedene Auswahlmöglichkeiten.

Beispiel (k-Kombination) Vier Freikarten sollen auf fünf Personen (durchnummeriert von 1 bis 5) verteilt werden, wobei jede Person auch mehrere Freikarten erhalten kann. Eine Auswahl kann als 4-Kombination über der 5-Menge $\{1, \ldots, 5\}$ dargestellt werden (Reihenfolge unwesentlich, Wiederholung erlaubt). Insgesamt gibt es

$$\binom{5+4-1}{4} = \binom{8}{4} = 70$$

verschiedene Auswahlmöglichkeiten.

3.2.2 Graphen

3.2.2.1 Definitionen

Netzartige Strukturen wie zum Beispiel Straßennetze, U-Bahnnetze, Gasleitungsnetze, Stromleitungen, Telekommunikationsnetze, Computernetze, elektrische Schaltungen, Ablaufpläne usw. können mittels Graphen modelliert werden. In den Netzstrukturen werden Objekte miteinander verbunden, wie z. B. in Straßennetzen Orte durch Straßen. In der Graphentheorie werden die Objekte als *Knoten* und die Verbindungen als *Kanten* bezeichnet.

> **Definition (Graph)**
> Ein Graph $G = (V, E)$ besteht aus einer Menge V von *Knoten* (engl. *vertex*) und einer Menge E von *Kanten* (engl. *edge*), wobei jeder Kante $e \in E$ zwei Knoten $a, b \in V, a \neq b$ zugeordnet werden. Man schreibt dann $e = \{a, b\}$ und nennt a und b *benachbarte Knoten (adjazent)*.

Graphen werden graphisch veranschaulicht, indem Knoten als kleine Kreise und Kanten als Linien zwischen zwei Knoten dargestellt werden.

Beispiel
Sei $G = (\{1,2,3,4,5\}, \{a, b, c, d\})$ ein Graph, wobei die Kanten wie folgt definiert sind:

Kante	a	b	c	d
Knoten	{1,4}	{1,5}	{5,2}	{1,3}

Der Graph G lässt sich wie unten abgebildet als Diagramm darstellen.

Definitionen
Sei $G(V, E)$ ein Graph.

- Ein Kantenzug ist eine Folge von n Knoten $v_1, v_2, v_3, \ldots, v_{(n-1)}, v_n$ aus V und $n - 1$ Kanten $\{v_1, v_2\}, \{v_2, v_3\}, \ldots, \{v_{(n-1)}, v_n\}$ aus E.
- Ein Kantenzug heißt geschlossen, wenn der Anfangspunkt v_1 mit dem Endpunkt v_n zusammenfällt.
- Ein Kantenzug heißt *Weg*, wenn alle vorkommenden Knoten verschieden sind.
- Ein geschlossener Kantenzug heißt *Kreis*, wenn bis auf den Anfangs- und Endpunkt alle vorkommenden Knoten verschieden sind.

- Ein Kreis, der jeden Knoten (bis auf Anfangs- und Endpunkt) genau einmal enthält, heißt *Hamilton-Kreis*.

Die folgenden Graphen zeigen beispielhaft die verschiedenen Arten von Kantenzügen.

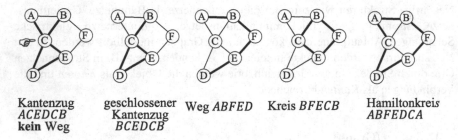

| Kantenzug *ACEDCB* **kein** Weg | geschlossener Kantenzug *BCEDCB* | Weg *ABFED* | Kreis *BFECB* | Hamiltonkreis *ABFEDCA* |

3.2.2.2   Klassifizierung von Graphen

Vollständiger Graph Ein Graph heißt *vollständig,* wenn zwischen je zwei seiner Knoten genau eine Kante existiert.

vollständiger Graph   unvollständiger Graph

Gerichteter Graph In vielen Netzwerken spielt die Wegrichtung eine Rolle, wie zum Beispiel Straßennetze mit Einbahnstraßen, Wasserleitungen, Ölpipelines oder Datenströme in digitalen Netzwerken. Solche Netzwerke können mittels Graphen modelliert werden, indem die Kanten mit Richtungen versehen werden.

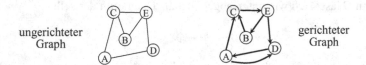

ungerichteter Graph   gerichteter Graph

Ein Graph, in dem jede Kante eine Richtung besitzt, heißt *gerichteter Graph*.

Zur Unterscheidung von ungerichteten Kanten $\{u, v\}$ werden gerichtete Kanten als 2-Tupel (u, v) gekennzeichnet.

Gewichteter Graph In einem Graphen können die Kanten mit einem Wert versehen werden. Diese Werte können zum Beispiel in Straßennetzen die Entfernungen oder die Transportkosten sein.

Ein Graph heißt *gewichteter Graph*, wenn jede Kante $\{u, v\}$ mit einem Gewicht (Kostenwert) $c \geq 0$ bewertet wird. Die in Abb. 3.4 abgebildete Grafik stellt einen gewichteten Graphen dar, dessen Kantengewichte die Flugzeiten in Minuten

Abb. 3.4 Gewichteter
Graph mit den Flugzeiten als
Kostenwert

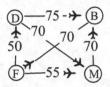

zwischen den in Deutschland vier größten Flughäfen Frankfurt (F), Düsseldorf
(D), München (M) und Berlin (B) angeben.

Zusammenhängender Graph Ein Graph $G = (V, E)$ heißt *zusammenhängend*,
wenn zwischen je zwei Knoten $u, v \in V$ ein Weg existiert.

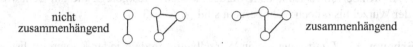

3.2.2.3 Bäume

Bäume sind Graphen von besonderem Typ, die sehr gut geeignet sind, um Abläufe
darzustellen.

Ein *Baum* ist ein zusammenhängender Graph, der keine Kreise enthält.

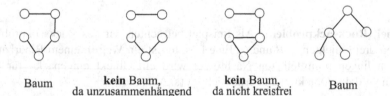

Wurzelbaum Sei $T = G(V, E)$ ein Baum und $w \in V$ ein Knoten. Das Paar (T, w)
heißt *Wurzelbaum* und w *Wurzel*.
Sei a ein Knoten.

- Die Knoten auf dem Weg von w nach a heißen *Vorgänger* von a. Der zu a
  benachbarte Vorgänger heißt *Vater* oder *unmittelbarer Vorgänger* von a.
- Die Knoten b heißen *Nachfolger* von a, wenn a auf dem Weg von w zu b liegt.
  Ein mit a durch eine Kante verbundener Nachfolger heißt *Kind* oder *unmittelbarer Nachfolger* von a.

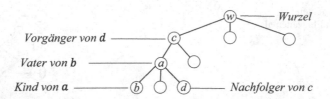

Beispiel (Problem des Handlungsreisenden) Eine Lösung des Problems des Handlungsreisenden kann als Hamilton-Kreis in einem Graphen dargestellt werden, dessen Knoten die Orte repräsentieren. Eine Lösung kann auch als Weg in einem Wurzelbaum dargestellt werden, wobei als Wurzel der Startort gewählt wird. Als Kinder eines Knotens a werden alle Orte festgelegt, die auf dem Weg von der Wurzel bis a noch nicht besucht sind (s. Abb. 3.5).

Binärbaum Ein *Binärbaum* ist ein Wurzelbaum, in dem jeder Knoten höchstens zwei Kinder hat.

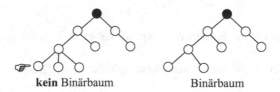

kein Binärbaum   Binärbaum

Beispiel (Rucksackproblem) Als Beispiel betrachten wir das Rucksackproblem mit den drei Objekten A, B und C. Eine Lösung ist ein Weg in einem Binärbaum. Für den linken unmittelbaren Nachfolger wird ein Objekt eingepackt, für den rechten wird das Objekt nicht berücksichtigt (s. Abb. 3.6).

Adjazenzmatrix
Graphen können in einem Computerprogramm verarbeitet werden, indem man eine mathematische Darstellung in Form einer Matrix verwendet.
Adjazenzmatrix für ungerichtete und gerichtete Graphen Gegeben sei ein ungerichteter (bzw. gerichteter) Graph $G = G(V, E)$, wobei $V = \{1, \ldots, n\}$ durchnummeriert ist. Dann ist die *Adjazenzmatrix* $A = (a_{ik})$ von G definiert durch

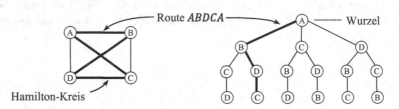

Abb. 3.5 Linke Grafik: Lösung des Problems des Handlungsreisenden mit den vier Orten A, B, C *und* D als Hamilton-Kreis. **Rechte Grafik:** Lösung als Weg in einem Baum von dem Startort (Wurzel) bis zum Endknoten

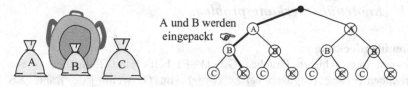

Abb. 3.6 Darstellung einer Lösung des Rucksackproblems als Weg in einem Binärbaum mit den drei Objekten A, B und C

$$G \text{ ungerichtet} : a_{ik} = \begin{cases} 1 & \text{wenn } \{i,k\} \in E \\ 0 & \text{sonst} \end{cases}$$

$$G \text{ gerichtet} : a_{ik} = \begin{cases} 1 & \text{wenn } (i,k) \in E \\ 0 & \text{sonst} \end{cases}$$

Die Matrixelemente werden somit gleich 1 gesetzt, wenn eine Kante bzw. gerichtete Kante vorhanden ist und 0 im anderen Fall (s. Abb. 3.7).

Adjazenzmatrix für gewichtete Graphen Ist $G(V, E)$ ein gewichteter Graph, so können in der Adjazenzmatrix anstelle der Einsen die Kantengewichte eingetragen werden (s. Abb. 3.8).

3.3 Graphenprobleme

Viele Optimierungsprobleme in der Praxis können zu einem Graphenproblem umformuliert werden. Diese lassen sich damit visualisieren und können mit graphentheoretischen Methoden gelöst werden.

Knoten	1	2	3	4	5
1	0	1	1	0	1
2	1	0	1	1	0
3	1	1	0	0	0
4	0	1	0	0	1
5	1	0	0	1	0

Adjazenzmatrix

Knoten	1	2	3	4	5
1	0	1	0	0	1
2	1	0	0	0	0
3	1	1	0	0	0
4	0	1	0	0	0
5	0	0	0	1	0

Adjazenzmatrix

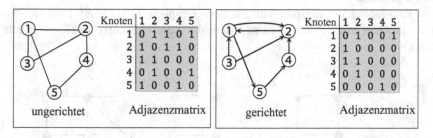

Abb. 3.7 Beispiel einer Adjazenzmatrix für einen ungerichteten und einen gerichteten Graphen

Abb. 3.8 Adjazenzmatrix des gewichteten Graphen

	1	2	3	4
1	0	4	0	9
2	4	0	0	7
3	0	0	0	5
4	9	7	5	0

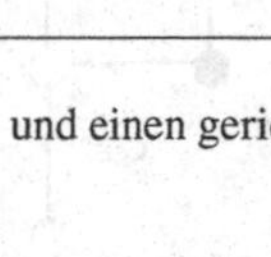

3.3.1 Knotenüberdeckungsproblem

Knotenüberdeckung
Zu einem ungerichteten Graphen $G = (V, E)$ heißt eine Teilmenge U von V *Knotenüberdeckung* (englisch *vertex cover*) von G, wenn jede Kante aus E wenigstens einen Knoten aus U enthält. Die Anzahl der Knoten einer kleinsten Knotenüberdeckung $\beta(G)$ heißt *Knotenüberdeckungszahl*.

Knotenüberdeckungsproblem
Die Bestimmung der kleinsten Überdeckung U nennt man *Knotenüberdeckungsproblem* (englisch *Minimum Vertex Cover Problem*).

Knotenüberdeckungsproblem
Unter dem Knotenüberdeckungsproblem versteht man die Optimierungsaufgabe, zu einem ungerichteten Graphen $G = (V, E)$ die kleinste Teilmenge U von V zu bestimmen, die eine Knotenüberdeckung ist.

Die Abb. 3.9 a bis c illustrieren die Knotenüberdeckung an Beispielen.

Anwendungsbeispiel
Der Verkehr in einem Überwachungsbereich einer Stadt soll mithilfe von Kameras gesteuert werden. Dabei sollen die Kameras in Straßenkreuzungen platziert werden und Einsicht in alle Straßenzügen von einer Kreuzung zur anderen Kreuzung haben, wobei aus Kostengründen möglichst wenige Installationsstellen zu bestimmen sind. Betrachtet man das zu beobachtende Straßennetz als Graph, wobei die Knoten des Graphen die Kreuzungspunkte repräsentieren und die Kanten die Straßen, so liegt hier ein Knotenüberdeckungsproblem vor (s. Abb. 3.10a und b).

Matrixproblem
Das Knotenüberdeckungsproblem zu dem Graphen $G = (V, E)$ kann in ein Matrixproblem übergeführt werden, indem die Adjazenzmatrix zu G zu Grunde gelegt wird.

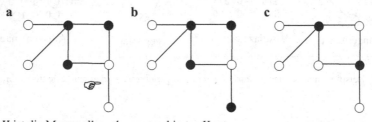

U ist die Menge aller schwarz markierten Knoten

Abb. 3.9 (**a**) U ist **keine** Knotenüberdeckung. (**b**) U ist eine Knotenüberdeckung. (**c**) U ist kleinste Knotenüberdeckung

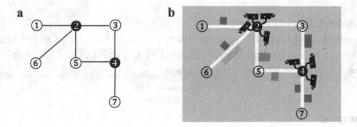

Abb. 3.10 (**a**) Darstellung des abgebildeten Straßennetzes (**b**) als Graph. Die optimale Lösung des Knotenüberdeckungsproblems liefert die kleinste Anzahl von Straßenknoten, in denen Kameras installiert werden müssen, um alle Straßenzüge im Überwachungsbereich zu beobachten

Das Knotenüberdeckungsproblem kann gelöst werden, indem die kleinste Anzahl von Indizes bestimmt wird, für die die zugehörigen Spalten und Zeilen alle Einsen der Adjazenzmatrix enthalten (s. Abb. 3.11a und b).

3.3.2 Maximales Cliquenproblem

Clique
Zu einem ungerichteten Graphen $G = (V, E)$ heißt eine Teilmenge $C \subseteq V$ *Clique*, wenn C einen vollständigen Teilgraphen bildet, d. h. wenn in C alle Knoten direkt miteinander verbunden sind. C heißt *größte Clique*, wenn es in G keine Clique gibt, die mehr Knoten als C enthält. Die Anzahl der Elemente der größten Clique $\omega(G)$ heißt Cliquenzahl.

Maximales Cliquenproblem
Die Bestimmung der größten Clique nennt man *maximales Cliquenproblem* (englisch *Maximum Clique Problem*).

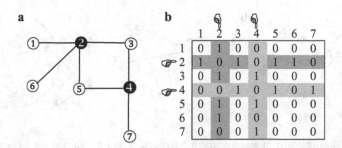

Abb. 3.11 Der Graph (**a**) besitzt die Adjazenzmatrix (**b**). Die Matrix ist symmetrisch, da nach Voraussetzung der Graph ungerichtet ist. Eine 1 wird im Matrixelement (i,j) bzw. (j,i) gesetzt, wenn eine Kante zwischen i und j existiert und 0 im anderen Fall. Die Menge $U = \{2,4\}$ ist eine Knotenüberdeckung, da die Spalten und Zeilen zu den Indizes 2 und 4 alle Einsen enthalten. Denn alle Kanten von allen anderen Knoten ausgehend weisen auf die Knoten 2 oder 4

Maximales Cliquenproblem
Unter einem maximalen Cliquenproblem versteht man die Optimierungsaufgabe, zu einem ungerichteten Graphen $G = (V, E)$ eine Clique mit der
größten Anzahl von Knoten zu bestimmen.

Anwendungen
Maximale Cliquenprobleme treten in verschiedenen Anwendungsbereichen auf,
wie Schaltungsdesign, Codierungstheorie, DNA-Sequenzierung oder Netzwerk-
Codierung. Soziale Netzwerke wie z. B. Facebook können als Graph modelliert
werden, wobei die Knoten die Benutzer und die Kanten die Beziehungen zwischen
den Benutzern wie gemeinsame Aktivitäten oder Bekanntschaften repräsentieren.
Von Interesse sind die Cliquen innerhalb des Netzwerkes (s. Abb. 3.12a bis c).

Bestimmung der größten Clique Eine nicht effiziente Methode zur Bestimmung
der größten Clique in einem ungerichteten Graphen $G = (V, E)$ mit n Knoten
besteht darin, alle Teilmengen von V daraufhin zu überprüfen, ob sie eine Clique
bilden. Nach den Formeln der Kombinatorik 3.2.1 gibt es insgesamt 2^n verschiedene Teilmengen in V. Durch Hinzufügen eines weiteren Knotens erhöht sich
die Anzahl um den Faktor 2. Innerhalb der Teilmengen muss noch geprüft werden,
ob alle Knotenpaare miteinander verbunden sind.

3.3.3 Stabilitätsproblem

Definitionen
Sei $G = (V, E)$ ein ungerichteter Graph.

- Eine Teilmenge U von V heißt *stabil* oder *unabhängig,* wenn keine zwei Knoten
  in U benachbart sind.

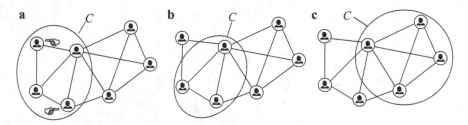

Abb. 3.12 Cliquenbildung in einem sozialen Netzwerk, wobei die Kanten die Bekanntschafts-
beziehungen zwischen den Benutzern repräsentieren (**a**) C ist **keine** Clique, da zu einem Knoten-
paar in C keine Kante existiert. (**b**) C ist eine Clique mit drei Knoten (**c**) C ist die größte Clique
mit vier Knoten

- Eine stabile Menge U heißt *maximal*, wenn es keine unabhängige Menge in G gibt, die U echt enthält.
- Gibt es zu einer stabilen Menge U in G keine stabile Menge, die mehr Elemente als U enthält, so nennt man U die *größte stabile Menge*.

Stabilitätszahl
Die Anzahl $\alpha(G)$ der Elemente der größten stabilen Menge in G heißt *Stabilitätszahl*.
Abb. 3.13 illustriert beispielhaft die Stabilität einer Menge.

Stabilitätsproblem
Die Bestimmung der Stabilitätszahl nennt man *Stabilitätsproblem* (englisch *Maximal Independent Set Problem*).

Stabilitätsproblem
Unter dem Stabilitätsproblem versteht man die Optimierungsaufgabe, zu einem ungerichteten Graphen $G = (V, E)$ die größte stabile Teilmenge in V zu bestimmen.

Anwendungsbeispiel
Es sollen fünf Aufträge $J_1, \ldots, J_5$ ausgeführt werden, wobei für die Durchführung drei Maschinen M_1, M_2, M_3 zur Verfügung stehen. Die für jeden Auftrag erforderlichen Maschinen sind in der folgenden Tabelle aufgeführt. Es soll ein Plan so erstellt werden, dass möglichst viele Aufträge gleichzeitig ausgeführt werden können. Diese Optimierungsaufgabe kann in ein Stabilitätsproblem übergeführt werden, indem die Knoten die Aufträge $J_1, \ldots, J_5$ repräsentieren. Eine Kante zwischen zwei Knoten wird gebildet, wenn unter den Maschinen, die für die Ausführung der beiden entsprechenden Aufträge erforderlich sind, mindestens eine Maschine ist, die für beide Aufträge benötigt wird. Als optimale Lösung des Stabilitätsproblems ergeben sich die Knoten, die die Aufträge J_1, J_4 und J_5 repräsentieren. Damit können diese drei Aufträge gleichzeitig ausgeführt werden (s. Abb. 3.14).

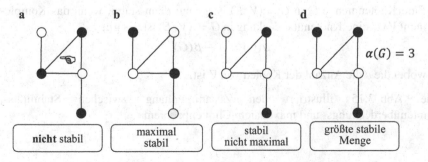

Abb. 3.13 Stabilität der Menge U, bestehend aus den schwarz markierten Knoten

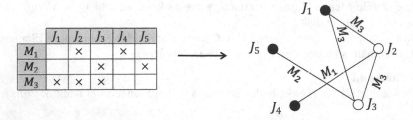

Abb. 3.14 Darstellung des Maschinenbelegungsplans als Graph. Die größte stabile Menge des Modellgraphen besteht aus den schwarz markierten Knoten zu den Aufträgen J_1, J_4 und J_5.

3.3.4 Zusammenhang zwischen Stabilitäts-, Knotenüberdeckungs- und maximalem Cliquenproblem

Komplementärgraph

Zu einem ungerichteten Graphen $G = (V, E)$ ist der Komplementärgraph $\overline{G} = (V, \overline{E})$ zu G der Graph, der die gleiche Knotenmenge V wie G besitzt und in dem zwei Knoten genau dann benachbart sind, wenn sie in G nicht benachbart sind.

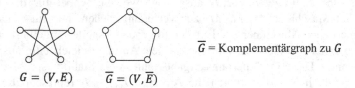

$$\overline{G} = \text{Komplementärgraph zu } G$$

$$G = (V, E) \qquad \overline{G} = (V, \overline{E})$$

Sei $G = (V, E)$ ein ungerichteter Graph. Es gilt:

- Eine Knotenmenge U in $G = (V, E)$ ist genau dann stabil, wenn U eine Clique im Komplementärgraph $\overline{G} = (V, \overline{E})$ ist. Es gilt dann

$$\omega(G) = \alpha(G).$$

- Eine Knotenmenge U in $G = (V, E)$ ist genau dann stabil, wenn das Komplement $V \setminus U$ eine Knotenüberdeckung in $G = (V, E)$ ist. Es gilt

$$\alpha(G) = n - \beta(G),$$

wobei die n die Anzahl der Knoten von V ist.

Die Abb. 3.15 illustriert den Zusammenhang zwischen Stabilitäts-, Knotenüberdeckungs- und maximalem Cliquenproblem.

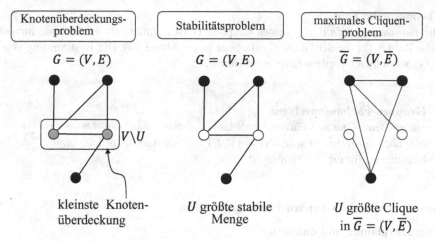

kleinste Knoten- U größte stabile U größte Clique
überdeckung   Menge   in $\overline{G} = (V, \overline{E})$

U = schwarz markierte Knoten

Abb. 3.15 Zusammenhang zwischen Stabilitäts-, Knotenüberdeckungs- und maximalem Cliquenproblem

3.3.5 Graphen-Färbungsproblem

Färben von Graphen

Gegeben sei ein ungerichteter Graph $G = (V, E)$.

- Eine Abbildung $f : V \to \{1, \ldots, n\}$ von der Knotenmenge V auf die Menge der natürlichen Zahlen $C = \{1, \ldots, n\}$ nennt man *Knotenfärbung*. Die Zahlen aus C nennt man *Farben*. Jedem Knoten kann damit eine Farbe zugeordnet werden, wobei alle n Farben unterschiedlich sind.
- Die Abbildung $f : V \to \{1, \ldots, n\}$ heißt *zulässig*, wenn für alle benachbarten Knoten $v, w \in V$ gilt: $f(v) \neq f(w)$. In diesem Fall nennt man den Graphen *n-knotenfärbbar* (s. Abb. 3.16a und b).

Abb. 3.16 (a) keine zulässige Färbung (b) 4-knotenfärbbarer Graph

a

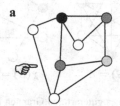

b

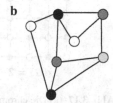

Chromatische Zahl

Die *chromatische Zahl* $\chi(G)$ eines Graphen G ist definiert als die kleinste natürliche Zahl n, für die der Graph G n-färbbar ist (s. Abb. 3.17). Die Bestimmung von $\chi(G)$ nennt man *Graphen-Färbungsproblem*.

> **Graphen-Färbungsproblem**
> Unter dem Graphen-Färbungsproblem versteht man die Optimierungsaufgabe, zu einem Graphen $G = (V, E)$ die kleinste natürliche Zahl k zu bestimmen, für die G k-färbbar ist.

Anwendungen des Graphen-Färbungsproblems

Frequenzplanung in Funknetzen

Bei der Frequenzplanung in Mobilfunknetzen sind Kanäle (Frequenzen) auf die Sendemaste so zu verteilen, dass der Betrieb störungsfrei ist, wobei aus Kostengründen die Anzahl der erforderlichen Frequenzen zu minimieren ist. Zwischen zwei Sendemasten, die mit der gleichen Frequenz senden, können bei Überschneidung der Sendebereiche Interferenzen auftreten, die die Gesprächsqualität beeinträchtigen. Das Interferenzproblem kann als Graphen-Färbungsproblem aufgefasst werden, indem die Knoten die Sendemasten darstellen und zwei Knoten mit einer Kante verbunden werden, wenn in den zugehörigen Sendebereichen Interferenzen auftreten. Die Bestimmung der chromatischen Zahl liefert eine optimale Lösung des Frequenzplanungsproblems (s. Abb. 3.18).

Ein Graph heißt *planar,* wenn er ohne Überkreuzung der Kanten in einer Ebene gezeichnet werden kann. Es gilt der folgende Satz:

Vierfarbensatz   Jeder planare Graph ist 4-färbbar.

Beweis des Vierfarbensatzes: Lange Zeit war der Vierfarbensatz ein offenes Problem (Vierfarbenproblem) und wurde 1976 von K. Appel und W. Haken mithilfe eines Computers bewiesen. Sie konnten den Beweis auf 1936 Fälle

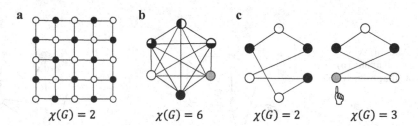

$$\chi(G) = 2 \qquad \chi(G) = 6 \qquad \chi(G) = 2 \qquad \chi(G) = 3$$

Abb. 3.17 (**a**) Die chromatische Zahl eines gitterartigen Graphen ist unabhängig von der Anzahl der Knoten stets gleich 2. (**b**) Die chromatische Zahl eines vollständigen Graphen ist gleich der Anzahl der Knoten. (**c**) Die chromatische Zahl eines Hamiltonkreises mit n Knoten ist 2, wenn n gerade ist und 3, wenn n ungerade ist

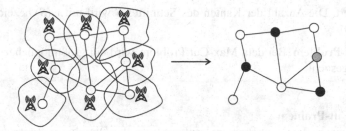

Abb. 3.18 Das Frequenzplanungsproblem für das Beispielfunknetz kann in ein Graphen Färbungsproblem übergeführt werden, indem die Knoten die Sendemasten repräsentieren und die Kanten die Verbindung der Sendemasten mit überlappenden Sendebereichen darstellen. Da der Modellgraph 3-knotenfärbbar ist, sind drei verschiedene Frequenzen für den störungsfreien Betrieb ausreichend

reduzieren, die sie einzeln mittels eines Computers überprüften. Bislang ist ein analytischer Beweis noch nicht gefunden worden.

Anwendung des Vierfarbensatzes: Jede Landkarte kann auch als Graph dargestellt werden, indem die Knoten die Länder repräsentieren und jeweils zwischen den Knoten zweier angrenzenden Länder eine Kante gelegt wird. Damit kann nach dem Vierfarbensatz jede Landkarte mit nur vier Farben so eingefärbt werden, dass keine Nachbarländer die gleiche Farbe haben (s. Abb. 3.19a und b).

3.3.6 Max-Cut-Problem

Max-Cut-Probleme treten in vielen Anwendungsbereichen auf, wie zum Beispiel in der Bioinformatik, statistischen Physik, VLSI-Design oder Portfolio-Optimierung.

Schnitt in Graphen Sei $G = (V, E)$ ein ungerichteter Graph. Zu einer Teilmenge S von V ist der Schnitt definiert als die Menge aller Kanten in G, die einen Knoten in S mit einem Knoten im Komplement $V \backslash S$ verbinden. Der Schnitt wird mit S

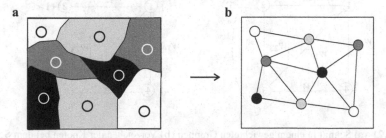

Abb. 3.19 Die Landkarte (**a**) wird mit dem planaren Graphen (**b**) modelliert, indem zu jeder Fläche ein gleichfarbiger Knoten zugeordnet wird und die Knoten von Nachbarländern durch eine Kante miteinander verbunden werden. Jede Landkarte kann nach dem Vierfarbensatz mit vier Farben so gefärbt werden, dass benachbarte Länder verschiedene Farben haben

identifiziert. Die Anzahl der Kanten des Schnittes S wird mit $w(S)$ bezeichnet (s. Abb. 3.20).

Max-Cut-Problem Bei dem Max-Cut-Problem wird ein größtmöglicher Kantenschnitt S gesucht.

> **Max-Cut-Problem**
> Unter einem Max-Cut-Problem versteht man die Optimierungsaufgabe, zu einem ungerichteten Graphen $G = (V, E)$ einen Schnitt S mit maximaler Kantenzahl $w(S)$ zu bestimmen.

Gewichtetes Max-Cut-Problem
Sei $G = (V, E)$ ein gewichteter ungerichteter Graph mit den Kantengewichten $w_{ij} > 0, w_{ii} = 0$ und $w_{ij} = w_{ji}$. Bei dem gewichteten Max-Cut-Problem wird ein Schnitt $S \subset V$ gesucht, sodass das Gesamtgewicht

$$\sum_{i \in S, j \in V \setminus S} w_{ij}$$

maximal ist (s. Abb. 3.21).

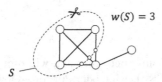 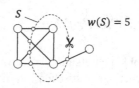

Abb. 3.20 Illustration des Schnittes S in einem Graphen

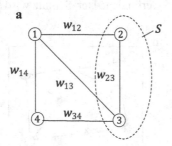 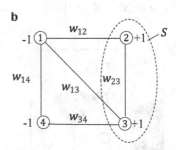

Abb. 3.21 (**a**) Schnitt in einem gewichteten Graphen (**b**) Vorzeichen der Knoten bei dem Schnitt S

Mathematische Formulierung des gewichteten Max-Cut-Problems
Die Knoten des gewichteten ungerichteten Graphen $G = (V, E)$ seien durchnummeriert von 1 bis n. Jedem Knoten $i \in V$ werde eine Zahl $x_i \in \{-1, 1\}$ zugeordnet (s. Abb. 3.21a und b). Wählt man die Vorzeichen von x_i für die Knoten aus S und $V \setminus S$ unterschiedlich, so gilt

$$\frac{1}{2}(1 - x_i x_j) = \begin{cases} 0 & \text{wenn } \{i, j\} \text{ in } S \text{ oder in } V \setminus S \text{ liegt} \\ 1 & \text{sonst} \end{cases}$$

Eine optimale Lösung des gewichteten Max-Cut-Problems kann damit bestimmt werden durch die Maximierung von

$$f(x) = \max_x \frac{1}{2} \sum_{i<j} w_{ij}(1 - x_i x_j),$$

wobei $x = (x_1, \ldots, x_n)$ mit $x_i \in \{-1, 1\}, i = 1, \ldots, n$. Die Einschränkung $i < j$ ist erforderlich, damit die Gewichte nicht doppelt addiert werden.

3.4 Vehicle-Routing-Probleme

Unter dem *Vehicle Routing-Problem (VRP)* versteht man die logistische Aufgabe, mit einer Flotte von Fahrzeugen von einem Depot aus mehrere Kunden an verschiedenen Standorten mit Waren zu beliefern, sodass die Gesamttransportstrecke minimal ist. Hierbei sind unterschiedliche Restriktionen zu berücksichtigen, wie z. B. Kapazitäten der Fahrzeuge, Anzahl der Fahrzeuge oder Zeitrestriktionen. Eine zulässige Lösung des VPR nennt man Tourenplan. Das TSP ist ein Spezialfall des VRP, bei dem zur Lösung nur eine Route erforderlich ist.

Das Vehicle-Routing-Problem ist nicht nur auf die Auslieferung von Waren beschränkt. Die Anwendungsgebiete des VPR sind vielfältig, wie z. B. Routenplanung für Straßenreinigung, Müllabfuhr, Schulbusfahrten, Wartungsfahrten, Pflegedienste oder Entleerung von Briefkästen.

3.4.1 Einführendes Beispiel

Im Folgenden betrachten wir ein vereinfachtes Beispiel. Von einem Depot aus sollen sechs Kunden an verschiedenen Standorten mit Waren beliefert werden. Die Kundenstandorte werden von 1 bis 6 durchnummeriert, das Depot bekommt die null zugewiesen. In der Entfernungstabelle der Abb. 3.22 sind die kürzesten Wege zwischen den Kundenstandorten und dem Depot zusammengefasst. Ein Fahrzeug kann aufgrund der Volumenbeschränkung maximal drei Kunden beliefern.

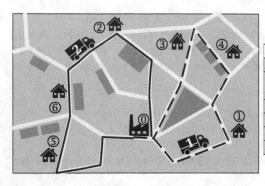

Entfernungstabelle

	0	1	2	3	4	5	6
0	-	4	8	7	8	5	5
1	4	-	8	6	5	10	10
2	8	8	-	3	5	8	4
3	7	6	3	-	3	10	8
4	8	5	5	3	-	11	10
5	5	10	8	10	11	-	3
6	5	10	4	8	10	3	-

Abb. 3.22 Eine zulässige Lösung des gegebenen Vehicle-Routing-Problems

Die Fahrzeuge sollen nach der Warenlieferung wieder zum Depot zurückfahren. Gesucht ist ein Tourenplan mit minimaler Gesamttransportstrecke.

Wir betrachten zwei verschiedene Lösungsmethoden.

Methode 1: Eine zulässige Lösung erhält man, indem man mit der ersten Belieferung bei Kunde 1 beginnt. Von dort aus werden nacheinander die zwei nächstgelegenen Kundenstandorte aufgesucht. Dies ergibt für Fahrzeug 1 die Route $0 \to 1 \to 4 \to 3 \to 0$. Für Fahrzeug 2 erhält man für die restlichen drei Orte die Route $0 \to 2 \to 6 \to 5 \to 0$, wobei auch hier stets der nächstgelegene Ort angefahren wird. Damit ergibt sich für die Gesamtstrecke dieses Tourenplans der folgende Wert:

Fahrzeug	Tour	Länge
1	$0 \to 1 \to 4 \to 3 \to 0$	19
2	$0 \to 2 \to 6 \to 5 \to 0$	20
	Gesamtlänge	39

Man erhält insgesamt sechs verschiedene Tourenpläne, wenn man jeweils einen anderen Kundenort als ersten Lieferort wählt. Ausgewählt wird der Tourenplan mit der kürzesten Gesamtstrecke.

Methode 2: Eine weitere Lösungsmethode besteht darin, Cluster von jeweils drei Kundenorten zu bilden, z. B. die Gruppen $\{2,3,6\}$ und $\{1,4,5\}$. In jedem Cluster wird unter Einbeziehung des Depots das Problem des Handlungsreisenden gelöst und die Summe der Weglängen der beiden Touren gebildet. Wendet man das Verfahren für jede mögliche Clusterbildung mit drei Orten an, so gibt es nach 3.2.1 insgesamt $\binom{6}{3} = 20$ verschiedene Tourenpläne, von denen der Tourenplan mit der niedrigsten Gesamtstrecke als beste gefundene Lösung ausgewählt wird.

3.4.2 Grundversion des VRP

Unter dem VRP in der Grundversion versteht man die folgende Optimierungsaufgabe:

> **Vehicle-Routing-Problem (VRP)**
> Gegeben seien ein Depot, N Kunden und M Fahrzeuge. Gesucht sind M Touren, um alle Kunden zu bedienen, sodass die zurückgelegte Gesamtstrecke minimal ist. Dabei dürfen alle Kunden nur einmal besucht werden. Die Fahrzeuge starten am Depot und fahren dorthin zurück.

Mathematische Formulierung des VRP
Das Vehicle-Routing-Problem kann wie folgt mathematisch modelliert werden:

Gegeben:

- Ein Depot, das mit Null gekennzeichnet wird
- N Kunden, die von 1 bis N durchnummeriert werden
- Die Entfernung c_{ij} zwischen Kunde i und Kunde j
- M Fahrzeuge, die durchnummeriert werden von 1 bis M

Suchraum: Die folgende binäre Entscheidungsvariable x_{ij} gibt an, ob ein Fahrzeug von Kunde i zu Kunde j fährt:

$$x_{ij} = \left\{ \begin{array}{l} 1 \text{ wenn ein Fahrzeug von } i \text{ nach } j, i \neq j, \text{ fährt} \\ 0 \text{ sonst} \end{array} \right\}, \quad i,j = 0,\ldots,N.$$

Der Suchraum S besteht aus der Menge aller $(N+1)^2$−Tupel

$$x = \left(x_{ij} \right)_{i,j=0,\ldots,N}.$$

Zielfunktion: Die zu minimierende Zielfunktion (Gesamtstrecke) ist definiert durch:

$$f : S \to \mathbb{R}, \; f(x) = \sum_{i=0}^{N} \sum_{j=0}^{N} c_{ij} x_{ij} \to \min.$$

Da die Komponenten x_{ij} nur die Werte 0 oder 1 annehmen, werden nur die Entfernungen c_{ij} der Kanten (i,j) summiert, die in dem Tourenplan enthalten sind.

Nebenbedingungen:

(a) $\sum_{i=0}^{N} x_{ij} = 1$ für alle $j = 1,\ldots,N$

(b) $\sum_{j=1}^{N} x_{0j} = M$

(c) $\sum_{i=1}^{N} x_{i0} = N$

(d) $\sum_{i=0}^{N} x_{ik} = \sum_{j=0}^{N} x_{kj}$ für alle $k = 1, \ldots, M$

(e) $\sum_{i,j \in U} x_{ij} \leq |U| - 1$ für alle nichtleeren Teilmengen $U \subset \{1, \ldots, N\}$

Erläuterungen

(a) Die Nebenbedingung (a) gewährleistet, dass es für jeden Knoten j genau einen Knoten i und ein Fahrzeug gibt, das von i nach j fährt. Damit wird jeder Kunde genau einmal besucht.

(b) Mit der Bedingung (b) wird festgelegt, dass jedes Fahrzeug das Depot verlässt.

(c) Bedingung (c) impliziert, dass jedes Fahrzeug wieder zum Depot zurückfährt.

(d) Bedingung (d) stellt sicher, dass ein Fahrzeug, das einen Kunden k bedient, diesen auch wieder verlässt.

(e) Der Betrag $|U|$. gibt die Anzahl der Elemente von U an. Bedingung (e) wird auch als „Subtour-Eliminations-Bedingung" bezeichnet. Sie gewährleistet, dass in den Tourengraphen keine Kreise vorliegen. Setzt man nämlich zum Beispiel voraus, dass für die Menge $U = \{2,4,5\}$ die Bedingung (e) nicht erfüllt ist, so gilt $\sum_{i,j \in U} x_{ij} > |U| - 1 = 2$. Der Teilgraph mit den Knoten 2, 4 und 5 enthält demnach mehr als zwei Kanten und bildet somit einen Kreis, wie unten abgebildet.

Das VRP lässt sich in zwei Teilprobleme zerlegen: die Zuordnung der Kunden zu den einzelnen Touren und die Bestimmung der Reihenfolge der Kunden innerhalb einer Tour (Problem des Handlungsreisenden).

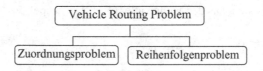

3.4.3 Varianten des VRP

Das VRP ist erweiterbar durch eine Vielzahl unterschiedlicher Nebenbedingungen, wie zum Beispiel die Berücksichtigung von Kapazitäts- und Tourenlängenbeschränkungen, von Arbeitszeitregelungen, der maximalen Fahrdauer, der Fahrkosten, der Anzahl der Depots, der Auswahl von Fahrzeugtypen oder des Mehrfacheinsatzes von Fahrzeugen. Wir betrachten hierzu stellvertretend einige Varianten:

- **Capacitated Vehicle Routing Problem (CVRP)** Bei dem CVRP werden zusätzlich Kapazitätsbeschränkungen der Fahrzeuge betrachtet. Jedem Kunden wird eine Bedarfsmenge zugeordnet. Es gilt, für jedes Fahrzeug die Rundreise vom Depot so zu bestimmen, dass die Gesamtmenge der auszuliefernden Waren die Kapazität des Fahrzeugs nicht übersteigt.
- **Vehicle Routing Problem with Time Windows (VRPTW)** Bei diesem Touren-planungsproblem wird gefordert, dass jeder Kunde nur in einem Zeitfenster angefahren werden darf. Anwendungsbeispiele des VRPTW sind Routen-planungen für Schulbusse, Besuchszeiten von Pflegekräften, Postzustellung, Zeitungszustellung oder Belieferung von Waren an Supermärkte zu bestimmten Öffnungszeiten.
- **Multi-Depot Vehicle Routing Problem (MDVRP)** Bei diesem Touren-planungs-Problem geht man von mehreren Depots aus, wobei jedes Fahrzeug fest einem Depot zugeordnet wird und jedes Fahrzeug auch dorthin wieder zurückkehrt.
- **Vehicle Routing Problem with Pickup and Delivery** Bei diesem Problem werden Waren an Kunden nicht nur geliefert (Delivery), sondern es werden auch auszuliefernde Waren vorher bei einem anderen Kunden abgeholt (Pickup).

Die Abb. 3.23a bis c illustrieren Varianten der Vehicle Routing-Probleme.

3.5 Scheduling-Probleme

Unter Scheduling versteht man die Erstellung eines Ablaufplans mit dem Ziel, Arbeitsabläufe zu optimieren und Arbeitsmittel wie Maschinen, Personal, Arbeits-zeit oder Kapital effizient auszunutzen.

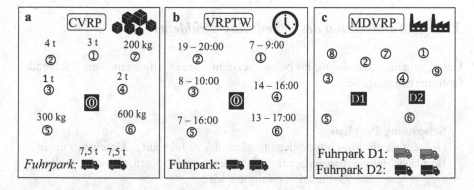

Abb. 3.23 (**a**) VRP mit Kapazitätsbeschränkung (**b**) VRP mit Zeitfenster (**c**) VRP mit zwei Depots $D1$ und $D2$

3.5.1 Einführendes Beispiel

Es soll ein Maschinenbelegungsplan für drei Aufträge Job 1, Job 2 und Job 3 erstellt werden, die auf drei Maschinen M1, M2 und M3 bearbeitet werden sollen. Jeder Job besteht aus Vorgängen *(Tasks)*, die in einer vorgegebenen festen Reihenfolge auf den Maschinen ausgeführt werden müssen, wobei jede Maschine nur einen Vorgang gleichzeitig bearbeiten kann. Es ist die Optimierungsaufgabe zu lösen, die Maschinenbelegung so festzulegen, dass die Gesamtbearbeitungszeit (engl. *Makespan*) minimiert wird. Dieses Optimierungsproblem nennt man *Job-Shop-Problem*. Die Maschinenreihenfolge für jeden Job und die Bearbeitungszeit für jede Maschine und jeden Job ist in der folgenden Tabelle angegeben.

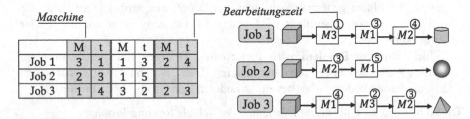

Eine Lösung des Job-Shop-Problems kann visuell als sogenanntes *Gantt-Diagramm* in Form von überschneidungsfreien Balken auf einer Zeitachse dargestellt werden. Jeder Job bzw. jede Maschine wird innerhalb des Balkens durch ein eigenes Feld gekennzeichnet. Die Länge der Balken gibt die Bearbeitungszeit an (s. Abb. 3.24a und b). Bei diesem vereinfachten Job-Shop-Problem wird unterstellt, dass die Maschinen rund um die Uhr verfügbar sind. In realen Produktionsumgebungen sind zusätzlich Stillstandszeiten wie zum Beispiel Schichtzeiten oder Ausfallzeiten für Wartungsarbeiten zu berücksichtigen.

3.5.2 Grundversion des Scheduling-Problems

Unter einem Scheduling-Problem versteht man allgemein die folgende Optimierungsaufgabe:

Scheduling-Problem
Gesucht ist ein Maschinenbelegungsplan, der m Jobs auf n Maschinen unter Berücksichtigung vorgegebener Bearbeitungsreihenfolgen zuordnet, sodass eine vorgegebene Zielfunktion minimiert wird.

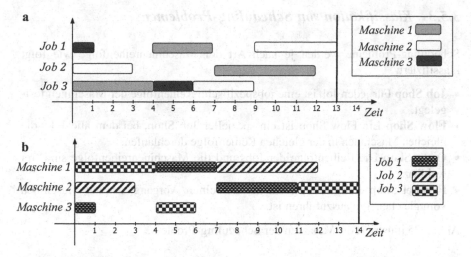

Abb. 3.24 (**a**) Darstellung einer Lösung des Job-Shop-Problems als joborientiertes Gantt-Diagramm. Die Gesamtbearbeitungszeit beträgt bei dieser Lösung 13 Zeiteinheiten. (**b**) Darstellung einer Lösung des Job-Shop-Problems als maschinenorientiertes Gantt-Diagramm. Die Gesamtbearbeitungszeit beträgt bei dieser Lösung insgesamt 14 Zeiteinheiten.

Mathematische Modellierung des Scheduling-Problems

Gegeben

- m Jobs: $J_1, \ldots, J_m$
- n Maschinen: $M_1, \ldots, M_n$
- Reihenfolge für jeden Job $J_i : M_{k_1} \rightarrow M_{k_2} \rightarrow \cdots \rightarrow M_{k_l}$, darstellbar als Permutation $p^i = (k_1, k_2, \ldots, k_l)$ für $i = 1, \ldots, m$
- Bearbeitungszeit c_{ij} von Job J_i auf Maschine M_j

Notation

$C_i = $ Zeitpunkt der Fertigstellung von Job J_i

Zielfunktion

Häufig wird eine der folgenden Zielfunktionen zur Minimierung eines Maschinebelegungsplans verwendet:

1. Gesamtbearbeitungszeit: $C_{max} = \max\limits_{i=1,\ldots,m} C_i \rightarrow min$
2. Summe der Fertigstellzeitpunkte: $\sum_{i=1}^{m} C_i \rightarrow min$
3. Gewichtete Summe der Fertigstellzeitpunkte mit Gewichtsfaktoren w_i: $\sum_{i=1}^{m} w_i C_i \rightarrow min$

3.5.3   Klassifikation von Scheduling-Problemen

Scheduling-Probleme werden je nach Art der Maschinenreihenfolge wie folgt klassifiziert:

- **Job Shop** Für jeden Job ist eine jobspezifische Reihenfolge der Maschinen festgelegt.
- **Flow Shop** Ein Flow Shop ist ein spezieller Job Shop, bei dem alle Jobs die gleichen Maschinen in der gleichen Reihenfolge durchlaufen.
- **Open Shop** Die Reihenfolge der Jobs und die Maschinenreihenfolge sind frei wählbar.
- **Parallel Shop** Jeder Job besteht nur aus einem Vorgang, der auf Maschinen vom gleichen Typ auszuführen ist.

Abb. 3.25 illustriert die Varianten der Scheduling-Probleme.

3.5.4   Beispiele von Scheduling-Problemen

Scheduling-Probleme treten in vielen Anwendungsfeldern auf, wie zum Beispiel bei der Erstellung eines Stundenplans an Schulen und Universitäten, bei der Personaleinsatzplanung, bei der Erstellung eines Bahn-Fahrplans, bei der Scheduling von Prozessen auf Computern oder bei der Planung von Sportveranstaltungen. Dabei sind je nach Problemstellung die Maschinen und Jobs unterschiedlich zu interpretieren. Hierzu exemplarisch folgende Anwendungen:

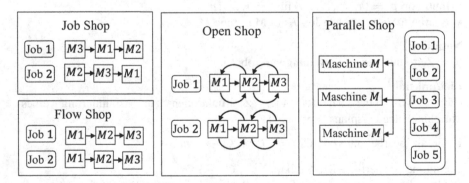

Abb. 3.25 Job Shop: Job spezifische Maschinenreihenfolge. Flow Shop: gleiche Maschinenreihenfolge für jeden Job. Open Shop: Maschinenreihenfolge frei wählbar. Parallel Shop: Die Jobs werden auf identischen Maschinen ausgeführt.

Anwendung	Maschinen	Jobs
Stundenplan	Lehrer	Unterrichtsstunden
Krankenhaus	Wartezimmer, Arztraum, Röntgenraum,...	Patienten
Computer	Prozessor	Prozesse
Bahn-Fahrplan	Zugstrecken	Züge
Flughafen	Start- und Landebahnen	Start und Landungen von Flugzeugen

3.6   Zuschnittprobleme und Packungsprobleme

Zuschnitt- und Packungsprobleme (engl. *Cutting&Packing problem*, abgekürzt *C&P-Problem*) treten in vielen Anwendungsbereichen auf, wie zum Beispiel bei der Zuschnittoptimierung in der holz-, metall-, papier- und textilverarbeitenden Industrie oder bei der Stauraumoptimierung zur Beladung von Lastkraftwagen und Containern. Zuschnitt- und Packungsprobleme sind dual zueinander und werden zu einem Optimierungsgebiet zusammengefasst. Bei den Zuschnittproblemen werden größere Objekte in kleinere Teile zerlegt, während bei den Packungsproblemen kleinere Teile in größere Objekte gepackt werden (s. Abb. 3.26).

3.6.1   Dimension von Zuschnitt- und Packungsproblemen

Ein wichtiges Klassifizierungsmerkmal von C&P-Problemen ist die Dimension. Die Objekte sind meistens dreidimensional, werden aber je nach Relevanz auch als ein- oder zweidimensionale Objekte betrachtet. Für ein- und zweidimensionale C&P-Probleme haben die Zuschnittoptimierungen die größere Praxisrelevanz,

Abb. 3.26 Äquivalente Optimierungskriterien bei Zuschnitt- und Packungsproblemen

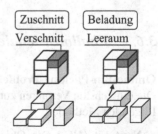

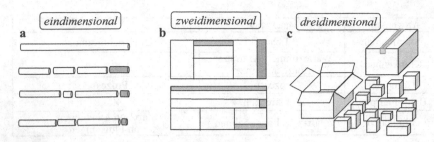

Abb. 3.27 (**a**) Zuschnitt von Wasserleitungen mit möglichst geringem Verschnitt (**b**) Zuschnitt von Holzplatten mit minimalem Verschnitt (**c**) Beladung von Quadern in möglichst wenigen Kisten

während für dreidimensionale C&P-Probleme die Packungsoptimierungen vorrangig Anwendungen finden (s. Abb. 3.27).

3.6.2 Bin-Packing-Problem

> **Bin-Packing-Problem (Behälterproblem)**
> Unter einem *Bin-Packing-Problem* versteht man die Optimierungsaufgabe, eine Anzahl von Objekten unterschiedlicher Größen in möglichst wenige Behälter (engl. Bins) von gleicher Größe zu packen.

On- und Offline Zuordnung
Man unterscheidet zwischen der *Online-Zuordnung* und der *Offline-Zuordnung*. Bei der Online-Variante muss sofort entschieden werden, in welchen Behälter das Objekt gepackt wird. Bei dem Offline-Verfahren sind alle Objekte im Vorhinein bekannt, sodass eine Sortierung möglich ist.

3.6.3 Eindimensionale C&P-Probleme

Online-Bin-Packing-Probleme
Die einfachsten Verfahren zur Lösung von Online Bin Packing-Problemen sind die folgenden Methoden:

- **Next Fit (NF):** Die Objekte werden der Reihe nach in den letzten offenen Behälter gepackt, sofern sie reinpassen. Ansonsten wird der Behälter geschlossen und das aktuelle Objekt in den nächsten leeren Behälter gepackt.

- **First Fit (FF):** Die Objekte werden der Reihe nach in den ersten nichtleeren Behälter eingepackt, in dem noch Platz ist. Ansonsten wird das aktuelle Objekt in den nächsten leeren Behälter gepackt.
- **Best Fit (BF):** Die Objekte werden der Reihe nach in den Behälter mit dem kleinsten Restraum eingepackt. Falls das aktuelle Objekt in keinen Restraum passt, so wird es in den nächsten leeren Behälter gepackt.

Offline-Bin-Packing-Probleme
Bei der Offline-Variante sind alle Objekte bekannt und werden absteigend sortiert. Auf diese sortierten Objekte werden die Verfahren der Online-Variante angewendet. Diese Methoden werden entsprechend mit NFD *(Next Fit decreasing)*, FFD *(First Fit decreasing)* und BFD *(Best Fit decreasing)* bezeichnet.

Beispiel 1 (Zuschneiden von Rohren)
Aus Rohren der Länge 10 Längeneinheiten (LE) sollen Rohrteile der Länge 5, 6, 3, 4 und 2 LE mit minimalem Verschnitt herausgeschnitten werden. Dieses Zuschnittproblem soll mit dem Online-Bin-Packing-Verfahren gelöst werden. Die Behälter entsprechen den Rohlingen und die Objekte den Rohrteilen. Die Ergebnisse sind in der Abb. 3.28 angegeben.

Beispiel 2 (Backup auf Datenträger)
Das Problem, mehrere Dateien auf möglichst wenigen USB-Sticks zu sichern, kann als eindimensionales Bin-Packing-Problem aufgefasst werden.

3.6.4 Zweidimensional C&P-Probleme

Bei den zweidimensionalen Zuschnittproblemen spielen die sogenannten *Guillotine-Schnitte* in der industriellen Praxis sowie bei der Lösung von Zuschnittoptimierungen eine wichtige Rolle.

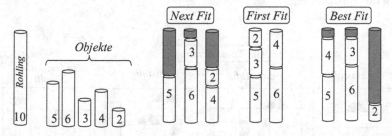

Abb. 3.28 Lösungen des Online-Bin-Packing-Problems nach der NF-, FF- und BF-Methode. Die Lösung der FF-Methode ist zufällig optimal.

Guillotine-Schnitte

Guillotine-Schnitte finden in vielen Herstellungsprozessen Anwendung, wie zum Beispiel in der Holz-, Glas-, Metall- oder Möbelindustrie. Durch einen Guillotine-Schnitt wird ein Rechteck in zwei kleinere Rechtecke geteilt, wobei der Schnitt von Kante zu Kante erfolgt. Die Rechtecke können mit Guillotinen-Schnitten weiter unterteilt werden, bis man die Rechtecke in der gewünschten Größe erhält. Bei feststehender Säge sind orthogonale Drehungen der Rechteckteile erforderlich. Die Anzahl der notwendigen Richtungsänderungen wird *Stufen* genannt (s. Abb. 3.29).

> **Strip-Packing-Problem**
> Gegeben sei ein Streifen (engl. strip) der Breite W mit einer unendlichen Höhe sowie eine Menge von kantenparallelen Rechtecken mit einer maximalen Breite W. Die Optimierungsaufgabe besteht darin, die Rechtecke in den Streifen so zu packen, dass die Gesamthöhe minimal ist. Dabei dürfen die Rechtecke nicht überlappen und nicht gedreht werden.

Strip-Packing-Optimierungen finden unter anderem Anwendung in der industriellen Fertigung, bei der passende Rechtecke aus Stoff- oder Papierbahnen herausgeschnitten werden.

Level-Algorithmus

Strip-Packing-Probleme können mithilfe von sogenannten *Level-Algorithmen* gelöst werden, bei denen so viele Rechtecke wie möglich nebeneinander gepackt werden. Die größte Höhe eines dieser Rechtecke legt das Level fest, ab dem die nächsten Rechtecke eingepackt werden.

Ein einfacher Level-Algorithmus ist die folgende Online-Methode:

Next Level (NL): Die Rechtecke werden der Reihe nach eingepackt. Passt ein Rechteck nicht mehr in ein Level, so wird dieses Level geschlossen und ein neues Level wird eröffnet.

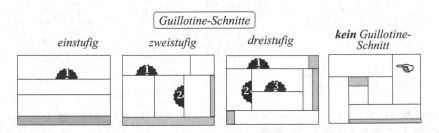

Abb. 3.29 Beispiele von Guillotine-Schnitten

Rechteck	Breite	Höhe
1	4	2
2	3	3
3	5	2
4	3	1
5	1	3
6	3	2
7	5	3

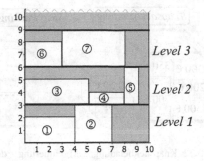

Abb. 3.30 Ergebnis der NL-Methode. Die Gesamthöhe beträgt 9.

Beispiel

Sieben Rechtecke sollen in einen Streifen der Breite 10 mithilfe der NL-Methode gepackt werden. Die Größen der Rechtecke und die Ergebnisse sind in der Abb. 3.30 angegeben.

Nesting-Probleme

Als Nesting (Einschachtelung) wird die verschnittminimale Anordnung beim Ausschneiden bezeichnet. Unter einem *Nesting-Problem* versteht man die Aufgabe, eine Menge von irregulär geformten ebenen Objekten (genannt Schablonen) auf eine Unterlage zu platzieren (bezeichnet als Schnittbild), sodass der Verschnitt minimal ist. Nesting-Optimierungen finden zum Beispiel Anwendungen in der textil- und metallverarbeitenden Industrie (s. Abb. 3.31).

3.6.5   Dreidimensionale C&P-Probleme

Unter einem dreidimensionalen Packungsproblem versteht man die Aufgabe, kleinere Objekte (Kisten) in eine größere Einheit (Container, Palette, Ladungs-raum, Behälter) so zu packen, dass ein vorgegebenes Ziel erreicht wird. Dreidimensionale Packungsoptimierungen finden in der Logistik Anwendung bei der Beladung von Lastkraftwagen, Schiffen oder Flugzeugen. In der Praxis kommen vorwiegend Beladungen mit quaderförmigen Objekten vor. Dabei können u. a.

Abb. 3.31 Anwendung der Nesting-Optimierung auf textile Schnittmuster

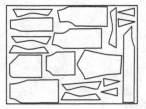

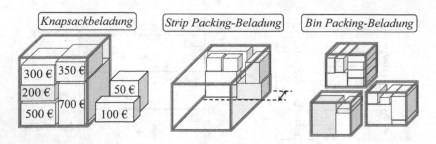

Abb. 3.32 Knapsackbeladung: Maximierung des Gesamtwertes. Strip-Packing-Beladung: Minimierung der Ladungstiefe. Bin-Packing-Beladung: Minimierung der erforderlichen Container

folgende Optimierungskriterien zugrunde gelegt werden: Minimierung der Anzahl der größeren Einheiten, Minimierung des Ladevolumens, Maximierung des Gesamtwertes der eingepackten Güter. Entsprechend der Zielsetzung können die Beladungsprobleme wie folgt klassifiziert werden:

- **Knapsackbeladungsproblem** Bei der Knapsackbeladung besitzt jede Kiste einen Wert. Das Knapsackproblem (Rucksackproblem) besteht darin, eine Teilmenge der Kisten, die in einen einzelnen Container passt, so zu wählen, dass der Gesamtwert maximal ist. Ist der Wert der Kisten die Volumengröße, so ist die Auswahl so zu treffen, dass der Leerraum minimal ist.
- **Strip Packing-Beladungsproblem** Bei dieser Beladung sollen alle Kisten in einen Container mit unendlicher Länge gepackt werden. Das Optimierungsproblem besteht darin, die Tiefe der Ladung zu minimieren.
- **Bin Packing-Beladungsproblem** Bei dieser Beladungsvariante sollen alle Kisten in möglichst wenige identische Container verladen werden.

Abb. 3.32 illustriert die unterschiedlichen Beladungsprobleme.

Eine differenzierte Typisierung der Beladungsproblemen, die sich in der Fachliteratur etabliert hat, findet sich bei Dyckhoff [1].

Literatur

1. Dykhoff H (1990) A topology of cutting and packing problem. Eur J Oper Res 44:145–159

Kapitel 4
Lineare Optimierungsprobleme

Die lineare Optimierung wird in vielen verschiedenen Bereichen eingesetzt. Sie wird dort angewendet, wo eine lineare Funktion zu minimieren bzw. maximieren ist unter Einhaltung von Nebenbedingungen. In der Fachliteratur wird die lineare Optimierung oft auch unter dem Begriff lineare Programmierung oder Operations Research geführt. Methoden zur Lösung von linearen Optimierungsproblemen wurden erstmalig im Zweiten Weltkrieg entwickelt und von den Alliierten auf Transportprobleme angewendet. Mit der Simplexmethode, die von G. B. Dantzig 1947 entwickelt wurde, finden lineare Optimierungen breite Anwendung in vielen Bereichen von Industrie und Wirtschaft. In diesem Kapitel wird das lineare Optimierungsproblem mathematisch formuliert, wobei je nach Suchraum zwischen ganzzahligem, gemischt-ganzzahligem, binärem und gemischt-binärem linearem Optimierungsproblem unterschieden wird. Als Beispiel eines binären linearen Optimierungsproblems wird das Mengenüberdeckungsproblem betrachtet. Weiterhin werden Beispiele aus dem Bereich Produktions- und Transportplanung angegeben.

Methoden zur Lösung von linearen Optimierungsproblemen, insbesondere die Simplexmethode, werden im Kap. 8 beschrieben.

4.1 Einführungsbeispiel (Produktionsproblem)

Ein Futtermittelhersteller produziert Hunde- und Katzenfutter, die aus einer Mischung von Huhn, Lamm und Rind bestehen. Die Mischungsverhältnisse und die Verfügbarkeit der Zutaten sind in der folgenden Tabelle angegeben:

	Verfügbarkeit	Hundefutter	Katzenfutter
Huhn [kg]	1200	4	6
Rind [kg]	2000	7	4
Lamm [kg]	800	3	4

Der Gewinn für die Hundefutter-Packung beträgt 10 € und für die Katzenfutter-Packung 7 €. Zu bestimmen ist die Anzahl der Hundefutter-Packungen x und die Anzahl der Katzenfutter-Packungen y, sodass der Gewinn maximal ist.

Der Produktionsplan kann wie folgt mathematisch formuliert werden:

Zielfunktion: $f(x, y) = 10x + 7y \to \max$

$$4x + 6y \leq 1200$$
Nebenbedingungen: $7x + 4y \leq 2000$
$$3x + 4y \leq 800$$

4.2 Standardform eines linearen Optimierungsproblems

Bei einem linearen Optimierungsproblem sind die Zielfunktion und die Nebenbedingungen linear.

Eine Funktion $f(x_1, \ldots, x_n)$ heißt *linear*, wenn sie von der folgenden Form ist:

$$f(x_1, \ldots, x_n) = c_1 x_1 + c_2 x_2 + \cdots + c_n x_n,$$

wobei $c_1, \ldots, c_n \in \mathbb{R}$ Konstanten sind.

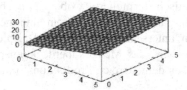

Graph der linearen Funktion
$f(x, y) = 4x + 2y$

Lineares Optimierungsproblem
Unter einem linearen Optimierungsproblem versteht man die Aufgabe, eine lineare Zielfunktion

$$f(x_1, \ldots, x_n) = c_1 x_1 + \cdots + c_n x_n$$

zu maximieren bzw. minimieren unter den Nebenbedingungen

$$a_{i1} x_1 + \cdots + a_{in} x_n \geq b_i, \quad i = 1, \ldots, k$$
$$b_{j1} x_1 + \cdots + b_{jn} x_n = d_j, \quad j = 1, \ldots, l$$
$$x_m \geq 0, \qquad m = 1, \ldots, n$$

Ungleichungen $\leq$ können durch Vorzeichenwechsel in eine Ungleichung $\geq$ über-geführt werden.

4.3 Anwendungsbeispiel (Transportproblem)

Ein Produzent einer Ware mit den Produktionsstätten A_1 und A_2 erhält den Auftrag, Waren an drei Warenhäuser B_1, B_2 und B_3 zu liefern. In der Fabrik A_1 liegen 15 LKW-Ladungen und in A_2 insgesamt 13 LKW-Ladungen der auszuliefernden Ware auf Lager. Die Nachfrage beträgt für das Warenhaus B_1 12, für B_2 7 und für B_3 9 LKW-Ladungen. Die Kosten in Geldeinheiten (GE) pro LKW-Ladung für den Transport der Waren von den Produktionsstätten zu den Warenhäusern sind in der Abb. 4.1 angegeben.

Zu bestimmen ist ein Transportplan, für den die gesamten Transportkosten minimal sind.

Mit x_{ik} wird die Menge bezeichnet, die von A_i nach B_k transportiert werden soll. Das Transportproblem kann als lineares Optimierungsproblem wie folgt dargestellt werden:

Lineares Optimierungsproblem

Zielfunktion: $\quad f(x_{11}, x_{12}, x_{13}, x_{21}, x_{22}, x_{23})$
$$= 5x_{11} + 3x_{12} + 4x_{13} + 2x_{21} + 4x_{22} + 6x_{23} \to min$$

Nebenbedingungen: $\quad \left. \begin{array}{l} x_{11} + x_{21} = 12 \\ x_{12} + x_{22} = 7 \\ x_{13} + x_{23} = 9 \end{array} \right\}$ Nachfrage

$$\left. \begin{array}{l} x_{11} + x_{12} + x_{13} \leq 15 \\ x_{12} + x_{22} + x_{23} \leq 13 \\ x_{ij} \geq 0 \end{array} \right\} \text{Angebot}$$

	B_1	B_2	B_3	Angebot [LKW]
A_1 [GE]	5	3	4	15
A_2 [GE]	2	4	6	13
Nachfrage [LKW]	12	7	9	28

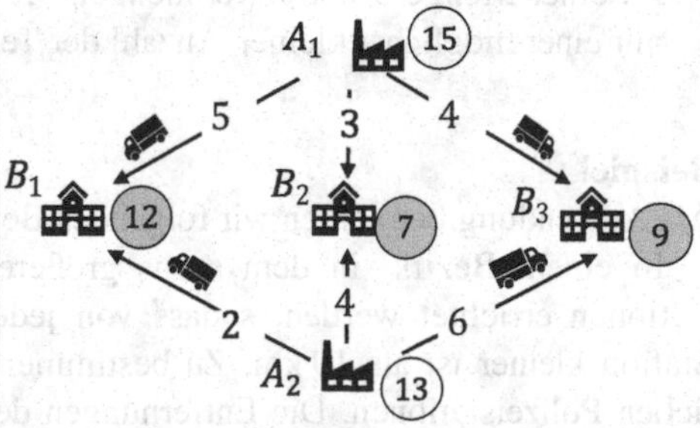

Abb. 4.1 Darstellung des Transportproblems als gerichteten Graphen, deren Kantengewichte die Transportkosten in Geldeinheiten (GE) sind

4.4   Ganzzahlige lineare Optimierungsprobleme

In vielen Anwendungen können die Variablen nur ganzzahlige Werte annehmen. Es macht zum Beispiel keinen Sinn, bei einer Einsatzplanung $9,2$ LKWs einzusetzen.

Ein lineares Optimierungsproblem mit der linearen Zielfunktion $f(x_1, \ldots, x_n)$ heißt *ganzzahlig, gemischt-ganzzahlig, binär* bzw. *gemischt-binär*, wenn für die Variablen $x_1, \ldots, x_n$ zusätzlich gilt:

Lineares Optimierungsproblem	Nebenbedingungen
ganzzahlig	$x_1, \ldots x_n \in \mathbb{Z}_+$
gemischt-ganzzahlig	$x_1, \ldots x_s \in \mathbb{Z}_+, \ x_{s+1}, \ldots, x_n \in \mathbb{R}_+$
binär	$x_1, \ldots x_n \in \{0,1\}$
gemischt-binär	$x_1, \ldots x_s \in \{0,1\}, \ x_{s+1}, \ldots, x_n \in \mathbb{R}_+$

$\mathbb{Z}_+$ = Menge der nichtnegativen ganzen Zahlen
$\mathbb{R}_+$ = Menge der nichtnegativen reellen Zahlen

Beispiele von binären linearen Optimierungsproblemen

- **Vehicle-Routing-Problem (VRP)** Nach der mathematischen Beschreibung 3.4.2 des VRP ist die zu minimierende Zielfunktion (Gesamtstrecke) sowie die Nebenbedingungen in den Binärvariablen linear. Das VRP kann somit als binäres lineares Optimierungsproblem aufgefasst werden.
- **Mengenüberdeckungsproblem** Unter einem *Mengenüberdeckungsproblem (Set Cover Problem)* versteht man folgende Optimierungsaufgabe:

> **Mengenüberdeckungsproblem**
> Zu einer Menge S und n Teilmengen M_i von S ist eine Überdeckung von S mit einer möglichst kleinen Anzahl der Teilmengen M_i zu bestimmen.

Beispiel
Als Anwendung betrachten wir folgendes Beispiel:

In einem Bezirk, in dem sechs größere Orte sich befinden, sollen Polizeistationen errichtet werden, sodass von jedem Ort aus die Entfernung zu einer Station kleiner ist als 10 km. Zu bestimmen ist die kleinste Anzahl der erforderlichen Polizeistationen. Die Entfernungen der Orte untereinander sind in Abb. 4.2 angegeben.

Sei M_i für jedes $i = 1, \ldots, 6$ die Menge aller Orte k, für die die Entfernung von dem Ort i zu dem Ort k kleiner ist als 10 km. Diese Mengen sind gegeben durch:

$$M_1 = \{1,3\}, M_2 = \{2,4\}, M_3 = \{1,3,6\}, M_4 = \{2,4,5\}, M_5 = \{4,5,6\}, M_6 = \{3,5,6\}$$

Stadt	1	2	3	4	5	6
1	0	14	9	12	16	19
2	14	0	16	7	20	22
3	9	16	0	13	12	9
4	12	7	13	0	8	18
5	16	20	12	8	0	7
6	19	22	9	18	7	0

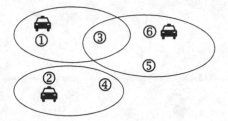

Abb. 4.2 Links: Entfernungstabelle, wobei die Entfernungen zwischen den Orten unter 10 grau markiert sind. Rechts: Eine zulässige Lösung mit drei Polizeistationen in den Orten 1, 2 und 6

Zu bestimmen ist die kleinste Anzahl dieser Mengen, die $M = \{1, \dots, 6\}$ überdecken. Dieses Mengenüberdeckungsproblem kann als binäres lineares Optimierungsproblem interpretiert werden, indem man die folgenden Binärvariablen x_i einführt:

$$x_i = \begin{cases} 1 & \text{Polizeistation wird im Ort } i \text{ gebaut} \\ 0 & \text{sonst} \end{cases}$$

Die Mengen M_i können als Ungleichungen in den Binärvariablen modelliert werden. Beispielsweise kann die Menge $M_4 = \{2,4,5\}$ durch die Ungleichung $x_2 + x_4 + x_5 \geq 1$ beschrieben werden. Ist die Ungleichung erfüllt, so ist $x_i = 1$ für mindestens ein $i \in M_4$ erfüllt, d. h. eine Polizeistation wird im Ort i gebaut. Damit liegen auch die restlichen Orte von M_4 in der 10 km-Zone.

Das entsprechende binäre lineare Optimierungsproblem ist gegeben durch:

Binäres lineares Optimierungsproblem

Zielfunktion: $f(x_1, \dots, x_6) = x_1 + x_2 + x_3 + x_4 + x_5 + x_6 \rightarrow min$

$$M_1 : x_1 + x_3 \geq 1$$
$$M_2 : x_2 + x_4 \geq 1$$
Nebenbedingungen: $M_3 : x_1 + x_3 + x_6 \geq 1$
$$M_4 : x_2 + x_4 + x_5 \geq 1$$
$$M_5 : x_4 + x_5 + x_6 \geq 1$$
$$M_6 : x_3 + x_5 + x_6 \geq 1$$

Eine minimale Lösung ist gegeben durch

$$\left(x_1^*, x_2^*, x_3^*, x_4^*, x_5^*, x_6^*\right) = (0,0,1,1,0,0).$$

Demnach sind nur Polizeistationen im Ort 3 und 4 erforderlich.

Kapitel 5
Multikriterielle Optimierungsprobleme

Man spricht von einem multikriteriellen Optimierungsproblem, wenn mehrere Zielfunktionen zu optimieren sind, wobei sie zueinander konkurrierend sein können.

Beispiel eines multikriteriellen Optimierungsproblems aus dem Bereich Produktionsplanung ist die Gewinnmaximierung bei gleichzeitiger Minimierung der Kosten. In diesem Kapitel wird das multikriterielle Optimierungsproblem an einem Beispiel aus dem Anwendungsbereich Transportplanung eingeführt.

Bei einem multikriteriellen Optimierungsproblem existiert im Allgemeinen keine eindeutig beste Lösung, deren Werte für alle zu optimierenden Funktionen optimal sind. Gesucht wird eine sogenannte Pareto-Menge aus dem Suchraum, deren Lösungen im gewissen Sinne gleich gut sind. Eine Lösung gehört zur Pareto-Menge und wird Pareto-optimal genannt, wenn es zu dieser Lösung keine Lösung gibt, die bessere Funktionswerte für alle Zielfunktionen besitzt. Das Konzept der Pareto-optimalen Lösungen wurde von dem italienischen Ingenieur Vilfredo Pareto Anfang des letzten Jahrhunderts eingeführt.

Die Bestimmung der Pareto-Menge mit klassischen Methoden werden im neunten Kapitel und mit naturanalogen Optimierungsmethoden im dritten Teil des Buches beschrieben.

5.1 Definitionen

Optimierungsprobleme, bei denen eine Zielfunktion optimiert werden soll, nennt man *einkriteriell*. Es gibt jedoch auch viele Probleme, in denen mehrere Zielfunktionen gleichzeitig zu optimieren sind. Solche Optimierungsaufgaben nennt man *multikriterielles Optimierungsproblem* (oder *Mehrziel-Optimierungsproblem*).

Ein Anwendungsbeispiel ist die optimale Motoreinstellung eines Verbrennungsmotors mit dem Ziel, den Kraftstoffverbrauch und Schadstoffausstoß zu minimieren sowie die Leistung zu maximieren. Diese Zielgrößen stehen in einer konkurrierenden Wechselbeziehung miteinander. Eine Steigerung des Drehmoments erhöht den Kraftstoffverbrauch und den Schadstoffausstoß, ein niedriger

R. Hollstein, *Optimierungsmethoden*, https://doi.org/10.1007/978-3-658-39855-2_5

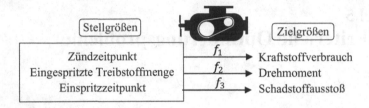

Abb. 5.1 Optimierung der Motoreinstellung, modelliert als multikriterielles Optimierungs-problem (Auswahl von Stell- und Zielgrößen)

Kraftstoffverbrauch wiederum verringert das Drehmoment. Die Optimierung erfolgt dynamisch in Abhängigkeit vom Betriebszustand des Motors (s. Abb. 5.1).

5.2 Multikriterielles Optimierungsproblem in der Grundversion

Ein multikriterielles Optimierungsproblem kann allgemein wie folgt formuliert werden (s. Abb. 5.2):

Multikriterielles Optimierungsproblem

Sei $S \subset \mathbb{R}^n$ eine nichtleere Teilmenge und $f_i : S \to \mathbb{R}, i = 1, \ldots, m$, gegebene Zielfunktionen. Ein multikriterielles Optimierungsproblem ist gegeben durch:

Minimiere/Maximiere: $f_i(x), i = 1, \ldots, m$, unter der Nebenbedingung $x \in M$

Der zulässige Bereich M kann beschrieben werden durch Ungleichungs-restriktionen $g(x) \geq 0$ und Gleichheitsrestriktionen $h(x) = 0$.

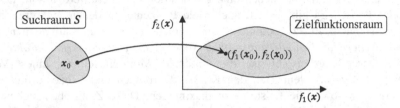

Abb. 5.2 Multikriterielles Optimierungsproblem mit den zwei Zielfunktionen f_1, f_2 im Suchraum S

5.3 Einführendes Beispiel

Ein Mitarbeiter einer Reederei hat die logistische Aufgabe, den Seetransport von Frachtgütern mittels eines Containerschiffs zu einem bestimmten Zeitpunkt zu organisieren. Das zur Verfügung stehende Containerschiff hat eine maximale Frachtkapazität von 1000 TEU. (Unter einem TEU versteht man einen Standard-Container von einer Länge von 20 Fuß.) Dem Mitarbeiter liegen 8 Angebote vor. In der folgenden Tabelle sind in der 2. Zeile für jedes Angebot die erforderlichen Kapazitäten und darunter der Gewinn in Währungseinheiten (WE) eingetragen. Aufgrund der beschränkten Kapazität von 1000 TEU können nicht alle Angebote angenommen werden. Weiterhin soll die Anzahl der Container minimiert werden, um Lade- und Löschzeiten, Löschkosten und Treibstoffverbrauch niedrig zu halten oder um Restkapazitäten für den Transport anderer Waren zu schaffen. Es stellt sich das Optimierungsproblem, die Angebote auszuwählen, die einen maximalen Gewinn bei minimaler Anzahl von Containern erzielen.

Angebot Nr.	1	2	3	4	5	6	7	8
Anzahl Container C_i	202	142	89	105	222	78	129	256
Gewinn (WE) G_i	344	183	125	201	151	136	78	46

Eine Auswahl der Angebote $1, \ldots, 8$ wird codiert durch den Binärvektor $x = (x_1, x_2, \ldots, x_8)$, wobei x_i gleich 1 gesetzt wird, wenn das Angebot i ausgewählt wird und 0 im anderen Fall. Mit G_i wird der Gewinn und mit C_i die Anzahl der erforderlichen Container für den Auftrag i bezeichnet. Es liegt folgendes multi-kriterielles Optimierungsproblem vor, wobei die Containeranzahl $f_1(x)$ zu minimieren und der Gewinn $f_2(x)$ zu maximieren ist.

Suchraum: $\quad M = \{x = (x_1, x_2, \ldots, x_8) : x_i \in \{0, 1\}, i = 1, \ldots, 8\}$

Minimiere: $\quad f_1(x) = \sum_{i=1}^{8} x_i \cdot C_i$

Maximiere: $\quad f_2(x) = \sum_{i=1}^{8} x_i \cdot G_i$

Nebenbedingung: $\quad g(x) = f_1(x) \leq 1.000$

Die zu minimierende Zielfunktion „Containeranzahl" und die zu maximierende Zielfunktion „Gewinn" stehen in einer konkurrierenden Wechselbeziehung. Vermindert man die Anzahl der Container, so vermindert sich der Gewinn, umgekehrt bei höherem Gewinn erhöht sich die Anzahl der Container. Für die in der unteren Tabelle ausgewählten Kombinationen können die Funktionswerte graphisch in einem Gewinn-Container-Diagramm dargestellt werden.

Auswahl	Angebote	Gewinn	Anzahl Container
$x^{(1)}$	1, 3, 6	369	605
$x^{(2)}$	4, 6, 8	439	383
$x^{(2)}$	5, 8	478	197
$x^{(4)}$	5, 7, 8	607	275
$x^{(5)}$	2, 4, 7, 8	632	508
$x^{(6)}$	3, 4, 7, 8	579	450
$x^{(7)}$	1, 3, 4, 7	525	748

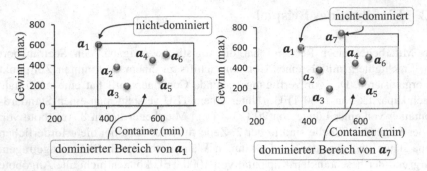

Abb. 5.3 Punkte innerhalb der Rechtecke werden von a_1 bzw. a_7 dominiert

Für jede Teilmenge $x^{(i)}$ von Angeboten kann man entsprechend der Containerzahl und des Gewinns den Punkt

$$a_i = \left(f_1\left(x^{(i)}\right), f_2\left(x^{(i)}\right) \right)$$

in dieses Gewinn-Container-Diagramm einzeichnen. Im linken Diagramm der Abb. 5.3 sind die Datenpunkte $a_1, \ldots, a_6$ eingetragen. Optimal ist der weit oben und weit links liegende Punkt a_1, da er im Vergleich zu den restlichen Punkten den größten Gewinn und die kleinste Containeranzahl aufweist. Alle restlichen Datenpunkte, die rechts unterhalb von a_1 bzw. in dem Rechteck mit dem linken oberen Eckpunkt a_1 liegen, sind schlechter als a_1. Dieses Rechteck nennt man *dominierter Bereich* von a_1 und die im dominierten Bereich liegenden Punkte werden von a_1 *dominiert* genannt. Fügt man den Datenpunkt a_7 hinzu, der außerhalb des dominierten Bereichs zu a_1 liegt, so dominiert a_7 die Punkte, die innerhalb des Rechtecks liegen, das a_7 als linken oberen Eckpunkt besitzt. Die Punkte a_1 und a_7 nennt man *nicht-dominiert*. Beide Punkte sind nicht vergleichbar, da jeder der beiden Lösungen in jeweils einem Funktionswert der anderen überlegen ist.

Betrachtet man alle Datenpunkte, so ergibt sich eine Datenwolke, die in der Abb. 5.4 dargestellt ist. Zu den schwarz berandeten Punkten gibt es keine anderen Punkte, die links oberhalb dieser Punkte liegen. Die restlichen Punkte können dagegen nicht optimal sein, da man einen besseren Punkt finden kann, der weiter oben und weiter links im Diagramm liegt. Die Menge der nicht-dominierten Punkte nennt man *Pareto-Front* und wird von den schwarz berandeten Punkten in Abb. 5.4 dargestellt.

5.4 Pareto-Dominanz

Im Folgenden betrachten wir multikriterielle Optimierungsprobleme mit zu minimierenden Zielfunktionen $f_i : M \to \mathbb{R}, i = 1, \ldots, n$, wobei M der Suchraum ist. Mit $f(x)$ wird die Vektorfunktion $f(x) = (f_1(x), \ldots, f_n(x))$ bezeichnet. Wir verwenden die abgekürzte Schreibweise

$$\min_{x \in M} \{ f_1(x), \ldots, f_n(x) \}.$$

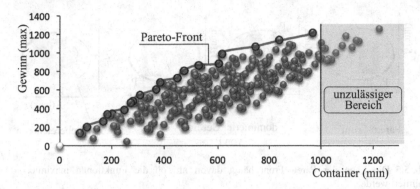

Abb. 5.4 Die Pareto-Front setzt sich aus den schwarz berandeten Punkten zusammen, die die Randpunkte dieser Datenwolke bilden. Datenpunkte mit einer Containeranzahl über 1000 sind nach Voraussetzung nicht zulässig.

Skalarfunktionen, die zu maximieren sind, können durch Multiplikation mit -1 ohne Änderung der Optimalpunkte in eine zu minimierende Funktion übergeführt werden.

Definitionen

- **Pareto-optimal** Eine zulässige Lösung x_0 im Suchraum M heißt *Pareto-optimal*, wenn es kein $x \in M$ existiert mit $f(x) \le f(x_0)$, d. h. $f_i(x) \le f_i(x_0)$ für alle $i = 1, \dots, n$.
- **Pareto-Menge** Die Menge aller Pareto-optimalen Lösungen aus M heißt *Pareto-Menge*.
- **Nicht-dominierter Punkt** Für einen Pareto-optimalen Punkt $x_0 \in M$ heißt der Funktionsvektor $f(x_0)$ *nicht-dominiert*.
- **Pareto-Front** Für die Pareto-Menge $P \subset M$ heißt die Menge
$$\{f(x) = (f_1(x), \dots, f_n(x)) : x \in P\}$$
Pareto-Front.
- **Dominierter Punkt** Gilt $f(x') \le f(x'')$ für zwei Punkte $x', x'' \in M$, so sagt man, dass x' den Punkt x'' im Suchraum und $f(x')$ den Funktionswert $f(x'')$ im Zielraum *dominiert*.

Eine Pareto-Menge besteht aus Lösungen, die in gewissem Sinne gleich gut sind, sodass der Optimierer aufgrund weiterer Überlegungen sich für einen Pareto-optimalen Punkt entscheiden muss.

Das Konzept der Pareto-Dominanz geht auf den italienischen Ingenieur und Ökonomen Vilfredo Pareto (1848–1923) zurück.

Abb. 5.5 zeigt, dass die Lage der Pareto-Front davon abhängt, ob die Zielfunktionen minimiert oder maximiert werden.

Beispiel
Gegeben sei
$$M = \left\{ x = (x_1, x_2) \in \mathbb{R}^2 : (x_1 - 1)^2 + (x_2 - 1)^2 \le 1, 0 \le x_1, x_2 \le 1 \right\}$$

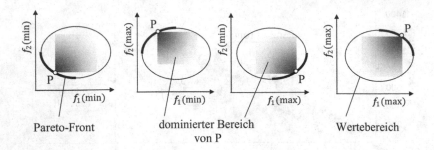

Abb. 5.5 Die Lage der Pareto-Front hängt davon ab, ob die Funktionen maximiert oder minimiert werden.

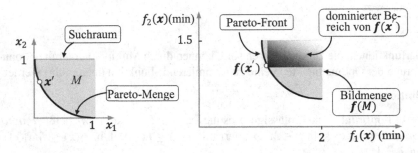

Abb. 5.6 Die Pareto-Menge und die Pareto-Front der Vektorfunktion f ist gegeben durch den Viertelkreis. Die Punkte, die von $f(x')$ dominiert werden, liegen in dem Rechteck, dessen linker unterer Eckpunkt $f(x')$ ist

eine Viertelkreisscheibe im $\mathbb{R}^2$ und $f(x) = (f_1(x), f_2(x))$ eine Vektorfunktion, definiert durch

$$f_1(x_1, x_2) = x_1 + 1 \text{ und } f_2(x_1, x_2) = x_2 + 0.5, \; x = (x_1, x_2) \in M.$$

Die Vektorfunktion f bewirkt eine Verschiebung des Suchraumes M in Richtung des Vektors $(1, 0.5)$. Die Pareto-Menge und die Pareto-Front zu f ist in Abb. 5.6 dargestellt.

Teil II
Klassische Optimierungsmethoden

Kapitel 6
Analytische Methoden

In diesem Kapitel werden Verfahren zur Optimierung von kontinuierlichen Funktionen mit den Methoden der Analysis vorgestellt. Die klassische Methode für die Extremwertbestimmung einer differenzierbaren Funktion mit einer Variablen ist die Berechnung der Nullstellen der Ableitungsfunktion. Weiterhin wird eine analytische Methode für Funktionen mit zwei Variablen beschrieben. Für die Optimierung von Funktionen mit mehreren Variablen unter Nebenbedingungen findet die Lagrange-Methode breite Anwendung. Mithilfe des Gradienten, angewendet auf die Lagrange Funktion, erhält man ein Gleichungssystem, dessen Lösungen Kandidaten für Extremstellen der zu optimierenden Funktion sind. Der Gradient ist ein Vektor, dessen Komponenten aus den partiellen Ableitungen einer Funktion besteht. Numerisch können die Extremstellen von Funktionen mit dem Gradientenverfahren bestimmt werden, indem man in der Nähe einer lokalen Extremstelle startet und in Richtung des positiven bzw. negativen Gradienten fortschreitet, bis keine Verbesserung des Zielwertes erzielt wird. Bei der Suche nach einem lokalen Maximum ist die Fortschreitungsrichtung der positive Gradient und im Fall des Minimums der negative Gradient. Das Gradientenverfahren kommt in vielen Verfahren des maschinellen Lernens zur Anwendung, die im letzten Teil des Buches näher beschrieben werden.

6.1   Grundbegriffe der Analysis

6.1.1   Definitionen

- **Norm in $\mathbb{R}^n$**

Die Norm (Euklidische Norm) $\|x\|$ von $x = (x_1, \ldots, x_n) \in \mathbb{R}^n$ ist definiert durch

$$\|x\| = \sqrt{x_1^2 + \cdots + x_n^2}.$$

- **δ-Umgebung**

Für eine Zahl $\delta > 0$ heißt die Menge U_δ aller $x \in \mathbb{R}^n$ mit

$$\|x - a\| < \delta$$

δ-Umgebung von a.

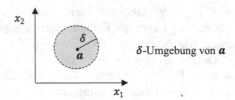

δ-Umgebung von a

- **Konvergenz einer Folge**

Eine Folge (x_n) in $\mathbb{R}^n$ *konvergiert gegen* $a \in \mathbb{R}^n$, wenn zu jedem $\varepsilon > 0$ ein $n_0 \in \mathbb{N}$ existiert mit

$$\|x_n - a\| < \varepsilon \text{ für alle } n \geq n_0.$$

Schreibweise: $\lim\limits_{n \to \infty} x_n = a$.

Beispiel: Es gilt für die Folge $x_n = \left(1, \frac{1}{n}\right)$ in $\mathbb{R}^2$: $\lim\limits_{n \to \infty} x_n = (1, 0)$.

Denn zu einem $\varepsilon > 0$ gibt es ein $n_0 \in \mathbb{N}$ mit $\frac{1}{n_0} < \varepsilon$, sodass für alle $n \geq n_0$ gilt:

$$\|x_n - (1, 0)\| = \left\|\left(0, \frac{1}{n}\right)\right\| = \sqrt{\frac{1}{n^2}} = \frac{1}{n} \leq \frac{1}{n_0} < \varepsilon.$$

- **Stetigkeit einer Funktion**

Eine auf $S \subseteq \mathbb{R}^n$ definierte Funktion $f: S \to \mathbb{R}$ heißt *stetig in* x_0, wenn für jede (!) Folge (x_n) in S mit $\lim\limits_{n \to \infty} x_n = x_0$ gilt

$$\lim\limits_{n \to \infty} f(x_n) = f(x_0).$$

Eine Funktion heißt *stetig in S*, wenn sie in jedem Punkt $x \in S$ stetig ist.

Eine Funktion $f:[a,b] \to \mathbb{R}$ ist stetig, wenn f im Intervall $[a,b]$ keine Sprungstellen besitzt, d. h. der Graph von f kann mit einem Stift ohne Absetzen gezeichnet werden.

- **Kompakte Teilmenge in $\mathbb{R}^n$**

  - Eine Teilmenge $S \subset \mathbb{R}^n$ heißt *beschränkt*, wenn es für jedes $1 \leq i \leq n$ untere und obere Schranken m_i und M_i existieren mit $m_i \leq x_i \leq M_i$ für alle $x = (x_1, \ldots, x_n) \in S$.
  - Eine Teilmenge $S \subset \mathbb{R}^n$ heißt *abgeschlossen*, wenn alle Randpunkte von S zu S gehören. Ein Punkt $x_0 \in \mathbb{R}^n$ heißt *Randpunkt* von S, wenn in jeder δ-Umgebung von x_0 Punkte in S und im Komplement $\mathbb{R}^n \backslash S$ liegen.
  - Eine abgeschlossene und beschränkte Teilmenge $S \subset \mathbb{R}^n$ heißt *kompakt*.

6.2 Der Satz vom Maximum und Minimum

Die Frage, wann eine kontinuierliche Funktion $f: S \to \mathbb{R}$ in $S \subset \mathbb{R}^n$ ein Maximum und Minimum besitzt, beantwortet der folgende Hauptsatz der Mathematik:

> **Der Satz vom Maximum und Minimum (Satz von Weierstraß)**
> Jede Funktion $f: S \to \mathbb{R}$, die stetig auf einer kompakten Menge $S \subset \mathbb{R}^n$ ist, ist in S beschränkt und nimmt dort ein Maximum und ein Minimum an.

Dieser Satz ist eine Existenzaussage und liefert nicht die Extremstellen.

Die folgenden Funktionen, die jeweils eine der drei Voraussetzungen des Satzes vom Maximum **nicht** erfüllen, besitzen kein Maximum in ihren Definitionsbereichen (s. Abb. 6.1).

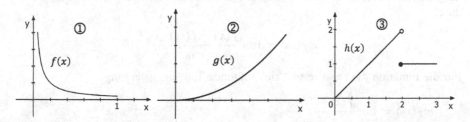

Abb. 6.1 ① $f(x)$ ist im beschränkten, aber nicht abgeschlossenen Intervall $(0,1]$ stetig, besitzt jedoch dort kein Maximum. ② Die in dem abgeschlossenen unbeschränkten Intervall $[0,\infty)$ stetige Funktion $g(x)$ besitzt ebenfalls kein Maximum. ③ Die im Punkt 2 unstetige Funktion $h(x)$ hat im abgeschlossenen, beschränkten Intervall $[0,3]$ kein Maximum, da es zu jedem $x \in [0,3]$ ein $x' \in [0,3]$ gibt mit $h(x) < h(x')$.

- $f : (0,1] \to \mathbb{R}, f(x) = \frac{1}{x}$
- $g : [0,\infty) \to \mathbb{R}, g(x) = x^2$
- $h : [0,3] \to \mathbb{R}, h(x) = \begin{cases} x, x \in [0,2) \\ 1, x \in [2,3] \end{cases}$

6.3 Ableitung einer Funktion

6.3.1 Sekanten- und Tangentensteigung

Gegeben sei die Funktion $f(x) = x^2$.

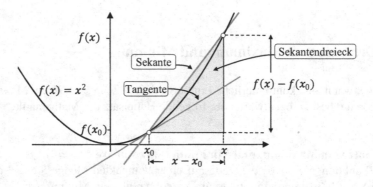

Sekantensteigung Die Steigung $m_S(x_0)$ der Sekante zwischen den Kurven-punkten $(x_0, f(x_0))$ und $(x, f(x))$ ist gegeben durch den sogenannten *Differenzen-quotienten*

$$m_S(x_0) = \frac{f(x) - f(x_0)}{x - x_0}.$$

Tangentensteigung Lässt man x gegen x_0 gehen, so geht die Sekante über in die Tangente und man erhält die *Tangentensteigung* $m_T(x_0)$ im Kurvenpunkt $(x_0, f(x_0))$ durch

$$m_T(x_0) = \lim_{x \to x_o} \frac{f(x) - f(x_0)}{x - x_0}.$$

Für die Funktion $f(x) = x^2$ ergibt sich folgende Tangentensteigung:

$$m_T(x_0) = \lim_{x \to x_o} \frac{f(x) - f(x_0)}{x - x_0}$$
$$= \lim_{x \to x_o} \frac{x^2 - x_0^2}{x - x_0} = \lim_{x \to x_o} \frac{(x - x_0) \cdot (x + x_0)}{x - x_0} = \lim_{x \to x_o} (x + x_0) = 2x_0.$$

Ist beispielsweise $x_0 = 3$, so ist die Steigung der Tangente im Kurvenpunkt (3,9) gleich 6.

6.3.2 Ableitung einer Funktion

Die Ableitung einer Funktion $f(x)$ im Punkt x_0 gibt die Steigung der Funktionskurve im Kurvenpunkt $(x_0, f(x_0))$ an. Sie ist als Steigung der Tangente an die Kurve in diesem Punkt definiert.

Eine Funktion $f(x)$ heißt an einer Stelle x_0 *differenzierbar*, wenn der Grenzwert

$$\lim_{x \to x_o} \frac{f(x) - f(x_0)}{x - x_0} = f'(x_0)$$

existiert. Dieser Grenzwert $f'(x_0)$ heißt die *Ableitung* von f an der Stelle x_0.

Eine Funktion $f(x)$ heißt *in D differenzierbar*, wenn f in jedem Punkt $x \in D$ differenzierbar ist. Die Funktion $f'(x)$ mit $x \in D$ heißt die Ableitung von $f(x)$.

$f(x)$ heißt in D stetig differenzierbar, wenn $f(x)$ in D differenzierbar ist und die Ableitung $f'(x)$ in D stetig ist.

Ableitung höherer Ordnung Ist f' in D ebenfalls differenzierbar, so kann die Ableitung von f' gebildet werden und man erhält die zweite Ableitung $f''(x)$ von $f(x)$. Entsprechend sind Ableitungen höherer Ordnung bildbar.

6.3.3 Beispiele von Ableitungen und Ableitungsregeln

Ableitungen einiger elementarer Funktionen in ihren Definitionsbereichen

$f(x)$	$x^\alpha,\ \alpha \in \mathbb{R}$	e^x	$\ln(x)$	$\sin(x)$	$\cos x$
$f'(x)$	$\alpha x^{(\alpha-1)}$	e^x	$\dfrac{1}{x}$	$\cos(x)$	$-\sin(x)$

Die Ableitung weiterer elementarer Funktionen, sowie Funktionen, die sich aus elementaren Funktionen zusammensetzen, können mithilfe der folgenden Ableitungsregeln hergeleitet werden.

Ableitungsregeln

Summenregel: $(f + g)' = f' + g'$
Faktorregel: $(cf)' = cf', \quad c \in \mathbb{R}$
Produktregel: $(f \cdot g)' = f' \cdot g + f \cdot g'$
Quotientenregel: $\left(\dfrac{f}{g}\right)' = \dfrac{f' \cdot g - f \cdot g'}{g^2}$
Kettenregel: $\big(f(g(x))\big)' = f'(g(x)) \cdot g'(x)$

Beispiel: $\left(x^5 e^x\right)' = \left(x^5\right)' e^x + x^5 (e^x)' = 5x^4 e^x + x^5 e^x.$

6.4   Extremwertbestimmung für Funktionen mit einer Variablen

Kandidaten für lokale Extremwerte sind solche Punkte x_0, in denen die Ableitung gleich null ist. An einem Extremum verläuft die Tangente waagrecht. Diese Bedingung ist notwendig, aber nicht hinreichend, da in Sattelpunkten die Tangenten ebenfalls waagrecht verlaufen. Eine Funktion $f(x)$ hat in x_0 einen *Sattelpunkt,* wenn die Ableitung $f'(x)$ in x_0 ein lokales Extremum besitzt mit $f'(x_0) = 0$ (s. Abb. 6.2).

Es gelten die folgenden Kriterien für Extrema von differenzierbaren Funktionen mit einer Variablen.

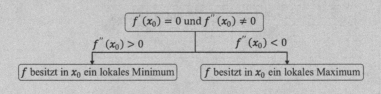

Notwendige Bedingung für ein Extremum von $f : [a, b] \to \mathbb{R}$ in $x_0 \in (a, b)$:

$$f'(x_0) = 0$$

Hinreichende Bedingung für ein Extremum von $f : [a, b] \to \mathbb{R}$ in $x_0 \in (a, b)$

$f'(x_0) = 0$ und $f''(x_0) \neq 0$

$f''(x_0) > 0$ $f''(x_0) < 0$

f besitzt in x_0 ein lokales Minimum f besitzt in x_0 ein lokales Maximum

Gilt $f'(x_0) = f''(x_0) = 0$, so müssen höhere Ableitungen untersucht werden, bis erstmals für eine Ableitung $f^{(n)}(x_0) \neq 0$ gilt. Ist $f^{(n)}(x_0) < 0$ (bzw. $f^{(n)}(x_0) > 0$), so liegt an der Stelle x_0 ein lokales Maximum (bzw. lokales Minimum) vor, wenn

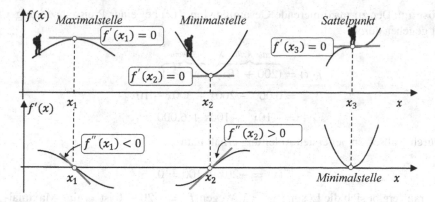

Abb. 6.2 Maximalstelle: Ein virtueller Wanderer auf der Wertelandschaft geht zunächst berg-auf, d. h. die Steigung $f'(x)$ ist positiv. Am Ende des Aufstiegs erreicht er die Maximalstelle in x_1, an der die Steigung null ist und die Tangente waagrecht verläuft. Beim Weiterlaufen geht er bergab und die Ableitung f' wird negativ. Da f' monoton fallend ist, ist die Steigung von f' bzw. die zweite Ableitung f'' in der Umgebung von x_1 negativ. **Minimalstelle:** Umgekehrt ist f' in der Umgebung der Minimalstelle x_2 monoton steigend, d. h. f'' ist dort positiv. **Sattelpunkt:** In einem Sattelpunkt hat die Ableitung f' in x_3 eine Extremstelle (hier Minimalstelle)

n gerade ist. Ist $f^{(n)}(x_0) \neq 0$ für ein ungerades n, so besitzt $f(x)$ in x_0 einen Sattel-punkt.

Bei der analytischen Methode wird das Optimierungsproblem in ein Null-stellenproblem übergeführt:

Optimierungsproblem   Nullstellenproblem

$$f(x) \to min/max \longrightarrow f'(x) = 0$$

Zur Bestimmung der Nullstellen von f' existieren verschiedene numerische Ver-fahren wie zum Beispiel das Newton-, Regula Falsi- oder das Sekantenverfahren, mit denen man iterativ die Nullstellen mit beliebiger Genauigkeit berechnen kann, sofern Konvergenz vorliegt. In manchen Fällen können die Nullstellen auch direkt berechnet werden.

Beispiel: Aus $f'(x) = e^{3x} - 2 = 0$ folgt $e^{3x} = 2$, $3x = \ln e^{3x} = \ln 2$ und damit $x = \frac{1}{3} \ln 2$.

Anwendungsbeispiel
Ein Händler verkauft in einem Zeitraum 200 Artikel eines Produkts X mit einem Gewinn von 30 € je Artikel bei einem Verkaufspreis von 300 €. Nach Markt-analysen können bei einer Preisreduktion von einem Euro insgesamt 10 Artikel X mehr verkauft werden. Gesucht ist der optimale Verkaufspreis.

Lösung: Der zu maximierende Gesamtgewinn $f(x)$ bei einer Preisreduzierung x ist gegeben durch.

$$f(x) = \overbrace{(200+10x)}^{Anzahl\ Artikel\ X} \cdot \overbrace{(30-x)}^{Gewinn}$$
$$= 6.000 - 200x + 300x - 10x^2$$
$$= -10x^2 + 100x + 6.000.$$

Durch Nullsetzen der ersten Ableitung erhält man

$$f'(x) = -20x + 100 = 0.$$

Hieraus ergibt sich die Lösung $x_0 = 5$. Wegen $f'' = -20 < 0$ ist x_0 eine Maximalstelle. Der optimale Verkaufspreis des Artikels X ist somit 295 €.

6.5 Extremwertbestimmung für Funktionen mit zwei Variablen

6.5.1 Partielle Ableitungen

Sei $f(x,y)$ eine Funktion von x und y.

Partielle Ableitung von f nach x: $f(x,y)$ heißt in (x_0,y_0) *partiell nach x differenzierbar*, wenn der folgende Grenzwert existiert:

$$f_x(x_0, y_0) = \lim_{x \to x_0} \frac{f(x, y_0) - f(x_0, y_0)}{x - x_0}$$

Partielle Ableitung von f nach y: $f(x,y)$ heißt in (x_0, y_0) *partiell nach y differenzierbar*, wenn der folgende Grenzwert existiert:

$$f_y(x_0, y_0) = \lim_{y \to y_0} \frac{f(x_0, y) - f(x_0, y_0)}{y - y_0}.$$

Bildet man die partiellen Ableitungen in den variablen Punkten (x,y), so erhält man die Funktionen $f_x(x, y)$ und $f_y(x,y)$.

Alternative Schreibweise: $f_x = \frac{\partial f}{\partial x}$ und $f_y = \frac{\partial f}{\partial y}$.

Partielle Ableitungen höherer Ordnung Die Funktionen $f_x(x,y)$ und $f_y(x,y)$ können nochmals nach x und y abgeleitet werden, sofern sie partiell differenzierbar sind. Man erhält die partiellen Ableitungen zweiter Ordnung: $f_{xx}(x,y)$, $f_{xy}(x,y)$, $f_{yx}(x,y)$ und $f_{yy}(x,y)$.

Beispiel

Bei der Berechnung der partiellen Ableitung nach einer Variablen kann die andere Variable als Konstante aufgefasst werden.

Für $f(x,y) = 1 - x^2 - y^2$ gilt:

$$f_x(x,y) = -2x, f_y(x,y) = -2y,$$

$$f_{xx}(x,y) = -2, f_{xy}(x,y) = 0, f_{yx}(x,y) = 0 \text{ und } f_{yy}(x,y) = -2.$$

Geometrische Deutung

Die Funktion $z = f(x,y)$ beschreibt eine Fläche im Raum. P sei der Flächenpunkt $(x_0, y_0, f(x_0, y_0))$ (s. Abb. 6.3).

- Hält man y_0 fest, so entsteht eine Funktion $f(x,y_0)$ mit der einzigen Variablen x. Der Graph dieser Funktion ist eine Flächenkurve, die man erhält, wenn man die Fläche mit der zur xz-Ebene parallelen Ebene $y = y_0$ schneidet. Die partielle Ableitung $f_x(x_0, y_0)$ ist die Steigung der Tangente an dieser Schnittkurve im Punkt P.
- Bei festgehaltenem x_0 beschreibt die Funktion $f(x_0,y)$ die Schnittkurve, die entsteht, wenn man die Fläche mit der zur yz-Ebene parallelen Ebene $x = x_0$ schneidet. Die Steigung der Tangente an dieser Schnittkurve in P ist $f_y(x_0,y_0)$.

6.5.2 Notwendige Bedingung für ein Extremum

Eine Fläche, die durch eine Funktion $f(x,y)$ beschrieben wird, besitzt im Maximum- bzw. Minimumpunkt $P = P(x_0, y_0, f(x_0, y_0))$ eine waagrechte Tangentialebene. Jede in der Fläche liegende und durch P gehende Kurve hat dort ebenfalls ein Maximum- bzw. Minimumpunkt und somit eine waagrechte

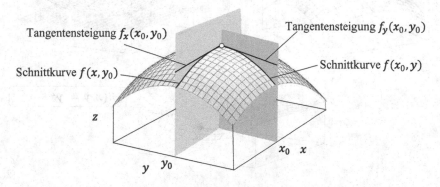

Abb. 6.3 Geometrische Deutung der partiellen Ableitungen in (x_0, y_0)

Tangente. Dies gilt insbesondere für die Flächenkurven in Richtung der x- bzw. y-Achse. Somit sind die partiellen Ableitungen $f_x(x_0, y_0)$ und $f_y(x_0, y_0)$ gleich null. Damit gelten die folgenden notwendigen Bedingungen für das Vorhandensein eines Maximums bzw. Minimums in (x_0, y_0).

Notwendige Bedingung für ein Extremum von $f(x, y)$ in (x_0, y_0) :

$$f_x(x_0, y_0) = 0 \text{ und } f_y(x_0, y_0) = 0$$

Ein Punkt (x_0, y_0) heißt *stationärer Punkt* von $f(x,y)$, wenn die partiellen Ableitungen erster Ordnung in (x_0, y_0) null sind. Stationäre Punkte können Extremstellen, aber auch Sattelpunkte sein. Betrachtet man zum Beispiel die Funktion $h(x,y) = y^2 - x^2$, so sind die partiellen Ableitungen

$$h_x(x,y) = -2x \text{ und } h_y(x,y) = 2y$$

im Nullpunkt null, d. h. $(0,0)$ ist ein stationärer Punkt von $h(x,y)$. Ein im Nullpunkt befindlicher Bergsteiger auf der Wertelandschaft von $h(x,y)$ würde in Richtung der x-Achse bergab und in Richtung der y-Achse bergauf gehen. Somit liegt im Nullpunkt kein Extremalpunkt, sondern ein Sattelpunkt vor (s. Abb. 6.4).

Zur Bestimmung von hinreichenden Bedingungen für das Vorhandensein von Extremstellen betrachten wir zunächst folgendes Beispiel.

Beispiel Gegeben sei die Funktion

$$f(x,y) = x^2 + y^2 - 3xy.$$

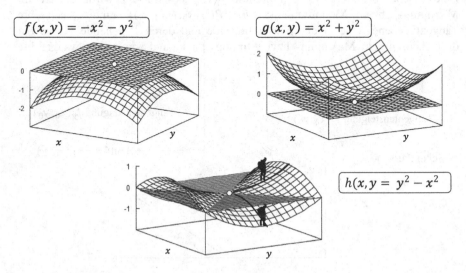

Abb. 6.4 Horizontale Tangentialebene in einem Maximalpunkt, Minimalpunkt und in einem Sattelpunkt

Der Graph dieser Funktion ist unten abgebildet. Wir betrachten die drei Flächen-kurven.

$$① f(x,0) = x^2 \; ② f(0,y) = y^2 \text{ und } ③ f(x,x) = 2x^2 - 3x^2 = -x^2,$$

die sich im Nullpunkt schneiden. Ein im Nullpunkt befindlicher virtueller Wanderer würde in Richtung der x- und y-Richtung bergauf und in Richtung der Winkel-halbierenden $y = x$ bergab laufen. Somit liegt im Nullpunkt **kein** Extremum vor.

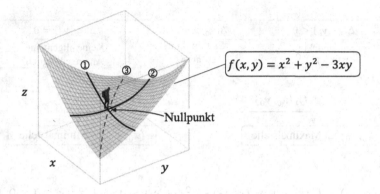

Für die partiellen Ableitungen 1. Ordnung im Nullpunkt gilt:

$$f_x(x,y) = 2x - 3y, \; f_x(0,0) = 0$$

$$f_y(x,y) = 2y - 3x, \; f_y(0,0) = 0$$

Demnach ist der Nullpunkt ein stationärer Punkt von f. Aus

$$f_{xx}(x,y) = 2 \text{ und } f_{yy}(x,y) = 2$$

folgt, dass $f_{xx}(0,0)$ und $f_{yy}(0,0)$ positiv sind. Offenbar genügt es nicht, zum Nach-weis eines Extremums die Vorzeichen der partiellen Ableitungen f_{xx} und f_{yy} zu überprüfen.

Bei der Formulierung der hinreichenden Bedingungen muss auch das Verhalten der Funktion zwischen den Hauptachsen berücksichtigt werden. Dies führt zum Begriff der Hesse-Matrix, in der die gemischten Ableitungen $f_{xy} = f_{yx}$ einbezogen werden.

Hesse-Matrix
Die Hesse-Matrix ist definiert durch:

$$H_f(x_0, y_0) = \begin{pmatrix} f_{xx}(x_0, y_0) \; f_{xy}(x_0, y_0) \\ f_{xy}(x_0, y_0) \; f_{yy}(x_0, y_0) \end{pmatrix}$$

Mit $\Delta(x_0, y_0)$ wird die Determinante von $H_f(x_0, y_0)$ bezeichnet:

$$\Delta(x_0, y_0) = f_{xx}(x_0, y_0) \cdot f_{yy}(x_0, y_0) - f_{xy}^2(x_0, y_0)$$

6.5.3 Hinreichende Bedingung für lokale Extrema

Die Funktion $f(x,y)$ habe in (x_0, y_0) stetige zweite partielle Ableitungen und (x_0, y_0) sei stationärer Punkt von $f(x,y)$, d. h.

$$f_x(x_0, y_0) = f_y(x_0, y_0) = 0.$$

Dann gilt:

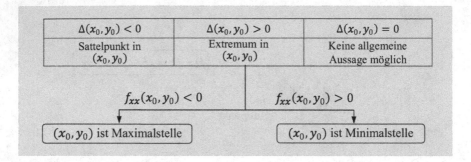

$\Delta(x_0, y_0) < 0$	$\Delta(x_0, y_0) > 0$	$\Delta(x_0, y_0) = 0$
Sattelpunkt in (x_0, y_0)	Extremum in (x_0, y_0)	Keine allgemeine Aussage möglich

$f_{xx}(x_0, y_0) < 0$ $f_{xx}(x_0, y_0) > 0$

(x_0, y_0) ist Maximalstelle (x_0, y_0) ist Minimalstelle

Aus $\Delta(x_0, y_0) = f_{xx}(x_0, y_0) \cdot f_{yy}(x_0, y_0) - f_{xy}^2(x_0, y_0) > 0$ und $f_{xx}(x_0, y_0) > 0$ folgt auch $f_{yy}(x_0, y_0) > 0$. Ebenso ist $f_{yy}(x_0, y_0) < 0$, wenn $\Delta(x_0, y_0) > 0$ und $f_{xx}(x_0, y_0) < 0$ gilt.

Im Fall $\Delta(x_0, y_0) = 0$ versagt das Kriterium und es müssen andere Verfahren zur Extremwertbestimmung verwendet werden. Stationäre Punkte (x_0, y_0) einer Funktion $f(x, y)$ mit $\Delta(x_0, y_0) = 0$ können Maximalstellen, Minimalstellen oder Sattelpunkte sein (Beispiele hierzu in Abb. 6.5).

Beispiel
Gesucht sind die Abmessungen einer Schachtel ohne Deckel mit vorgegebenem Volumen V, sodass die Herstellungskosten (d. h. Oberfläche) minimal sind.

Lösung: Die zu minimierende Oberfläche ist gegeben durch die Funktion

$$O(x,y,z) = xy + 2xz + 2yz$$

mit der Nebenbedingung $V = xyz$.

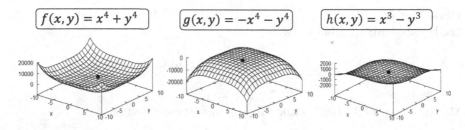

$f(x, y) = x^4 + y^4$ $g(x, y) = -x^4 - y^4$ $h(x, y) = x^3 - y^3$

Abb. 6.5: Funktionen, für die $\Delta(0,0) = 0$ gilt

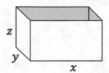

Ersetzt man in der Funktion $O(x,y,z)$ die Variable z durch $z = V/xy$, so erhält man die folgende zu minimierende Funktion:

$$f(x,y) = xy + 2x \cdot \frac{V}{xy} + 2y \cdot \frac{V}{xy}$$
$$= xy + \frac{2V}{y} + \frac{2V}{x}.$$

Nullsetzen der partiellen Ableitungen erster Ordnung ergibt

$$f_x(x,y) = y - \frac{2V}{x^2} = 0, f_y(x,y) = x - \frac{2V}{y^2} = 0.$$

Erweitert man die erste Gleichung mit x^2 und die zweite Gleichung mit y^2, so erhält man die Gleichungen

$$yx^2 = 2V, xy^2 = 2V,$$

woraus $yx^2 = xy^2$ und damit $x = y$ folgt. Wegen $x^3 = 2V$ ist $x = y = \sqrt[3]{2V}$.

Die Funktion $f(x,y)$ kann höchstens im Punkt $(x_0, y_0) = \left(\sqrt[3]{2V}, \sqrt[3]{2V} \right)$ eine Minimalstelle besitzen. Zur Bestimmung von $\Delta(x_0, y_0)$ sind die partiellen Ableitungen zweiter Ordnung von $f(x,y)$ zu berechnen:

$$f_{xx} = \frac{4V}{x^3}, \quad f_{yy} = \frac{4V}{y^3}, \quad f_{xy} = 1.$$

Hieraus folgt

$$\Delta(x_0, y_0) = f_{xx}(x_0, y_0) \cdot f_{yy}(x_0, y_0) - f_{xy}^2(x_0, y_0)$$
$$= \frac{4V}{2V} \cdot \frac{4V}{2V} - 1 = 3 > 0.$$

Wegen $f_{xx}(x_0, y_0) = 2 > 0$ ist $(x_0, y_0) = \left(\sqrt[3]{2V}, \sqrt[3]{2V} \right)$ Minimalstelle von $f(x,y)$. Die zugehörige Höhe z_0 ergibt sich aus

$$z_0 = \frac{V}{x_0 \cdot y_0} = \frac{V}{\sqrt[3]{(2V)^2}} = \frac{1}{2} \cdot \frac{\sqrt[3]{(2V)^3}}{\sqrt[3]{(2V)^2}} = \frac{1}{2} \cdot \sqrt[3]{2V} = \frac{1}{2}x_0 = \frac{1}{2}y_0.$$

Resultat: Eine Schachtel ohne Deckel mit minimaler Oberfläche ist ein Quader, dessen Grundfläche ein Quadrat und dessen Höhe die halbe Grundseite ist (s. Abb. 6.6).

Die hier beschriebenen analytischen Methoden sind erweiterbar auf Funktionen mit mehr als zwei Variablen. Die Methode ist jedoch für eine größere Anzahl von Variablen nicht sehr effizient.

Abb. 6.6 Schachtel ohne
Deckel mit minimaler
Oberfläche bei gegebenem
Volumen V

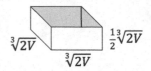

6.6   Lagrange-Methode

Die Lagrange-Methode ist ein Verfahren zur Optimierung von Funktionen mit
mehreren Variablen unter Nebenbedingungen. Bei diesem Verfahren spielt der
sogenannte *Gradient* einer Funktion eine zentrale Rolle.

6.6.1   Gradient einer Funktion

Zu einer Funktion $f(x_1,\ldots,x_n)$ mit stetigen partiellen Ableitungen erster Ordnung
heißt der Vektor

$$\nabla f(\tilde{x}_1,\ldots,\tilde{x}_n) = \begin{pmatrix} f_{x_1}(\tilde{x}_1,\ldots,\tilde{x}_n) \\ \vdots \\ f_{x_n}(\tilde{x}_1,\ldots,\tilde{x}_n) \end{pmatrix}$$

Gradient von f an der Stelle $(\tilde{x}_1,\ldots,\tilde{x}_n)$.

Der Operator ∇, der die Skalarfunktion $f(x_1,\ldots,x_n)$ auf die Vektorfunktion
$\nabla f(x_1,\ldots,x_n)$ abbildet, wird *Nabla-Operator* genannt.

$$f(x_1,\ldots,x_n) \xrightarrow{\nabla = \begin{pmatrix} \frac{\partial}{\partial x_1} \\ \vdots \\ \frac{\partial}{\partial x_n} \end{pmatrix}} \begin{pmatrix} f_{x_1}(x_1,\ldots,x_n) \\ \vdots \\ f_{x_n}(x_1,\ldots,x_n) \end{pmatrix}$$

Beispiel: Sei $f(x,y) = x^2 + y^2$. Der Gradient von f an der Stelle $(1,2)$ ist
gegeben durch

$$\nabla f(x,y) = \begin{pmatrix} f_x(x,y) \\ f_y(x,y) \end{pmatrix} = \begin{pmatrix} 2x \\ 2y \end{pmatrix}, \nabla f(1,2) = \begin{pmatrix} 2 \\ 4 \end{pmatrix}.$$

6.6.2 Richtungsableitung

Sei $n = (n_1, \ldots, n_k)$ ein normierter Vektor (Richtungsvektor) mit $\|n\| = \sqrt{n_1^2 + \cdots + n_k^2} = 1$. Dann heißt für eine Funktion $f(x_1, \ldots, x_k)$ der Grenzwert

$$\frac{\partial f}{\partial n} = \lim_{h \to 0} \frac{f\left(\widetilde{x}_1 + h \cdot n_1, \ldots, \widetilde{x}_k + h \cdot n_k\right)}{h}$$

Richtungsableitung von f an der Stelle $(\widetilde{x}_1, \ldots, \widetilde{x}_k)$, sofern der Grenzwert existiert (s. Abb. 6.7).

Die Richtungsableitung kann bestimmt werden mithilfe des Gradienten. Es gilt:

$$\frac{\partial f}{\partial n}(x_1, \ldots, x_k) = n \cdot \nabla f(x_1, \ldots, x_k) \text{ (Skalarprodukt)}$$

$$= n_1 \cdot f_{x_1}(x_1, \ldots, x_k) + \cdots + n_k \cdot f_{x_k}(x_1, \ldots, x_k).$$

Für die kanonischen Einheitsvektoren $e_i = (0, \ldots, 1, \ldots, 0)$, deren Komponenten bis auf die i-te Komponente 0 sind und in der i-ten Komponente den Wert 1 annimmt, gilt damit

$$\frac{\partial f}{\partial e_i} = \frac{\partial f}{\partial x_i}.$$

Beispiel: Sei $f(x, y) = x^2 + x \cdot y$ und $n = \left(\frac{1}{\sqrt{2}}, \frac{1}{\sqrt{2}}\right)$. Es gilt

$$\frac{\partial f}{\partial n}(x, y) = \frac{1}{\sqrt{2}} \cdot f_x(x, y) + \frac{1}{\sqrt{2}} \cdot f_y(x, y) = \frac{1}{\sqrt{2}}(2x + y) + \frac{1}{\sqrt{2}}x.$$

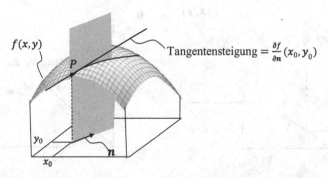

Abb. 6.7 Durch den vertikalen Schnitt in Richtung des normierten Vektors n entsteht auf der Fläche $z = f(x, y)$ eine Schnittkurve. Die Steigung der Tangente an diese Flächenkurve im Flächenpunkt $P(x_0, y_0, f(x_0, y_0))$ ist dann gegeben durch die Richtungsableitung $\frac{\partial f}{\partial n}(x_0, y_0)$.

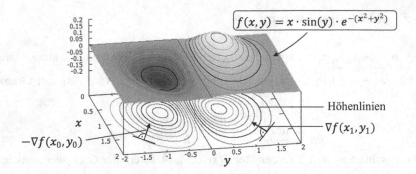

Abb. 6.8 Die Höhenlinien stellen eine 2D-Landkarte der 3D-Wertelandschaft von $z = f(x,y)$ dar. Die Gradienten von $f(x,y)$ stehen senkrecht in der xy-Ebene auf den Höhenlinien

Die Richtungsableitung im Punkt (1,2) ist gegeben durch

$$\frac{\partial f}{\partial n}(1,2) = \frac{4}{\sqrt{2}} + \frac{1}{\sqrt{2}} = \frac{5}{\sqrt{2}}.$$

6.6.3 Höhenlinie

Zu einer Funktion $z = f(x,y)$ nennt man Schnittkurven mit den Ebenen $z =$ konstant (Ebenen parallel zur xy-Ebene) *Höhenlinie*n (s. Abb. 6.8).

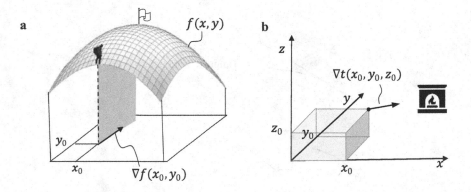

Abb. 6.9 (**a**) Ein virtueller Bergsteiger auf der Wertelandschaft von $f(x,y)$, der auf dem Weg zum Berggipfel den stärksten Anstieg wählt, muss stets in Richtung des Gradienten laufen. (**b**) In einem Temperaturfeld $t(x,y,z)$ zeigt der Gradient (Temperaturgradient) im Punkt $P(x_0, y_0, z_0)$ in Richtung des größten Temperaturanstiegs

Es gilt:

Für eine Funktion $f(x, y)$ steht der Gradient $\nabla f(x_0, y_0)$ senkrecht auf der Höhenlinie mit der Höhe $c = f(x_0, y_0)$.

6.6.4 Eigenschaften des Gradienten

Satz: Der Gradient $\nabla f(\tilde{x}_1, \ldots, \tilde{x}_k)$ zeigt im Punkt $(\tilde{x}_1, \ldots, \tilde{x}_k)$ in Richtung des stärksten Anstiegs (s. Abb. 6.9).

Dies folgt aus

$$\frac{\partial f}{\partial n}(\tilde{x}_1, \ldots, \tilde{x}_k) = n \cdot \nabla f(\tilde{x}_1, \ldots, \tilde{x}_k)$$

$$= \underbrace{\|n\|}_{1} \cdot \|\nabla f(\tilde{x}_1, \ldots, \tilde{x}_k)\| \cos \alpha$$

$$= \|\nabla f(\tilde{x}_1, \ldots, \tilde{x}_k)\| \cdot \cos \alpha$$

und der Eigenschaft $\cos \alpha < \cos 0 = 1$ für alle $\alpha \in (0, \pi]$, wobei α der Winkel zwischen $\nabla f(\tilde{x}_1, \ldots, \tilde{x}_k)$ und n ist.

Der Maximalanstieg ist damit gegeben durch $\|\nabla f(\tilde{x}_1, \ldots, \tilde{x}_k)\|$.

Satz: In der Gegenrichtung besitzt der negative Gradient $-\nabla f$ im Punkt $(\tilde{x}_1, \ldots, \tilde{x}_k)$ die Richtung des stärksten Abstiegs.

6.6.5 Lagrange-Funktion

Mit der Lagrange-Funktion kann folgendes Optimierungsproblem gelöst werden:

Optimierungsaufgabe: Gesucht sind die Extremstellen einer Funktion $z = f(x, y)$ unter der Nebenbedingung $g(x, y) = 0$.

Geometrisch beschreibt die Funktion $z = f(x, y)$ eine Fläche im Raum und die Gleichung $g(x, y) = 0$ stellt eine Kurve in der xy-Ebene dar. Die Extremwerte liegen dann auf der Fläche senkrecht über der Kurve $g(x, y) = 0$. Ist (x_0, y_0) eine lokale Extremstelle, so berührt die Höhenlinie $f(x, y) = d$ mit $d = f(x_0, y_0)$ die Kurve $g(x, y) = 0$ im Punkt (x_0, y_0) (s. Abb. 6.10). Daraus folgt, dass die Gradienten $\nabla f(x_0, y_0)$ und $\nabla g(x_0, y_0)$ parallel oder antiparallel sind, d. h. es gibt ein $\lambda \in \mathbb{R}$ mit

$$\nabla f(x_0, y_0) = -\lambda \nabla g(x_0, y_0),$$

sofern $\nabla g(x_0, y_0) \neq 0$.

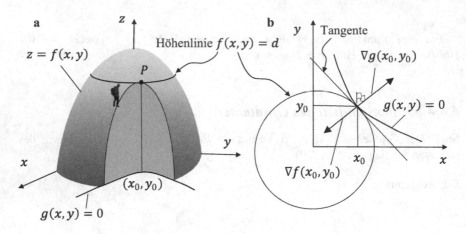

Abb. 6.10 Illustration der Lagrange-Methode. (a) Ein virtueller Wanderer kann auf der Werte-landschaft $z = f(x,y)$ das Maximum unter der Bedingung $g(x,y) = 0$ erreichen, indem er längs der Schnittkurve senkrecht über der in der xy-Ebene liegenden Kurve $g(x,y) = 0$ bis zum höchsten Punkt P läuft. (b) Die Höhenlinie $f(x,y) = d$ in Höhe von P berührt die Kurve $g(x,y) = 0$ in der xy-Ebene im Punkt (x_0, y_0), d. h. beide Kurven haben im Kurvenpunkt (x_0, y_0) eine gemeinsame Tangente, ansonsten würden sich die Kurven in (x_0, y_0) schneiden. Da die Gradienten von $f(x,y)$ und $g(x,y)$ senkrecht auf ihren Höhenlinien bzw. den Tangenten stehen, sind die Vektoren $\nabla f(x_0, y_0)$ und $\nabla g(x_0, y_0)$ kollinear, d. h. es gilt $\nabla f(x_0, y_0) = -\lambda \nabla g(x_0, y_0)$ für eine reelle Zahl $\lambda \neq 0$.

Definition
Die Funktion

$$L(x,y,\lambda) = f(x,y) + \lambda g(x,y), \lambda \in \mathbb{R}$$

heißt *Lagrange-Funktion* und die Variable λ *Lagrange-Multiplikator*.

Wendet man den Gradienten auf die Lagrange-Funktion an, so erhält man

$$\nabla L(x,y,\lambda) = \nabla f(x,y) + \lambda \nabla g(x,y).$$

Ist (x_0, y_0) ein lokale Extremstelle von $f(x,y)$, so gilt dann wegen $\nabla f(x_0, y_0) = -\lambda \nabla g(x_0, y_0)$

$$\nabla L(x_0, y_0, \lambda) = \mathbf{0}$$

für ein $\lambda \in \mathbb{R}$. Alle lokale Extremstellen von $f(x,y)$ sind somit unter der Bedingung $g(x,y) = 0$ Lösungen der Gleichung $\nabla L(x,y,\lambda) = \mathbf{0}$. Die Variable λ ist eine Hilfsgröße, wobei die Lösungen (x,y) nicht von λ abhängen.

6.6.6 Lagrange-Methode

Zur Bestimmung der lokalen Extremstellen einer Funktion $f(x,y)$ unter der Nebenbedingung $g(x,y) = 0$ führe man folgende Schritte aus:

1. Setze $L(x,y,\lambda) = f(x,y) + \lambda g(x,y)$, $\lambda \in \mathbb{R}$
2. Bestimme alle Lösungen der Gleichung $\nabla L(x,y,\lambda) = 0$ bzw. löse das
   Gleichungssystem

$$L_x(x,y,\lambda) = f_x(x,y) + \lambda g_x(x,y) = 0$$

$$L_y(x,y,\lambda) = f_y(x,y) + \lambda g_y(x,y) = 0$$

$$L_\lambda(x,y,\lambda) = g(x,y) = 0.$$

Alle lokale Extremstellen sind Lösungen des Gleichungssystems. Es muss noch
überprüft werden, ob bei diesen Lösungen tatsächlich lokale Extremstellen vorliegen.

6.6.7 Anwendungsbeispiel

Im Folgenden wenden wir die Lagrange-Methode auf die Optimierungsaufgabe 2.3 an, bei der die Höhe h und der Radius r einer zylindrischen Dose zu
bestimmen sind, sodass bei gegebenem Volumen V die Oberfläche minimal ist.

Die mathematische Formulierung lautet nach 2.3:

Zielfunktion: $f(h, r) = 2\pi r^2 + 2\pi rh$

Nebenbedingung: $g(h, r) = \pi r^2 h - V = 0$

Lagrange-Methode
1. Setze $L(h, r, \lambda) = 2\pi r^2 + 2\pi rh + \lambda(\pi r^2 h - V)$
2. Aus $\nabla L = 0$ ergibt sich das Gleichungssystem
   - (i) $L_h = 2\pi r + \lambda \pi r^2 = 0$
   - (ii) $L_r = 4\pi r + 2\pi h + 2\lambda \pi rh = 0$
   - (iii) $L_\lambda = \pi r^2 h - V = 0$

Berechnung der Lösungen: Aus (i) folgt $\lambda = -\frac{2}{r}$.

Abb. 6.11 Zylindrische Dose
mit minimaler Oberfläche bei
gegebenem Volumen V

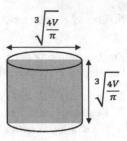

Eingesetzt in (ii) ergibt

$$4\pi r + 2\pi h - 4\pi h = 4\pi r - 2\pi h = 0$$

und damit

$$h = 2r.$$

Aus (iii) folgt $2\pi r^3 = V$ und demnach $r = \sqrt[3]{\frac{V}{2\pi}}$. Es gilt dann

$$h = 2r = 2\sqrt[3]{\frac{V}{2\pi}} = \sqrt[3]{\frac{4V}{\pi}}.$$

Als einzige Lösung liegt hier ein absolutes Minimum vor.

Resultat:
Eine zylindrische Dose mit quadratischem Aufriss besitzt minimale Oberfläche bei
gegebenem Volumeninhalt V (s. Abb. 6.11).

6.6.8 Lagrange-Methode für Funktionen mit mehr als zwei Variablen

Sinngemäß kann die Lagrange-Methode auch auf Funktionen $f(x_1, \ldots, x_n)$ unter
der Nebenbedingung $g(x_1, \ldots, x_n) = 0$ angewendet werden. Hierzu führe man
folgende Schritte aus:

1. Setze $L(x_1, \ldots, x_n, \lambda) = f(x_1, \ldots, x_n) + \lambda g(x_1, \ldots, x_n), \lambda \in \mathbb{R}$
2. Bestimme alle $\boldsymbol{x} = (x_1, \ldots, x_n)$ mit $\nabla L(\boldsymbol{x}, \lambda) = \boldsymbol{0}$.

6.7 Gradientenverfahren

Das Gradientenverfahren ist ein numerisches Verfahren zur Bestimmung eines
nächstgelegenen lokalen Minimums bzw. Maximums. Dabei schreitet man von
einem Startpunkt ausgehend in Richtung des negativen bzw. positiven Gradienten

fort, bis keine Verbesserung des Zielwertes erzielt wird. Das Gradientenverfahren spielt eine zentrale Rolle bei der Optimierung von neuronalen Netzen (vgl. Teil IV).

Im Folgenden wird das Gradientenabstiegsverfahren mit vereinfachter Schrittweitenberechnung beschrieben.

6.7.1 Ablauf des Gradientenabstiegsverfahrens

Eingabe: Eine Funktion $f(x_1, \ldots, x_n)$ mit stetigen partiellen Ableitungen erster Ordnung und eine Schrittweite $0 < \alpha < 1$
Gesucht: Lokales Minimum von $f(x_1, \ldots, x_n)$

0. Wähle Anfangspunkt $x = (x_1, \ldots, x_n)$ in der Nähe der zu bestimmenden lokalen Minimalstelle.
1. Setze $x' = x - \alpha \cdot \nabla f(x)$
2. Setze $x = x'$

Wiederhole die Schritte 1 und 2, bis eine Abbruchbedingung erfüllt ist.

Ausgabe: Beste gefundene Lösung x'

Mögliche Abbruchbedingung

- Es gilt $|f(x') - f(x)| < \varepsilon$ für eine Schranke ε.
- Es gilt $\nabla f(x') = 0$.
- Das Erreichen einer vorgegebenen Anzahl von Iterationsschritten.

Abb. 6.12 zeigt graphisch den Ablauf des Gradientenabstiegsverfahrens mit vereinfachter Schrittweitenberechnung.

Mit dem Gradientenabstiegsverfahren kann zwar das globale Minimum nicht gefunden werden. Aber man kann mit verschiedenen Startwerten lokale Minima ermitteln und sich mit dem besten Wert der ermittelten lokalen Minima zufriedengeben.

Abb. 6.13 illustriert beispielhaft das Gradientenabstiegsverfahren.

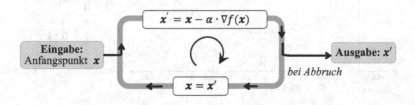

Abb. 6.12 Ablauf des Gradientenabstiegsverfahrens mit vereinfachter Schrittweitenberechnung

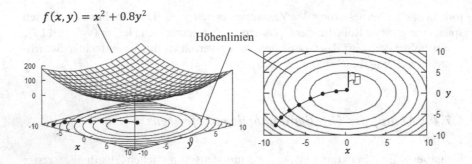

Abb. 6.13 Bei dem Gradientenabstiegsverfahren erfolgt in jeder Iteration die Fortschreitungs-richtung in Richtung des negativen Gradienten bzw. senkrecht zu den Höhenlinien.

Beispiel
Zu bestimmen ist das Minimum der Funktion $f(x) = x^2 - 2x + 2$ mithilfe des Gradientenabstiegsverfahren. Der Startwert sei $x_0 = 0$, die Schrittweite sei $\alpha = 0.2$ und es sollen drei Iterationsschritte durchgeführt werden.

Lösung Der Gradient von $f(x)$ ist gegeben durch $\nabla f(x) = f'(x) = 2x - 2$. Die Iterationsfolge des Gradientenabstiegsverfahren lautet somit

$$x_{i+1} = x_i - \alpha \cdot \nabla f(x_i) = x_i - 0.2 \cdot (2x_i - 2)$$
$$= 0.6 \cdot x_i + 0.4.$$

Die Ergebnisse sind in Abb. 6.14 angegeben.

6.7.2 Schrittweitenbestimmung

Die Schrittweite α hat wesentlichen Einfluss auf die Performance des Verfahrens. Ist die Schrittweite zu groß, so können im Iterationsverlauf globale Minima über-

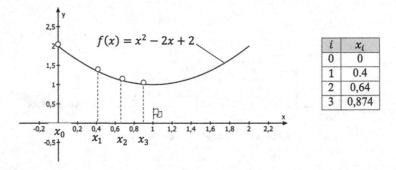

i	x_i
0	0
1	0.4
2	0,64
3	0,874

Abb. 6.14 Gradientenabstiegsverfahren, angewendet auf die Funktion $f(x) = x^2 - 2x + 2$ mit Startwert $x_0 = 0$. Das absolute Minimum liegt in $x^* = 1$.

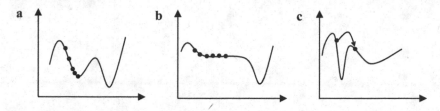

Abb. 6.15 Mögliche Probleme während des Gradientenabstiegsverfahrens (**a**) Verfahren bleibt in einem lokalen Minimum hängen. (**b**) Stillstand in einer flach verlaufenden Kurve bei sehr kleinen Gradienten (**c**) Verfahren schießt über das Ziel hinaus, wenn beispielsweise der Gradient an einem steilen Hang betragsmäßig sehr groß wird

sprungen werden. Bei zu kleinen Schrittweiten benötigt die Methode zu viele Iterationen, wodurch der Rechenaufwand erhöht wird. Es gibt eine Vielzahl von Varianten zur adaptiven Schrittweitenbestimmung. Einfache Varianten werden im Folgenden beschrieben:

- Zu Beginn wählt man eine größere Schrittweite α und erniedrigt schrittweise α, indem man beispielsweise die Schrittweite in jedem Iterationsschritt um einen Faktor $0 < \gamma < 1$ verkleinert.
- Hat sich die Richtung des Gradienten in einem Iterationsschritt nicht verändert, so erhöhe man die Schrittweite um einen Faktor $1 < \gamma$ und im anderen Fall um einen Faktor $0 < \gamma < 1$.
- Hat sich in einem Iterationsschritt der Funktionswert verbessert (verkleinert), so behalte die Schrittweite α bei, im anderen Fall halbiere α.

Abb. 6.15 illustriert die möglichen Probleme, die bei dem Gradientenabstiegsverfahren auftreten können.

6.7.3   Gradientenverfahren zur Bestimmung lokaler Maxima

Bei der Bestimmung lokaler Maxima mithilfe des Gradientenverfahrens schreitet man in Richtung des stärksten Anstiegs voran. Man berechnet in jedem Iterationsschritt die neue Position x' mittels der Formel

$$x' = x + \alpha \cdot \nabla f(x)$$

für eine Schrittweite α.

Weitere Varianten des Gradientenverfahrens zur Effizienzverbesserung werden in Kap. 23 beschrieben.

Kapitel 7
Methoden zur Lösung kombinatorischer Optimierungsprobleme

Eine einfache Methode zur Bestimmung einer optimalen Lösung von kombinatorischen Optimierungsproblemen ist die Enumerationsmethode, bei der für alle Lösungen des Suchraums die Zielfunktion berechnet wird. Die Lösung mit dem besten Funktionswert stellt die optimale Lösung dar. Dieses Verfahren ist jedoch nur für kleine Eingabegrößen anwendbar. Effektiver ist das Branch-and-Bound-Verfahren, bei dem versucht wird, die vollständige Enumeration auf Teilbereiche einzuschränken. Ein weiteres Verfahren, das ebenfalls die optimale Lösung liefert, ist die Dynamische Programmierung. Bei dieser Methode wird das Optimierungsproblem in kleinere Teilprobleme zerlegt und die optimale Lösung aus den optimalen Lösungen der Teilprobleme ermittelt.

Für viele kombinatorischen Optimierungsprobleme kann das Optimum bei größeren Eingabegrößen nicht mehr in akzeptabler Zeit exakt bestimmt werden. Für komplexere Optimierungsprobleme finden daher sogenannte heuristische Verfahren Anwendung, die zwar nicht notwendigerweise die beste Lösung liefern, jedoch in akzeptabler Zeit gute Lösungen finden. Ein heuristisches Verfahren, das allgemein angewendet werden kann, ist das Greedy-Verfahren. Das Grundprinzip dieser Methode besteht darin, in jedem Verfahrensschritt den momentan besten Folgeschritt auszuwählen. Ist beispielsweise die kürzeste Rundreise gesucht, so wählt man nach der Greedy-Methode als nächste zu besuchende Stadt die Stadt aus, die am nächsten liegt. Ein weiteres heuristisches Verfahren ist die einfache lokale Suche. Bei dieser Methode wird versucht, eine aktuelle Lösung iterativ zu verbessern, indem in der Nachbarschaft der aktuellen Lösung eine bessere Lösung gesucht wird. Zur Lösung von kombinatorischen Optimierungsproblemen wird ebenfalls häufig die Methode der Tabu-Suche angewendet. Bei diesem heuristischen Verfahren wird versucht, mithilfe einer Tabuliste bei der lokalen Suche zu verhindern, nicht wiederholt zu bereits gefundenen Lösungen zurückzukehren.

R. Hollstein, *Optimierungsmethoden*, https://doi.org/10.1007/978-3-658-39855-2_7

7.1 Enumerationsmethode

Die *Enumerationsmethode (Brute-Force-Methode)* ist ein Verfahren, das mit
Sicherheit das Optimum findet. Dabei werden alle Lösungen aufgezählt und
bewertet. Die beste bewertete Lösung ist die optimale Lösung.

Anwendungsbeispiel (Rucksackproblem)
Ein Transportunternehmen erhält Angebote für den Transport von drei Gütern
G_1, G_2 und G_3 mit einem LKW mit unterschiedlichen Vergütungen (siehe untenstehende Tabelle). Die maximale Zuladung beträgt 7 t. Gesucht ist die Auswahl
der Güter mit maximalen Einnahmen.

	€	t
G_1	300	1
G_2	150	4
G_3	200	3

Die Auswahl der Güter kann codiert werden als Binärvektor (x_1, x_2, x_3), wobei
$x_i = 1$ gesetzt wird, wenn G_i ausgewählt wird und 0 im anderen Fall. Alle Binär-
kodierungen der Auswahlmöglichkeiten können erzeugt werden, indem ein
Binärbaum wie in Abb. 7.1 aufgespannt wird. Nach Bewertung aller Beladungsmöglichkeiten ist die Auswahl der Güter G_1 und G_3 unter Berücksichtigung der
Ladungskapazität optimal.

Insgesamt gibt es bei drei Gütern $2^3 = 8$ verschiedene Beladungsmöglichkeiten
(vgl. 3.2.1). Allgemein gibt es bei n Objekten 2^n verschiedene Auswahlmöglichkeiten, für $n = 30$ können bereits 1073.741.824 verschiedene Teilmengen gebildet
werden. Für größere n ist die Enumerationsmethode nicht mehr praktikabel.

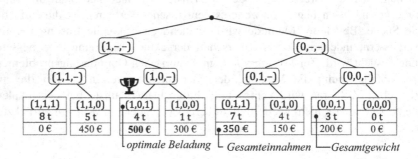

Abb. 7.1 Binärer Suchbaum zur Bestimmung aller Beladungsmöglichkeiten. Im linken Ast wird
die jeweilige Komponente auf 1 und im rechten Ast auf 0 gesetzt. Optimal ist die Auswahl der
Güter G_1 und G_3.

7.2 Branch-and-Bound-Verfahren

Das *Branch-and-Bound-Verfahren (Verzweigungs- und Begrenzungsverfahren)* ist eine exakte Methode zur Lösung von kombinatorischen Optimierungsproblemen. Die Grundidee besteht darin, die vollständige Enumeration auf Teilbereiche des Suchraumes einzuschränken.

7.2.1 Die Methode des Branch-and-Bound-Verfahrens

Betrachten wir hierzu eine zu minimierende Funktion $f(x)$ im Suchraum S (Bei einem Maximierungsproblem minimiere man $-f(x)$.)

Branch-Verfahren
Bei dem Branch-Verfahren partitioniert man den Suchraum nach und nach mit geeigneten Zerlegungstechniken in Teilmengen, um frühzeitig suboptimale Teilmengen aussondern zu können.

Bound-Verfahren
In den Teilmengen bestimmt man jeweils eine untere und obere Schranke. Eine obere Schranke ist gegeben durch den bisher kleinsten berechneten Funktionswert $f(x_0)$ mit $x_0 \in S$. Ist in einer Teilmenge die untere Schranke nicht kleiner als die obere Schranke, so braucht dieser Teilsuchraum nicht weiter untersucht zu werden. Im anderen Fall muss man die Teilmenge weiter zerlegen (s. Abb. 7.2).

Beendigung des Branch-and-Bound-Verfahrens
Man fährt mit der Zerlegung so lange fort, bis für alle Teilsuchräume die untere Schranke mindestens so groß ist wie die kleinste obere Schranke $f(x_1)$. Die optimale Lösung ist dann gegeben durch x_1.

Als Beispiel hierzu betrachten wir die folgende Optimierungsaufgabe.

Abb. 7.2 Bei einem Minimierungsproblem braucht der Teilsuchraum M nicht weiter untersucht werden, falls $f(x) \geq f(x_0)$ für alle $x \in M$ für ein $x_0 \in S$ gilt.

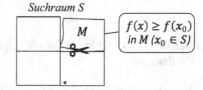

7.2.2 Branch-and-Bound-Verfahren für das TSP

Ein Paketdienst soll 5 Pakete an 5 verschiedenen Orten A, B, C, D und E mit Startpunkt A liefern. Der Fahrer soll dabei aus Zeit- und Kostengründen die kürzeste Route wählen.

Gegeben ist die untenstehende Entfernungstabelle. Bei dem Problem des Handlungsreisenden kann man in einfacher Weise brauchbare untere Schranken und obere Schranken für Teilmengen (Teilgraphen) des Suchraumes S bestimmen ($S =$ Menge der Permutationen über $A, \ldots, E$).

	A	B	C	D	E
A	-	2	3	1	6
B	2	-	3	5	2
C	3	3	-	4	7
D	1	5	4	-	5
E	6	2	7	5	-

Obere Schranke Der exakte Wert beispielsweise der Route ABECDA ist 16 und stellt eine obere Schranke der optimalen Tour dar. Eine obere Schranke wird immer dann aktualisiert, wenn eine vollständige Route mit einer kürzeren Weglänge gefunden wurde.

Untere Schranke Eine brauchbare untere Schranke M für einen Teilgraphen erhält man, indem man für jeden Knoten i das arithmetische Mittel der Weglängen der zwei kostengünstigsten Kanten, die zu i führen, bildet und diese Werte für alle Knoten i aufaddiert.

Entfernt man etwa die Strecke AB und legt die Strecken AC und EA fest, so entsteht der folgende Teilgraph.

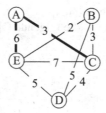

Eine untere Schranke N für eine optimale Lösung in diesem Teilgraphen ergibt sich dann aus

$$N = 0.5 \cdot [(AC + AE) \overset{\bullet}{+} (BE + BC) + (CB + CA) + (DC + DB) + (EA + EB)]$$
$$= 0.5 \cdot [(3 + 6) + (2 + 3) + (3 + 3) + (4 + 5) + (6 + 2)]$$
$$= 18.5.$$

Die untere Schranke N des Teilgraphen ist größer als die obere Schranke 16. Dieser Teilgraph braucht somit nicht weiter untersucht werden, da er keine optimale Lösung erzeugen kann.

Bei dem Branch-and-Bound-Verfahren erzeugt man systematisch Teilgraphen, mit dem Ziel, den Suchraum zu verkleinern.

Branch-Verfahren
Das Branch Verfahren erzeugt zwei Kinder (Teilgraphen). Beim ersten Kind wird eine Strecke festgelegt, beim zweiten wird diese Strecke entfernt. Sind in einem Punkt zwei Strecken bereits festgelegt, so werden die restlichen in diesem Punkt entfernt. (Bei einer Tour gibt es in einem Punkt immer nur eine hinführende und eine wegführende Strecke.) Sind es genau zwei Strecken, so sind diese festzulegen. Bei jedem Teilgraphen müssen in einem Punkt stets mindestens zwei Strecken angrenzen (sonst ist eine Tour nicht bildbar).

Bound-Verfahren
Wenn in einem Teilgraphen die untere Schranke größer ist als eine bekannte obere Schranke, so muss der Teilgraph nicht weiter ausgewertet werden, da er keine optimale Lösung erzeugen kann. Bei dem Beispiel ist es sinnvoll, zunächst nur die Teilgraphen mit der kleinsten unteren Grenze weiter zu untersuchen, um eventuell frühzeitig Teilgraphen abschneiden zu können.

Beendigung des Branch-and-Bound-Verfahrens
Das Branch-and-Bound-Verfahren ist beendet, wenn für alle Teilgraphen die untere Schranke mindestens so groß ist wie die kleinste obere Schranke oder alle nicht abgeschnittenen Teilsuchräume nur eine Lösung enthalten. Der exakte Wert der Tour ACBEDA ist 14 und stellt damit eine obere Grenze der optimalen Tour dar (s. Abb. 7.3). Alle Teilsuchräume mit einer höheren unteren Schranke als 14 brauchen somit nicht weiter untersucht zu werden. Wie aus dem Diagramm zu entnehmen ist, ist demnach die Tour ACBEDA die optimale Tour.

7.3 Dynamische Programmierung

Optimalitätsprinzip von Bellmann
Nach dem Optimalitätsprinzip von Bellmann setzt sich jede optimale Lösung aus optimalen Teillösungen zusammen (s. Abb. 7.4).

Die Dynamische Programmierung basiert auf dem Optimalitätsprinzip von Bellmann. Sie ist eine exakte Optimierungsmethode, bei der das Optimierungsproblem in kleinere Teilprobleme zerlegt wird. Beginnend mit dem kleinsten Teilproblem werden die optimalen Lösungen der Teilprobleme bestimmt und die Teilergebnisse zwischengespeichert. Bei der Berechnung einer optimalen Lösung des nächstgrößeren Teilproblems wird dabei auf die Zwischenlösungen

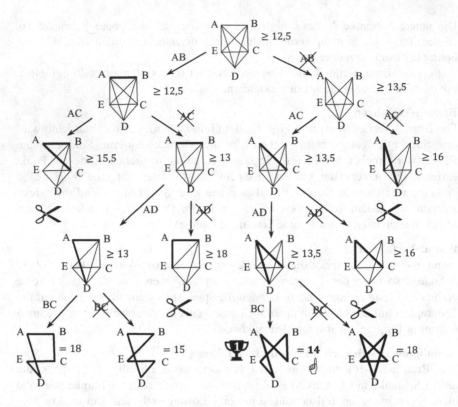

Abb. 7.3 Lösung des Problems des Handlungsreisenden mithilfe des Branch-and-Bound-Verfahrens. Dabei können ganze Teilbäume abgeschnitten werden, ohne diese weiter auszuwerten zu müssen. Die Zahlen neben den Teilgraphen geben eine untere Schranke der minimalen Routenlänge bzw. neben der vollständigen Route die exakte Weglänge an. Die optimale Route ist ACBEDA.

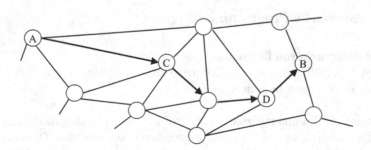

Abb. 7.4 Illustration des Bellmannschen Optimalitätsprinzips. In einem Straßennetz (dargestellt als Graph) sei die kürzeste Route R von A nach B (Pfeilrichtung) bekannt. Dann ist auch jede Teilroute zwischen zwei Knoten (hier C und D) die kürzeste Verbindung zwischen diesen beiden Knoten. Denn gäbe es eine kürzere Route, so könnte man die Route von A nach B verkürzen und R wäre nicht die kürzeste Route.

zurückgegriffen, wodurch die Laufzeit reduziert werden kann, da auf diese Weise Wiederholungen vermieden werden. Das Verfahren wird so lange wiederholt, bis das ursprüngliche Optimierungsproblem gelöst ist.

Die Methode der Dynamischen Programmierung soll mit dem folgenden Beispiel veranschaulicht werden:

Dynamische Programmierung für ein Rucksackproblem

Gegeben seien fünf quaderförmige Pakete mit gleicher Grundfläche und unterschiedlicher Höhe h, die mit 1 bis 5 durchnummeriert werden und deren Inhalte unterschiedliche Werte w haben. Gesucht ist eine Auswahl dieser Pakete, die in einen quaderförmigen Behälter gleicher Grundfläche mit einer Höhe $H = 8$ gepackt werden sollen, sodass der Gesamtwert maximal ist. Mit w_i wird der Wert und mit h_i die Höhe des Pakets bezeichnet. Die einzelnen Werte sind in der folgenden Grafik angegeben.

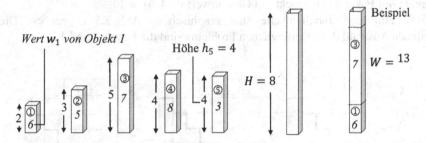

Die Methode der Dynamischen Programmierung kann auf folgende Weise angewendet werden:

Für ein festes $i \in \{1, \dots, 5\}$ und $h \in \{1, \dots, 8\}$ sei $W(i, h)$ der optimale Gesamtwert des Teil-Rucksackproblems mit den ersten i Paketen, die in den Behälter mit der Höhe h gepackt werden sollen. Der optimale Gesamtwert $W(0, h)$ wird initialisiert durch

$$W(0, h) = 0 \text{ für alle } h \in \{1, \dots 8\}.$$

Die optimalen Funktionswerte $W(i, h)$ für $i \in \{1, \dots, 5\}$ werden bestimmt durch die Rekursionsformel

$$W(i, h) = \max \{W(i - 1, h - h_i) + w_i, W(i - 1, h)\}.$$

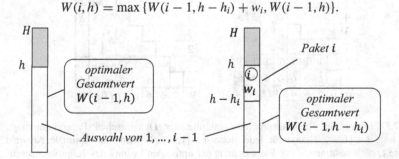

Paket i wird demnach nur dann eingepackt, wenn $h_i < h$ und

$$(*)\, W(i-1, h-h_i) + w_i > W(i-1, h)$$

gilt. Für den Gesamtwert $W(i, h)$ ist somit

$$W(i, h) = \left\{ \begin{array}{ll} W(i-1, h-h_i) + w_i & \text{wenn } (*) \text{ gilt} \\ W(i-1, h) & \text{sonst} \end{array} \right\}.$$

Die Werte $W(i, h)$ werden in einer Tabelle mit $n = 5$ Zeilen und $H = 8$ Spalten abgespeichert.

Beispielsweise ergibt sich für die Berechnung von $W(4,6)$ aus den zuvor abgespeicherten Werten $W(3,6) = 11$ und $W(3,2) = 6$:

$$(*)\, W(3, 6 - h_4) + w_4 = W(3, 2) + 8 = 6 + 8 = 14 > W(3, 6) = 11.$$

Damit wird Paket 4 eingepackt mit Gesamtwert $W(4, 6) = 14$.

Die einzelnen Tabellenwerte sind graphisch in Abb. 7.5 angegeben. Die optimale Auswahl des ursprünglichen Problems sind die Pakete 1 und 4.

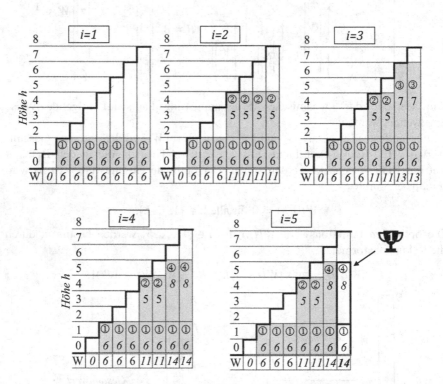

Abb. 7.5 Lösung des Rucksackproblems mithilfe der Dynamischen Programmierung. Für jedes feste $i \in \{1, \ldots, 5\}$ und für jede Höhe $h \in \{1, \ldots, 8\}$ wird eine optimale Auswahl der Objekte $1, \ldots, i$ bestimmt, unter Einbeziehung der optimalen Lösung des Teilproblems mit $i - 1$ Objekten. Die optimale Auswahl des Rucksackproblems besteht aus den Paketen 1 und 4.

7.4 Greedy-Algorithmus

Der *Greedy-Algorithmus* („gieriger" Algorithmus) ist eine Optimierungsmethode, die einfach zu konstruieren und zu implementieren ist, liefert jedoch nicht immer die optimale Lösung.

> **Greedy-Algorithmus**
> In jedem Verfahrensschritt wird der momentan beste Folgeschritt ausgewählt.

Eine einmal getroffene Entscheidung wird nicht mehr zurückgenommen.

Das Gradientenverfahren kann als Greedy-Algorithmus aufgefasst werden, bei dem in jedem Iterationsschritt als Fortschreitungsrichtung die Richtung des stärksten Anstiegs gewählt wird.

Im Folgenden betrachten wir weitere Anwendungsbeispiele des Greedy-Algorithmus.

7.4.1 Greedy-Algorithmus für das Münzwechsel-Problem

Mithilfe des Greedy-Algorithmus lässt sich das Münzwechsel-Problem leicht lösen, bei dem ein Betrag mit der kleinstmöglichen Anzahl von Münzen herausgegeben werden soll. Bei der Methode des Greedy-Algorithmus wird stets die größte Münze ausgewählt, die kleiner als der verbleibende Restbetrag ist. Das Verfahren wird so lange wiederholt, bis der Restbetrag gleich null ist (s. Abb. 7.6).

Man kann zeigen, dass für Euro-Münzen der Greedy-Algorithmus optimal ist. Dies ist bei einer anderen Stückelung nicht notwendigerweise richtig. Stehen etwa Münzen mit den Werten 1, 2, 10 und 25 zur Verfügung und berechnet man die minimale Anzahl von Münzen bei der Herausgabe von 32 Währungseinheiten, so liefert der Greedy-Algorithmus als suboptimales Ergebnis 5 Münzen, während die minimale Lösung aus 4 Münzen besteht:

$$\text{Greedy-Algorithmus} : 32 = 1 \times 25 + 3 \times 2 + 1 \times 1$$

$$\text{optimale Lösung} : 32 = 3 \times 10 + 1 \times 2$$

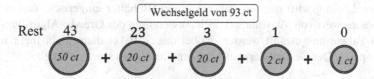

Wechselgeld von 93 ct

| Rest | 43 | 23 | 3 | 1 | 0 |

50 ct + 20 ct + 20 ct + 2 ct + 1 ct

Abb. 7.6 Lösung des Münzwechsel-Problems mithilfe des Greedy-Algorithmus. Der Betrag von 93 Cent soll mit möglichst wenigen Münzen ausbezahlt werden.

Um den Restbetrag nicht ausrechnen zu müssen, wenden Kassierer im Allgemeinen bei der Herausgabe des Wechselgeldes die *Methode des Hochzählens* an, wobei immer auf den nächsthöheren Betrag aufgerundet wird. Bei einem Einkauf von beispielsweise 7,67 €, bei dem der Kunde 10 € hinterlegt, erfolgt die Methode des Hochzählens auf folgende Weise:

$$7,67 \text{ €} \xrightarrow{3 \text{ ct}} 7,70 \text{ €} \xrightarrow{30 \text{ ct}} 8,00 \text{ €} \xrightarrow{2 \text{ €}} 10,00 \text{ €}$$

7.4.2 Greedy-Algorithmus für ein Rucksackproblem

Im Folgenden betrachten wir das Rucksackproblem, das in Abschn. 7.3 mit der Dynamischen Programmierung gelöst wurde. Gegeben sind 5 Pakete mit verschiedenen Höhen und verschiedenen Werten, die in einen Behälter der Höhe $h = 8$ Längeneinheiten mit maximalem Gesamtwert gepackt werden sollen. Der Greedy-Algorithmus lässt sich auf dieses Rucksackproblem anwenden, indem zu jedem Paket i mit der Höhe h_i und w_i der Nutzwert

$$N_i = \frac{w_i}{h_i}$$

bestimmt und die Pakete nach dem Nutzwert absteigend sortiert werden. In der sortierten Reihenfolge wird überprüft, ob das Paket in den Behälter passt und wenn dies der Fall ist, in den Behälter eingefügt. Bei diesem Rucksackproblem werden demzufolge die Pakete 1 und 4 mit einem Gesamtwert von 14 eingepackt, weitere Pakete passen nicht mehr in den Behälter. Damit liefert der Greedy-Algorithmus die optimale Lösung (siehe untere Tabelle).

Paket	①	②	③	④	⑤
Höhe h_i	2	3	5	4	4
Wert w_i	6	5	7	8	3
Nutzen N_i	3	1,67	1,4	2	0,75
Ranking	1	3	4	2	5

Die erzielten Lösungen des Greedy-Algorithmus können jedoch stark von der optimalen Lösung abweichen, wie das Beispiel mit den geänderten Werten in der unteren Tabelle zeigt. Die Höhe des Behälters sei 100 Längeneinheiten. Bei der optimalen Lösung wird nur das Paket 5 in den Behälter eingepackt und erreicht einen Gesamtwert von 99, während nach Anwendung des Greedy-Algorithmus die ersten 4 Pakete ausgewählt werden, wobei das 5. Paket dann nicht mehr in den Behälter passt. Der Gesamtwert beträgt dann nur 4 (siehe untere Tabelle).

Paket	①	②	③	④	⑤
Höhe h_i	1	1	1	1	100
Wert w_i	1	1	1	1	99
Nutzen N_i	1	1	1	1	0,99
Ranking	1	1	1	1	2

7.4.3 Dijkstra-Algorithmus

Mithilfe des Dijkstra-Algorithmus kann der kürzeste Weg von A nach B bestimmt werden. Dabei betrachtet man die Orte als Knoten eines Graphen und die Wege zwischen den Orten als Kanten, deren Kantengewichte die Weglängen darstellen. Der Dijkstra-Algorithmus gehört zu der Klasse der Greedy-Algorithmen, da in jedem Iterationsschritt die kürzeste Route zu einem Knotenpunkt gesucht wird.

Der Ablauf des Dijkstra-Algorithmus erfolgt in folgenden Schritten (s. Abb. 7.7):

- Gestartet wird mit einem Teilgraphen (Teillösung), der nur aus dem Startpunkt besteht.
- In jedem Iterationsschritt wird der Teilgraph, in dem die kürzesten Pfade aller Knoten zum Startknoten bekannt sind, erweitert um einen Knoten, der unter allen externen Nachbarknoten des Teilgraphen die kürzeste Distanz zum Startknoten aufweist.
- Der Algorithmus ist beendet, wenn der Teilgraph alle Knoten bzw. Zielknoten umfasst.

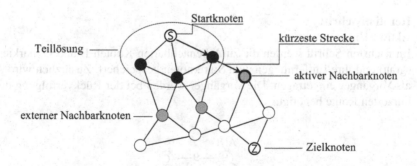

Abb. 7.7 Ablauf des Dijkstra-Algorithmus. In der Teillösung (Teilgraph) sind die kürzesten Strecken vom Startknoten S zu allen Knoten (schwarz gefärbt) bekannt. In jeder Iteration wird unter allen externen Nachbarknoten (grau gefärbt) des Teilgraphen der Teilgraph erweitert um den Knoten (aktiver Knoten) mit der kürzesten Distanz zu S.

Der kürzeste Weg vom Startknoten S zum Zielknoten Z setzt sich dann aus den optimalen Teilwegen zusammen (Bellmannsches Optimalitätsprinzip, s. Abschn. 7.3).

Der Dijkstra-Algorithmus soll mit dem folgenden Beispiel erläutert werden.

Beispiel
Gegeben sei der folgende Graph. Gesucht ist der kürzeste Weg von A nach E.

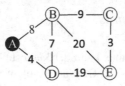

Der Ablauf des Dijkstra-Algorithmus ist wie folgt:

Initialisierung
Für jeden Knoten wird die Weglänge zum Startpunkt A gespeichert, die sich im Laufe der Iterationen reduzieren kann. Zu Beginn wird für den Startknoten 0 und für alle anderen Knoten der Wert ∞ eingetragen.

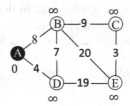

1. **Iterationsschritt**
   Aktiver Knotenpunkt: A
   Im nächsten Schritt werden die zu A benachbarten Knoten B und D markiert (grau) und ihre Entfernungen zum Startknoten gespeichert. Zusätzlich wird A als Vorgänger eingetragen. Die Vorgänger werden bei der Rückverfolgung der kürzesten Route benötigt.

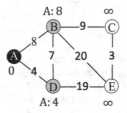

2. **Iterationsschritt**
   Aktiver Knotenpunkt: D
   Im zweiten Iterationsschritt wird von den markierten Knoten der Knoten ausgewählt, dessen Distanz zu A am kleinsten ist. Dies ist der Knoten D. Neben B kommt als Nachbar von D der Knoten E zu den markierten Knoten hinzu. Die temporäre Gesamtdistanz von A nach E beträgt 23, und von A nach B beträgt sie 8. Der direkte Weg von A nach B ist kürzer als der Weg über D.

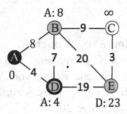

3. **Iterationsschritt**
   Aktiver Knotenpunkt: B
   Der Knoten D gilt als permanent (schwarz eingefärbt). Unter den markierten Knoten B und E wird der Knoten mit der kürzeren Distanz zu A ausgewählt. Dies ist Knoten B. Zu den markierten Knoten kommt C als Nachbarknoten von B hinzu. Die Distanz von A nach C beträgt 17, wobei B Vorgänger ist.

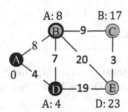

4. **Iterationschritt**
   Aktiver Knotenpunkt: C
   Der Knoten B gilt als permanent. Der Knotenpunkt C wird aktiviert, da er eine kürzere Distanz zu A besitzt als der ebenfalls markierte Knoten E. Einziger noch verbleibender markierter Knoten ist damit E. Der kürzeste Weg, um E zu erreichen, führt über C, wobei die Gesamtdistanz sich auf 20 verkürzt.

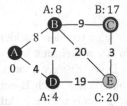

Bestimmung der kürzesten Route von A nach *E*.
Der Knoten C gilt ebenfalls als permanent und damit wird der Dijkstra-Algorithmus abgebrochen. Die kürzeste Route von A nach E erhält man, indem man den Weg von E aus über die Vorgänger bis A zurückverfolgt. Dies ist der Weg A → B → C → E mit der Gesamtlänge 20.

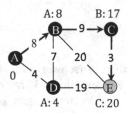

7.5 Einfache lokale Suche

Bei der einfachen lokalen Suche wird versucht, eine Ausgangslösung durch kleine Änderungen iterativ zu verbessern. Dieses Verfahren findet im Allgemeinen jedoch nur das lokale Optimum.

7.5.1 Nachbarschaft einer Lösung

Die Nachbarschaft $N(x)$ einer Lösung x ist definiert als Menge aller Lösungen, die von x in einem Zug erreichbar sind. Kleine Änderungen können dadurch festgelegt werden, indem ein Objekt hinzugefügt oder entfernt wird oder zwei Objekte miteinander vertauscht werden.

Beispiele

• **Nachbarschaften von Bitvektoren**

Werden Lösungen als Bitvektoren repräsentiert, wie zum Beispiel bei dem Ruck-sackproblem, so kann $N(x)$ als die Menge aller Bitvektoren definiert werden, die sich von x an genau einer Stelle um ein Bit unterscheiden. Die Abb. 7.8 zeigt die Nachbarschaftsstruktur für binäre Vektoren der Länge 3 als Nachbarschaftsgraph, wobei die Knoten die Lösungen repräsentieren und die Kanten die Nachbar-schaftsverbindungen.

Nachbarschaften $N(x)$ können erweitert werden, indem man Lösungen x' als Nachbarn von x betrachtet, die sich maximal um $k \geq 1$ Bits von x unterscheiden.

- **Nachbarschaften bei TSP**

Die Nachbarschaftsstruktur bei dem Problem des Handlungsreisenden ist wie folgt definiert: Eine Route x' ist Nachbar von x, wenn x' durch Tausch zweier Kanten aus x erzeugt werden kann. Die Menge $N(x)$ der Nachbarn von x heißt dann *2-opt Nachbarschaft* (s. Abb. 7.9). Entsprechend ist allgemein für $k \geq 2$ die k-opt Nach-barschaft $N(x)$ definiert durch die Menge aller Routen x', die sich um k Kanten unterscheiden.

7.5.2 Methode der einfachen lokalen Suche

Die Methode der einfachen lokalen Suche läuft in folgenden Schritten ab. Wir gehen von einem Maximierungsproblem aus.

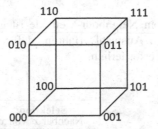

Abb. 7.8 Nachbarschaftsgraph des Suchraumes von binären Vektoren der Länge 3 als 3-dimensionalen Hyperwürfel

Abb. 7.9 Tausch zweier Kanten

1. **Eingabe:** Gegeben eine Ausgangslösung x des Maximierungsproblems
2. **Selektion:** Es wird eine zulässige Lösung x' aus einer Nachbarschaft von x ausgewählt.
3. **Evaluierung:** Es werden die Funktionswerte der Zielfunktion f von x und x' berechnet.
4. **Ersetzung:** Es wird x durch x' ersetzt, falls $f(x') > f(x)$.

Die Schritte 2 bis 4 werden so lange durchgeführt, bis ein Abbruchkriterium erfüllt ist.

Abbruch Als Abbruch kann einer der folgenden Kriterien herangezogen werden:

- Das Erreichen einer bestimmten Anzahl von Iterationsschritten
- Das Auffinden einer hinreichend guten Lösung
- Keine Verbesserung nach einer bestimmten Anzahl von Iterationsschritten
- Das Erreichen einer maximalen Rechenzeit

Abb. 7.10 zeigt in einem Diagramm den Ablauf der einfachen lokalen Suche.

Auswahl einer Nachbarschaftslösung
Eine Nachbarschaftslösung kann auf folgende Weise ausgewählt werden.

- **Best Improvement:** Die Nachbarschaft $N(x)$ wird vollständig durchsucht und die beste Lösung x' wird ausgewählt.
- **First Improvement:** Die Nachbarschaft $N(x)$ wird in einer bestimmten Reihenfolge durchsucht und die erste Lösung x', die besser als x ist, wird ausgewählt.
- **Random Neighbour:** Es wird eine zufällige Nachbarschaftslösung x' aus $N(x)$ ausgewählt.

Der Aufwand der Random Neighbour-Methode ist geringer in einer Iteration als bei den beiden anderen Auswahlverfahren, dafür sind für gute Lösungen wesentlich mehr Iterationen erforderlich.

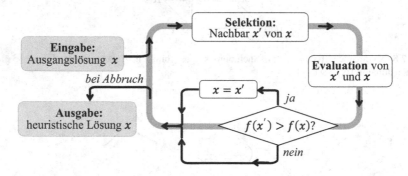

Abb. 7.10 Ablaufdiagramm der einfachen lokalen Suche bei einem Maximierungsproblem

Beispiel 1

Als Anwendungsproblem der einfachen lokalen Suche betrachten wir die folgende Optimierungsaufgabe:

Max-One-Problem

Gesucht ist der Bitvektor $x = (x_1, \ldots, x_n)$, für den die Funktion

$$f(x) = \sum\nolimits_{i=1}^{n} x_i$$

maximal ist.

Die optimale Lösung ist offensichtlich der Bitvektor $(1, 1, \ldots, 1)$. Wir lösen das Max-One-Problem mittels der Methode der einfachen lokalen Suche für $n = 4$. Als Nachbarschaft $N(x)$ eines 4-Bitvektors x betrachten wir alle 4-Bitvektoren, die sich von x nur um ein Bit unterscheiden. Wir starten mit dem Bitvektor $x = (0, 0, 0, 0)$ und erhalten als mögliche Nachbarschaftslösungen die folgenden Bitvektoren, die zu dem Optimum $(1, 1, 1, 1)$ führen (s. Abb. 7.11):

$$(0, 0, 0, 0) \to (0, 0, 0, 1) \to (0, 1, 0, 1) \to (0, 1, 1, 1) \to (1, 1, 1, 1)$$

Beispiel 2

Gesucht ist das Maximum der Funktion

$$f(x) = x_1 \cdot x_2 \cdot \ldots \cdot x_n,$$

wobei $x = (x_1, x_2, \ldots, x_n)$ wiederum ein Bitvektor der Länge n ist.

Die optimale Lösung ist offensichtlich der Bitvektor $(1, 1, \ldots, 1)$, in dem f den Wert 1, und sonst den Wert 0 annimmt. Wendet man die Methode der einfachen lokalen Suche mit der Nachbarschaftslösung „Random Neighbour" an, so ist dieses Verfahren wie eine zufällige Irrfahrt.

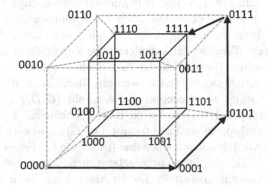

Abb. 7.11 Lösung des Max-One-Problems mittels der einfachen lokalen Suche. Angezeigt sind die möglichen Nachbarschaftslösungen mit dem Startvektor $(0, 0, 0, 0)$, die zum Optimum $(1, 1, 1, 1)$ im Suchraum der 4-Bitvektoren (dargestellt als 4-dimensionalen Hyperwürfel) führen.

7.6 Tabu-Suche

Die Methode der Tabu-Suche wurde von Glover 1986 [1] zur Lösung von kombinatorischen Optimierungsproblemen eingeführt und in den folgenden Jahren weiterentwickelt. Die Grundidee besteht darin, zur Vermeidung von Zyklen das Wiederbesuchen früherer Lösungen zu verhindern. Die Methode der Tabu-Suche hat sich zur Lösung verschiedener Optimierungsprobleme als sehr erfolgreich erwiesen.

7.6.1 Einführendes Beispiel (Rucksackproblem)

Gegeben sei ein Rucksack mit einer Maximallast von 20 kg, sowie die Gegenstände A, B, C, D, E und F mit den folgenden Gewichten und Nutzwerten:

	A	B	C	D	E	F
Gewicht (kg)	6	3	5	8	5	7
Nutzwert (€)	8	7	13	10	7	9

Gesucht ist eine Auswahl der Gegenstände mit maximalem Gesamtnutzwert ohne Überschreitung des Gesamtgewichts von 20 kg. Die Strategie zur Lösung dieses Problems besteht darin, ausgehend von einer Anfangslösung, einen Gegenstand mit kleinstem Nutzwert auszupacken und einen anderen passenden Gegenstand mit größtem Nutzwert einzupacken. In der folgenden Iteration wird wiederum der nächst schlechteste Gegenstand ausgepackt, wobei nicht erlaubt ist, den zuletzt eingepackten Gegenstand herauszunehmen. Startet man mit den drei Gegenständen C, D, F mit dem Gesamtnutzwert 32 € und dem Gesamtgewicht von 20 kg und wendet das Verfahren an, so gelangt man nach wenigen Iterationen wieder zur Anfangslösung. Man gerät somit in einen Kreis (s. Abb. 7.12). Die Anfangslösung ist kein globales Optimum, wie unten gezeigt wird.

Endlosschleifen lassen sich dadurch verhindern, indem man Züge für eine bestimmte Anzahl von hintereinander folgenden Iterationen verbietet. Hierzu führt man eine Tabuliste, in der die verbotenen Züge verwaltet werden. In unserem Beispiel wird beim Auspacken der komplementäre Zug „Einpacken" als tabu in die Tabuliste aufgenommen und mit + markiert. Umgekehrt wird beim Einpacken in die Tabuliste der komplementäre Zug „Auspacken" mit einem Minuszeichen versehen. Wendet man das Tabu-Suche-Verfahren an, so gelangt man mit der gleichen Anfangslösung nach wenigen Iterationen zum globalen Optimum. Anfangslösung ist wiederum die Auswahl $\{C, D, F\}$, dargestellt durch den Bitvektor $(0, 0, 1, 1, 0, 1)$, wobei die Bitkomponente auf 1 gesetzt wird, wenn der Gegenstand eingepackt wird und 0 sonst. Die Tabuliste wird mit der leeren Menge initialisiert. Als Tabudauer werden drei Iterationen festgelegt (s. Abb. 7.13).

Bei der Tabu-Suche gelangt man zum globalen Optimum $\{B, C, E, F\}$ mit dem Gesamtnutzwert 36. Da der Algorithmus nicht erkennt, dass für eine Lösung ein

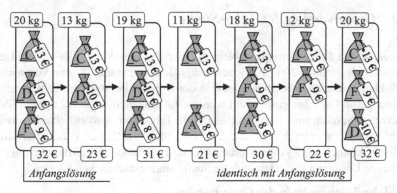

Abb. 7.12 Die einfache lokale Suche mit dem Greedy-Algorithmus „Gegenstand mit kleinstem Nutzwert auspacken – passenden Gegenstand mit größtem Nutzwert einpacken" führt in diesem Beispiel in einen Zyklus.

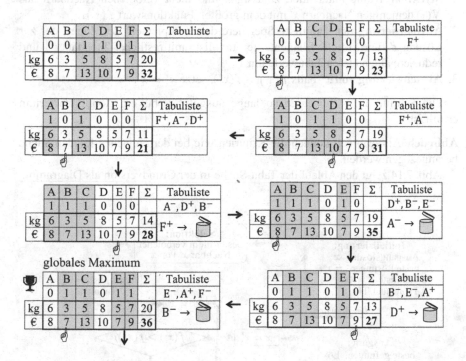

Abb. 7.13 Tabu-Suche führt zum Maximum $\{B, C, E, F\}$.

globales Optimum vorliegt, ist es erforderlich, die bislang beste Lösung zwischenzuspeichern. Ist ein Abbruchkriterium erfüllt, so wird die beste gefundene Lösung ausgegeben.

7.6.2   Grundversion der Tabu-Suche

Gegeben sei ein Maximierungsproblem mit der Zielfunktion $f : S \to \mathbb{R}$ und eine Nachbarschaftsstruktur $N(x)$ für jedes x aus dem Suchraum S. Zur Vermeidung von Zyklen wird eine Tabuliste erstellt, in der in jeder Iteration die Umkehrungen der durchgeführten Züge gespeichert werden. Lösungen, die durch Züge der Tabu-liste erzeugt werden, sind verboten (tabu). Die Tabudauer wird auf eine bestimmte Anzahl von Iterationen beschränkt und ist ein wesentlicher Parameter. Kurze Tabulisten können zu Zyklen führen, während zu lange Tabulisten Erfolg ver-sprechende Lösungen verbieten und die Suche stark einschränken können.

Ablauf der Tabu-Suche in der Grundversion

0. **Initialisierung** Bestimme Ausgangslösung $x \in S$, setze $x^* = x$, wobei x^* die aktuell beste Lösung ist, initialisiere Tabuliste mit $T = \emptyset$ und initialisiere die Tabudauer *TD*.
1. **Selektion** Wähle unter allen zulässigen und nicht verbotenen Nachbarn aus $N(x)$ denjenigen Nachbarn x' mit dem größten Funktionswert $f(x')$.
2. **Aktualisierung der Tabuliste** Speichere das Komplement des Zuges, der zur Lösung x' führt, lösche Elemente der Tabuliste mit restlicher Tabudauer 1 und reduziere alle anderen Tabuwerte um 1.
3. **Aktualisierung von x^*** Falls $f(x') > f(x^*)$, setze $x^* = x'$.

Die Schritte 1 bis 3 werden so lange ausgeführt, bis ein Abbruchkriterium erfüllt ist.

Abbruch Als Abbruch können die Kriterien wie bei der einfachen lokalen Suche herangezogen werden.

Abb. 7.14 zeigt den Ablauf der Tabu-Suche in der Grundversion als Diagramm.

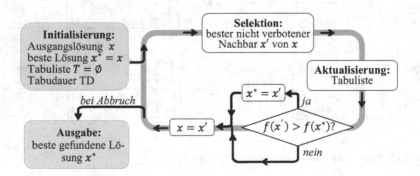

Abb. 7.14 Ablaufdiagramm der Tabu-Suche in der Grundversion

7.6.3 Varianten der Tabu-Suche

- **Dynamische Tabulisten** Die Tabudauer hat wesentlichen Einfluss auf die Effizienz des Verfahrens. Der optimale Wert der Tabudauer kann sich während der Suche verändern. Die Tabudauer kann zum Beispiel dynamisch gesteuert werden, indem zu jedem Zug, der der Tabuliste hinzugefügt wird, eine Zufallszahl generiert wird, die angibt, wie lange er tabu ist.
- **Aspirationskriterien** Unter Aspirationskriterien versteht man Bedingungen, unter denen verbotene Lösungen akzeptiert werden. Ein häufig angewendetes Aspirationskriterium ist die Bedingung, den Tabu-Status für einen Zug dann aufzuheben, wenn dieser Zug eine Lösung erzeugt, die besser ist als die bislang beste ermittelte Lösung. In diesem Fall ist diese Lösung mit Sicherheit noch nicht bestimmt worden.
- **Intensivierung** Die Suche in bestimmten Regionen des Suchraumes kann intensiviert werden, indem zum Beispiel bei Lösungen mit sehr guten Funktionswerten (Elitelösungen) die Tabuliste geleert wird oder Lösungsbestandteile, die in mehreren Elitelösungen vorhanden sind, fixiert werden.
- **Diversifizierung** Die Suche kann in wenig erforschte Suchraumregionen gelenkt werden, indem zum Beispiel die Häufigkeiten aller Züge gespeichert werden und mittels Gewichtung des Zielfunktionswertes häufig durchgeführte Züge bestraft bzw. wenig benutzte Züge belohnt werden.

Literatur

1. Glover F (1989) Tabu search: part:I. ORSA J Comput 1(2):190–206

Kapitel 8
Lineare Optimierung

Gegenstand dieses Kapitels ist die graphische Methode und die Simplexmethode zur Lösung von linearen Optimierungsproblemen, die an Beispielen erläutert werden. Die graphische Methode ist anwendbar für lineare Funktionen mit zwei Variablen und mit Einschränkungen für drei Variable. Bei Funktionen mit zwei Variablen ist der zulässige Bereich ein zweidimensionales Polyeder, das aus allen Lösungen besteht, die alle Nebenbedingungen, definiert durch lineare Ungleichungen, erfüllen. Die Optimalstelle ist der Eckpunkt des Polyeders, der auf der parallel verschobenen Geraden liegt, die durch die zu optimierende Funktion definiert ist.

Ein Standardverfahren zur Lösung von linearen Optimierungsproblemen ist die Simplexmethode, die von Dantzig 1947 zur Lösung von Planungsproblemen eingeführt wurde. Die Grundidee dieses exakten Verfahrens besteht darin, längs der Kanten des Polyeders, das den Suchraum darstellt, von einem Eckpunkt zum nächsten besser bewerteten Eckpunkt zu laufen, bis ein Eckpunkt mit optimalem Zielwert erreicht ist. Das Simplexverfahren ist jedoch nur für lineare Funktionen mit wenigen Variablen und Ungleichungen praktikabel.

8.1   Graphische Methode

Einführendes Beispiel

In einem Betrieb werden zwei Erzeugnisse E_1 und E_2 hergestellt, x Einheiten von Erzeugnis E_1 und y Einheiten von E_2, die auf den Maschinen M_1, M_2 und M_3 bearbeitet werden müssen. Die erforderlichen Fertigungszeiten für jede Maschine und der Gewinn je Erzeugnis sind in der folgenden Tabelle zu ersehen.

Erzeugnis	Fertigungszeiten (Zeiteinheiten ZE)			Gewinn Währungseinheiten (WE)
	M_1	M_2	M_3	
E_1	3	1	1	6
E_2	2	2	1	9

Die verfügbare Maschinenkapazität in einem Produktionszeitraum beträgt für jede Maschine:

$$M_1: 15\ ZE,\ M_2: 10\ ZE\quad \text{und}\quad M_3: 6\ ZE.$$

Optimierungsproblem: Wie viele Einheiten x von Erzeugnis E_1 und wie viele Einheiten y von Erzeugnis E_2 muss der Betrieb produzieren, um maximalen Gewinn zu erzielen?

Graphische Lösung

Das mathematische Modell dieser Optimierungsaufgabe lautet wie folgt:

Zielfunktion: $z(x,y) = 6x + 9y \to max$

Nebenbedingungen:
$$\begin{array}{l} M_1 : 3x + 2y \leq 15 \\ M_2 : \ x + 2y \leq 10 \\ M_3 : \ x + \ y \leq 6 \end{array} \Bigg|\ x, y \geq 0$$

Die Gleichung $ax + by = c$ beschreibt eine Gerade in der $xy-$ Ebene. Die Menge aller Punkte (x,y), die der Ungleichung $ax + by \leq c$ genügen, stellt eine Halbebene dar, die von der Geraden $ax + by = c$ berandet wird. Der zulässige Bereich (Suchraum) ist der Durchschnitt aller Halbebenen, die durch die gegebenen Ungleichungen festgelegt sind (s. Abb. 8.1).

Die optimale Lösung der Zielfunktion $z(x,y) = 6x + 9y$ erhält man, indem man durch Vergrößern von c die Gerade $6x + 9y = c$ parallel so weit nach oben verschiebt, bis die Gerade den zulässigen Bereich in einem Eckpunkt des zulässigen Bereichs berührt. Dies ist der Schnittpunkt der Geraden $x + 2y = 10$ und $x + y = 6$. Den Maximalpunkt $(2, 4)$ erhält man durch Lösen des linearen Gleichungssystems in den Unbekannten x und y. Der optimale Zielwert ist $z_{max} = 48$ (s. Abb. 8.2).

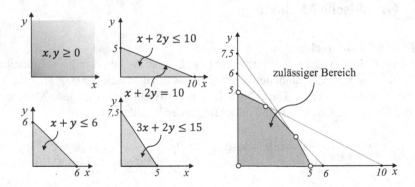

Abb. 8.1 Der Suchraum (zulässiger Bereich) ist gegeben durch den Durchschnitt der Halbebenen, die durch die Ungleichungen definiert sind. Damit entsteht ein Polyeder der Ebene mit endlich vielen Eckpunkten.

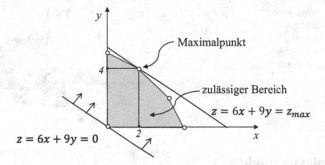

Abb. 8.2 Der Maximalpunkt der Zielfunktion $z(x,y) = 6x + 9y$ ist der Eckpunkt (2,4), den man erhält, indem man die Gerade $6x + 9y = c$ durch Vergrößern von c nach oben bis zum äußersten Rand verschiebt.

Allgemein gilt, dass ein Minimum und ein Maximum existiert, falls der zulässige Bereich beschränkt ist. Die optimale Lösung wird dann in einem Eckpunkt angenommen. Ist für eine Zielfunktion $z(x,y)$ die Gerade $z(x,y) = c$ parallel zu einer Begrenzungsstrecke des zulässigen Bereichs, so sind alle Punkte dieser Begrenzungsstrecke optimale Lösungen für das Optimierungsproblem.

Für Zielfunktionen $w(x,y,z)$, die von drei Variablen abhängen, ist der zulässige Bereich ein dreidimensionales Polyeder, das durch Ebenen berandet ist (s. Abb. 8.3). Ist der zulässige Bereich beschränkt, so wird die optimale Lösung in dem Eckpunkt angenommen, der Berührungspunkt der Ebene $w(x,y,z) = c$ für ein c ist. Ist die Ebene $w(x,y,z) = c$ parallel zu einer Begrenzungsebene, so ist jeder Punkt dieser Begrenzungsebene eine optimale Lösung.

Um das Optimum zu bestimmen, ist es möglich, die endlich vielen Eckpunkte zu bestimmen und die Zielfunktionswerte in den Eckpunkten zu ermitteln und zu vergleichen. Jedoch nimmt die Anzahl der zu bestimmenden linearen Gleichungssysteme mit wachsender Anzahl von Variablen und Ungleichungen in solchem Maße zu, dass diese Methode nicht mehr anwendbar ist.

Abb. 8.3 Optimaler Punkt der Zielfunktion w ist ein Eckpunkt des dreidimensionalen Polyeders (zulässiger Bereich), der auf der Ebene $w(x, y, z) = c$ für ein $c \in \mathbb{R}$ liegt.

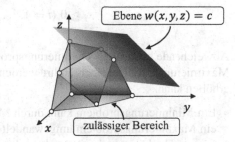

Abb. 8.4 Möglicher Verlauf
des Simplexverfahrens
längs der Kanten eines
3-dimensionalen Polyeders,
der den zulässigen Bereich
darstellt

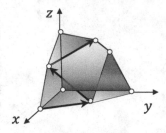

8.2 Simplexmethode

Die Simplexmethode, die von Dantzig 1947 entwickelt wurde, findet weite
Verbreitung in den Anwendungen. Es ist ein exaktes Verfahren zur Lösung
von linearen Optimierungsproblemen. Die Methode besteht darin, von einem
beliebigen Eckpunkt des zulässigen Bereiches ausgehend, längs der Kanten des
Polyeders zu einem benachbarten Eckpunkt mit verbesserter Zielfunktion zu
laufen und sich weiter zu bewegen, bis ein optimaler Eckpunkt erreicht ist.

8.2.1 Standard-Maximierungsproblem

Im Folgenden betrachten wir lineare Optimierungsprobleme in der folgenden
Form:

Standard-Maximierungsproblem

Zielfunktion: $z = c_1 x_1 + c_2 x_2 + \cdots + c_n x_n \rightarrow max$

Nebenbedingungen:
$$a_{11} x_1 + a_{12} x_2 + \cdots + a_{1n} x_n \leq b_1$$
$$a_{21} x_1 + a_{22} x_2 + \cdots + a_{2n} x_n \leq b_2$$
$$\cdots$$
$$a_{m1} x_1 + a_{m2} x_2 + \cdots + a_{mn} x_n \leq b_m$$

$x_i \geq 0 \ (i = 1, \ldots, n)$ und $b_j \geq 0 \ (j = 1, \ldots, m)$

Abweichende lineare Optimierungsprobleme können in ein Standard-
Maximierungsproblem übergeführt werden, wobei sich die Anzahl der Variablen
erhöhen kann.

- Ein Minimierungsproblem kann durch Multiplikation der Zielfunktion mit -1 in
  ein Maximierungsproblem umgewandelt werden.
- Eine $\geq$ Ungleichung kann durch Multiplikation mit -1 in eine $\leq$ Ungleichung
  übergeführt werden.

- Ist die Bedingung $x_i \geq 0$ für ein i nicht erfüllt, so kann x_i ersetzt werden durch Variable x_i' und x_i'' mit $x_i = x_i'' - x_i'$ und $x_i'', x_i' \geq 0$.
- Ist für ein i der Wert $b_i < 0$, so kann durch Einführung einer zusätzlichen Variablen $\tilde{x}_i (\tilde{x}_i \geq 0)$ die $i - te$ Ungleichung in die Ungleichung

$$-a_{i1}x_1 - a_{i2}x_2 - \cdots - a_{in}x_n - \tilde{x}_i \leq -b_i$$

mit $-b_i > 0$ übergeführt werden.

8.2.2 Schlupfvariable

Durch Einführung von sogenannten *Schlupfvariablen* kann das Ungleichungssystem des Standard–Maximum Problems in folgendes lineare Gleichungssystem übergeführt werden:

$$
\begin{aligned}
a_{11}x_1 + a_{12}x_2 + \cdots + a_{1n}x_n + x_{n+1} &= b_1 \\
a_{21}x_1 + a_{22}x_2 + \cdots + a_{2n}x_n + x_{n+2} &= b_2 \\
&\cdots \\
a_{m1}x_1 + a_{m2}x_2 + \cdots + a_{mn}x_n + x_{n+m} &= b_m
\end{aligned}
$$

$$x_i \geq 0 \ (i = 1, \ldots, n + m) \text{ und } b_j \geq 0 \ (j = 1, \ldots, m)$$

Dabei sind $x_{n+1}, \ldots, x_{n+m}$ die Schlupfvariablen, die Variablen $x_1, \ldots, x_n$ werden *Strukturvariable* genannt.

8.2.3 Austauschverfahren

Durch Basistausch mittels eines Austauschverfahrens kann ein Eckpunkt mit besserem Zielfunktionswert bestimmt werden. Die Methode des Austauschverfahrens soll an dem folgenden linearen Gleichungssystem mit drei Gleichungen erläutert werden, wobei x_1, x_2 und x_3 die Strukurvariablen und y_1, y_2 und y_3 die Schlupfvariablen sind. Zweckmäßigerweise stellt man das Gleichungssystem als Tableau dar. In dieser Darstellung nennt man die Variablen in der linken Spalte Basisvariable (BV) und die Variablen in der oberen Zeile Nichtbasisvariable (NBV).

Im Folgenden soll ein Basistausch zwischen der Nichtbasisvariablen x_2 und der Basisvariablen y_3 vorgenommen werden.

$$\text{Lineares Gleichungssystem} \qquad\qquad \text{Tableau-Darstellung}$$

<table>
<tr><td rowspan="2">$a_{11}x_1 + a_{12}x_2 + a_{13}x_3 + y_1 = b_1$
$a_{21}x_1 + a_{22}x_2 + a_{23}x_3 + y_2 = b_2$
$a_{31}x_1 + a_{32}x_2 + a_{33}x_3 + y_3 = b_3$</td></tr>
</table>

Basis-Variable	Nichtbasisvariable			rechte Seite
	x_1	x_2	x_3	
y_1	a_{11}	a_{12}	a_{13}	b_1
y_2	a_{21}	a_{22}	a_{23}	b_2
y_3	a_{31}	a_{32}	a_{33}	b_3

Austausch von x_2 und y_3

Auflösen der 3. Gleichung nach x_2 ergibt:

$$x_2 = -\frac{a_{31}}{a_{32}}x_1 - \frac{a_{33}}{a_{32}}x_3 - \frac{1}{a_{32}}y_3 + \frac{1}{a_{32}}b_3.$$

Einsetzen in die beiden anderen Gleichungen ergibt:

$$\left(a_{11} - a_{12}\frac{a_{31}}{a_{32}}\right)x_1 - \frac{a_{12}}{a_{32}}y_3\left(a_{13} - a_{12}\frac{a_{33}}{a_{32}}\right)x_3 + y_1 = b_1 - a_{12}\frac{b_3}{a_{32}}$$

$$\left(a_{21} - a_{22}\frac{a_{31}}{a_{32}}\right)x_1 - \frac{a_{22}}{a_{32}}y_3 + \left(a_{23} - a_{22}\frac{a_{33}}{a_{32}}\right)x_3 + y_2 = b_2 - a_{22}\frac{b_3}{a_{32}}$$

$$\frac{a_{31}}{a_{32}}x_1 + \frac{1}{a_{32}}y_3 + \qquad \frac{a_{33}}{a_{32}}x_3 + x_2 = \frac{b_3}{a_{32}}$$

In der Tableau-Darstellung:

Basis-Variable	Nichtbasisvariable			rechte Seite
	x_1	y_3	x_3	
y_1	$a_{11} - a_{12}\frac{a_{31}}{a_{32}}$	$-\frac{a_{12}}{a_{32}}$	$a_{13} - a_{12}\frac{a_{33}}{a_{32}}$	$b_1 - a_{12}\frac{b_3}{a_{32}}$
y_2	$a_{21} - a_{22}\frac{a_{31}}{a_{32}}$	$-\frac{a_{22}}{a_{32}}$	$a_{23} - a_{22}\frac{a_{33}}{a_{32}}$	$b_2 - a_{22}\frac{b_3}{a_{32}}$
x_2	$\frac{a_{31}}{a_{32}}$	$\frac{1}{a_{32}}$	$\frac{a_{33}}{a_{32}}$	$\frac{b_3}{a_{32}}$

Das Austauschverfahren lässt sich wie folgt schematisieren: Die x_2-Spalte kennzeichnet die sogenannte *Pivotspalte* und die y_3-Zeile die *Pivotzeile*. Das Schnittelement der Pivotzeile und Pivotspalte wird *Pivot(element)* genannt. Das Tableau wird durch eine Kellerzeile ergänzt. Diese enthält die Elemente der Pivotzeile (ohne Pivotelement), dividiert durch Pivotwert.

Ausgangstableau

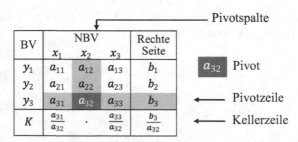

Algorithmus beim Basiswechsel

1. Ersetze Pivotelement p durch $1/p$
2. Ersetze Pivotzeile durch die Kellerzeile
3. Multipliziere alle übrigen Elemente der Pivotspalte mit $-1/p$

4. Restliche Elemente $= \left(\dfrac{\text{altes}}{\text{Element}}\right) - \left(\begin{array}{c}\text{gleichzeiliges Element} \\ \text{der Pivotzeile}\end{array}\right) \cdot \left(\begin{array}{c}\text{gleichspaltiges Element} \\ \text{der Kellerzeile}\end{array}\right)$

Beispiel (Variablentausch x_1 mit y_2)

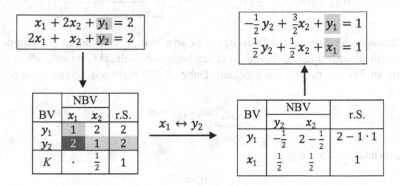

$$x_1 + 2x_2 + y_1 = 2$$
$$2x_1 + x_2 + y_2 = 2$$

$$-\frac{1}{2}y_2 + \frac{3}{2}x_2 + y_1 = 1$$
$$\frac{1}{2}y_2 + \frac{1}{2}x_2 + x_1 = 1$$

BV	NBV		r.S.
	x_1	x_2	
y_1	1	2	2
y_2	2	1	2
K	$\cdot$	$\frac{1}{2}$	1

$x_1 \leftrightarrow y_2$

BV	NBV		r.S.
	y_2	x_2	
y_1	$-\frac{1}{2}$	$2-\frac{1}{2}$	$2-1\cdot 1$
x_1	$\frac{1}{2}$	$\frac{1}{2}$	1

8.2.4 Strategie der Simplexmethode

Die Simplexmethode soll anhand des folgenden Beispiels erläutert werden, das in Abschn. 8.1 mittels der graphischen Methode bereits gelöst wurde.

Standard-Maximierungsproblem

$$3x_1 + 2x_2 \leq 15$$
$$x_1 + 2x_2 \leq 10$$
$$x_1 + x_2 \leq 6$$
$$x_1, \ x_2 \geq 0$$

$$z = 6x_1 + 9x_2 \rightarrow max$$

Der zulässige Bereich dieses Maximierungsproblems ist gegeben durch ein zweidimensionales Polyeder mit den fünf Eckpunkten A, B, C, D und E (s. Abschn. 8.1).

Das gegebene Standard-Maximierungsproblem wird durch Einführung der Schlupfvariablen in die folgende kanonische Form übergeführt, wobei die Zielfunktion z mit in das Gleichungssystem einbezogen wird.

kanonische Form

$$3\,x_1 + 2\,x_2 + x_3 = 15$$
$$x_1 + 2\,x_2 + x_4 = 10$$
$$x_1 +\ x_2 + x_5 =\ 6$$
$$-6\,x_1 - 9\,x_2 + z =\ 0$$

Anfangstableau

BV	NBV x_1	x_2	r.S.
x_3	3	2	15
x_4	1	2	10
x_5	1	1	6
z	−6	−9	0

Die Strategie der Simplexmethode besteht darin, durch Basistausch das Simplextableau so umzuformen, dass die Koeffizienten der Zielfunktionszeile alle nichtnegativ sind (siehe unteres Endtableau). Dabei darf z nicht mit vertauscht werden. Wegen

$$z + \underbrace{a_1 x_{k_1}}_{\ge 0} + \underbrace{a_2 x_{k_2}}_{\ge 0} = d$$

ist z maximal, wenn

$$x_{k_1} = x_{k_2} = 0$$

gilt, da eine Vergrößerung dieser Nichtbasisvariablen eine Verschlechterung von z bewirkt.

Endtableau

BV	NBV x_{k_1}	x_{k_2}	r.S.
x_{k_3}	*	*	c_1
x_{k_4}	*	*	c_2
x_{k_5}	*	*	c_3
z	a_1	a_2	d

$$\ge 0\ \ \ge 0$$

Es folgt damit

$$x_{k_3} = c_1,\ x_{k_4} = c_2,\ x_{k_5} = c_3 \quad \text{und} \quad z = d = z_{max}.$$

Wahl der Pivotspalte: Als Pivotspalte wird die Spalte mit dem kleinsten Koeffizienten der Zielfunktionszeile z gewählt, da dieser im stärksten Maße die Zielfunktion bestimmt.

Wahl der Pivotzeile: Hierzu erweitert man das Tableau durch eine Hilfsspalte Q, in der der Quotient aus dem Element der rechten Seite und dem gleichzeiligen Element der Pivotspalte eingetragen wird, sofern der Nenner positiv ist. (Falls die Pivotspalte keine positiven Elemente enthält, so ist der zulässige Bereich unbeschränkt. In diesem Fall erfolgt der Abbruch, da es keine Optimallösung gibt.) Als Pivotzeile wird der kleinste Quotient ausgewählt, da damit gewährleistet ist, dass die Elemente der rechten Seite nach Variablentausch nichtnegativ bleiben, da sonst Lösungen negativ werden, was nicht zulässig ist.

Ablauf der Simplexmethode

Anfangstableau

BV	NBV		r.S.	Q
	x_1	x_2		
x_3	3	2	15	$\frac{15}{2}$
x_4	1	2	10	$\frac{10}{2}$
x_5	1	1	6	$\frac{6}{1}$
z	−6	−9	0	
K	$\frac{1}{2}$	·	5	

Zielwert

Die Pivotspalte ist gegeben durch die x_2-Spalte und die Pivotzeile durch die x_4-Zeile. Für den Variablentausch wird das Tableau ergänzt durch die Kellerzeile K.

Setzt man die Nichtbasisvariablen gleich null, so erhält man den Zielwert $z = 0$ für

$$x_1 = x_2 = 0 \text{ und}$$

$$x_3 = 15, x_4 = 10, x_5 = 6.$$

Dies entspricht dem Eckpunkt $A(0,0)$ des zulässigen Bereiches.

1. Simplexschritt Basiswechsel $x_2 \leftrightarrow x_4$ ergibt folgendes Tableau:

BV	NBV		r.S.	Q
	x_1	x_4		
x_3	2	−1	5	$\frac{5}{2}$
x_2	$\frac{1}{2}$	$\frac{1}{2}$	5	10
x_5	$\frac{1}{2}$	$-\frac{1}{2}$	1	2
z	$-\frac{3}{2}$	$\frac{9}{2}$	45	
K	·	−1	2	

Zielwert z

Setzt man

$$x_1 = x_4 = 0,$$

Abb. 8.5 Das
Simplexverfahren durchläuft
die Eckpunkte des zulässigen
Bereiches in der Reihenfolge
$A(0,0) \rightarrow B(0,5) \rightarrow C(2,4)$.

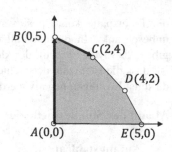

so gilt

$$x_3 = 5, x_2 = 5, x_5 = 1.$$

In der z-Zeile kann auf der rechten Seite der verbesserte Zielwert $z = 45$ abgelesen werden. Der zugehörige Eckpunkt ist $B(0,5)$.

2. Simplexschritt Führt man den Basiswechsel $x_1 \leftrightarrow x_5$ aus, so erhält man das Endtableau, da die Koeffizienten der Zielfunktionszeile nichtnegativ sind.

BV	NBV x_5	x_4	r.S.
x_3	−4	1	1
x_2	−1	1	4
x_1	2	−1	2
z	3	3	48

$\underbrace{\qquad}_{>0} \underbrace{\qquad}_{>0}$ ⟵ Zielwert z

Die maximale Lösung ist somit gegeben durch

$$x_1 = 2, x_2 = 4$$

mit

$$x_4 = x_5 = 0 \text{ und } x_3 = 1.$$

Das Endtableau liefert den optimalen Eckpunkt $C(2,4)$ mit dem maximalen Zielwert $z_{max} = 48$ (s. Abb. 8.5).

Kapitel 9
Multikriterielle Optimierungsverfahren

In diesem Kapitel werden zwei klassische Lösungsmethoden vorgestellt, die ein multikriterielles Optimierungsproblem in ein einkriterielles Optimierungsproblem umwandeln. Bei diesen Verfahren erhält man als Lösung nicht die komplette Pareto-Menge, sondern nur einzelne Pareto-optimale Punkte.

Ein Standardverfahren ist die Methode der gewichteten Summe. Bei diesem Verfahren werden die einzelnen Zielfunktionen mit einem Gewichtsfaktor multipliziert und aufaddiert. Auf diese Weise erhält man eine Funktion, deren Optimalstelle ein Pareto-optimaler Punkt ist. Ein weiteres klassisches Verfahren zur Lösung von multikriteriellen Optimierungsproblemen ist die ε-Constraint-Methode. Die Grundidee bei diesem Verfahren ist, nur eine Zielfunktion zu optimieren und die restlichen Zielfunktionen als Nebenbedingungen zu betrachten, indem man für diese Funktionen obere Schranken vorgibt. Die optimale Lösung des einkriteriellen Problems ist dann gleichzeitig ein Pareto-optimaler Punkt des multikriteriellen Optimierungsproblems.

Im nächsten Teil des Buches wird beschrieben, wie mit genetischen Algorithmen und mit Partikelschwarmalgorithmen multikriterielle Optimierungsprobleme gelöst werden können.

9.1 Methode der gewichteten Summe

Wir gehen von folgendem Optimierungsproblem aus:

Multikriterielles Optimierungsproblem

Sei $S \subset \mathbb{R}^m$ eine nichtleere Teilmenge und $f_i : S \to \mathbb{R}, i = 1, \ldots, n$, gegebene Zielfunktionen. Ein multikriterielles Optimierungsproblem ist gegeben durch:

Minimiere $f_i(x), i = 1, \ldots, n$, unter der Nebenbedingung $x \in M$

Bei der Methode der gewichteten Summe werden die einzelnen Zielfunktionen f_i mit Gewichtsfaktoren $\lambda_i > 0$ versehen und addiert. Auf diese Weise wird ein

R. Hollstein, *Optimierungsmethoden*, https://doi.org/10.1007/978-3-658-39855-2_9

multikriterielles Optimierungsproblem in ein einkriterielles Optimierungsproblem übergeführt.

Im Allgemeinen fordert man $\sum_{i=1}^{n} \lambda_i = 1$.

multikriteriell	*einkriteriell*
$\min\limits_{x \in M} \{f_1(x), ..., f_n(x)\}$	$\min\limits_{x \in M} g(x) = \min\limits_{x \in M} (\lambda_1 f_1(x) + \cdots + \lambda_n f_n(x))$

Es gilt: $x_0 \in M$ ist Pareto-optimal, wenn $g(x_0) = \min\limits_{x \in M} g(x)$.

Beweis: Sei $g(x_0) = \min\limits_{x \in M} g(x)$. Angenommen, der zulässige Punkt $\tilde{x}$ dominiert x_0. Dann gilt

$$f_i(\tilde{x}) \leq f_i(x_0)$$

für alle $i = 1, \ldots, n$ und $f_k(\tilde{x}) < f_k(x_0)$ für ein $k \in \{1, \ldots, n\}$, woraus folgt

$$g(\tilde{x}) = \sum_{i=1}^{n} \lambda_i f_i(\tilde{x}) < \sum_{i=1}^{n} \lambda_i f_i(x_0) = g(x_0).$$

Dies ist aber ein Widerspruch zur Voraussetzung, dass x_0 Minimalstelle von $g(x)$ ist.

Beispiel

Gegeben sei der Suchraum $M = \{x = (x_1, x_2) : 0 \leq x_1 \leq 1, 0 \leq x_2 \leq 1\}$ (Einheitsquadrat) und die Vektorfunktion

$$f(x) = (f_1(x), f_2(x)) = \left(2(x_1^2 - x_2), 2(x_2^2 - x_1)\right).$$

Wählt man die Gewichtsfaktoren $\lambda_1 = \lambda_2 = 0.5$, so ist die zu minimierende Funktion $g(x)$ gegeben durch

$$g(x) = 2\lambda_1(x_1^2 - x_2) + 2\lambda_2(x_2^2 - x_1) = x_1^2 - x_1 + x_2^2 - x_2.$$

Die Minimalstelle von $g(x)$ kann mithilfe der analytischen Methode 6.5.3 bestimmt werden. Setzt man die partiellen Ableitungen von g nach x_1 und x_2 gleich 0, so gilt

$$g_{x_1}(x_1, x_2) = 2x_1 - 1 = 0 \text{ und } g_{x_2}(x_1, x_2) = 2x_2 - 1 = 0.$$

Hieraus folgt $x_1 = x_2 = 0.5$. Wegen $g_{x_1 x_1} = g_{x_2 x_2} = 2$ und $g_{x_1 x_2} = 0$ gilt:

$$\Delta(0.5, 0.5) = g_{x_1 x_1}(0.5, 0.5) \cdot g_{x_2 x_2}(0.5, 0.5) - g_{g_1 x_2}(0.5, 0.5) = 4.$$

Da $\Delta(0.5, 0.5)$ positiv ist und $g_{x_1 x_1} = 2 > 0$ gilt, ist der Punkt $(0.5, 0.5)$ nach 6.5.3 Minimalstelle von g und somit Pareto-optimaler Punkt von $f(x)$. Der Datenpunkt $f(0.5, 0.5) = (-0.5, -0.5)$ ist demnach nicht-dominiert.

9.2 Die ε-Constraint-Methode

Die ε-Constraint-Methode ist ebenfalls ein Verfahren, bei der ein multikriterielles Optimierungsproblem in ein einkriterielles Optimierungsproblem umgewandelt wird. Die Idee dabei ist, nur eine Zielfunktion f_k zu minimieren und die restlichen Funktionen f_i als Nebenbedingungen zu betrachten, indem man für diese Funktionen obere Schranken ε_i vorgibt (s. Abb. 9.1). Es entsteht folgendes einkriterielles Minimierungsproblem:

multikriteriell   *einkriteriell*

$$\min_{x \in M} \{f_1(x), \dots, f_n(x)\}$$

$$\min_{x \in M} f_k(x)$$
$$f_i(x) \le \varepsilon_i\,, i = 1, \dots, n, i \neq k$$
$$\varepsilon_i \in \mathbb{R}$$

Es gilt: Jede eindeutige Lösung des einkriteriellen Optimierungsproblems ist Pareto-optimal.

Beispiel
Zu lösen ist das multikriterielle Minimierungsproblem

$$\min_{x \in [0,2]} \{f_1(x), f_2(x)\} = \min_{x \in [0,2]} \{x^2, (x-1)^2\}$$

mit der ε-Constraint-Methode. Dieses Optimierungsproblem kann übergeführt werden in das einkriterielle Optimierungsproblem

$$\min_{x \in [0,2]} f_2(x) = \min_{x \in [0,2]} (x-1)^2 \text{ mit } x^2 \le \varepsilon.$$

Sei $\varepsilon_1 = 0.5$. $f_2(x) = (x-1)^2$ ist monoton fallend in $[0,0.5]$ und damit minimal im rechten Randpunkt. Hieraus folgt, dass $x_1 = 0.5$ Pareto-optimal und der Lösungswert $f(0.5) = (0.5^2, (-0.5)^2) = (0.25, 0.25)$ nicht-dominiert ist.

Sei $\varepsilon_2 = 1.5$. $f_2(x) = (x-1)^2$ besitzt im Intervall $[0,1.5]$ in $x_2 = 1$ ein Minimum. Damit ist $x_2 = 1$ Pareto-optimal und der Funktionswert $f(x_2) = (1,0)$ nicht-dominiert.

Abb. 9.1 Die ε-Constraint-Methode mit den zwei Schranken ε_A und ε_B für $f_1(x)$ und den Pareto-optimalen Punkten A und B

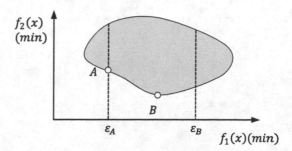

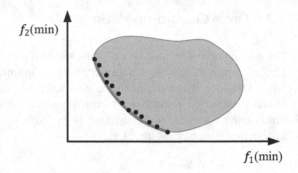

Abb. 9.2 Approximation der Pareto-Front durch nicht-dominierte Punkte mittels naturanaloger Optimierungsalgorithmen

9.3 Pareto-Optimierung mithilfe naturanaloger Optimierungsverfahren

Die Lösung von multikriteriellen Optimierungsproblemen mithilfe von naturanalogen Optimierungsmethoden wird in den nächsten Kapiteln beschrieben. Dabei werden nicht-dominierte Punkte generiert, deren Abstände zur Pareto-Front minimal sind, wobei die Diversität der Lösungswerte maximiert wird (s. Abb. 9.2).

Kapitel 10
Komplexität und heuristische/ metaheuristische Verfahren

Die Performance von Optimierungsalgorithmen für spezielle Optimierungsprobleme wird bestimmt durch den erforderlichen Ressourcenbedarf, wie z. B. die Rechenzeit oder den Speicherplatz. Die Komplexität eines Optimierungsproblems ist gegeben durch den Optimierungsalgorithmus, der dieses Problem löst und die bis dato beste Performance aufweist. Viele der in diesem Buch beschriebenen Optimierungsprobleme, wie zum Beispiel das Problem des Handlungsreisenden oder das Rucksackproblem, sind NP-schwer. Das bedeutet, dass NP-schwere Optimierungsalgorithmen nicht effizient lösbar sind und nur für kleine Eingangsgrößen exakt gelöst werden können. Bei größeren Eingangsgrößen ist man auf heuristische Verfahren angewiesen, die zulässige und möglichst gute Lösungen finden, die aber nicht notwendigerweise optimal sind. Metaheuristische Verfahren sind allgemeine, nicht problemspezifische Methoden zur Entwicklung von heuristischen Verfahren. Bei den Anwendungen von Heuristiken werden vorwiegend die komplementären Suchstrategien Exploitation und Exploration verwendet. Bei der Exploitation wird die Suche in einem vielversprechenden Bereich intensiviert, während bei der Exploration teilweise zufallsgesteuert neue Bereiche des Suchraumes untersucht werden.

10.1 Komplexität

Unter Komplexität eines Algorithmus versteht man den Ressourcenbedarf wie z. B. die Rechenzeit oder den Speicherplatz beim Lösen eines Problems mit Inputlänge n. Bei der Zeitkomplexität wird im Allgemeinen die maximale Anzahl der benötigten Rechenschritte zugrunde gelegt (Worst Case). Mithilfe der O-Notation kann der funktionale Zusammenhang zwischen der Länge n der Eingabe und dem Laufzeitverhalten beschrieben werden. Damit lassen sich Komplexitäten von Algorithmen besser vergleichen als exakte Laufzeiten.

10.1.1   O-Notation

Für Funktionen $f, g : \mathbb{N} \to \mathbb{R}^+$ gehört $f(n)$ zur Komplexitätsklasse $O(g(n))$ (Schreibweise: $f(n) = O(g(n))$), wenn es natürliche Zahlen n_0 und c gibt mit

$$f(n) \leq c \cdot g(n)$$

für alle $n \geq n_0$ (s. Abb. 10.1).

Mithilfe der O-Notation können Laufzeiten von Algorithmen asymptotisch ausgedrückt werden. Sie sagt aus, wie viel Zeit der Algorithmus höchstens benötigt.

10.1.2   Beispiel (Suche in einer sortierten Liste)

In einer sortierten Liste soll ein Wert gefunden werden. Anwendungsbeispiel ist die Suche nach einem Eintrag in einem Telefonbuch. Beispielhaft sei die folgende sortierte Liste mit 13 Elementen gegeben:

2	4	9	10	14	19	20	28	31	42	45	50	53

Gesucht ist die Position des Schlüsselwerts 28.

Lineare Suche Der einfachste Suchalgorithmus ist die *lineare Suche,* bei der man so lange jedes Element nacheinander durchgeht, bis ein Element mit dem gesuchten Schlüssel übereinstimmt.

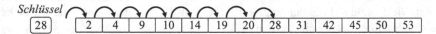

Bei diesem Beispiel sind insgesamt 8 Vergleiche notwendig. Für Listen mit n Elementen sind im schlechtesten Fall n Vergleiche erforderlich. Die lineare Suche gehört damit zur Komplexitätsklasse $O(n)$.

Binäre Suche Ein effektiverer Suchalgorithmus für eine sortierte Liste ist die *binäre Suche.* Hierbei wählt man zunächst den mittleren Eintrag der Liste und

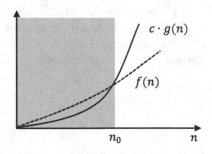

Abb. 10.1 Illustration für
$f(n) = O(g(n))$

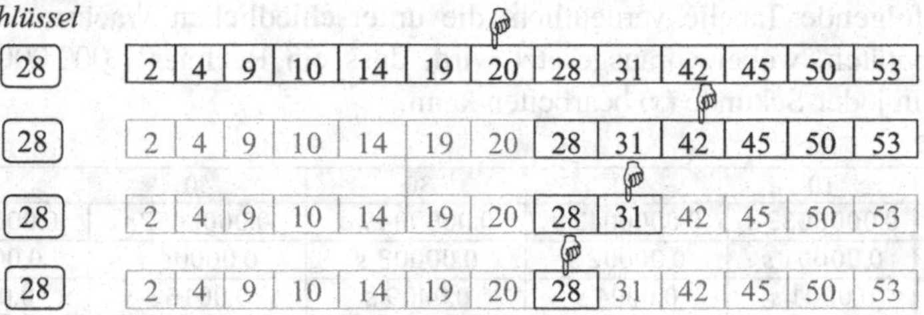

Schlüssel

Abb. 10.2 Binäre Suche durch wiederholte Halbierung der Liste

überprüft, ob der gesuchte Wert größer oder kleiner ist. Im nächsten Schritt wird in der entsprechenden Teilliste weitergesucht. Die wiederholte Halbierung wird so lange fortgesetzt, bis nur noch ein Element vorhanden ist und dieses mit dem Schlüsselwert übereinstimmt (s. Abb. 10.2).

Bei einer sortierten Liste mit n Elementen, die nach jedem Schritt halbiert wird, liegen in der ersten Teilliste $n/2$ Elemente, in der zweiten Teilliste $n/4$ Elemente, in der dritten Teilliste $n/8$ Elemente usw., allgemein nach j Halbierungsschritten $n/2^j$ Elemente. Der Suchalgorithmus ist nach k Schritten beendet, wenn die Teilliste nur aus einem Element besteht, bzw. wenn für eine Zahl k die Gleichung $\frac{n}{2^k} = 1$ gilt. Aus $2^k = n$ und Logarithmieren auf beiden Seiten folgt: $k = \log_2 n$. Der binäre Suchalgorithmus für eine sortierte Liste gehört somit zur Komplexitätsklasse $O(\log_2 n)$.

10.1.3 Komplexität von Problemen

Probleme, wie zum Beispiel „Suche in einer sortierten Liste", werden bzgl. der Komplexität aufgrund des besten bekannten Algorithmus klassifiziert, der dieses Problem löst. Das Auffinden eines besseren Algorithmus verbessert die Komplexität des Problems.

Übersicht Komplexitäten
Häufig auftretende Komplexitäten sind in der folgenden Tabelle angegeben:

Komplexität	Bezeichnung	Beispiel
$O(1)$	konstant	Zugriff auf ein Matrixelement
$O(\log_2 n)$	logarithmisch	Binäre Suche in einer sortierten Liste
$O(n)$	linear	Lineare Suche in einer Liste
$O(n^2)$	quadratisch	Dijkstra-Algorithmus
$O(2^n)$	exponentiell	Enumerationsmethode Rucksackproblem
$O(n!)$	Fakultät	Enumerationsmethode Problem des Handlungsreisenden

Die folgende Tabelle verdeutlicht die unterschiedlichen Wachstumsraten der Komplexitäten, wobei vorausgesetzt wird, dass ein Rechner 1.000.000 Rechenschritte in jeder Sekunde (s) bearbeiten kann.

n	10	20	30	40	50
$\log_2 n$	$0.0000033\,s$	$0.0000043\,s$	$0.0000049\,s$	$0.0000053s$	$0.0000056\,s$
n	$0.00001\,s$	$0,00002\,s$	$0,00003\,s$	$0,00004\,s$	$0,00005\,s$
n^2	$0,0001\,s$	$0,0004\,s$	$0,0009\,s$	$0,0016\,s$	$0,0025\,s$
n^3	$0,001\ s$	$0,008\,s$	$0,027\,s$	$0,064\,s$	$0,125\,s$
2^n	$0,001\,s$	$1,048\,s$	$17,9$ min	$12,7$ Tage	35 Jahre
$n!$	$3,629\,s$	$7,7 \cdot 10^4$ Jahre	$8,4 \cdot 10^{18}$ Jahre	$2,6 \cdot 10^{34}$ Jahre	$9,6 \cdot 10^{50}$ Jahre

Zum Vergleich: Das Alter unseres Universums wird auf 14 Mrd. Jahre geschätzt.

10.1.4 Polynomielle Algorithmen

Ein Algorithmus heißt *polynomiell*, wenn seine Komplexität gleich $O(p(n))$ ist, wobei $p(n)$ ein Polynom ist.

Ein Polynom $p_k(n)$ vom Grad k ist definiert durch

$$p_k(n) = a_k n^k + \cdots + a_2 n^2 + a_1 n + a_0,$$

wobei $a_k > 0$ und $a_j \geq 0$ für alle $0 \leq j \leq k - 1$.

Es gilt $O(p_k(n)) = O(n^k)$, d. h. das Wachstum wird alleine durch die höchste Potenz des Polynoms bestimmt.

Ein Algorithmus mit polynomieller Laufzeit heißt *effizient*.

10.1.5 Entscheidungsprobleme

Die Komplexitätstheorie beschäftigt sich mit Entscheidungsproblemen. Ein *Entscheidungsproblem* ist ein Problem, das nur die zwei möglichen Antworten „ja" und „nein" besitzt. Die Eingaben von Entscheidungsproblemen heißen Instanzen. Ja- und Nein-Instanzen sind Instanzen, die das Entscheidungsproblem mit Ja bzw. Nein beantworten.

Beispiel (Primzahl-Entscheidungsproblem). Ist n eine Primzahl?

Jedes Optimierungsproblem kann in ein Entscheidungsproblem übergeführt werden. Zur Veranschaulichung betrachten wir das folgende Optimierungsproblem.

Problem des Handlungsreisenden

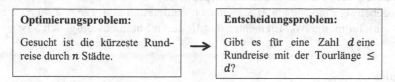

Optimierungsproblem:		Entscheidungsproblem:
Gesucht ist die kürzeste Rundreise durch n Städte.	$\rightarrow$	Gibt es für eine Zahl d eine Rundreise mit der Tourlänge $\leq d$?

10.1.6 Komplexitätsklassen P und NP

- **Komplexitätsklasse P** Entscheidungsprobleme, die mit einem polynomiellen Algorithmus gelöst werden können, gehören zur Komplexitätsklasse P.
- **Komplexitätsklasse NP** Entscheidungsprobleme, deren vorgegebene Lösungen in polynomieller Zeit verifiziert werden können, bilden die Komplexitätsklasse *NP*.
(Das Kürzel NP steht für „nichtdeterministisch polynomiell".)

Es gilt $P \subseteq NP$. Denn wenn ein Problem in polynomieller Zeit lösbar ist, dann ist eine Lösung auch verifizierbar in polynomieller Zeit. Ob umgekehrt aus der Prüfbarkeit der Lösung in polynomieller Zeit auch die Lösbarkeit des Problems in polynomieller Zeit folgt, ist ein ungelöstes Problem und stellt eines der Millennium-Probleme dar. Es wird im Allgemeinen angenommen, dass $P \neq NP$ gilt.

Beispiel
Das Entscheidungsproblem zu dem Problem des Handlungsreisenden: „Gibt es zu n Städten eine Rundreise, für die die Tourlänge $\leq d$ ist?" liegt in *NP*, da die Tourlänge für eine gegebene Tour in linearer Zeit berechnet werden kann.

10.1.7 Polynomielle Reduzierbarkeit

Definition
Ein Entscheidungsproblem E_1 ist *polynomiell reduzierbar* auf ein Entscheidungsproblem E_2, wenn ein polynomieller Transformationsalgorithmus existiert, der jede Instanz von E_1 auf eine Instanz E_2 abbildet, sodass jede Instanz von E_1 genau dann eine Ja-Instanz ist, wenn eine umgewandelte Eingabe eine Ja-Instanz von E_2 ist.

Die polynomielle Reduzierbarkeit soll im Folgenden für das *Subset Sum Problem* E_1 und das Rucksack-Entscheidungsproblem E_2 illustriert werden.

Unter dem Subset Sum Problem versteht man folgendes Entscheidungsproblem:

Subset Sum Problem (Teilsummenproblem)
Gegeben sei eine Menge M von ganzen Zahlen und eine ganze Zahl S. Gibt es eine Teilmenge von Elementen aus M, deren Summenwert gleich S ist?

Beispiel
Anwendungsbeispiel ist das Beladen eines LKWs mit mehreren Gegenständen. Es soll geprüft werden, ob Gegenstände ausgewählt werden können, sodass der LKW ohne Überschreitung des zulässigen Gesamtgewichts komplett beladen ist (s. Abb. 10.3).

Rucksack-Entscheidungsproblem
Gegeben sei ein Rucksack mit einer Gewichtskapazität K sowie eine Menge von Gegenständen mit bekannten Gewichten und Nutzwerten. Sei weiterhin der Mindest-Gesamtnutzwert W gegeben. Gibt es eine Auswahl von Gegenständen, die in den Rucksack gepackt werden können, deren Gesamtnutzwert mindestens W ist?

Die Reduktion von dem Subset Sum Poblem E_1 auf das Rucksack-Entscheidungsproblem E_2 soll an einem Beispiel illustriert werden. Gegeben sei hierzu die folgende Menge $M = \{9, 6, 15, 3, 5, 8\}$ mit dem Zielwert $S = 20$.

Die Reduktion von E_1 auf E_2 ist definiert durch die Abbildung, die jedem Element von M einen Gegenstand zuordnet, dessen Nutzen und Gewicht gleich dem Zahlenwert des Elementes ist (s. Abb. 10.4). Jede Lösung von E_1 wird damit auf eine Lösung von E_2 abgebildet, wobei Ja-Instanzen von E_1 Ja-Instanzen von E_2 zugeordnet werden. Betrachtet man zum Beispiel die Ja-Instanz $\{9, 6, 5\}$, so ist die entsprechende Auswahl $\{1, 2, 5\}$ ebenfalls eine Ja-Instanz, da der Summenwert $9 + 6 + 5 = 20 \geq W$ und $\leq K$ ist. Geht man umgekehrt von einer Ja-Instanz des Rucksack-Entscheidungsproblems aus, so ist die entsprechende Lösung des Subset

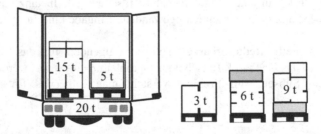

Abb. 10.3 Für die Menge $M = \{9, 6, 15, 3, 5\}$ und dem Zielwert $S = 20$ (t) ist die *Teilmenge*$\{5, 15\}$ eine Ja-Instanz des Subset Sum Problems.

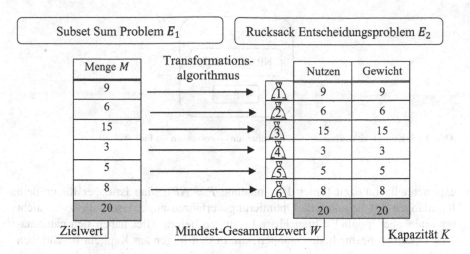

Abb. 10.4 Reduktion des Subset Sum Problems auf das Rucksack-Entscheidungsproblem

Sum Problems ebenfalls eine Ja-Instanz. Denn für die Gegenstände einer Ja-Instanz des Rucksack-Entscheidungsproblems ist die Summe der Nutzwerte und Gewichte ≥ 20 bzw. ≤ 20 und somit gleich 20.

Das Subset Sum Problem ist polynomiell reduzierbar auf das Rucksack-Entscheidungsproblem, da der Transformationsalgorithmus linear ist.

10.1.8 Komplexitätsklasse NP-vollständig

Wenn ein Entscheidungsproblem E_1 polynomiell auf E_2 reduziert werden kann und E_2 in P liegt, so liegt E_1 ebenfalls in P. Umgekehrt kann E_2 nicht in polynomieller Zeit gelöst werden, wenn E_1 nicht in polynomieller Zeit gelöst werden kann.

Ein Entscheidungsproblem E in NP heißt *NP-vollständig*, wenn alle anderen Entscheidungsprobleme der Komplexitätsklasse NP sich auf E polynomiell reduzieren lassen. Das bedeutet, dass $P = NP$ gilt, wenn nur für ein NP-vollständiges Problem bewiesen werden kann, dass es in P liegt (s. Abb. 10.5).

10.1.9 NP-schwere Optimierungsprobleme

Ein Optimierungsproblem heißt *NP-schwer*, wenn das zugeordnete Entscheidungsproblem *NP-vollständig* ist.

Die meisten Optimierungsprobleme in der realen Welt sind *NP*-schwer. Sie sind nicht effizient lösbar und benötigen zur Bestimmung der exakten Lösung

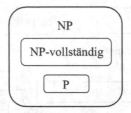

Abb. 10.5 Komplexitätsklasssen von Entscheidungsproblemen im Fall $P \neq NP$

exponentielle Laufzeit (unter der Annahme $P \neq NP$). Man ist daher für größere Inputlängen auf heuristische Optimierungsverfahren angewiesen, die zwar nicht optimale, aber möglichst brauchbare Lösungen liefern. Hier haben sich naturanaloge Optimierungsmethoden etabliert, die in den folgenden Kapiteln beschrieben werden.

Die folgenden Beispiele von kombinatorischen Optimierungsproblemen sind *NP*-schwer:

- Vehicle-Routing-Probleme, insbesondere das Problem des Handlungsreisenden
- Scheduling-Probleme
- Zuschnitt- und Packungsprobleme, insbesondere das Rucksackproblem
- Mengenüberdeckungsproblem
- Knotenüberdeckungsproblem
- Maximales Cliquenproblem
- Stabilitätsproblem
- Graphen-Färbungsproblem

10.2   Heuristisches Verfahren

Viele Optimierungsprobleme können in akzeptabler Zeit nur für kleine Eingabegrößen exakt gelöst werden, sodass man auf *heuristische Verfahren* angewiesen ist. Der Begriff „Heuristik" kommt aus dem Griechischen (heuriskein, „entdecken" oder „erfinden") und bezeichnet die Strategie, in kurzer Zeit mit eingeschränktem Wissen Entscheidungen zu treffen.

Heuristische Verfahren
Heuristische Verfahren sind Methoden zur Bestimmung von möglichst guten Lösungen von Optimierungsaufgaben in möglichst kurzer Zeit, ohne die Optimalität zu garantieren.

10.3 Metaheuristische Verfahren

Metaheuristische Verfahren
Metaheuristische Verfahren sind allgemeine, nicht problemspezifische Methoden zur Entwicklung von heuristischen Verfahren.

Nach der Definition ist der allgemeine Greedy-Algorithmus 7.4 ein metaheuristisches Verfahren, während beispielsweise der problemspezifische Greedy-Algorithmus für das Münzproblem 7.4.1 oder für das Rucksackproblem 7.4.2 ein heuristisches Verfahren darstellt. Die Metaheuristik beschreibt einen problemübergreifenden allgemeinen Rahmen, der auf konkrete Optimierungsprobleme angepasst werden kann.

10.4 Exploitation und Exploration

Im Allgemeinen werden bei Anwendungen von Metaheuristiken zwei komplementäre Suchstrategien verwendet.

- **Exploitation** Hierunter versteht man die Intensivierung der Suche in einem vielversprechenden Bereich des Suchraumes.
- **Exploration** Bei dieser Suchstrategie werden durch Diversifikation teilweise zufallsgesteuert neue Bereiche untersucht und wesentlich unterschiedliche Lösungen betrachtet. Damit besteht die Möglichkeit, lokale Extremstellen zu verlassen und die Suche nach der globalen Extremstelle zu ermöglichen. Jedoch verschlechtert sich damit die Konvergenzgeschwindigkeit, wenn viele neue Lösungen weit vom globalen Optimum entfernt liegen. Entscheidend für die Performance ist die richtige Balance zwischen Exploitation und Exploration (s. Abb. 10.6).

Die Frage, welches metaheuristische Verfahren allgemein am besten ist, beantwortet das folgende Theorem.

Abb. 10.6 Intensivierung und Diversifikation bei der Suche nach einer optimalen Lösung

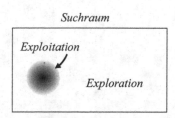

10.5   No Free Lunch Theorem

Die Bezeichnung „No Free Lunch" stammt von der Redensart „There ain't no such thing as a free lunch", was im Deutschen übersetzt werden kann mit „Man bekommt nichts geschenkt". Das „No Free Lunch Theorem", entwickelt von Wolpert und Macready [1], sagt vereinfacht Folgendes aus:

> **No free Lunch Theorem (Nichts-ist-umsonst–Theorem)**
> Alle Optimierungsverfahren sind über alle möglichen Probleme betrachtet im Durchschnitt gleich gut.

Das Theorem besagt, dass ein Verfahren A, das bei bestimmten Zielfunktionen eine bessere Performance als ein Verfahren B liefert, es andere Zielfunktionen gibt, bei denen B bessere Ergebnisse erzielen. Eine universelle Methode, die alle Optimierungsprobleme am effizientesten löst, gibt es nicht. Vergleichbar sind die unterschiedlichen Optimierungsverfahren immer nur in Bezug auf bestimmte Probleme. Bei der Auswahl eines Optimierungsalgorithmus muss man anwendungsspezifisch untere Berücksichtigung der Struktur des Problems vorgehen.

Literatur

1. Wolpert DH, Macready WG (1997) No free lunch theorems for optimization. IEEE Trans Evol Comp 1(1):67–82

Teil III
Naturanaloge Optimierungen

Kapitel 11
Physikbasierende Algorithmen

Zu den physikbasierenden Optimierungsalgorithmen zählt das Simulated-Annealing-Verfahren, das von Kirkpatrick 1983 eingeführt wurde. Vorbild dieses naturinspirierten Verfahrens ist der Abkühlungsprozess beim Erhärten einer Metallschmelze für die Erzeugung eines homogenen Kristalls. Die Homogenität liegt vor, wenn der Energiezustand minimal ist. Dies kann erreicht werden, indem man beim Abkühlungsprozess kurzfristig höhere Energiezustände akzeptiert. Die Grundidee des Simulated-Annealing-Verfahrens besteht analog darin, zur Überwindung von lokalen Minima bei der Suche des globalen Minimums stochastisch schlechtere Lösungen zuzulassen.

Eine vereinfachte Variante ist die von Dueck et al. 1990 eingeführte Threshold-Accepting-Methode, bei der im Gegensatz zum Simulated-Annealing-Verfahren die Akzeptanz einer schlechteren Lösung nicht stochastisch, sondern deterministisch erfolgt.

Eine weitere Variante ist der Sintflut-Algorithmus, der von Dueck et al. 1993 entwickelt wurde. Bei diesem Verfahren hängt die Akzeptanz einer schlechteren Lösung von einem dynamisch erzeugten Schwellenwert ab.

11.1 Simulated Annealing

Der *Simulated Annealing-Algorithmus (SA-Algorithmus)* wurde von S. Kirkpatrick [1] zur Lösung von Optimierungsproblemen eingeführt. *Simulated Annealing* kann übersetzt werden mit „simuliertes Abkühlen". Vorbild des SA-Algorithmus ist der Abkühlungsprozess beim Übergang einer Schmelze zu einem Festkörper.

11.1.1 Abkühlungsprozess beim Erhärten einer Metallschmelze

Wird ein Metall erhitzt, so werden die Atome beweglicher und lösen sich aus ihren Bindungen. Nach Erreichen einer bestimmten Temperatur beginnt das Metall zu schmelzen, wobei die Kristallstruktur zerstört ist. Kühlt man geschmolzenes Metall ab, so wird die Kristallstruktur neu aufgebaut. Bei der Kristallisation strebt die Gesamtenergie $E(s)$ zum Zustand s ein Minimum an. Je regelmäßiger die Kristallstruktur, umso niedriger ist das Energieniveau. Wird zügig abgekühlt, so entsteht eine unregelmäßige Gitterstruktur und die Energie $E(s)$ pendelt sich in einem lokalen Minimum ein. Ein globales Minimum der Energie liegt vor, wenn das Kristallgitter homogen ist. Homogene Kristallgitter werden zum Beispiel zur Herstellung von Halbleitern oder Solarzellen aus Silizium benötigt.

Schmelze   unregelmäßiges Kristall   homogenes Kristall durch
                                                   Simulated Annealing

Homogene Kristalle können gezüchtet werden, indem die Schmelze sehr langsam abgekühlt wird. Erstarrt das Metall in einem lokalen Energieminimum, so kann die Gitterstruktur durch dosierte Erhöhung der Temperatur aus diesem Zustand befreit werden. Auf diese Weise kann das Kristall in einen energetisch niedrigeren Zustand fallen, wodurch die Reinheit verbessert wird. Durch Variation der Temperatur kann die Reinheit des Kristalls weiter gesteigert werden (s. Abb. 11.1).

Die Wahrscheinlichkeit, dass ein schlechterer Zustand angenommen wird, beträgt

$$p(\Delta E, T) = e^{-\frac{\Delta E}{k \cdot T}},$$

Abb. 11.1 Über den Weg eines energetisch schlechteren Zustands kann die Kristallstruktur in ein niedrigeres Energieniveau fallen.

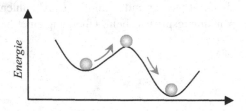

wobei T die Temperatur, k die Boltzmann-Konstante und ΔE die Differenz zwischen dem angestrebten und dem aktuellen Energieniveau ist.

11.1.2 Simulated-Annealing-Algorithmus

Die Methode des Abkühlungsprozesses einer Metallschmelze zur Überwindung von lokalen Minima vorübergehend schlechtere Energiezustände zu tolerieren, dient als Vorbild des Simulated-Annealing-Algorithmus zur Lösung von Optimierungsproblemen. Ist

$$f : S \to \mathbb{R}$$

eine zu minimierende Funktion, so kann analog zum simulierten Kühlen eine Wahrscheinlichkeit für die Akzeptanz einer schlechteren Lösung definiert werden durch

$$p(\Delta E, T) = e^{\frac{-\Delta E}{T}},$$

wobei die Temperatur als Metapher für T dient und $\Delta E = f(y) - f(x)$ die Funktionsänderung für eine angestrebte Lösung y aus einer Nachbarschaft des aktuellen Wertes x ist. Dabei werden folgende Analogien verwendet:

Thermodynamik	SA-Algorithmus
Systemzustand	Lösung des Optimierungsproblems x
Energieniveau	Zielfunktion f
Temperatur	Steuerparameter T
Zustandsänderung	Nachbarschaftslösung y
Energiedifferenz	Funktionsänderung ΔE

Die Akzeptanzwahrscheinlichkeit kann mittels der Temperatur gesteuert werden: Je höher die Temperatur T, umso größer ist die Wahrscheinlichkeit, Lösungsverschlechterungen zu tolerieren. Ist die Temperatur hoch, so können leichter lokale Minima verlassen werden und der Suchraum kann global durchsucht werden (s. Abb. 11.2).

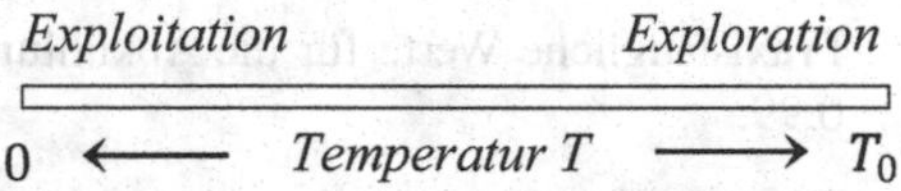

Abb. 11.2 Steuerung zwischen Exploitation (lokale Suche) und Exploration (globale Suche) mittels der Temperatur T

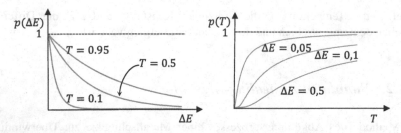

Abb. 11.3 Verlauf der Akzeptanzwahrscheinlichkeit für verschiedene Temperaturen T und Energiedifferenzen ΔE

Mit fallenden Temperaturen $T \to 0$ sinkt die Übernahmewahrscheinlichkeit schlechterer Lösungen. Ist die Temperatur klein, so werden nur noch Lösungen zugelassen, die Verbesserungen darstellen, wodurch der Suchraum lokal durchsucht wird (s. Abb. 11.3).

Ablauf des SA-Algorithmus in der Grundversion
Gegeben sei eine zu minimierende Zielfunktion $f : S \to \mathbb{R}$. Bei einem Maximierungsproblem minimiere man $-f$.

0. **Initialisierung** In der Regel bestimmt man stochastisch eine Anfangslösung x im Suchraum S. Weiterhin wird eine Anfangstemperatur T festgelegt, die so groß gewählt werden sollte, dass zu Beginn des Algorithmus der Lösungsraum großräumig durchsucht wird.
1. **Variation** Aus der Lösung x erzeugt man stochastisch eine Lösung y aus der Nachbarschaft $N(x)$ von x. Hierzu muss eine geeignete Nachbarschaftsstruktur definiert sein.
2. **Evaluation** Bei der Evaluation werden die Funktionswerte $f(x), f(y)$ und die Energiedifferenz $\Delta E = f(y) - f(x)$ berechnet.
3. **Selektion**
   Gilt $\Delta E < 0$, so setze $x' = y$ für den neuen Wert x'.
   Gilt $\Delta E \geq 0$, so setze:
   - $x' = y$, falls für eine gleichverteilte Zufallszahl $z = \mathrm{rand}(0, 1)$ gilt : $z < e^{-\frac{\Delta E}{T}}$.
   - $x' = x$, falls für eine gleichverteilte Zufallszahl $z = \mathrm{rand}(0, 1)$ gilt : $z \geq e^{-\frac{\Delta E}{T}}$.
4. **Abkühlung** Die Temperatur wird sukzessive reduziert mithilfe der Abkühlungsfunktion

$$T' = \alpha \cdot T.$$

Praxistaugliche Werte für die Abkühlungskonstante α liegen zwischen 0.8 und 0.99.

Die Schritte 1 bis 4 werden wiederholt, bis ein Abbruchkriterium erfüllt ist.

Abbruch Typischerweise wird der Algorithmus abgebrochen, wenn eines der folgenden Kriterien erfüllt ist:

- Eine maximale Anzahl von Iterationen wird erreicht.
- Eine vorgegebene Endtemperatur T_e (z. B. $T_e = 0{,}001$) wird unterschritten oder die Akzeptanzwahrscheinlichkeit liefert nur Werte unterhalb eines Schwellenwerts p_e (z. B. $p_e = 0{,}01$).
- Eine festgelegte Anzahl von Iterationen oder Temperaturreduktionen ergeben keine Verbesserungen.

Abb. 11.4 zeigt den Ablauf des SA-Algorithmus als Diagramm.

Abkühlungsplan
Die Abkühlungsgeschwindigkeit hat wesentlichen Einfluss auf die Performance. Es gibt u. a. folgende Varianten für die Reduzierung der Temperatur:

- Die Temperatur T wird für mehrere Iterationen konstant gehalten.
- T wird nur dann reduziert, wenn eine feste Anzahl von Lösungen akzeptiert wurde. Bei hohen Temperaturen bzw. höherer Akzeptanzwahrscheinlichkeit ist die vorgegebene Anzahl schnell erreicht, während bei niedrigeren Temperaturen lokal intensiver gesucht wird.
- Zu jeder Iteration wird die Temperatur um einen konstanten Wert ε reduziert. Hierzu muss die Starttemperatur ausreichend groß gewählt werden, damit die Temperatur nicht negativ wird.

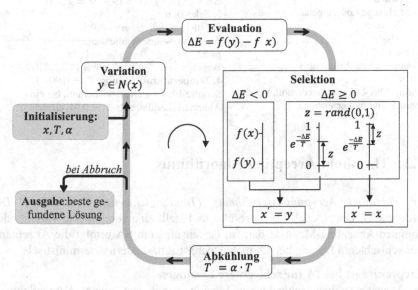

Abb. 11.4 Ablauf des SA-Algorithmus in der Grundversion für ein beliebiges Minimierungsproblem

Beispiel (Problem des Handlungsreisenden)

SA-Algorithmus	Beispiel
Gegeben: n Städte, die von 1 bis n durchnummeriert sind	**Gegeben:** fünf Städte $1, \ldots, 5$ mit rechtsstehender Entfernungstabelle

SA-Algorithmus:

Gegeben: n Städte, die von 1 bis n durchnummeriert sind
Gesucht: kürzeste Rundreise, wobei jeder Ort nur einmal besucht wird
Zielfunktion: Minimierung der Gesamtlänge der Rundreise $f(x)$, wobei x eine Lösung ist, codiert als Permutation der natürlichen Zahlen von 1 bis n
0. Initialisierung
■ Anfangstemperatur: T
■ Abkühlungskonstante: α
■ Anfangslösung: Permutation
$x = (a_1, \ldots, a_n)$
1. Variation
Eine Nachbarschaftslösung y von x wird erzeugt, indem zufällig zwei Knoten der Rundreise von x vertauscht werden:

$$x = (a_1, \ldots, a_i, \ldots, a_k, \ldots, a_n)$$
$$\Downarrow$$
$$y = (a_1, \ldots, a_k, \ldots, a_i, \ldots, a_n)$$

2. Energiedifferenz
Berechnung von $\Delta E = f(y) - f(x)$
3. Selektion
y wird als neue Lösung genau dann ausgewählt, wenn:
$\Delta E < 0$ oder
$z = round(0,1) < e^{-\frac{\Delta E}{T}}$.
4. Temperaturabkühlung:
$T' = \alpha \cdot T$
Schritte 1 bis 4 werden wiederholt, bis ein Abbruchkriterium erreicht ist.

Beispiel:

Gegeben: fünf Städte $1, \ldots, 5$ mit rechtsstehender Entfernungstabelle

	1	2	3	4	5
1	0	9	4	1	3
2	9	0	2	8	5
3	4	2	0	7	3
4	1	8	7	0	7
5	3	5	3	7	0

Gesucht:

kürzeste Rundreise durch die Städte 1 bis 5
Zielfunktion: Gesamtstrecke $f(x)$
0. Initialisierung
$T = 50, \alpha = 0,99, \quad x = (1,5,2,3,4)$
1. Variation
Vertauschung der 2. und 4. Komponente:

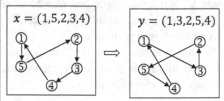

$x = (1,5,2,3,4)$　　　$y = (1,3,2,5,4)$

2. Energiedifferenz
$\Delta E = f(y) - f(x) = 19 - 18 = 1 > 0$
3. Selektion
Zufallszahl: Sei $z = round(0,1) = 0,5$
Akzeptanzwahrscheinlichkeit:
$p(\Delta E, T) = e^{-\frac{\Delta E}{T}} = e^{-\frac{1}{50}} = 0,98$.
Wegen $z < e^{-\frac{\Delta E}{T}}$ gilt: $x' = y = (1,3,2,5,4)$.
4. Temperaturabkühlung: $T' = 0,99 \cdot T$
Schritte 1 bis 4 werden wiederholt, bis ein Abbruchkriterium, z. B. $T = 0,01$, erreicht ist.

11.2　Threshold-Accepting-Algorithmus

Der *Threshold Accepting-Algorithmus (Toleranzschwellen-Algorithmus, TA)* wurde von G. Dueck et al. [2] eingeführt und stellt eine vereinfachte Variante der Simulated-Annealing-Methode dar. Im Gegensatz zum SA erfolgt die Akzeptanz einer schlechteren Lösung bei TA nicht stochastisch, sondern deterministisch.

Akzeptanzregel bei TA für schlechtere Lösungen
Die Akzeptanz einer schlechteren Lösung hängt von einem Schwellenwert (threshold) T ab, der im Laufe des Optimierungsprozesses schrittweise auf null gesenkt wird. Geht man von einer zu maximierenden Zielfunktion $f(x)$ aus, so

wird jede neue Lösung x' akzeptiert, sofern die Verschlechterung nicht größer als ein vorgegebener Schwellenwert T ist bzw. sofern $f(x') > f(x) - T$ gilt (s. Abb. 11.5). Der Schwellenwert T wird sukzessive reduziert durch Multiplikation mit einer festgelegten Konstanten $0 < \alpha < 1$:

$$T' = \alpha \cdot T$$

Der Ablauf des TA ist ähnlich wie beim SA (s. Abb. 11.6). Sie unterscheiden sich im Wesentlichen durch das Auswahlverfahren schlechterer Lösungen. Der Rechenaufwand des TA ist niedriger, da die Berechnung der Akzeptanzwahrscheinlichkeit wegfällt.

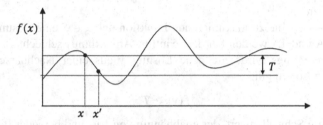

Abb. 11.5 Illustration des Threshold-Accepting-Algorithmus. x' wird als schlechtere Lösung akzeptiert, da $f(x') > f(x) - T$. Auf diese Weise können lokale Maxima verlassen werden.

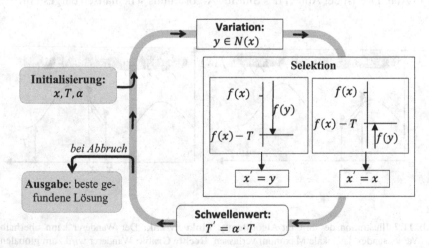

Abb. 11.6 Ablaufplan des TA für ein beliebiges Maximierungsproblem

11.3   Sintflut-Algorithmus

Eine weitere vereinfachte Variante des Simulated-Annealing-Algorithmus ist von
Dueck et al. [3] eingeführt worden, die von den Autoren mit *Sintflut-Algorithmus* (SI) bezeichnet wurde. Diese Methode kann beschrieben werden mit einem
Wanderer, der den höchsten Berg einer Bergkette erklimmen möchte. Es regnet sint-
flutartig, wobei der Wasserstand T stetig ansteigt und die Sichtweite aufgrund des
starken Regens eingeschränkt ist. Der Wanderer kann sich nur oberhalb des Wasser-
stands frei bewegen. Damit ist es möglich, Berge mit niedriger Höhe wieder zu verlassen. Mit steigendem Wasserstand werden die Berge von Wasser umschlossen,
sodass der Wanderer schließlich zur Bergspitze gedrängt wird (s. Abb. 11.7).

Die Metapher des Bergwanderers im Regen kann wie folgt algorithmisch
umgesetzt werden:

Sei $f : S \to \mathbb{R}$ eine zu maximierende Funktion und $x \in S$ eine Lösung. Analog
wie beim SA und TA werden bei dem Sintflut-Algorithmus schlechtere Lösungen
akzeptiert, allerdings wird jede neue Lösung y aus einer Nachbarschaft $N(x)$
angenommen, sofern gilt:

$$f(y) \geq T$$

Dabei ist T ein Schwellenwert, der unabhängig von x ist und bei jeder Iteration um
ein Inkrement ε (z. B. $\varepsilon = 0{,}0001$) erhöht wird. T bezeichnet man dann als Wasserstand. Der Sintflut-Algorithmus ist eine einfache Methode, die dennoch bei vielen
Optimierungsproblemen erfolgreich eingesetzt wird.

In Abb. 11.8 ist der Ablauf des Sintflut-Algorithmus schematisch dargestellt.

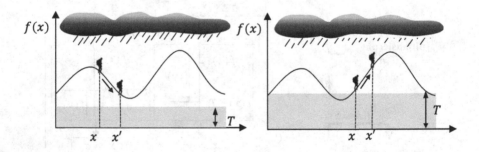

Abb. 11.7 Illustration des Sintflut-Algorithmus. **Linke Grafik:** Der Wanderer kann oberhalb
des Wasserstandes das lokale Maximum verlassen. **Rechte Grafik:** Wanderer wird zum globalen
Maximum gedrängt.

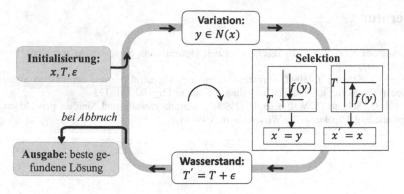

Abb. 11.8 Ablaufplan des SI für ein beliebiges Maximierungsproblem

11.4 Populationbasierende Algorithmen

Eine Verbesserung der Performance ist möglich, wenn man eine Gruppe von Wanderern gemeinsam das globale Maximum suchen lässt. Dies ist nur dann sinnvoll, wenn die Wanderer untereinander kommunizieren und sie sich über die jeweilige Höhe untereinander informieren können (s. Abb. 11.9). Diese Methode nennt man populationsbasierend. Dabei können die sogenannten Agenten zum Beispiel Ameisen, Vögel, Körperzellen oder Blutzellen sein. Verschiedene populationsbasierende Algorithmen werden in den nächsten Kapiteln betrachtet.

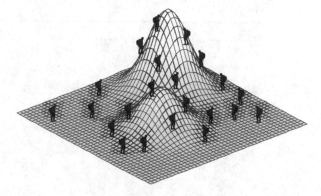

Abb. 11.9 Bei den populationsbasierenden Algorithmen erkunden sogenannte Agenten gemeinsam das Optimum in der Wertelandschaft.

Literatur

1. Kirkpatrick S, Gellatt C Jr, Vecchi M (1983) Optimization by simulated annealing. Science 22:671–680
2. Dueck G, Scheuer T (1990) Threshold accepting: A general purpose optimzation algorithm appearing superior to simulated annealing. J Comput Phys 90:161–175
3. Dueck G, Scheuer T, Wallmeier H (1993) „Toleranzschwelle und Sintflut: neue Ideen zur Optimierung." Spektrum der Wissenschaft, S 49–51

Kapitel 12
Evolutionäre Algorithmen

Die evolutionären Algorithmen sind in vielen Bereichen anwendbar und haben sich als sehr effektiv erwiesen. Evolutionäre Algorithmen imitieren Strategien aus der Evolutionsbiologie wie zum Beispiel die Evolutionsfaktoren Selektion, Rekombination und Mutation. Zu den evolutionären Algorithmen zählen die Evolutionsstrategien, eingeführt von Rechenberg und Schwefel in den 1960er-Jahren, sowie die genetischen Algorithmen, entwickelt von Holland in den 1970er-Jahren.

In diesem Kapitel wird beschrieben, wie mit genetischen Algorithmen kombinatorische, kontinuierliche und multikriterielle Optimierungsprobleme gelöst werden können. Hierbei werden im Allgemeinen die Lösungen binär codiert, sodass auf diese Bitfolgen Operationen analog den Evolutionsfaktoren der Evolutionsbiologie angewendet werden können.

Wie bei den genetischen Algorithmen sind die Evolutionsfaktoren Vorbild der Evolutionsstrategien. Die Implementierungen sind jedoch unterschiedlich. Während bei den genetischen Algorithmen die Rekombinationen eine wichtige Rolle spielen, übernehmen die Mutationen bei den Evolutionsstrategien die zentrale Rolle, wobei man hier als Mutationsschrittweiten normalverteilte Zufallszahlen wählt.

12.1 Biologische Evolution

Den Grundstein der Evolutionsbiologie legte Darwin in den 50er-Jahren des 19. Jahrhunderts mit seinen Arbeiten über natürliche Selektion und die Anpassung der Arten an ihren Lebensraum. Die wesentlichen Ursachen für evolutionäre Veränderungen sind biologische Prozesse, die die Erbanlage bzw. Gene verändern.

Genetik
Die Genetik beschäftigt sich mit dem Aufbau von Erbanlagen sowie mit der Weitergabe des Erbguts von Lebewesen an ihre Nachfahren.

- **DNA**
  Alle Erbinformationen für einen Organismus sind auf der DNA (Desoxyribonukleinsäure) gespeichert. Die DNA befindet sich in jeder Zelle eines Lebewesens und ist eine lineare unverzweigte Kette aus den vier Basen Adenin (A), Guanin (G), Thymin (T) sowie Cytosin (C). Die DNA liegt als Doppelstrang vor, der sich um sich selbst gewunden eine Doppelhelix bildet. Dabei stehen sich die komplementären Basen A und T sowie G und C gegenüber. Die menschliche DNA enthält ca. drei Milliarden dieser Basenpaare und ist in 46 Chromosomen unterteilt, die als Paare vorkommen.

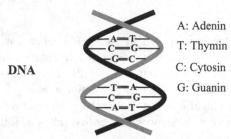

Gen Ein Gen ist ein spezieller Abschnitt auf einem Chromosom und bestimmt die Ausbildung eines bestimmten Merkmals (z. B. Haarfarbe, Blutgruppe, Körpergröße). Ein Gen (oder mehrere Gene gemeinsam) für ein Merkmal (z. B. Augenfarbe) sorgt für die Herstellung von speziellen Proteinen und durch das Zusammenwirken dieser Proteine kommt es zur Ausprägung des Erbmerkmals. Der menschlichen Körper enthält circa 30.000 bis 40.000 Gene.

Allel Allele sind Varianten eines Gens für bestimmte Merkmale. Zum Beispiel sind Allele des Gens für das Merkmal „Augenfarbe" die Genvarianten grün, blau und braun. Die Genvariante „grün" sorgt dafür, dass Proteine hergestellt werden, die grüne Farbstoffe produzieren. Die Gesamtheit der Merkmale (äußeres Erscheinungsbild) eines Organismus bezeichnet man als *Phänotyp,* die Gesamtheit aller Gene eines Organismus *Genotyp.*

- **Evolutionsfaktoren**
  Evolutionsfaktoren können Veränderungen des Genpools (Zusammenfassung aller Genotypen) einer Population von Individuen bewirken. Die wesentlichen Evolutionsfaktoren sind Mutation, Rekombination, Selektion, Gendrift und Isolation.

  Mutationen Mutationen sind zufällige Veränderungen des Erbguts und können sich auf Folgegenerationen auswirken, wodurch die Vielfalt der Genotypen gesteigert wird. Mutationen spielen für die Evolution eine wichtige Rolle, da sie vorteilhafte Eigenschaften hervorbringen können, wie Artenvielfalt und mehr Variabilität. Mutationen können zum Beispiel durch Kopierfehler bei der Zellteilung oder durch bestimmte Umwelteinflüsse auftreten wie Strahlungen, Chemikalien, Gase (Ozon, Industrieabgase), hohe Temperaturen usw.

  Rekombination Unter Rekombination versteht man Prozesse, bei denen die Gene neu kombiniert werden. Bei der zweigeschlechtlichen Fortpflanzung erfolgt die Durchmischung mütterlichen und väterlichen Erbguts, wodurch eine große genetische Variabilität erzeugt wird.

Selektion Die Selektion ist die Auslese der Individuen einer Population, die sich am besten den Umweltverhältnissen anpassen, wie z. B. Klima, Nahrungsangebot, Fressfeinden, aber auch Bakterien, Viren und Parasiten. Die Individuen einer Population, die aufgrund von vorteilhaften Merkmalen eine bessere Anpassung aufweisen, überleben und können bei der Fortpflanzung ihre Gene an die Nachkommen vererben *(Survival for the fittest)*, während die weniger tauglichen Individuen über viele Generationen verdrängt werden. Durch die Selektion wird die Häufigkeit bestimmter Gene von fitteren Individuen in einer Population erhöht. In der Evolutionsbiologie gibt die *Fitness* den genetischen Beitrag eines Individuums zur nachfolgenden Generation an.

Gendrift Unter Gendrift versteht man eine zufällige Veränderung des Genpools. Dies kann ausgelöst werden durch Naturereignisse wie zum Beispiel Erdbeben, Stürme, Nahrungsknappheit oder Überschwemmungen. Dabei kann ein Großteil der Population vernichtet werden, wodurch der Genpool verkleinert wird und einige Merkmale verschwinden können. Je kleiner die Population, umso größer sind die Auswirkungen eines Gendrifts.

Isolation Man spricht von einer Isolation, wenn zwischen Individuen einer Art der Genaustausch unterbunden wird. Dies tritt zum Beispiel auf, wenn zwei Teilpopulationen durch eine Barriere getrennt sind (z. B. durch Gebirge, Meere oder Wüsten), wodurch die Fortpflanzung zwischen diesen Individuen nicht mehr möglich ist. So können in langen Zeiträumen in diesen Teilpopulationen unterschiedliche neue Arten entstehen.

Abb. 12.1 illustriert die wesentlichen Evolutationsfaktoren.

12.2 Genetische Algorithmen

Genetische Algorithmen (GA) wurden erstmals Anfang der 70er-Jahre von John Holland [1] eingeführt und seitdem weiterentwickelt. GA wurden in einer Vielzahl von Anwendungen erfolgreich implementiert.

12.2.1 Grundversion der genetischen Algorithmen

Analog der biologischen Evolution betrachtet man bei GA Populationen von Individuen (Chromosomen), wobei jedes Individuum eine Lösung eines Optimierungsproblems repräsentiert. Hierzu werden die Lösungen im Allgemeinen als Binärfolge (z. B. 1001101) codiert, sodass Operationen wie die Evolutionsfaktoren der Evolutionsbiologie auch an Lösungen vorgenommen werden können.

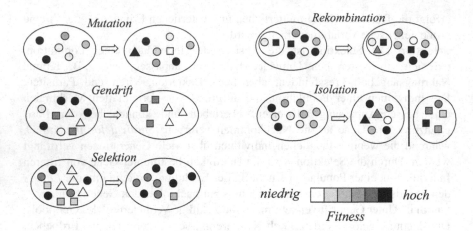

Abb. 12.1 Schematische Darstellung der Veränderung des Genpools aufgrund von Evolutions-faktoren

12.2.1.1 Binäre Codierung einer Lösung

Die Codierfunktion wandelt den Phänotyp einer Lösung x aus dem Suchraum S in den Genotyp x' der Lösung um. Das Ergebnis ist ein Binärstring, der alle Informationen der Lösung enthält. Die Decodierfunktion wandelt umgekehrt den Genotyp in den entsprechenden Phänotyp um (s. Abb. 12.2).

Beispiel (Rucksack Problem): Eine Teilmenge $\{B, C\}$ einer Menge von Gegen-ständen A, B, C, D und E, die in einen Rucksack gepackt werden soll, kann als Binärstring wie in Abb. 12.3 codiert werden. Das zugehörige Bit zu einem Gegen-stand wird gleich 1 gesetzt, wenn der Gegenstand in den Rucksack gepackt wird und null im anderen Fall.

12.2.1.2 Fitness(funktion)

Jedem Individuum x' wird zu einer zu optimierenden Zielfunktion $f(x), x \in S$ auf folgende Weise ein Fitnesswert $F\left(x'\right)$ zugeordnet, wobei x' die Codierung von x ist:

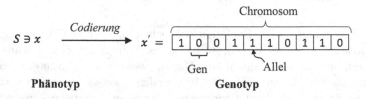

Abb. 12.2 Binäre Codierung einer Lösung

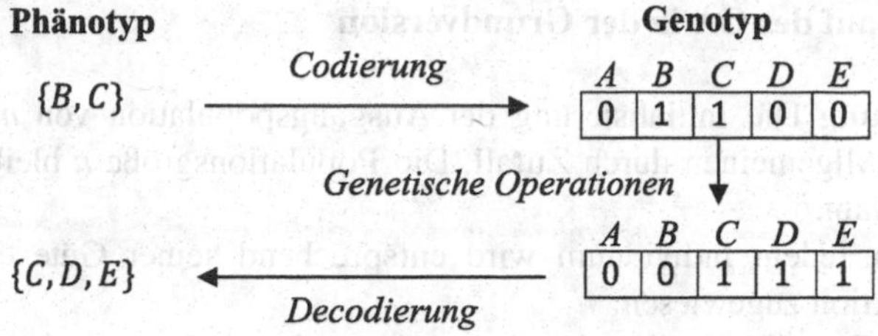

Phänotyp   **Genotyp**

$\{B, C\}$ $\xrightarrow{\quad\text{Codierung}\quad}$

	A	B	C	D	E
	0	1	1	0	0

Genetische Operationen $\downarrow$

$\{C, D, E\}$ $\xleftarrow{\quad\quad}$
Decodierung

	A	B	C	D	E
	0	0	1	1	1

Abb. 12.3 Binärcodierung und Decodierung beim Rucksackproblem

Maximierungsproblem Ist $f(x)$ eine zu maximierende Funktion, so setzt man

$$F\left(x'\right) = f(x).$$

Minimierungsproblem Der Fall einer zu minimierenden Funktion $f(x)$ lässt sich in ein Maximierungsproblem überführen, indem man setzt:

$$F\left(x'\right) = K - f(x),$$

wobei K eine hinreichend große Konstante mit $K \geq f(x)$ für alle $x \in S$ ist. $F\left(x'\right)$ nimmt dann nur nichtnegative Werte an. Die Zielfunktion $f(x)$ besitzt genau dann in x_0 ein Minimum, wenn F in x'_0 ein Maximum besitzt.

Die Funktion F heißt *Fitness(funktion)*.

Es gibt keine einschränkende Anforderung an die Zielfunktion $f(x)$ wie Stetigkeit oder Differenzierbarkeit.

12.2.1.3 Begriffe der genetischen Algorithmen in Anlehnung des biologischen Vorbilds

In Anlehnung an das biologische Vorbild werden folgende Begriffe eingeführt:

Begriff	Bedeutung
Chromosom (Individuum)	Lösung
Fitness	Bewertung von Chromosomen
Gen	Parameter
Allel	Wert des Parameters
Genotyp	Codierte Form einer Lösung
Phänotyp	Decodierte Form einer Lösung
Population	Menge von Chromosomen (Individuen)
Generation	Population in einer Zeitstufe

Im Folgenden kann nun der GA in der Grundversion näher erläutert werden.

12.2.1.4   Ablauf des GA in der Grundversion

0. Initialisierung Die Initialisierung der Ausgangspopulation von n. Individuen erfolgt im Allgemeinen durch Zufall. Die Populationsgröße n bleibt normalerweise konstant.

1. Evaluation Jedem Individuum wird entsprechend seiner Güte ein Wert der Fitnessfunktion zugewiesen.

2. Selektion Für die Erzeugung einer neuen Generation werden Individuen, abhängig von ihrer Fitness, in einen sogenannten *Fortpflanzungspool* kopiert.

3. Rekombination (Kreuzung) Bei der Rekombination erzeugen Eltern aus dem Fortpflanzungspool jeweils zwei Nachkommen, indem die Gene beider Eltern kombiniert werden. Dies kann zu Nachkommen mit verbesserten Fitnesswerten führen.

4. Mutation Bei der Mutation werden zufällig einzelne Gene eines Individuums verändert. Dadurch wird der Genpool der Population diversifiziert und wirkt so einer Stagnation der Suche in einem lokalen Optimum entgegen.

5. Ersetzung Bei der Ersetzung werden aus der Menge der Eltern und der neuen Individuen die Überlebenden ausgewählt.

Die Schritte 1 bis 5 werden so lange durchgeführt, bis ein Abbruchkriterium erfüllt ist (s. Abb. 12.4).

Abbruch Als Abbruch können folgende Kriterien herangezogen werden:

- Das Erreichen einer maximalen Anzahl von Iterationen
- Das Erreichen einer definierten Lösungsgüte
- Die Überschreitung einer vorgegebenen Rechenzeit
- Ein unveränderter Fitnesswert nach einer bestimmten Anzahl von Iterationen

12.2.1.5   Beispiel (Max-One-Problem)

Die Vorgehensweise des GA in der Grundversion soll im Einzelnen mit dem Max-One-Problem (vgl. Abschn. 7.5.2) erläutert werden. Es soll ein Bitstring der Länge 10 mit maximaler Anzahl von Einsen bestimmt werden.

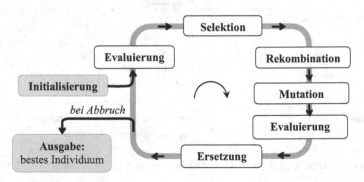

Abb. 12.4 Ablaufplan des GA

Lösung des Max-One-Problems mit dem GA in der Grundversion

0. Initialisierung Die Ausgangspopulation bestehe aus $n = 6$ Individuen $c_1, \ldots, c_6$, die durch Zufallsauswahl bestimmt werden. Hierzu wird zu jedem Bit der Strings c_i eine gleichverteilte Zufallszahl im Intervall $[0, 1]$ erzeugt und die Bits entsprechend der Zufallszahl auf 0 oder 1 gesetzt. Als Anfangspopulation betrachten wir die initialisierten Individuen, die in der folgenden Tabelle aufgeführt sind.

1. Evaluation Bei der Evaluation wird die Fitness (Anzahl von Einsen) für jedes Individuum bestimmt. In der 3. bzw. 4. Spalte der unteren Tabelle sind die Fitnesswerte $f(c_i)$ bzw. das Fitnessverhältnis $w_i = f(c_i)/G$ für jedes Individuum c_i zu der Gesamtfitness G angegeben.

	Individuum	$f(c_i)$	w_i
c_1	1011001111	7	24%
c_2	1101000100	4	14%
c_3	0101110110	6	21%
c_4	0001001110	4	14%
c_5	1110100100	5	17%
c_6	0100010010	3	10%
		$G = 29$	100%

2. Selektion Das Fitnessverhältnis eines Individuums gibt die Wahrscheinlichkeit an, mit der das Individuum für den Fortpflanzungspool ausgewählt wird. Das am häufigsten angewendete Auswahlverfahren der Eltern ist das *Roulette-Verfahren*. Veranschaulichen kann man dieses Verfahren mit einer Roulette-Scheibe, bei der jedem Individuum ein Sektor zugewiesen wird, dessen Größe dem Fitnessverhältnis des Individuums entspricht. Nach dem Drehen der Scheibe gilt das Individuum als ausgewählt, auf das der Zeiger hinweist.

Roulette-Verfahren

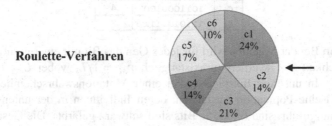

Bei dieser Methode werden die fitteren Individuen bevorzugt, wobei die Individuen mit geringer Fitness ebenfalls eine Chance haben. Das Verfahren wird wiederholt, um den Partner zu ermitteln. Bei einer Populationsgröße von n Individuen wird das Roulette-Verfahren insgesamt n-mal wiederholt. Hierbei kann es vorkommen, dass ein Individuum mehrmals ausgewählt wird oder dass ein Individuum mit sich selbst ein Elternpaar bildet. In unserem Beispiel seien folgende Paare ermittelt worden:

Auswahl der Eltern: $\{c_1, c_4\}$, $\{c_2, c_3\}$ und $\{c_1, c_5\}$.

3. **Rekombination** Bei der Rekombination werden durch Mischen des Erbguts der selektierten Eltern zwei Nachkommen erzeugt. Bei dem sogenannte *1-Punkt Crossover* wird an einer zufällig ausgewählten Stelle des Bitstrings beider Elternteile das Chromosom aufgespalten und wechselseitig wieder zusammengesetzt. Als Beispiel sei hier das 1-Punkt Crossover des Elternpaars $\{c_1, c_4\}$ mit einem Kreuzungspunkt nach dem 6. Bit gezeigt.

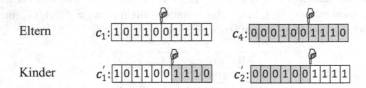

Ob es überhaupt zu einer Rekombination zweier Elternindividuen kommt, entscheidet die Kreuzungswahrscheinlichkeit p_K (praxistauglich $p_K = 0,7$). Kommt es zu keiner Rekombination, so werden die Eltern kopiert. Die Kinder sind somit die Klonen ihrer Eltern.

Bei unserem Beispiel seien die Kreuzungspunkte für das Elternpaar $\{c_2, c_3\}$ nach dem 2. Bit und bei dem Paar $\{c_1, c_5\}$ nach dem 5. Bit gesetzt. Auf diese Weise erhält man eine Kindergeneration, wie in der unteren Tabelle dargestellt ist. Die Gesamtfitness G hat sich von 29 auf 33 erhöht.

	Individuum	$f(c_i')$
c_1'	1011001110	6
c_2'	0001001111	5
c_3'	1101110110	7
c_4'	0101000100	3
c_5'	1011000100	4
c_6'	1110101111	8

4. **Mutation** Bei der Mutation wird für jedes Gen das Bit mit einer geringen Wahrscheinlichkeit p_M invertiert (praxistauglich $p_M = 1/L$, wobei L = Länge der Bitfolge). In unserem Beispiel sei bei einer Mutationswahrscheinlichkeit von $p_M = 0.1$ eine Population entstanden, deren Individuen in der untenstehenden Tabelle aufgeführt sind (mutierte Bits sind schwarz gefärbt). Die Gesamtfitness beträgt 35. Das beste Individuum in der ersten Nachfolgegeneration ist die Lösung $c_6'' = 1110111111$.

.	Individuum	$f(c_i'')$
c_1''	1111001110	7
c_2''	0001000111	4
c_3''	1100110111	7
c_4''	1101000100	4
c_5''	1011000100	4
c_6''	1110111111	9

5. Ersetzung Bei der Ersetzung wird die komplette Elterngeneration durch die Nachkommen $c_1'', \ldots, c_6''$ ersetzt.

Abbruch Die Schritte 1 bis 5 werden so lange wiederholt, bis ein Abbruchkriterium erfüllt ist, z. B. wenn eine festgelegte Anzahl von Generationen keine Verbesserung ergibt.

12.3   Varianten der genetischen Algorithmen

12.3.1   Varianten von Selektionsverfahren

Selektionsverfahren spielen bei den genetischen Algorithmen eine wichtige Rolle hinsichtlich der Konvergenz. Das Prinzip der Selektion besteht darin, Individuen mit besserer Fitness bei der Auswahl zur Erzeugung von Nachkommen zu bevorzugen. Ein wichtiger Parameter ist der sogenannte *Selektionsdruck,* der die Stärke der Bevorzugung der guten Individuen angibt. Der Selektionsdruck kann als Verhältnis zwischen der Fitness f_{max} des besten Individuums und der durchschnittlichen Fitness f_d der Population beschrieben werden. Dabei gilt:

Geringer Selektionsdruck Schlechte Individuen haben auch eine Chance, Nachkommen zu erzeugen. Damit werden die Individuen breit über den Suchraum gestreut (Exploration), sodass die Chancen, das globale Optimum zu finden, sich erhöhen.

Hoher Selektionsdruck Der Suchraum wird lokal erforscht (Exploitation), da bei der Auswahl der Eltern die besseren Individuen stärker bevorzugt werden und die Suche vorwiegend in der Region der fitteren Individuen erfolgt.

   In der Literatur sind verschiedene Selektionsmethoden entwickelt worden, u. a. die *fitnessproportionale Selektion,* die *rangbasierte Selektion* und die *Wettkampfselektion,* die im Folgenden näher beschrieben werden.

- **Fitnessproportionale Selektion**

Bei der fitnessproportionalen Selektion ist die Wahrscheinlichkeit, dass ein Individuum ausgewählt wird, proportional zu seiner Fitness. Dazu gibt es folgende Methoden:

Roulette-Methode Die Roulette-Methode (vgl. Abschn. 12.2.1.5) ist ein fitnessproportionales Selektionsverfahren, bei dem nach dem Drehen der Roulette-Scheibe zufällig ein Individuum ausgewählt wird, dessen Auswahlwahrscheinlichkeit proportional der Fitness bzw. proportional der Größe des Sektors ist, der dem Individuum zugewiesen wurde. Bei der Elternselektion in einer Population von n Individuen wird das Roulette-Rad insgesamt n-mal gedreht. Der Nachteil dieses Verfahrens ist, dass die tatsächliche Häufigkeit der ausgewählten Individuen von der durch das Fitnessverhältnis zu erwartenden Häufigkeit stark abweichen kann. Ein Individuum mit sehr guter Fitness kann die Selektion dominieren, sodass die Suche damit sehr schnell in einer lokalen Extremstelle stagniert.

Stochastic Universal Sampling Ein verbessertes Verfahren ist die *Stochastic Universal Sampling*-Methode (SUS). Dabei werden n Zeiger in gleichmäßigen Abständen um das Roulette-Rad angeordnet und das Rad nur einmal gedreht, wobei in einem Schritt n Individuen selektiert werden (s. Abb. 12.5).

- **Rangbasierte Selektion**

Bei der rangbasierten Selektion werden die Individuen einer Population nach ihrer Fitness aufsteigend sortiert von Rang 0 für die schlechteste Lösung bis Rang $n-1$ für die beste Lösung, sodass jedem Individuum ein Rang zugeordnet wird, unabhängig davon, wie groß die Fitnessunterschiede sind. Über den Rang wird die Auswahlwahrscheinlichkeit definiert: Je größer die Rangnummer, umso größer ist die Wahrscheinlichkeit, selektiert zu werden. Die Fitness beeinflusst nicht direkt die Auswahlwahrscheinlichkeit. Damit kann das Dominanzproblem weitgehend vermieden werden, sodass die schnelle Konvergenz in einem lokalen Optimum verhindert wird. Bei der rangbasierten Selektion ist zu einer Population der Individuen $c_1, \ldots, c_n$ die Auswahlwahrscheinlichkeit $p(c_i)$ von c_i definiert durch:

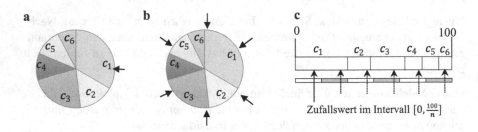

Abb. 12.5 a Roulette-Selektion **b** Stochastic Universal Sampling (SUS) **c** Das SUS-Verfahren lässt sich algorithmisch umsetzen, indem man jedem Individuum ein Teilintervall von $[0, 100]$ zuweist, dessen Intervalllänge dem Fitnessverhältnis entspricht. Der erste Zeiger wird im Intervall $[0, 100/n]$ zufällig bestimmt und die restlichen Zeiger werden in Abständen von $100/n$ kopiert.

Auswahlwahrscheinlichkeit der rangbasierten Selektion

$$p(c_i) = \frac{1}{n}\left(2 - s + \frac{2 \cdot r(c_i) \cdot (s-1)}{n-1}\right), \quad i = 1 \ldots, n,$$

wobei

- $r(c_i) = $ Rang von c_i
- $s = $ Steuerparameter mit $1 < s \leq 2$

Mithilfe der Formel von Gauß kann gezeigt werden, dass $\sum_{i=1}^{n} p(c_i) = 1$ gilt. Ist c_k das beste Individuum, so gilt wegen $r(c_k) = n - 1$ die Gleichung $p(c_k) = s/n$ bzw. $s = n \cdot p(c_k)$, d. h. s ist der Erwartungswert des ranghöchsten Individuums. Der Steuerparameter s repräsentiert den Selektionsdruck: Für größere Werte von s dominieren die besseren Individuen in stärkerem Maße, da höhere Rangwerte stärker gewichtet werden. Bei kleineren Werten von s haben auch schlechtere Lösungen Chancen, in den Fortpflanzungspool kopiert zu werden.

$$\underset{1 \longleftarrow \quad s \quad \longrightarrow 2}{\overline{\text{Exploration} \qquad \text{Exploitation}}}$$

Die Auswahl der Individuen erfolgt mit der Stochasti-Universal-Sampling-Methode, wobei für die Segmentgröße die rangbasierten Auswahlwahrscheinlichkeiten zugrunde gelegt werden.

Die rangbasierte Selektion hat den Nachteil, dass die Umsetzung aufwendig ist, da in jeder Iteration ein Sortierprozess gestartet werden muss.

In Abb. 12.6 werden die rangbasierte und die fitnessbasierte Auswahlwahrscheinlichkeit an einem Beispiel verglichen.

- **Wettkampfselektion**

Bei der Wettkampfselektion ist keine Sortierung der Individuen wie bei der rangbasierten Selektion erforderlich. Aus einer Population von n Individuen wird eine Gruppe von $2 \leq k < n$ Individuen zufällig ausgewählt und aus dieser Gruppe das fitteste Individuum bestimmt (s. Abb. 12.7).

Bei der Selektion von Individuen in den Fortpflanzungspool wird diese Wettkampfselektion insgesamt n-mal ausgeführt.

Mit k kann der Selektionsdruck gesteuert werden. Größere Werte von k erhöhen die lokale Suche (Exploitation), während kleinere Werte die globale Suche (Exploration) verstärken.

$$\underset{2 \longleftarrow \quad k \quad \longrightarrow n-1}{\overline{\text{Exploration} \qquad \text{Exploitation}}}$$

Individuen	c_1	c_2	c_3	c_4
Fitness	3	4	12	1
Rang	1	2	3	0

rangbasiert

$s = 1,9$	$p(c_i)$	0,17	0,33	0,47	0,03
$s = 1,1$	$p(c_i)$	0,24	0,26	0,28	0,22

fitnessbasiert

$p(c_i)$	0,15	0,20	0,60	0,05

Abb. 12.6 Bestimmung der rangbasierten Auswahlwahrscheinlichkeit im Vergleich mit der fitnessbasierten Auswahlwahrscheinlichkeit

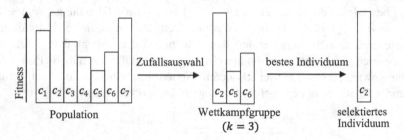

Abb. 12.7 Wettkampfselektion mit einer Population von $n = 7$ Individuen und einer Wettkampfgruppe von $k = 3$ Individuen

12.3.2 Varianten von Rekombinationen

Rekombinationen haben wesentlichen Einfluss auf die Konvergenz von genetischen Algorithmen. Daher sind in der Literatur verschiedene Varianten entwickelt worden, von denen die Wichtigsten hier vorgestellt werden.

• N-Crossover

Eine Erweiterung des in Abschn. 12.2.1.5 beschriebenen 1-Punkt-Crossover stellt das *N-Punkt-Crossover* dar, bei dem anstelle von einem Kreuzungspunkt N Kreuzungspunkte auf den Elternstrings verteilt werden. Die einzelnen Kreuzungspunkte werden stochastisch bestimmt, wobei die definierten Kreuzungspunkte für beide Strings des Paares gelten.

Ausgetauscht werden nur die Abschnitte zwischen einem ungeraden und dem darauffolgenden geraden Kreuzungspunkt. Als Beispiel sei hier das 2-Punkt-Crossover gezeigt.

Eltern	1	0	1	1	1	0	1	0	1	1		0	0	1	1	0	0	1	1	0	0
Kinder	1	0	1	1	0	0	1	0	1	1		0	0	1	1	1	0	1	1	0	0

Ob ein Austausch zwischen den Elternstrings stattfindet, entscheidet die Kreuzungswahrscheinlichkeit p_K (praxistauglich $p_K = 0,7$).

Elternteil 1	1	0	1	1	1	0	1	0	1	1
Elternteil 2	0	0	1	0	0	0	1	1	0	0
Zufallszahlen	1	1	0	0	1	1	1	0	0	1
Kind 1	0	0	1	1	0	0	1	0	1	0
Kind 2	1	0	1	0	1	0	1	1	0	1

1 = Austausch
0 = kein Austausch

Abb. 12.8 Uniform-Crossover-Rekombinationsverfahren

- **Uniform Crossover**

Bei diesem Verfahren wird für jedes einzelne Bit mit einer Wahrscheinlichkeit p_{UC} entschieden, ob es zwischen den Eltern ausgetauscht wird, wobei p_{UC} in der Regel zwischen 0,5 und 0,8 liegt. Bei diesem Verfahren stimmt jedes Gen der Kinder mit mindestens einem Elternteil überein. Sind Allele der Eltern gleich, so sind sie auch bei den Kindern gleich. Das Beispiel in Abb. 12.8 illustriert die Uniform-Crossover-Methode.

12.3.3   Varianten von Mutationen

Mutationen sollen verhindern, dass die Population homogener wird und der GA in einem lokalen Optimum stagniert. Mithilfe von Mutationen können einzelne Individuen suboptimale Regionen des Lösungsraums verlassen und eine neue Richtung einschlagen. Mutationen spielen bei genetischen Algorithmen im Vergleich zu den Rekombinationen jedoch eine geringere Rolle. Im Folgenden werden zwei Verfahren von Mutationen betrachtet.

- **Standard-Mutation**

Bei der Standard-Mutation wird genbezogen mit einer geringen Wahrscheinlichkeit p_M das Bit vertauscht. Häufig verwendet werden Werte $p_M = 0{,}01$ und $p_M = 0{,}001$ oder $p_M = 1/n$, wobei n die Populationsgröße ist. Die Mutationsrate wird niedrig gewählt, da bei Mutationen nützliche Informationen zerstört werden können.

Standard-Mutation
Für jedes Gen wird mit einer Wahrscheinlichkeit von p_M das Bit getauscht.

Mutation an der 2. Stelle

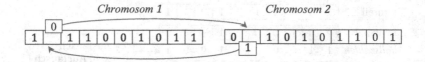

Abb. 12.9 Mutationen zweier ausgewählter Chromosomen durch Austausch der Bits an der 2. Position

- **Mutation durch Austausch**

> **Mutation durch Austausch**
> Für eine gleichverteilte Zufallszahl $1 \leq k \leq n$ werden die Bits an der k. Position zweier ausgewählter Chromosomen ausgetauscht.

Bei dieser Mutationsvariante werden jeweils für ein Paar von Chromosomen an einer durch Zufallsauswahl bestimmten Position die Bits vertauscht (s. Abb. 12.9).

12.3.4 Varianten der Ersetzung (Replacement)

Nach der Erzeugung der Nachkommen muss festgelegt werden, welche Individuen der bisherigen Population in die neue Generation übernommen werden. Die Populationsgröße n bleibt im Allgemeinen konstant. In der Literatur wurden verschiedene Varianten der Ersetzung angewandt, die alle ihre Vor- und Nachteile haben. Wir beschränken uns hier auf folgende Ersetzungsverfahren.

- **General Replacement**

Die einfachste Form der Ersetzung ist das folgende Verfahren:

> **General Replacement**
> Die Elterngeneration wird vollständig durch die Nachkommen ersetzt.

Nachteil dieser Ersetzung ist, dass die Fitness für das beste Individuum sowie für den Durchschnitt schlechter sein kann als in der Elterngeneration. Auf der anderen Seite wird die Dominanz einiger weniger guter Individuen abgeschwächt, wodurch die frühzeitige Stagnation in einem lokalen Extremum verhindert werden kann.

- **Delete-k-last**

Bei diesem Verfahren wird nur eine Teilmenge der Nachkommen in die Nachfolgegeneration übernommen.

> **Delete-k-last**
> Die k schlechtesten Individuen der Elterngeneration werden durch k Nach-
> kommen ersetzt.

Die k Nachkommen können beispielsweise durch das Roulette-Verfahren
bestimmt werden. Für $k = n$ erhält man das General-Placement-Verfahren, für
$k = 1$ ist die Änderung der Population minimal.

- **Elitismus**

Um die besten Individuen einer Generation beizubehalten, kann das folgende
Elite-Selektionsverfahren angewendet werden:

> **Elitismus**
> Die k besten Individuen (Eliten) der Elterngeneration werden unverändert in
> die nächste Generation übernommen.

In der Regel wählt man einen kleinen Wert für k. Für $k = 1$ nennt man das
Ersetzungsverfahren *Steady-state Replacement*. Nachteil dieser Ersetzung liegt
darin, dass sich die Suche innerhalb des Lösungsraumes auf einen suboptimalen
Bereich konzentrieren kann.

- **Schwacher Elitismus**

Um das Dominanzproblem der Ersetzung „Elitismus" abzuschwächen, kann die
folgende Methode angewendet werden:

> **Schwacher Elitismus**
> Die k besten Individuen der Elterngeneration werden mutiert und dann in die
> nächste Generation übernommen.

12.4 Permutationscodierung

Bei vielen Anwendungen von kombinatorischen Problemen wie zum Beispiel bei
den Tourenplanungsproblemen werden Lösungen als Permutationen repräsentiert.
Die Darstellung als Binärstring ist dann nicht sinnvoll, da die Menge der erzeugten
ungültigen Lösungen zu groß ist und die Suche nach dem Optimum damit
erschwert wird. In der Literatur ist eine Vielzahl von permutationserhaltenden
genetischen Operatoren eingeführt worden. Wir beschränken uns hier auf die
folgenden Verfahren:

12.4.1 Rekombination für Permutationen

- **Uniformes ordnungsbasiertes Crossover**

Zu ausgewählten Eltern wird für jedes Gen durch Zufallsauswahl ein Bit 0 oder 1 generiert. Ist dem Gen eine 0 zugeordnet, so wird der Wert extrahiert, bei einer 1 bleibt der Wert erhalten. Die Lücken werden von den fehlenden Allelen aufgefüllt, die in dem anderen Chromosom vorkommen, wobei die Reihenfolge beibehalten wird. Das Beispiel in Abb. 12.10 illustriert das Verfahren für zwei siebenstellige Permutationen als Elternpaar.

Eine alternative Variante des uniformen ordnungsbasierten Crossover ist die Methode, bei der der Wert eines Gens gelöscht wird, wenn im ersten Chromosom das Gen mit einer 0 und im zweiten Chromosom das Gen mit einer 1 markiert ist.

- **Order Crossover (OX)**

Bei der Order-Crossover-Methode werden zu einem Elternpaar E_1 und E_2 die Kinder K_1 und K_2 auf folgende Weise bestimmt:

1. Ein Crossover-Bereich für beide Elternchromosomen wird zufällig bestimmt.

E_1	0	1	2	3	4	5	6	7	8	9
E_2	9	4	7	8	2	1	3	5	0	6

2. Der Crossover-Bereich von E_1 wird positionsgenau in das Chromosom von K_1 und von E_2 in das Chromosom von K_2 kopiert.

K_1				3	4	5	6			
K_2				8	2	1	3			

3. Beginnend am rechten Crossover-Punkt von K_1 werden die Zahlen von E_2, die nicht im Crossover-Bereich von K_1 liegen, unter Beibehaltung der Reihenfolge um den Crossover-Bereich von K_1 kopiert. Kind K_2 wird entsprechend erzeugt.

K_1	2	1	0	3	4	5	6	9	7	8
K_2	6	7	9	8	2	1	3	0	4	5

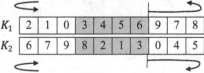

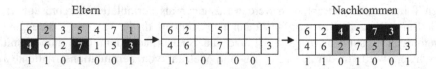

Abb. 12.10 Uniformes ordnungsbasiertes Crossover

Bei diesem Verfahren bleibt die relative Reihenfolge weitgehend erhalten, während die absoluten Genpositionen wesentlich verändert werden können.

- **Partially Matched Crossover (PMX)**

Die Nachkommen K_1 und K_2 der Eltern E_1 und E_2 werden nach dem PMX-Verfahren ähnlich wie bei der OX-Methode erzeugt:

1. Ein Crossover-Bereich für beide Elternchromosomen wird zufällig bestimmt.

E_1	0	1	2	3	4	5	6	7	8	9
E_2	9	4	7	8	2	1	3	5	0	6

2. Der Crossover-Bereich von E_1 wird positionsgenau in das Chromosom von K_2 und von E_2 in das Chromosom von K_1 kopiert.

K_1				8	2	1				
K_2				3	4	5				

3. Anschließend werden die Werte außerhalb des Crossover-Bereichs positionsgenau von E_1 in K_1 und von E_2 in K_2 kopiert und die Duplikate außerhalb der Crossover -Bereiche gelöscht.

K_1	0	✗	✗	8	2	1	6	7	✗	9
K_2	9	✗	7	3	4	5	✗	✗	0	6

4. Der gelöschte Wert x in K_1 wird durch die Zahl aus dem Crossover-Bereich von K_2 ersetzt, die sich an der gleichen Position befindet wie das Duplikat von x. Entsprechend werden die Lücken von K_2 überschrieben.

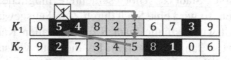

K_1	0	5	4	8	2	1	6	7	3	9
K_2	9	2	7	3	4	5	8	1	0	6

Bei dem PMX-Verfahren bleiben die absoluten Positionen der Gene weitgehend erhalten.

- **Edge Recombination Crossover (ERX)**

Das ERX-Verfahren ist eine effiziente Rekombinationsmethode zur Lösung von Transportproblemen. Die Strategie dieses Verfahrens besteht darin, Nachkommen so zu erzeugen, dass die Kanten der Eltern (Verbindungen zwischen den Städten) erhalten bleiben.

Als Beispiel betrachten wir das Problem des Handlungsreisenden mit sechs Städten $1, \ldots 6$. Gegeben seien die Routen $(1, 2, 4, 3, 5, 6)$ und $(6, 2, 1, 4, 5, 3)$, die nach der ERX-Methode rekombiniert werden sollen. Ein Nachkomme wird auf folgende Weise generiert (s. Abb. 12.11):

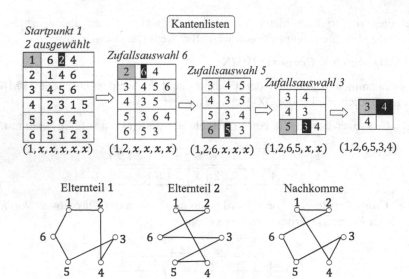

Abb. 12.11 Erzeugung eines Nachkommens nach der ERX-Methode. Der Nachkomme besteht nur aus Kanten der Eltern.

1. Zu jeder Stadt wird eine Kantenliste erzeugt, in der für die von der Stadt ausgehenden Kanten der beiden Elternteile zu anderen Städten aufgeführt sind.
2. Als Startpunkt wird eine beliebige Stadt S eines Elternteils ausgewählt (im Beispiel Stadt 1 von Elternteil 1) und aus allen Kantenlisten gelöscht.
3. Aus der Kantenliste für S wird die Stadt mit der kleinsten Kantenliste ausgewählt (im Beispiel Stadt 2). Gibt es mehrere mögliche Städte mit gleich langen Kantenlisten, so wird eine Stadt durch Zufall ausgewählt.
4. Die gewählte Stadt wird aktuelle Stadt S und aus allen Kantenlisten entfernt. Anweisung 3 wird so lange wiederholt, bis die Tour vollständig ist. Tritt der seltene Fall *(edge failure)* auf, dass man in eine Stadt mit leerer Kantenliste gelangt, so wähle man durch Zufall eine noch nicht besuchte Stadt.

12.4.2 Mutationen für Permutationen

- **Zweiertausch** Die Allele zweier zufällig ausgewählter Gene werden vertauscht.

| 5 | 1 | 3 | 4 | 2 | 7 | 6 | ⟶ | 5 | 4 | 3 | 1 | 2 | 7 | 6 |

- **Inversion** Eine zufällige Auswahl von zwei Genen legt einen Abschnitt inner- halb der Permutation fest und kehrt die Reihenfolge um.

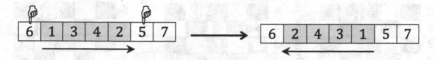

- **Verschieben eines Teilstücks** Ein zufällig ausgewähltes Teilstück der Per- mutation wird verschoben, ohne dass die Reihenfolge innerhalb des Teilstücks verändert wird.

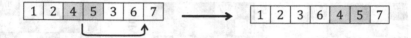

12.4.3 Beispiel: n-Damen-Problem

Das n-Damen-Problem besteht darin, n Damen auf einem $n \times n$-Schachbrett so zu platzieren, dass sie sich einander nicht bedrohen, d. h. dass sie nicht in der gleichen Zeile, Spalte oder Diagonalen stehen. Im Folgenden soll der genetische Algorithmus auf das 5-Damen-Problem angewendet werden.

Lösung des 5-Damen-Problems mithilfe des GA

Da jede Dame in einer anderen Spalte sich befinden muss, kann man voraus- setzen, dass die i-te Dame in der i-ten Spalte platziert wird. Damit kann man jeden Lösungskandidaten als eine 5-Permutation darstellen. Bei einem $5 \times 5-$ Schachbrett besteht der Lösungsraum damit aus $5! = 120$ verschiedenen Lösungs- kandidaten, darunter die in Abb. 12.12 angegebene Lösung $(2, 4, 1, 5, 3)$.

Das 5-Damen-Problem soll mit dem GA unter den folgenden Vorgaben durch- geführt werden:

Population: $(3, 2, 4, 5, 1)$ und $(2, 4, 3, 1, 5)$

Abb. 12.12 Lösungskandidat des 5-Damen-Problems (codiert als 5-Permutation) mit zwei bedrohten Damen

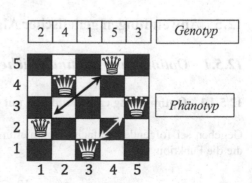

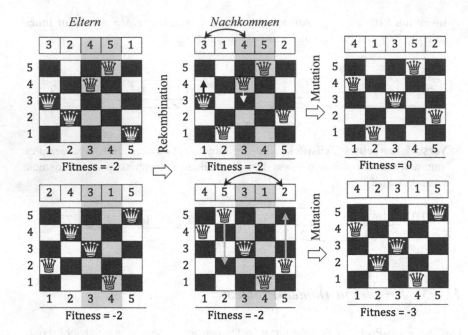

Abb. 12.13 Ergebnisse nach der Rekombination (OX mit Crossover-Bereich 3. und 4. Gen) und Mutation (Zweiertausch). Die Permutation (4,1,3,5,2) stellt eine optimale Lösung dar

Fitness: $f(x) = -n$, wobei $n =$ Anzahl der bedrohten Damen. Das Minuszeichen wird gesetzt, um die Fitness zu maximieren.
Gesucht: 5-Permutation x mit $f(x) = 0$
Abbruch: Die Iterationen werden so lange durchgeführt, bis das Maximum erreicht ist.

Führt man eine Rekombination mit dem Order Crossover-Verfahren und eine Zweiertausch-Mutation wie in der Abb. 12.13 durch, so erhält man nach einer Iteration eine optimale Lösung $(4, 1, 3, 5, 2)$.

12.5 Anwendungen genetischer Algorithmen

12.5.1 *Optimierung kontinuierlicher Funktionen mit GA*

12.5.1.1 Optimierung einer Funktion mit einer Variablen

Gegeben sei folgendes einfache Optimierungsproblem: Gesucht ist eine Zahl x, die die Funktion

$$f(x) = 10\, e^{-(x-2)^2}$$

im Intervall $[1, 5]$ maximiert.

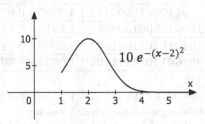

Diese Optimierungsaufgabe soll mit dem GA in der Standardversion gelöst werden, wobei wir exemplarisch nur einen Iterationsschritt durchführen:

- **Codierung reeller Zahlen:** Um GA auf dieses Optimierungsproblem anwenden zu können, müssen die reellen Zahlen im Intervall $[1,5]$ in geeigneter Weise als Binärfolge codiert werden. Die Maximalstelle soll bei diesem Beispiel auf vier Stellen hinter dem Komma bestimmt werden. Im Intervall $[1,5]$ gibt es $4 \cdot 10^4 = 40.000$ verschiedene Dezimalzahlen mit vier Nachkommastellen. Wegen

$$2^{15} < 40.000 < 2^{16}$$

kann jede dieser Dezimalzahlen als 16-stellige Binärfolge eindeutig codiert werden. Die Decodierung einer Binärfolge $(b_{16}b_{15} \ldots b_1 b_0)_2$ in eine Dezimalzahl $x \in [1,5]$ erfolgt dann mit der Formel

$$x = a + d \cdot \frac{c}{2^{16} - 1} \quad \text{mit} \quad d = \sum_{i=0}^{16} b_i 2^i,$$

wobei $a = 1$ der linke Randpunkt und $c = 4$ die Intervalllänge von $[1,5]$ ist.

Beispiel Die Binärfolge $1100111011010001_2 = \sum_{i=0}^{16} b_i 2^i = 52945_{10}$ decodiert ergibt

$$x = 1 + 52945 \cdot \frac{4}{2^{16} - 1} = 4,2316.$$

Die untere Intervallgrenze 1 wird mit 0000000000000000 und die obere Intervallgrenze 5 mit 1111111111111111 codiert.

- **Fitnessfunktion:** Die Fitnessfunktion $Fit(c)$ für eine 16-stellige Binärfolge c ist definiert durch

$$Fit(c) = f(x),$$

wobei x die decodierte Zahl zu c ist.

- **Initialisierung:** Wir betrachten eine Population von vier Chromosomen $c_1, \ldots, c_4$, die 16-stellige Binärfolgen sind und zufällig initialisiert seien.

	Chromosom	x	$Fit(c_i)$
c_1	1101100110000111	4,3989	0,0317
c_2	1000110001000011	3,1916	2,4172
c_3	1010101011001001	3,6686	0,6179
c_4	0010011011111101	1,6092	8,5837

- **Selektion:** Es seien die Paare $\{c_1, c_2\}$ und $\{c_3, c_4\}$ nach einem Selektionsverfahren für den Fortpflanzungspool ausgewählt worden.
- **Rekombination:** Die Rekombination erfolgt mit dem 1-Punkt-Crossover-Verfahren für das Elternpaar $\{c_1, c_2\}$ am Kreuzungspunkt nach dem 7. Bit und bei dem Paar $\{c_3, c_4\}$ nach dem 10. Bit.

	Chromosom	x	$Fit(c_i')$
c_1'	1101100001000011	4,3791	0,0348
c_2'	1000110110000111	3,2114	2,3050
c_3'	1010101011111101	3,6717	0,6113
c_4'	0010011011001001	1,6060	8,5623

- **Mutation:** Die Mutation erfolgt durch Bitvertauschung an einer zufälligen Stelle in jedem Chromosom, wie in der unteren Tabelle angegeben. Die Chromosomen $c_1'', \ldots c_4''$ bilden dann die Nachfolgegeneration.

	Chromosom	x	$Fit(c_i'')$
c_1''	0101100001000011	2,3791	8,6612
c_2''	1000010110000111	3,0864	3,0720
c_3''	1010101011110101	3,6721	0,6123
c_4''	0010111011001001	1,7310	9,3021

Das fitnessbeste Chromosom c_4'' der Nachfolgegeneration hat einen Fitnesswert $Fit(c_4'') = f(1,7310) = 9,3021$, wohingegen der Fitnesswert des besten Chromosoms c_4' der Vorgängergeneration 8,5623 beträgt. Das Maximum der Funktion $f(x)$ im Intervall $[1, 5]$ liegt im Punkt 2 mit dem Maximalwert $f(2) = 10$.

12.5.1.2 Optimierung einer Funktion mit mehreren Variablen

Gegeben sei die Funktion zweier Variabler

$$f(x_1, x_2) = e^{-((x_1+1)^2 + (x_2-4)^2)},$$

die im Rechteck $[-4, 3] \times [2, 7]$ der $x_1 x_2$-Ebene mit dem GA zu maximieren ist.

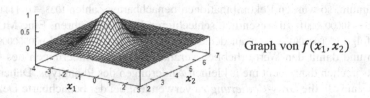

Graph von $f(x_1, x_2)$

Hierzu sind die reellen Zahlen im Suchraum $[-4, 3] \times [2, 7]$ als Binärfolge zu codieren. Legt man eine Darstellungsgenauigkeit der Dezimalzahlen von vier Stellen hinter dem Komma fest, so gibt es im Intervall $[-3, 4]$ insgesamt 70.000 und im Intervall $[2, 7]$ insgesamt 50.000 Dezimalzahlen mit vier Nachkommastellen. Wegen

$$2^{16} < 70.000 < 2^{17} \quad \text{und} \quad 2^{15} < 50.000 < 2^{16}$$

kann eine Dezimalzahl aus dem Suchraum $[-4, 3] \times [2, 7]$ mit der vorgegebenen Darstellungsgenauigkeit als ein Chromosom mit 33 Bits repräsentiert werden, das aus zwei Abschnitten besteht. Der erste Abschnitt besteht aus 17 Bits und enthält in binär codierter Form einen Wert der Variablen x_1, das zweite Segment mit 16 Bits einen Wert der Variablen x_2 (s. Abb. 12.14).

Entsprechend können bei der Optimierung von Funktionen $f(x_1, \ldots, x_n)$ mit n Variablen die Lösungskandidaten $x = (x_1, \ldots, x_n)$ als Chromosom mit n Abschnitten codiert werden, wobei jeder Abschnitt i in binär codierter Form einen Wert von x_i enthält. Je höher die Darstellungsgenauigkeit der Dezimalzahlen gewählt wird, umso größer sind die Bitlängen.

12.5.1.3 Gray-Code

Die Binärdarstellung kann erhebliche Folgen für die Konvergenz von genetischen Algorithmen haben. Nimmt man zum Beispiel an, ein Optimierungsproblem besitzt im Punkt

$$1024 = 2^{10} = 10000000000_2$$

0	0	1	0	1	1	1	0	1	1	0	0	1	0	1	1	1	1	1	0	0	1	1	0	1	1	0	0	1	1	1	0	1

codierter Wert von x_1   *codierter Wert von x_2*

Abb. 12.14 Der decodierte Wert dieser 33-Bitfolge ist das 2-Tupel $(-2.7204, 6.0159) \in [-4, 3] \times [2, 7]$.

ein Optimum, so würden Rekombinationen benachbarter Zahlen $1023 = 0111111111_2$ und $1025 = 1000000001_2$ zu wesentlich schlechteren Lösungen führen. Eine Mutation der Bitfolge $1000000001_2 = 1025$ an der ersten Stelle würde die Zahl $0000000001_2 = 1$ ergeben und damit den Wert erheblich verändern. Kleine Änderungen des Genotyps entsprechen dann nicht mehr kleinen Änderungen des Phänotyps. Daher ist es oftmals sinnvoll, die *Gray-Codierung* zu verwenden, bei der benachbarte Dezimalwerte sich nur um ein Bit unterscheiden (s. Abb. 12.15).

12.5.2 Multikriterielle Optimierung mit GA

Das *NSGA II* (Nondominated Sorting Genetic Algorithm II)-Verfahren, das von Deb [2] entwickelt wurde, ist ein etabliertes Verfahren zur Lösung von multikriteriellen Optimierungsproblemen. Es ist das Ziel des NSGA II-Verfahrens, mittels genetischer Methoden Lösungen mit minimalem Abstand zur Pareto-Front zu generieren, wobei die Diversität der Lösungen auf der Optimalfront maximal ist. Als Ergebnis erhält man kein einzelnes Individuum, sondern eine Menge optimaler Individuen.

Wir betrachten hier ein Minimierungsproblem, beschrieben durch

$$\text{Minimiere} \quad \{f_1(x), \ldots, f_k(x)\} \text{ mit } x \in S \subset \mathbb{R}^m.$$

Die Vektoren x im Suchraum S werden, wie in Abschn. 12.5.1 beschrieben, binär codiert. Die Implementierung des NSGA II-Verfahrens erfolgt ähnlich wie beim GA für einkriterielle Optimierungsprobleme.

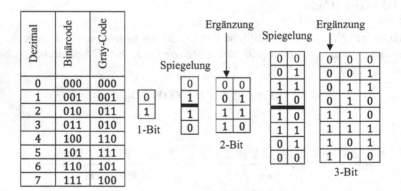

Abb. 12.15 Der Gray-Code für $n+1$-Bits kann aus der n-Bit-Darstellung generiert werden, indem die n-Bit-Tabelle zunächst gespiegelt wird und die erweiterte Tabelle durch eine linke Spalte ergänzt wird, in der oberhalb der Spiegelachse Bit 0 und unterhalb Bit 1 eingetragen wird.

- **Initialisierung**

Eine Anfangspopulation wird initialisiert mit einer Populationsgröße n, wobei man häufig als Voreinstellung $n = 100$ wählt.

- **Fitnessbewertung**

Nondominance-Rang

Aus den Individuen der Population werden nicht-dominierte Fronten wie folgt gebildet: Es werden zunächst die nicht-dominierten Lösungen bestimmt und mit dem Rang 1 klassifiziert. Temporär werden diese Individuen entfernt und aus den restlichen Individuen ebenfalls die nicht-dominierten Elemente ermittelt, die den Rang 2 zugewiesen bekommen. Dieses Verfahren wird so lange wiederholt, bis alle Individuen klassifiziert sind (s. Abb. 12.16).

Crowding-Distance

Die Individuen mit gleichem Nondominance-Rang werden weiterhin klassifiziert mit dem *Crowding-Distance-Verfahren*. Die Crowding-Distance ist ein Maß für den Abstand eines Individuums S_i zu seinem linken Nachbarn S_{i-1} und seinem rechten Nachbarn S_{i+1}. Die Crowding-Distance von S_i ist dann definiert als Umfang des Rechtecks mit Eckpunkt S_{i-1} und S_{i+1}. Je größer die Crowding-Distance, umso höher werden die Lösungen eingestuft. Individuen mit hoher Crowding-Distance werden bevorzugt, damit Klumpenbildung vermieden und eine höhere Diversität erzielt wird. Individuen, die nur einen Nachbarn besitzen, bekommen den Crowding-Distance-Wert ∞ zugewiesen (s. Abb. 12.17).

- **Selektion**

Die Auswahl eines Elternpaars für die Rekombination erfolgt mit der binären Wettkampfselektion. Von zwei zufällig ausgewählten Individuen A und B aus der Elternpopulation wird A als Elternteil selektiert, wenn

Nondominance-Rang von A < Nondominance-Rang von B.

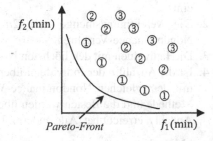

Abb. 12.16 Rang-Bestimmung der Individuen

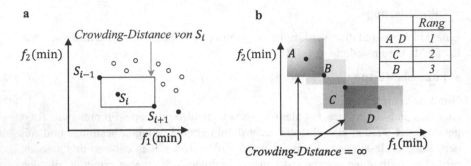

Abb. 12.17 a Berechnung der Crowding-Distance von Lösung S_i. Die schwarzen Punkte sind Lösungen vom gleichen Nondominance-Rang. **b** Sortierung der Lösungen A, B, C, D, die den gleichen Nondominance-Rang besitzen

Sind beide Werte gleich, so gewinnt A, wenn

Crowding-Distance von A > Crowding-Distance von B.

- **Rekombination**

Die ausgewählten Elternpaare werden mit dem 1-Punkt-Crossover-Verfahren rekombiniert. Durch Rekombinationen wird eine Zwischenpopulation von n Nachkommen erzeugt.

- **Mutation**

Nach der Rekombination werden die Individuen der Zwischenpopulation bitweise mutiert mit einer Mutationsrate von $p_M = 1/l$, wobei l die Länge der Bitstrings ist, die die Vektoren x repräsentieren.

- **Ersetzung**

Die Nachfolgegeneration wird nach dem folgenden Selektionsverfahren gebildet:

1. Die Elternpopulation und die Nachkommenpopulation werden miteinander vereint.
2. Die Vereinigungsmenge von $2n$ Individuen werden sortiert nach dem Nondominance-Verfahren.
3. Die Individuen mit den höchsten Nondominance-Werten werden übernommen.
4. Ist die Anzahl n der Individuen überschritten, so werden die letzten Individuen mit dem gleichen Nondominance-Wert sortiert nach der Crowding-Distance-Methode und die Besten werden übernommen, bis die Nachfolgegeneration die Anzahl n erreicht hat. Alle anderen Individuen werden nicht übernommen.

- **Abbruch**

In der Regel wird der Algorithmus abgebrochen, wenn eine vorgegebene maximale Anzahl von Iterationen erreicht wird oder die Lösungen nach mehreren

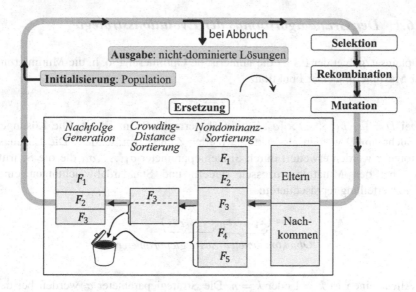

Abb. 12.18 Ablauf des NSGA II-Verfahrens

Generationen sich nicht mehr verbessern. Nach Abbruch werden die nicht-dominierten Lösungen der Optimalfront ausgegeben.

Abb. 12.18 zeigt den Ablauf des NSGA II-Verfahrens schematisch.

12.6 Evolutionsstrategien

Evolutionsstrategien (ES) wurden erstmals in den 60er- und 70er-Jahren in Deutschland von Rechenberg [3] und später von H.P. Schwefel [4] entwickelt, um Optimierungsprobleme aus den Ingenieurwissenschaften lösen zu können. Analog den genetischen Algorithmen sind die biologischen Evolutionsprozesse wie Rekombination, Mutation und Selektion Vorbild der Evolutionsstrategien. Die Implementierungen sind jedoch unterschiedlich. Bei den GA spielt die Rekombination eine wichtige Rolle, während Mutationen nur eingeschränkt eingesetzt werden. Bei der ES übernehmen die Mutationen die zentrale Rolle, wohingegen die Rekombinationen eine untergeordnete Rolle spielen und in manchen Fällen gar nicht benutzt werden.

In der Anfangsphase wurden die ES in Europa und die GA in den USA unabhängig voneinander weiterentwickelt. In den 90er-Jahren wurden beide Konzepte unter dem Oberbegriff „Evolutionäre Algorithmen" angenähert.

12.6.1 Der Grundalgorithmus der Evolutionsstrategie

Haupteinsatzgebiet der ES ist die numerische Optimierung, d. h. die Minimierung oder Maximierung einer Funktion

$$f \colon D \to \mathbb{R},$$

wobei $D = [a_1, b_1] \times \ldots \times [a_n, b_n]$ ein Hyperrechteck im $\mathbb{R}^n$ ist. Die Lösungen im Suchraum D werden als Vektoren reeller Zahlen repräsentiert. Die Lösungsvektoren x werden erweitert durch Strategieparameter $\sigma_1, \ldots, \sigma_k$, die die Schrittweite bei den Mutationsprozessen steuern und Standardabweichungen einer Normalverteilung repräsentieren:

$$x = \underbrace{(x_1, \ldots, x_n,}_{Objektparameter} \underbrace{\sigma_1, \ldots, \sigma_k)}_{Strategieparameter}$$

Im Allgemeinen ist $k = 1$ oder $k = n$. Die Strategieparameter σ_i werden bei den Mutations-, Rekombinations- und Selektionsprozessen mit einbezogen.

Eine Population besteht aus einer Menge von Individuen, die repräsentiert werden von Vektoren mit allen Objekt- und Strategieparametern als Komponenten. Jedes Individuum stellt einen Lösungskandidaten dar. Im Gegensatz zu genetischen Algorithmen werden die Individuen nicht codiert, d. h. Evolutionsstrategien arbeiten auf der Phänotypebene.

Der Ablauf der Evolutionsstrategie in der Grundversion erfolgt ähnlich wie bei den genetischen Algorithmen in den folgenden Iterationsschritten.

Grundversion der Evolutionsstrategie

0. **Initialisierung** Die Individuen der Ausgangspopulation werden möglichst gleichmäßig im Suchraum verteilt und anschließend evaluiert. Die Populationsgröße μ bleibt während des Optimierungsprozesses konstant.
1. **Rekombination** Eltern werden stochastisch mit Zurücklegen ausgewählt und anschließend rekombiniert.
2. **Mutation** Der Nachkomme wird mutiert, evaluiert und in einer Zwischenpopulation gespeichert.
3. **Selektion** Die Iterationsschritte werden λ-mal wiederholt und anschließend werden die μ besten Individuen für die Nachfolgegeneration ausgewählt.
4. **Abbruch** Die Iterationsschritte 1 bis 3 werden so lange wiederholt, bis ein Abbruchkriterium erfüllt ist.

Abb. 12.19 zeigt den Ablauf der Evolutionsstrategie als Diagramm.

Im Folgenden werden die einzelnen Iterationsschritte eingehend erläutert.

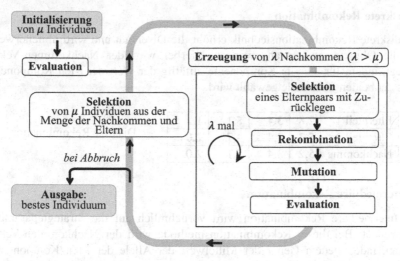

Abb. 12.19 Ablauf der Evolutionsstrategie in der Grundversion

12.6.2 Initialisierung

In der Initialisierungsphase werden μ Individuen erzeugt, die möglichst gleichmäßig im Suchraum verteilt werden. Liegt ein Vorwissen über die Lage des Optimums vor, so kann man mit der Festlegung entsprechender Unter- und Obergrenzen die Individuen gezielt eingrenzen. Praxistauglicher Initialwert für die Strukturparameter ist $\sigma_i = 3{,}0$. Nach der Initialisierung erfolgt die Evaluation der einzelnen Individuen, wobei als Fitnesswert der Funktionswert festgelegt wird.

12.6.3 Rekombination

Mittels Rekombination und anschließender Mutation wird eine neue Zwischengeneration von λ Nachkommen erzeugt. Üblicherweise wird ein Verhältnis $\frac{\lambda}{\mu} = 7$ angesetzt, wobei häufig $\mu = 15$ und $\lambda = 105$ gewählt wird. Damit wird eine ausreichend große Zwischengeneration für die spätere Selektion erzeugt.

Die Auswahl von zwei Elternteilen für die Rekombination erfolgt fitnessunabhängig aus dem Pool aller μ Individuen durch Zufallsauswahl. Dies erfolgt mit Zurücklegen, sodass Mehrfach-Ziehungen einzelner Individuen möglich sind. Die ausgewählten Elternteile werden einer Rekombination unterworfen, bei der die Objekt- und die Strukturparameter rekombiniert werden. Experimentell haben sich die *diskrete* Rekombination und die *intermediäre* Rekombination bewährt.

- **Diskrete Rekombination**

Die diskrete Rekombinationstechnik erhöht die Diversität und wird üblicherweise auf die Objektparameter angewendet. Hierbei wird der Nachkommen-Vektor erzeugt, indem für die i-te Komponente zufällig der Wert der i-ten Komponente eines der beiden Elternteile gewählt wird

Elternteil 1	2,8	**3,4**	**5,1**	1,2
Elternteil 2	**5,2**	2,4	4,7	**2,0**
Nachkomme	5,2	3,4	5,1	2,0

Diskrete Rekombination

- **Intermediäre Rekombination**

Die Intermediäre Rekombination wird vornehmlich auf die Strategieparameter angewendet. Bei dieser Rekombinationsmethode wird der Nachkommen-Vektor erzeugt, indem jedem Gen i der Mittelwert der Allele der i-ten Komponenten beider Elternteile zugewiesen wird.

Elternteil 1	2,8	3,4	5,1	1,2
Elternteil 2	5,2	2,4	4,7	2,0
Nachkomme	4,0	2,9	4,9	1,6

Intermediäre Rekombination

Nach Abschluss der Rekombination wird auf die Nachkommen der Mutationsprozess angewendet.

12.6.4 Mutationen

Die Mutation erfolgt in numerischen Suchräumen im $\mathbb{R}^n$ durch Addition reellwertiger Mutationsschrittweiten σ. Die Schrittweiten sollten ähnlich wie in der Natur so gewählt werden, dass kleine Änderungen der Chromosomen mit größerer Wahrscheinlichkeit auftreten als große Änderungen. Eine Bevorzugung kleinerer Änderungen kann erreicht werden, indem man als Mutationsschrittweiten normalverteilte Zufallszahlen wählt. Im Folgenden wird die Erzeugung normalverteilter Zufallszahlen näher beschrieben.

12.6.4.1 Normalverteilung

Die Normalverteilung ist die wichtigste statistische Verteilung und spielt in der Stochastik eine zentrale Rolle. Viele Erscheinungen in der Natur und Technik gehorchen dieser Verteilung, wie zum Beispiel Körpergröße, Intelligenzquotient, Füllgewicht oder Messfehler.

Eine Zufallsvariable X heißt normalverteilt mit den Parametern μ und σ, kurz: $X \sim N(\mu, \sigma)$, wenn sie die folgende Wahrscheinlichkeitsdichte besitzt:

$$\varphi_{\mu\sigma}(x) = \frac{1}{\sigma\sqrt{2\pi}} e^{-\frac{1}{2}\left(\frac{x-\mu}{\sigma}\right)^2}$$

Wegen der charakteristischen Glockenform der Kurve (s. Abb. 12.20) wird die Funktion auch Gaußsche Glockenkurve genannt. Der Parameter $\mu \in \mathbb{R}$ heißt *Erwartungswert* und $\sigma > 0$ *Standardabweichung* von X. Der Vorfaktor $\frac{1}{\sigma\sqrt{2\pi}}$ sorgt dafür, dass die Bedingung $\int_{-\infty}^{\infty} \varphi_{\mu\sigma}(x)dx = 1$ erfüllt ist. Die Graphen der Dichtefunktion $\varphi_{\mu\sigma}$ sind für verschiedene μ und ρ in Abb. 12.20 dargestellt.

Beispiel (Körpergröße)
Die Körpergröße X des Menschen ist geschlechtsspezifisch annähernd normalverteilt. Bei Messungen der Körpergröße einer größeren Anzahl erwachsener Männern, die zu einer Bevölkerungsgruppe gehören, sei mittels einer statistischen Erhebung ein Erwartungswert $\mu = 177\,cm$ und eine Standardabweichung $\sigma = 5\,cm$ ermittelt worden. Die Standardabweichung gibt dabei an, wie stark die Werte von dem Mittelwert $177\,cm$ abweichen.

Mithilfe der Wahrscheinlichkeitsdichte kann zum Beispiel berechnet werden, wie groß die Wahrscheinlichkeit $P(170 \leq X \leq 180)$ ist, dass ein zufällig ausgewählter Mann aus der Bevölkerungsgruppe zwischen 170 und 180 cm groß ist. Die gesuchte Wahrscheinlichkeit ist die eingeschlossene Fläche unter der Dichtefunktion $\varphi_{\mu\sigma}(x)$ von 170 *cm* bis 180 cm (s. Abb. 12.21) und kann berechnet werden, indem man die Funktion $\varphi_{\mu\sigma}(x)$ im Intervall [170, 180] integriert:

$$P(170 \leq X \leq 180) = \int_{170}^{180} \varphi_{\mu\sigma}(t)dt = \frac{1}{5\sqrt{2\pi}} \int_{170}^{180} e^{-\frac{1}{2}\left(\frac{t-177}{5}\right)^2} dt = 0,65$$

Dieses Integral ist elementar nicht lösbar und kann nur numerisch oder mittels Reihenentwicklung bestimmt werden. Normalerweise werden Integrale solcher

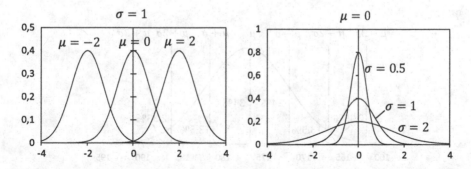

Abb. 12.20 Wahrscheinlichkeitsdichte $\varphi_{\mu\sigma}$ für verschiedene Erwartungswerte μ und Standardabweichungen σ. Die Funktion hat ihr Maximum in μ und ist symmetrisch, wobei die Symmetrieachse in μ liegt. Je kleiner σ, umso steiler verläuft die Funktion um den Erwartungswert μ.

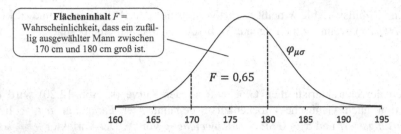

Abb. 12.21 Normalverteilung der Körpergröße

Art mit dem Taschenrechner oder Computer mit bereits vordefinierten Funktionen berechnet.

68-95-99,7-Regel
Nach der 68-95-99,7-Regel liegen

- 68 % der Werte im σ − Intervall $[\mu - \sigma, \mu + \sigma]$
- 95 % der Werte im 2σ − Intervall $[\mu - 2\sigma, \mu + 2\sigma]$
- 99,7 % der Werte im 3σ − Intervall $[\mu - 3\sigma, \mu + 3\sigma]$

Dies gilt für alle Normalverteilungen unabhängig von μ und σ. Damit ergibt sich, dass fast alle Realisierungen einer Normalverteilung im 3σ-Intervall $[\mu - 3\sigma, \mu + 3\sigma]$ liegen (s. Abb. 12.22).

Erzeugung normalverteilter Zufallszahlen $N(0, \sigma)$
Die Funktion $y = f(x) = \varphi_{0,\sigma}(x) = \frac{1}{\sigma\sqrt{2\pi}} e^{-\frac{1}{2}\left(\frac{x}{\sigma}\right)^2}$ ist in $[0, \infty)$ streng monoton fallend und somit umkehrbar. Durch Logarithmieren erhält man die Umkehrfunktion

$$x = f^{-1}(y) = \sigma \sqrt{-2\ln\left(\sigma\sqrt{2\pi}y\right)}.$$

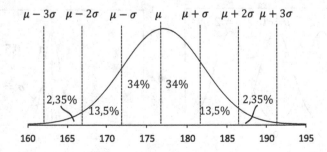

Abb. 12.22 Veranschaulichung der 68-95-99,7-Regel

Normalverteilte Zufallszahlen z können dann mit dem folgenden Algorithmus erzeugt werden:

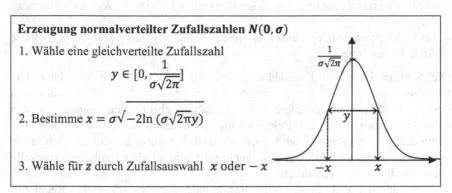

Erzeugung normalverteilter Zufallszahlen $N(0, \sigma)$

1. Wähle eine gleichverteilte Zufallszahl

$$y \in [0, \frac{1}{\sigma\sqrt{2\pi}}]$$

2. Bestimme $x = \sigma\sqrt{-2\ln(\sigma\sqrt{2\pi}y)}$

3. Wähle für z durch Zufallsauswahl x oder $-x$

12.6.4.2 Mutation mit einer einheitlichen Schrittweite

Die Mutation eines Nachkommens mit dem Chromosom $(x, \sigma) = (x_1, \ldots x_n, \sigma)$ und dem Strategieparameter σ erfolgt in zwei Schritten: Zuerst wird σ mutiert und im Anschluss wird auf jede Komponente des x-Vektors eine $N(0, \sigma')$-verteilte Zufallszahl addiert, wobei σ' der mutierte Parameter von σ ist. Die Standardabweichung σ' wird hier als *(Mutations-)Schrittweite* bezeichnet und ist ein Maß für die Mutationsstärke des x-Vektors. Der mutierte Vektor $x' = (x_1', \ldots, x_n', \sigma')$ wird berechnet mithilfe der folgenden Formeln:

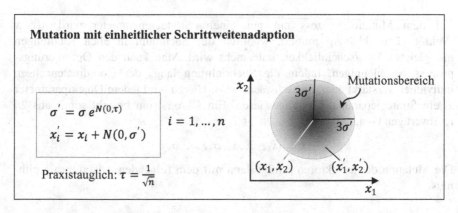

Mutation mit einheitlicher Schrittweitenadaption

$$\sigma' = \sigma\,e^{N(0,\tau)}$$
$$x_i' = x_i + N(0, \sigma') \qquad i = 1, \ldots, n$$

Praxistauglich: $\tau = \frac{1}{\sqrt{n}}$

Nach Definition der Schrittweite σ' gilt:

- σ' ist positiv (Voraussetzung als Standardabweichung).
- Bei einem negativen Zufallswert $N(0, \tau)$ wird σ verkleinert und bei einem positiven Zufallswert vergrößert.

- Die Schrittweiten können sich auf nahe null reduzieren. Daher setzt man bei Unterschreiten einer unteren Grenze σ_{min} die Schrittweite auf den vorgegebenen Minimalwert σ_{min}, um eine vorzeitige Konvergenz in einem lokalen Optimum zu verhindern.
- Im Exponenten $N(0, \tau)$ werden Werte nahe null bevorzugt und damit kleinere Änderungen von σ.

Die Schrittweite σ' wird unabhängig von der Fitnessfunktion berechnet. Die Chromosomen werden jedoch durch gut angepasste Mutationsschrittweiten bessere Nachkommen erzeugen. Die Mutationsschrittweiten werden in den Optimierungsprozessen wie Rekombination, Mutation und Selektion mit eingebunden. Dieser Vorgang wird auch als Selbstadaption bezeichnet. Auf diese Weise setzen sich im Laufe der Zeit (analog der biologischen Evolution) sinnvolle Werte für die Schrittweite durch.

Die mutierten x-Vektoren im $\mathbb{R}^2$ liegen nach der $68 - 95 - 99,7$ Regel mit einer Wahrscheinlichkeit von $99,7\,\%$ in der Kreisscheibe mit Radius 3σ und variieren verstärkt in der Nähe des Mittelpunktes. Mit wachsendem radialen Abstand nimmt die Anzahl der möglichen Nachkommen ab.

Für die Standardabweichung σ gilt damit:

- Kleinere Werte von σ verlangsamen die Fortschreitungsgeschwindigkeit und verstärken somit die lokale Suche (Exploitation).
- Größere Werte von σ erhöhen die Fortschreitungsgeschwindigkeit und somit die globale Suche (Exploration).

12.6.4.3 Mutation mit separater Schrittweitenadaption

Bei dem Mutationsprozess mit nur einem Strategieparameter wird der x -Vektor genunabhängig mutiert, wodurch der Suchraum in allen Richtungen mit gleicher Wahrscheinlichkeit untersucht wird. Man kann den Optimierungsprozess beschleunigen, indem die Suchrichtung längs der Koordinatenachsen individuell verstärkt oder abgeschwächt wird. Hierzu wird jedem Objektparameter x_i ein Strategieparameter σ_i zugewiesen. Ein Chromosom besteht somit aus $2n$ reellwertigen Genen:

$$x = (x_1, \ldots, x_n, \sigma_1, \ldots, \sigma_n)$$

Die Mutation der x-Vektoren erfolgt dann mit dem folgenden Adaptionsalgorithmus:

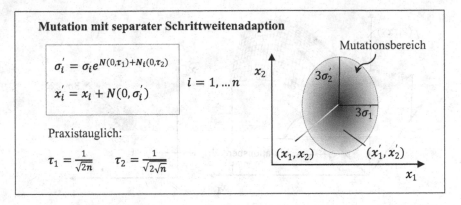

Mutation mit separater Schrittweitenadaption

$$\sigma_i' = \sigma_i e^{N(0,\tau_1)+N_i(0,\tau_2)}$$

$$x_i' = x_i + N(0,\sigma_i')$$

$$i = 1, \dots n$$

Praxistauglich:

$$\tau_1 = \frac{1}{\sqrt{2n}} \qquad \tau_2 = \frac{1}{\sqrt{2\sqrt{n}}}$$

Durch den globalen Faktor $e^{N(0,\tau_1)}$ werden alle Schrittweiten genunabhängig verändert, während durch den Faktor $e^{N_i(0,\tau_2)}$ die Schrittweiten σ_i individuell angepasst werden können, wobei $N_i(0,\tau_2)$ eine normalverteilte Zufallszahl für die Berechnung von σ_i' ist. Mit dieser Mutationsmethode erhält man für zweidimensionale Vektoren ein achsenparalleles Mutationsellipsoid.

12.6.4.4 Korrelierte Mutation

Bei dieser Mutationsmethode beschränken wir uns zur Vereinfachung auf zweidimensionale Suchräume. Das Verfahren lässt sich sinngemäß auch auf höher dimensionale Suchräume erweitern (vgl. Hansen und Ostermeier [5]).

Es ist vorteilhaft, wenn die Suchrichtung in Richtung des stärksten Anstiegs (Maximierungsproblem) bzw. des stärksten Gefälles (Minimierungsproblem) angepasst werden kann. Dies kann bewerkstelligt werden, indem man den Mutationsellipsoiden um einen geeigneten Winkel α dreht (s. Abb. 12.23). Hierzu erweitert man den x-Vektor um einen zusätzlichen Strategieparameter α, der den Drehwinkel repräsentiert:

$$x = (x_1, x_2, \sigma_1, \sigma_2, \alpha)$$

Eine Drehung des Mutationsellipsoiden um einen Winkel $\alpha \in [-\pi, \pi]$ kann durch Multiplikation einer Drehmatrix mit dem σ-Vektor $\sigma = (\sigma_1, \sigma_2)$ erzeugt werden:

$$\begin{pmatrix} \sigma_{1,kor} \\ \sigma_{2,kor} \end{pmatrix} = \underbrace{\begin{pmatrix} \cos\alpha & -\sin\alpha \\ \sin\alpha & \cos\alpha \end{pmatrix}}_{Drehmatrix} \cdot \begin{pmatrix} \sigma_1 \\ \sigma_2 \end{pmatrix}$$

Die Objektparameter x_i werden dann mutiert durch Addition einer normalverteilten Zufallszahl $N(0, \sigma_{i,kor})$. Dieser Mutationsprozess wird *korrelierte Mutation* genannt.

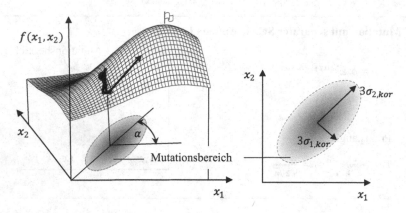

Abb. 12.23 Anpassung der Suchrichtung in Richtung des stärksten Anstiegs durch Drehung des Mutationsellipsoids um den selbstadaptiven Winkel α

Die Mutation erfolgt mit den folgenden Berechnungsschritten:

Mutation mit separater korrelierter Schrittweitenadaption im $\mathbb{R}^2$

$$\sigma_1' = \sigma_1 e^{N(0,\tau_1)+N_1(0,\tau_2)}, \quad \sigma_2' = \sigma_2 e^{N(0,\tau_1)+N_2(0,\tau_2)}$$

$$\sigma_{1,kor}' = (\cos\alpha)\,\sigma_1' - (\sin\alpha)\,\sigma_2', \quad \sigma_{2,kor}' = (\sin\alpha)\,\sigma_1' + (\cos\alpha)\,\sigma_2'$$

$$\alpha' = \alpha + N(0,\tau)$$

$$x_1' = x_1 + N(0,\sigma_{1,kor}'), \, x_2' = x_2 + N(0,\sigma_{2,kor}')$$

Praxistauglich:

$$\tau_1 = \frac{1}{\sqrt{2n}} \qquad \tau_2 = \frac{1}{\sqrt{2\sqrt{n}}} \qquad \tau = 0{,}0873 \; (\approx 5^0) \; (n=2)$$

Bei der Initialisierung des Drehwinkels α kann eine gleichverteilte Zufallszahl aus dem Intervall $[-\pi,\pi]$ gewählt werden. Der Winkel α wird bei der intermediären Rekombination mit einbezogen. Die Mutation erfolgt durch die Addition einer normalverteilten Zufallszahl $N(0,\tau)$. Auf diese Weise passt sich der Winkel im Laufe der Zeit den Eigenschaften der Fitnesslandschaft an. Liegt α während des Optimierungsprozesses außerhalb des Intervalls $[-\pi,\pi]$, so ist der Winkel durch Addition eines ganzzahligen Vielfachen von 2π in den Bereich $[-\pi,\pi]$ zu verschieben.

Bei der Erweiterung des Mutationsverfahrens mit separater korrelierter Schrittweitenadaption auf n-dimensionale Suchräume sind insgesamt $n \cdot (n-1)/2$ Drehwinkel erforderlich (vgl. [5]). Der Rechenzeitaufwand kann bei großem n und großer Populationsgröße dadurch erheblich sein.

12.6.5 Selektion

Die nach der Mutation erzeugten λ Nachkommen werden evaluiert und in einer Zwischenpopulation gespeichert. In die Folgegeneration werden deterministisch die μ besten Individuen übernommen. Man unterscheidet zwei verschiedene Selektionsverfahren: die *Kommastrategie* und die *Plusstrategie*.

- **Kommastrategie** (μ, λ): Hierbei werden die μ fittesten der λ Nachkommen für die Nachfolgepopulation ausgewählt. Bei dieser Selektion muss die Bedingung $\mu \leq \lambda$ erfüllt sein. Die Eltern der Vorgängergeneration werden nicht berücksichtigt, auch wenn sie eine bessere Fitness aufweisen. Die Lebensdauer eines Individuums ist somit auf eine Generation beschränkt. Es ist daher sinnvoll, ein bis dato bestes Individuum extra zu speichern, damit diese Lösung nicht verloren geht, falls keine Verbesserung mehr erzielt werden kann.
- **Plusstrategie** $(\mu + \lambda)$: Bei dieser Selektionsstrategie werden die μ besten Individuen aus der Menge der μ Elternteile und der $\lambda(\lambda \geq 1)$ Nachkommen als Nachfolgegeneration ausgewählt. Damit bleiben die sehr guten Lösungen im Gegensatz zur Kommastrategie über Generationen hinweg erhalten. Mit dieser Strategie treten stets Verbesserungen auf. Allerdings besteht die Gefahr, in lokalen Optima hängenzubleiben. Daher wird häufig vorübergehend in die Kommastrategie (μ, λ) gewechselt, wenn nach mehreren Generationen keine Verbesserung aufgetreten ist.

Abb. 12.24 illustriert den Ablauf der Komma- und Selektionsstrategie.

12.6.6 Abbruch

Es können die gleichen Abbruchbedingungen zugrunde gelegt werden wie bei den genetischen Algorithmen.

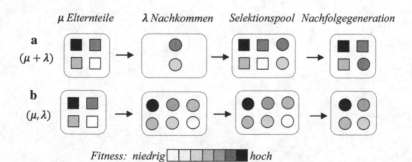

Abb. 12.24 Illustration des Ablaufes **a** der Plusstrategie $(\mu + \lambda)$, $\mu = 4$ und $\lambda = 2$ und **b** der Kommastrategie (μ, λ), $\mu = 4$ und $\lambda = 6$

Literatur

1. Holland J (1975) Adaption in natural and artificial systems. The University of Michigan Press
2. Deb K, Pratap A, Agarwal S, Meyarivan T (2002) A fast and elitist multiobjective genetic algorithm: NSGA II. IEEE Trans Evol Comput 6(2):182–197
3. Rechenberg I, Evolutionsstrategie (1973) Optimierung technischer Systeme nach Prinzipien der biologischen Evolution. Frommann Holzboog, Stuttgart
4. Schwefel H (1975) Evolutionsstrategie und numerische Optimierung. Dissertation, TU Berlin
5. Hansen N, Ostermeier A (2001) Completely derandomized self-adaption in evolution strategies. Evol Comput 9(2):159–195

Kapitel 13
Partikelschwarmalgorithmen

Zu den schwarmbasierenden Algorithmen zählt der Partikelschwarmalgorithmus, der von Kennedy und Eberhart 1995 eingeführt wurde. Der Partikelschwarmalgorithmus adaptiert das Schwarmverhalten von Vögeln bei der Suche eines Futterplatzes, um die beste Lösung eines Optimierungsproblems zu ermitteln. Die künstlichen Vögel sollen dabei ein Gedächtnis über ihre bisher beste Position in Bezug auf die optimale Futterstelle bzw. Lösung besitzen und in der Lage sein, dieses Wissen innerhalb des Schwarms auszutauschen. Die Individuen des Schwarms werden mit Partikel bezeichnet.

In diesem Kapitel werden verschiedene Varianten des Partikelschwarmalgorithmus vorgestellt. Weiterhin wird mit Beispielen illustriert, wie mit Partikelschwarmalgorithmen kontinuierliche, kombinatorische und multikriterielle Optimierungsprobleme gelöst werden können.

13.1 Schwarmverhalten

Ein Schwarm ist eine Gruppe von vielen vergleichsweise primitiven Individuen, die untereinander kommunizieren und in der Gesamtheit effektiv ohne zentrale Steuerung Probleme lösen können, wie zum Beispiel die Suche nach Futterplätzen oder der Schutz vor Fressfeinden. Schwarmbildung findet man z. B. bei Vögeln, Fischen und Insekten oder bei Tierherden. Innerhalb eines Schwarms sind alle Individuen gleichberechtigt. Es gibt keine Führungsinstanz, der alle folgen. Der ganze Schwarm gleicht einem einzelnen großen Lebewesen.

Das Handeln im Kollektiv nennt man *Schwarmintelligenz*. Schwarmintelligenz ist gekennzeichnet durch die Phänomene *Emergenz* und *Stigmergie*.

Emergenz Emergentes Verhalten liegt vor, wenn ein System von untereinander kommunizierenden Individuen intelligentes Verhalten vollbringt, wobei jedes einzelne Individuum nur über eingeschränkte Fähigkeiten verfügt. Das Ganze ist mehr als die Summe seiner Teile.

R. Hollstein, *Optimierungsmethoden*, https://doi.org/10.1007/978-3-658-39855-2_13

Stigmergie Mit Stigmergie wird ein Konzept beschrieben, wie Individuen eines dezentralen Systems miteinander kommunizieren, indem sie ihre lokale Umgebung modifizieren. Ameisen beispielsweise interagieren bei der Futtersuche indirekt untereinander, indem sie Duftstoffe (Pheromone) auf Straßen hinterlassen. Dieses stigmergente Verhalten ist Vorbild für den Ameisenalgorithmus, der im Kap. 14 behandelt wird.

Schwarmverhalten findet man auch bei Menschen. Im Finanzwesen spricht man von *Herdenverhalten,* wenn Anleger durch Ansteckungseffekte mehrheitlich ein Anlageobjekt kaufen bzw. verkaufen.

Schwarmbildung von Menschen konnte man bei einem Experiment der Verhaltensforscher J. Krause und J. Dyer der Universität von Leeds mit 200 Testpersonen in einer Messehalle von Köln beobachten. Zwanzig Teilnehmern wurde ein Ziel vorgegeben, wobei ihnen nicht bekannt war, dass sie das gleiche Ziel hatten. Kommunikation untereinander war nicht erlaubt. Die anderen 180 Testpersonen hatten die Aufgabe, immer in Bewegung zu bleiben. Innerhalb einer Minute hatten die 20 Personen alle Teilnehmer zum Ziel geführt. Dabei wussten die anderen 180 Personen nicht, dass es überhaupt ein Ziel gab. In einem weiteren Experiment sollten sich die 200 Teilnehmer in der Halle frei bewegen, mit der Auflage, stets in Bewegung zu bleiben und gleichen Abstand zum Nachbarn einzuhalten. Mit der Zeit lief eine Gruppe in einem äußeren Kreis, die anderen Teilnehmer in einem inneren Kreis in entgegengesetzter Richtung. Ein solches Schwarmverhalten ist auch bei einigen Fischarten beobachtet worden.

Schwarmintelligenz von Menschen konnte in einem Experiment demonstriert werden, bei dem eine Gruppe von sehr vielen Teilnehmern die Anzahl von Murmeln in einem großen Glasgefäß schätzen sollte. Die Schätzungen der Teilnehmer lagen weit auseinander, der Mittelwert aller Schätzwerte lag jedoch sehr nahe am exakten Wert. Ähnliche Experimente mit geändertem Aufbau bestätigten die hohe Trefferquote des Mittelwertes aller Schätzungen.

13.2 Boids

1981 entwickelte Craig Reynolds ein Computermodell, um damit die Bewegung von Vogel- und Fischschwärmen zu simulieren. Er nannte die simulierten Individuen dieser Schwärme *Boids* und das Computermodell *Boids-Modell*. Jedes Boid interagiert mit seinen Nachbarn innerhalb einer Umgebung, die durch ein Kreissegment bzw. beim 3D-Modell durch ein Kugelsegment beschrieben werden kann, wobei das Boid sich im Mittelpunkt befindet und die Segmente in Blickrichtung ausgerichtet sind. Boids außerhalb der lokalen Umgebung werden ignoriert.

Die Interaktion zwischen den Boids wird beschrieben durch folgende drei Regeln:

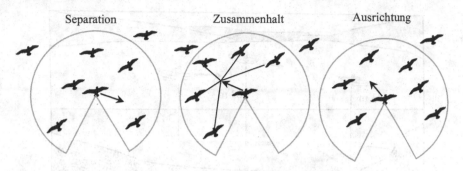

Abb. 13.1 Interaktionen zwischen Boids

Ausrichtung: Das einzelne Boid wählt die Richtung, die der durchschnitt-
                      lichen Richtung der benachbarten Boids entspricht.
Separation: Das Boid entfernt sich von der Gruppe, wenn der Abstand
                      zueinander zu klein ist.
Zusammenhalt: Das Boid bewegt sich in Richtung der Mitte der benachbarten
                      Boids.

Abb. 13.1 illustriert die Interaktionen zwischen Boids.

Der Physiker und Ornithologe A. Cavagna hatte herausgefunden, dass sich
Vögel nach den sieben Vögeln ausrichten, die ihnen am nächsten sind, wobei der
Abstand mindestens eine Flügelspanne ist.

Heppner und Grenander [1] erweiterten das Boids-Modell, indem sie Rast-
plätze mit folgenden zwei konkurrierenden Verhaltensregeln hinzufügten:

• Jeder Vogel hat das Bedürfnis, einen Rastplatz anzufliegen, wobei die Triebkraft
  bei Annäherung zunimmt.
• Jeder Vogel hat das Verlangen, innerhalb des Schwarms zu bleiben.

13.3 Grundversion des Partikelschwarmalgorithmus

Inspiriert von den Arbeiten von Reynolds, Heppner und Grenander entwickelten
Kennedy und Eberhart [2] einen Optimierungsalgorithmus, den sie *Partikelschwarmalgorithmus* (abgekürzt PSO) nannten. Die Individuen des Schwarms
bezeichneten sie mit *Partikel*.

Die Optimierung besteht darin, den optimalen Futterplatz zu finden. (Sie
ersetzten „Rastplatz" durch „Futterplatz".) Die Vögel sollen dabei ein Gedächtnis
über ihre bisher beste Position in Bezug auf die optimale Futterstelle besitzen und
in der Lage sein, dieses Wissen innerhalb des Schwarms auszutauschen.

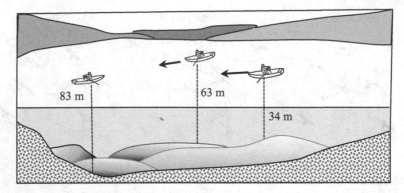

Abb. 13.2 Drei Vermesser bestimmen mit dem Partikelschwarmalgorithmus die größte Wassertiefe eines Sees.

13.3.1 Einführendes Beispiel

Das Grundprinzip des PSO soll mit folgendem Beispiel erläutert werden: Drei Vermesser werden beauftragt, die tiefste Stelle eines Sees zu ermitteln. Sie wenden hierzu folgendes Verfahren an: Die Vermesser starten jeweils mit einem Ruderboot an drei verschiedenen Stellen des Ufers und messen in kurzen Streckenabständen mit einem Lot die Wassertiefe (s. Abb. 13.2).

Nach jedem Messvorgang informieren sich die Vermesser mittels eines Funkgeräts gegenseitig über die jeweils gemessenen Wassertiefen. Die zwei Vermesser, die eine niedrigere Wassertiefe gemessen haben, rudern ein Stück weit in Richtung des dritten Vermessers, der Dritte bleibt an der Stelle stehen. Nach erneuter Messung rudern wiederum die zwei Vermesser mit den niedrigeren Messwerten vor. Der Vorgang wird so lange fortgesetzt, bis alle Ruderboote zusammentreffen. Das Verfahren ist dann beendet und ein Wert für die größte Wassertiefe des Sees ermittelt. Dieser Wert kann von der global tiefsten Stelle stark abweichen, wenn die Messwerte in einem lokalen Maximum gefangen sind. Um dem vorzubeugen, kann man den Seegrund engmaschiger erforschen, indem man die Anzahl der Vermesser schwarmmäßig erhöht.

Weiterhin kann man versuchen, bei der Aktualisierung der Fortschreitungsrichtung durch Einführung zusätzlicher Zufallskomponenten die Diversität zu erhöhen, um vorzeitige Konvergenz in suboptimalen Lösungen zu verhindern.

13.3.2 Grundversion des PSO-Algorithmus

Gegeben seien N Partikel, die sich in einem Suchraum $S \subset \mathbb{R}^n$ bewegen, und eine zu optimierende Fitnessfunktion $f : S \to \mathbb{R}$. Jedes Partikel besitzt die Position $x = (x_1, \ldots, x_n) \in S$ und den Geschwindigkeitsvektor $v = (v_1, \ldots, v_n)$. Der Vektor v

gibt die Bewegungsrichtung des Partikels an und der Betrag $v = |v|$ die Geschwindig-keit. Jedes Partikel kennt seine bislang beste Position p^b sowie die beste Position p^g von allen Partikeln. Vor Beginn der Iterationen werden die Positionen der Partikel und deren Geschwindigkeitsvektoren zufällig bestimmt. In jedem Iterationsschritt wird die neue Position x' des Partikels nach den folgenden Formeln berechnet:

> **Grundversion des PSO**
>
> $$x' = x + v'$$
> $$v' = v + c_1 r_1 (p^b - x) + c_2 r_2 (p^g - x),$$

wobei gilt:

- $x = (x_1, \ldots, x_n)$: Partikelposition
- $v = (v_1, \ldots, v_n)$: Geschwindigkeitsvektor des Partikels
- p^b : Position mit dem bislang besten persönlichen Fitnesswert des Partikels
- p^g : Position mit dem bislang besten Fitnesswert von allen Partikeln
- c_1 heißt *kognitiver* Parameter.
- c_2 heißt *sozialer* Parameter.
- r_1, r_2 : gleichverteilte Zufallszahlen in $[0, 1]$

Geometrische Deutung der aktualisierten Position eines Partikels

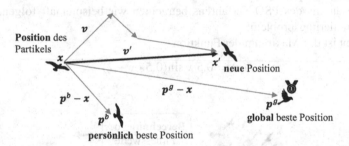

Kognitive und soziale Komponente
Die Änderung des Geschwindigkeitsvektors eines Partikels ist die Summe der *kognitiven Komponente* $c_1 r_1 (p^b - x)$ und der *sozialen Komponente* $c_2 r_2 (p^g - x)$. Der kognitive Parameter c_1 steuert die Triebkraft in Richtung der eigenen besten Position, wohingegen der soziale Parameter c_2 den Antrieb in Richtung der besten Position des ganzen Schwarms repräsentiert. Größere Werte von c_2 bewirken ein schnelles Verdichten des Schwarms auf eine kleine Region und beschleunigen die Konvergenz in Richtung einer (eventuellen lokalen) Extremstelle. In der Grund-version werden die Parameter c_1 und c_2 auf 2 gesetzt.

Beschränkung des Geschwindigkeitsvektors
Um eine „Explosion" des Schwarms (d. h. unbeschränkte Zunahme der
Geschwindigkeit der Partikel) zu verhindern, werden die Komponenten v_i des
Geschwindigkeitsvektors $v = (v_1, \ldots, v_n)$ begrenzt im Intervall $[-V_{max}, V_{max}]$.
Liegt eine Komponente v_i außerhalb des Intervalls, so setzt man $v_i = V_{max}$ bzw.
$v_i = -V_{max}$.

13.3.3   Ablauf der Grundversion des PSO

Für die Programmierung eines PSO-Algorithmus sind nur wenige Zeilen
erforderlich. Nach jeder Iteration werden zunächst die Fitnesswerte der Partikel
neu berechnet. Anschließend wird bei Fitnessverbesserung die beste Position
des ganzen Schwarms sowie für jedes Partikel die beste persönliche Position
aktualisiert. Es folgt die Neuberechnung des Geschwindigkeitsvektors und der
Position für jedes Partikel. Es beginnt die nächste Iteration, falls das Abbruchkriterium nicht erfüllt ist. Ein Abbruch kann zum Beispiel erfolgen, wenn eine
festgelegte Anzahl von Iterationen überschritten wird, ein hinreichend guter
Fitnesswert erreicht wurde oder wenn nach einer vorgegebenen Anzahl von
Iterationen keine Verbesserung der Fitnesswerte erzielt wird. Bei Abbruch wird die
global beste Position als beste gefundene Lösung ausgegeben (s. Abb. 13.3).

Anwendungsbeispiel
Zum Verständnis des PSO-Verfahrens betrachten wir beispielhaft folgendes ein-
fache Optimierungsproblem:
   Gesucht ist das Maximum der Funktion

$$f(x) = 0{,}5\ x\ \sin(0{,}5 \cdot x - 2)$$

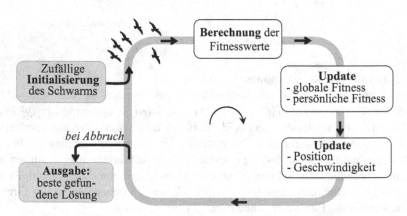

Abb. 13.3   Ablauf des PSO in der Grundversion

im Intervall [0,10].

Gegeben seien fünf Partikel $1, \ldots, 5$ und die folgende zufällige Initialisierung:

Partikel	Position	Geschwindigkeit v	Fitness $f(x)$
1	$x_1 = 5,4$	0,6	1,73
2	$x_2 = 1,7$	-0,5	-0,77
3	$x_3 = 9,6$	0,4	1,60
p^g ⟶ 4	$x_4 = 9,1$	-0,6	2,53
5	$x_5 = 3,2$	0,9	-0,62

Wir beschränken uns auf die Berechnung der neuen Position des Partikels 1.

Aktualisierung von x_1

Für die initialisierten Werte gilt $x_1 = p^b = 5,4$ und $x_4 = p^g = 9,1$. Seien $c_1 = c_2 = 1$ und seien $r_1 = 0,5$ und $r_2 = 0,2$ zwei Zufallszahlen. Nach Definition gilt

$$v_1' = v_1 + c_1 r_1 \left(p^b - x_1\right) + c_2 r_2 (p^g - x_1) = 0,6 + 0,2 \cdot (9,1 - 5,4) = 1,3$$

und

$$x_1' = x_1 + v_1' = 5,4 + 1,3 = 6,7.$$

Der Fitnesswert der aktualisierten Position $x_1' = 6,7$ ist 3,23 (s. Abb. 13.4).

13.4 Varianten des PSO-Algorithmus

13.4.1 Maßnahmen beim Verlassen des Suchraumes

In vielen PSO-Anwendungen ist der Suchraum S gegeben durch ein Hyperrechteck

$$S = \{x = (x_1, \ldots, x_n) \in \mathbb{R}^n : a_i \leq x_i \leq b_i, i = 1, \ldots, n\}.$$

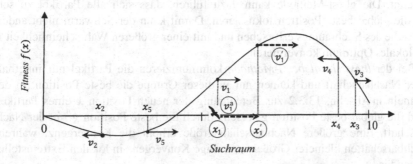

Abb. 13.4 Graph von f(x) mit der aktualisierten Position x_1' von x_1 für Partikel 1

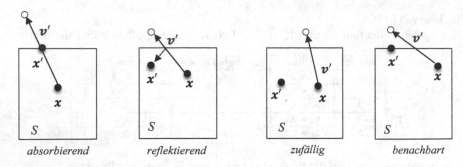

absorbierend   reflektierend   zufällig   benachbart

Abb. 13.5 Verfahren zur Beschränkung eines Partikels auf den Suchraum S

Während des Optimierungsprozesses sind Maßnahmen erforderlich, damit die Partikel den Suchraum S nicht verlassen. In der Literatur finden sich verschiedene Verfahren zur Beschränkung der Partikel auf den Suchraum, wie zum Beispiel (s. Abb. 13.5):

- **absorbierend:** Der Geschwindigkeitsvektor v' eines Partikels, das den Suchraum verlässt, wird so skaliert, dass das Partikel auf dem Rand liegt.
- **reflektierend:** Zeigt der Geschwindigkeitsvektor v' außerhalb des Suchraumes, so wird dieser am Rand reflektiert.
- **zufällig:** Verlässt ein Partikel den Suchraum S, so wird das Partikel zufällig in S platziert.
- **benachbart:** Beim Verlassen eines Partikels aus S wird das Partikel zum nächsten Punkt des Randes von S gesetzt.

13.4.2 Nachbarschafts-Topologien

In der Grundversion des PSO wird bei der Fortschreitungsrichtung eines Partikels seine bis dato beste Position und die historisch beste Position des gesamten Schwarms berücksichtigt. Dieses Verfahren wird *gbest (global best)-Methode* genannt. Die gbest-Methode kann dazu führen, dass sich alle Partikel zu sehr auf die global beste Position fokussieren. Damit kann der Schwarm nicht andere Bereiche des Suchraumes erforschen und mit einer größeren Wahrscheinlichkeit in ein lokales Optimum konvergieren.

Bei der *lbest (local best)-Methode* kommunizieren die Partikel nur innerhalb einer Nachbarschaft und kennen nur in dieser Gruppe die beste Position. In den Formeln in Abschn. 13.3.2 zur Berechnung der neuen Position x eines Partikels wird die global beste Position g^b ersetzt durch die beste Position g^{lb} in der Nachbarschaft. Eine größere Nachbarschaftsgröße erhöht die Konvergenz, während Nachbarschaften kleinerer Größen vorzeitige Konvergenz in lokalen Extremstellen abwenden.

Die Nachbarschafts-Topologien werden als Graphen dargestellt, wobei Knoten die Partikel sind und die Kanten die Kommunikationswege. Die Entfernungen der Partikel untereinander können stark abweichen. Im Folgenden werden einige Nachbarschafts-Topologien (Kommunikationsstrukturen bzw. soziale Netzwerke) vorgestellt, die bei Anwendungen von PSO-Algorithmen verwendet werden.

- **Soziale Nachbarschaften**

Ring-Topologie In der Ring-Topologie besteht die Nachbarschaft eines Partikels aus den zwei angrenzenden Partikeln. Partikel i vergleicht seinen Fitnesswert mit den Partikeln $i - 1$ und $i + 1$. Aufgrund der kleinen Nachbarschaftsgröße breitet sich innerhalb des ganzen Schwarms die Information der global besten Position nur langsam aus, wodurch die Konvergenzgeschwindigkeit niedrig ist.

Von-Neumann-Topologie In der Von-Neumann-Topologie ist ein Partikel mit vier anderen Partikeln in einem Gitter verbunden, wobei ein Partikel mit dem Partikel links, rechts, unten und oben eine Nachbarschaft bildet. Die Randpunkte werden mit den gegenüberliegenden Randpunkten verbunden. Die Von-Neumann-Topologie ist ein guter Kompromiss zwischen Konvergenzgeschwindigkeit und Anfälligkeit für lokale Extremstellen.

Rad-Topologie In der Rad-Topologie sind alle Partikel mit einem ausgewählten Partikel, der die Führerschaft übernimmt, verbunden.

In Abb. 13.6 sind die verschiedenen Nachbarschafts-Topologien graphisch dargestellt.

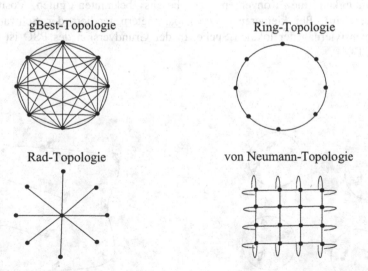

gBest-Topologie   Ring-Topologie

Rad-Topologie   von Neumann-Topologie

Abb. 13.6 Nachbarschafts-Topologien

- **Geographische Nachbarschaften**

Geographische Topologien haben sich nicht bewährt, da die Berechnung der Euklidischen Abstände rechenzeitintensiv und die Performance suboptimal ist.

Die Grafiken in Abb. 13.7 zeigen Partikelschwärme im zweidimensionalen Suchraum mit zwei verschiedenen Nachbarschaftstopologien.

13.4.3 Trägheitsparameter

Shi und Eberhart [3] führten zur Performance-Verbesserung des Optimierungsprozesses weiterhin einen Gewichtsfaktor (Trägheitsparameter) w für den Geschwindigkeitsvektor v der Voriteration ein und ersetzten die Formel in Abschn. 13.3.2 durch:

$$v' = \underset{\uparrow}{w}v + c_1 r_1 (p^b - x) + c_2 r_2 (p^g - x)$$

Trägheitsparameter

Eigenschaften von w

Für $w = 0$ wird der v-Term eliminiert und die Partikel können eine lokale Umgebung, die die global beste Position p^g und die lokal beste Position p^b umfasst, nicht verlassen. Mit der Zeit verkleinert sich der Suchraum und der Optimierungsprozess entspricht einer lokalen Suchprozedur. Größere Werte für w sorgen dagegen für globale Suche, wobei allerdings wegen der höheren Geschwindigkeit die Konvergenz zu bereits bekannten guten Positionen erschwert wird. Bei kleineren Trägheitsparametern tendiert der Schwarm zu einer Intensivierung der lokalen Suche. In der Grundversion des PSO ist $w = 1$ (s. Abb. 13.8).

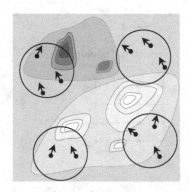 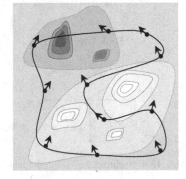

Abb. 13.7 Linke Grafik: Geographische Nachbarschaften, rechte Grafik: Ringtopologie

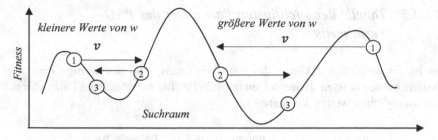

Abb. 13.8 Einfluss von *w* auf den Optimierungsprozess

Eberhart und Shi [3] analysierten den Einfluss des Trägheitsparameters *w* auf den Optimierungsprozess und konnten in Anwendungen bessere Konvergenz-ergebnisse erzielen, wenn im Verlauf der Iterationen *w* von $0,9$ bis $0,4$ linear reduziert wird (s. Abb. 13.9).

13.4.4 Kontraktionsfaktor

Clerc und Kennedy [4] führten den sogenannten *Kontraktionsfaktor* χ ein, mit dem man das Verhalten der Partikel eines Schwarms ebenfalls steuern kann. Der neue Geschwindigkeitsvektor wird bestimmt mittels folgender Formel:

$$v' = \chi[v + c_1 r_1(p^b - x) + c_2 r_2(p^g - x)]$$

$$\chi = \frac{2}{\left|2 - \varphi - \sqrt{\varphi^2 - 4\varphi}\right|} \quad \text{mit } \varphi = c_1 + c_2 > 4$$

Kontraktionsfaktor

Eigenschaften von χ Der Kontraktionsfaktor unter der angegebenen Bedingung bewirkt, dass der Schwarm nicht auseinanderdriftet und dass die obere Schranke V_{max} für die Komponenten des Geschwindigkeitsvektors nicht mehr benötigt wird. Die problemspezifische Anpassung von V_{max} ist damit hinfällig. Die Konvergenz ist sichergestellt, wenn die obigen Bedingungen erfüllt sind.

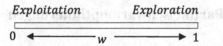

Abb. 13.9 Steuerung des Trägheitsparameters *w* zwischen lokaler und globaler Suche

13.4.5 Tabelle der wichtigsten Parameter des PSO-Verfahrens

Es ist ein wesentlicher Vorteil des PSO-Verfahrens, dass nur wenige Parameter justiert werden müssen. In der folgenden Tabelle sind die relevanten Parameter mit praxistauglichen Werten angegeben.

Parameter	Bedeutung	Praktische Werte
n	Anzahl der Partikel	$20 \leq n \leq 50$
c_1, c_2	Gewichtsfaktoren	$c_1 + c_2 = 4.1$
m	Nachbachschafts-Größen	Etwa 15% der Partikelanzahl
w	Trägheitsparameter	$0.4 \leq w \leq 0.9$
χ	Kontraktionsfaktor	$\chi = \dfrac{2}{2 - \varphi - \sqrt{\varphi^2 - 4\varphi}}$ mit $\varphi = c_1 + c_2 > 4$

13.5   Anwendungsbeispiel (Diagnostik)

Bei den bildgebenden Verfahren finden in der Medizin unter anderem die Magnetresonanztomografie (MRT) und die Computertomografie (CT) Anwendung. Der Schwerpunkt in der Diagnostik des MRT-Verfahrens liegt in der Bildgebung von Weichteilgewebe (z. B. innere Organe), während die Vorteile des CT-Verfahrens in der Darstellungsqualität bei knöchernen Strukturen liegen. Bei der sogenannten *Bildregistrierung* werden die Bilder, die mit den beiden bildgebenden Verfahren aufgenommen werden, aneinander angeglichen, um aus ihrer Kombination bessere Erkenntnisse zu erhalten. PSO-Verfahren zur Bildregistrierung wurden von Wachowiak et al. [5] angewendet. Der Suchraum ist die Menge der Abstands-erhaltenen Transformationen und die Fitnessfunktion f ist ein Übereinstimmungsmaß von zwei Bildern. Die Bildregistrierung ist die Optimierungsaufgabe, eine Transformation T zu finden, sodass $f(T(A), B)$ minimal ist, wobei A das MRT-Bild und B das Referenzbild des CT-Verfahrens ist.

13.6   Diskrete Partikelschwarmoptimierungen

Die klassischen PSO-Verfahren sind zunächst für kontinuierliche Suchräume entwickelt worden. Um PSO-Algorithmen auch auf Optimierungsalgorithmen in diskreten Suchräumen anwenden zu können, sind Modifikationen erforderlich. In der Literatur finden sich einige Methoden wie zum Beispiel das von Kennedy und

Eberhart [6] entwickelte binäre PSO-Verfahren und das von Clerc [18] eingeführte DPSO-Verfahren, die im Folgenden vorgestellt werden.

13.6.1 Binäres PSO-Verfahren

Kennedy und Eberhart [6] entwickelten ein PSO-Verfahren für Suchräume, deren Elemente Binärvektoren $x = (x_1, \ldots, x_n)$ sind. Das Problem bei der Anwendung des PSO-Verfahrens besteht darin, den Geschwindigkeitsvektor $v = (v_1, \ldots, v_n)$ mit reellen Komponenten v_i in geeigneter Weise für solche diskrete Suchräume zu definieren. Kennedy und Eberhart interpretierten die Änderungsraten v_i als Wahrscheinlichkeiten. Hierzu sind zunächst die reellen Komponenten v_i in das Intervall $(0, 1)$ zu transformieren. Dies kann mittels der folgenden Funktion *(Sigmoid-Funktion)* $s(t)$ bewerkstelligt werden:

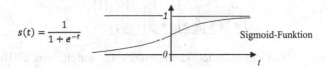

$$s(t) = \frac{1}{1 + e^{-t}}$$

Sigmoid-Funktion

Der Wert $s(v_i)$ stellt die Wahrscheinlichkeit dar, dass die Komponente x_i den Wert 1 annimmt. Es gilt dann

- $1 - s(v_i)$ ist die Wahrscheinlichkeit, dass x_i gleich 0 gesetzt wird.
- Ist $x_i = 0$, so ist die Wahrscheinlichkeit der Bitänderung gleich $s(v_i)$.
- Ist $x_i = 1$, so ist die Wahrscheinlichkeit der Bitänderung gleich $1 - s(v_i)$.
- $p = s(v_i) \cdot (1 - s(v_i))$ ist die Wahrscheinlichkeit, dass der Wert von x_i sich ändert.

Das klassische PSO-Verfahren kann für Suchräume von Binärvektoren wie folgt angewendet werden:

Binäres PSO-Verfahren

$$v_i' = v_i + \alpha \left(p_i^b - x_i \right) + \beta \left(p_i^g - x_i \right), i = 1, \ldots, n$$

$$x_i' = \begin{cases} 1 & \text{falls } r < s(v_i') \\ 0 & \text{sonst} \end{cases}$$

Dabei gilt:

- $x = (x_1, \ldots, x_n) \in \{0, 1\}^n$: Position des Partikels
- $v = (v_1, \ldots, v_n) \in \mathbb{R}^n$: Geschwindigkeitsvektor des Partikels

- $p^b = (p_1^b, \ldots, p_n^b) \in \{0,1\}^n$: Partikelposition des historisch besten persönlichen Fitnesswertes
- $p^g = (p_1^g, \ldots, p_n^g) \in \{0,1\}^n$: Position des historisch besten Fitnesswertes von allen Partikeln
- α, β, r : gleichverteilte Zufallszahlen in $[0, 1]$

Anwendungsbeispiel (Rucksackproblem) Gegeben ist ein Behälter der Größe 20 und fünf Gegenstände $G_1, \ldots, G_5$ in den Größen $g_1, \ldots, g_5$ wie unten abgebildet. Es ist eine Auswahl der Gegenstände so zu treffen, dass der Behälter optimal ausgefüllt ist.

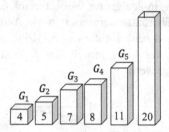

Eine Auswahl der Gegenstände kann eindeutig durch einen Binärvektor $x = (x_1, \ldots, x_5)$ festgelegt werden, wobei x_i gleich 1 gesetzt wird, wenn G_i ausgewählt ist und 0 im anderen Fall. Die Fitnessfunktion $f(x)$ ist die Summe der Größen g_i der ausgewählten Gegenstände G_i. Ist der Summenwert größer als die obere Schranke 20, so wird $f(x)$ gleich 0 gesetzt. Die Fitnessfunktion ist damit definiert durch

$$f(x) = \begin{cases} \sum_{i=1}^{5} x_i \cdot g_i & \text{falls Summenwert} \leq 20 \\ 0 & \text{sonst} \end{cases}$$

Gegeben seien sechs Partikel und die folgende Initialisierung:

Partikel	Position	G_1	G_2	G_3	G_4	G_5	Geschwindigkeit	f(x)
1	x^1	1	0	0	1	0	$v^1 = (1, -2,3, -1,1)$	12
2	x^2	1	1	1	0	0	$v^2 = (-2,1, -1, -1,3)$	16
3	x^3	0	0	0	0	1	$v^3 = (4, -2,3,1, -2)$	11
4	x^4	0	0	0	1	1	$v^4 = (-3, -1,3,1,4)$	19
5	x^5	0	1	0	1	1	$v^5 = (1,1, -4,1, -2)$	0
6	x^6	1	0	0	0	0	$v^6 = (1,1, -4,1, -2)$	4

Im Folgenden wird die Aktualisierung der Position x^1 von Partikel 1 beschrieben:

Aktualisierung von $x = x^1 = (1,0,0,1,0)$

Gemäß der Tabelle ist $x = p^b = (1,0,0,1,0)$, $p^g = (0,0,0,1,1)$ und $v = v^1 = (1, -2,3, -1,1)$.

Für die Zufallszahlen $\alpha = 0.3$, $\beta = 0.5$ ergeben sich nach der obigen Formel

$$v'_i = v_i + 0.3 \cdot \left(p_i^b - x_i\right) + 0.5 \cdot \left(p_i^g - x_i\right), i = 1, \dots, 5$$

die Vektoren

$$v' = (\ 0.5,\ -2,\ 3,\ -1,\ 1.5)\ \text{und}$$
$$s(v') = \left(s(v'_1), \dots, s(v'_5)\right) = (0.62, 0.12, 0.95, 0.27, 0.82\ )$$

Für die Zufallszahlen $r_1 = 0.8, r_2 = 0.3, r_3 = 0.6, r_4 = 0.4, r_5 = 0.5$ erhält man mit der Formel

$$x'_i = \begin{cases} 1 & \text{falls } r_i < s(v'_i) \\ 0 & \text{sonst} \end{cases}$$

den Binärvektor $x' = (0,0,1,0,1)$ und als Ergebnis die Behälter G_3 und G_5 mit der Gesamtgröße $f(x') = 18$.

13.6.2 DPSO-Verfahren

Clerc [7] hat ein PSO-Verfahren auf graphenbasierte Optimierungsprobleme angewendet, das in der Literatur DPSO-Verfahren genannt wird. Im Folgenden wird das DPSO-Verfahren für das Problem des Handlungsreisenden betrachtet.

Eine Rundreise $x = (x_1, \dots, x_n)$ kann als Permutation von Städten x_i dargestellt werden und entspricht einer Partikelposition. Die Fitness $f(x)$ ist definiert als Länge der Rundreise. Die Formeln des kontinuierlichen PSO

$$x' = x + v'$$
$$v' = v + c_1 r_1 \left(p^b - x\right) + c_2 r_2 (p^g - x)$$

müssen auf den diskreten Fall angepasst werden. Hierzu müssen in geeigneter Weise die Geschwindigkeit und die algebraischen Operationen definiert werden.

• **Geschwindigkeit**

Physikalisch ist die Durchschnittsgeschwindigkeit definiert als Quotient der Differenz zweier Positionen und der Zeit. Sind x und x' zwei Permutationen, so kann man die Differenz $x' - x$ in einer Iteration als Geschwindigkeit v interpretieren, wobei $v = x' - x$ bzw. die Addition $x' + v = x$ in geeigneter Weise zu definieren sind.

Zu zwei Rundreisen x und x' kann man v als eine Liste

$$\{(i_1, j_1), \dots, (i_m, j_m)\}$$

von m Vertauschungen (i_k, j_k) darstellen, um x in x' überzuführen.

Beispiel: $x = (1,2,3,4,5)$, $x' = (4,5,3,1,2)$, $v = \{(1,4),(2,5)\}$.

- **Algebraische Operationen**

Addition $x + v$:
Die Liste der Vertauschungen von v wird auf x angewendet.
Beispiel: $x = (2,3,5,1,4), v = \{(3,4),(1,5)\}, x + v = (4,3,1,5,2)$.

Addition $v_1 + v_2$:
Für zwei Geschwindigkeiten $v_1 = \{(i_1,j_1),\ldots,(i_k,j_k)\}$ und $v_2 = \{(i_{k+1},j_{k+1}),\ldots,$
$(i_{k+m},j_{k+m})\}$ ist die Geschwindigkeit $v_1 + v_2$ definiert als Hintereinanderausführung
der Vertauschungen von v_1 und v_2, d. h.

$$v_1 + v_2 = \{(i_1,j_1),\ldots,(i_k,j_k),(i_{k+1},j_{k+1}),\ldots,(i_{k+m},j_{k+m})\}.$$

Subtraktion $x_1 - x_2 = v$:
Für zwei Positionen x_1 und x_2 ist die Differenz $x_1 - x_2 = v$ die Geschwindigkeit,
für die gilt $x_1 + v = x_2$.
Beispiel: $x_1 = (2,5,1,4,3), x_2 = (1,4,2,5,3)$

$x_1 =$	2	5	1	4	3	$\xrightarrow{(1,3)}$	2	5	1	4	3	$\xrightarrow{(2,4)}$	2	5	1	4	3
$x_2 =$	1	4	2	5	3		2	4	1	5	3		2	5	1	4	3

Es gilt somit $x_1 - x_2 = \{(1,3),(2,4)\}$.

Multiplikation $c \odot v, c \in \mathbb{R}$:
Für eine Geschwindigkeit $v = \{(i_1,j_1),\ldots,(i_k,j_k)\}$ ist das Produkt $c \odot v$ eine
Geschwindigkeit, die definiert ist durch

$c = 0$:	$c \odot v = \emptyset$
$0 < c \leq 1$	$c \odot v = \left\{(i_1,j_1),\ldots,(i_{[ck]},j_{[ck]})\right\}$ $[ck] =$ größte ganze Zahl, die kleiner ck ist
$c > 1$	$c = m + d, m \in \mathbb{N}$ und $0 < d < 1$ $c \odot v \quad \underbrace{v + \cdots + v}_{m-mal} + d \odot v$
$c < 0$	$c \odot v = (-c) \odot \{(i_k,j_k),\ldots,(i_1,j_1)\}$

Damit lautet die Formel des DPSO-Verfahrens für das Problem des Handlungsreisenden:

$$x' = x + v'$$
$$v' = v + \alpha \odot (p^b - x) + \beta \odot (p^g - x),$$

wobei α und β gleichverteilte Zufallszahlen in $[0,1]$ sind.

Beispiel Gegeben seien fünf Städte a, b, c, d und e mit der unten angegebenen Entfernungstabelle. Gesucht ist die kürzeste Rundreise.

	a	b	c	d	e
a	0	2	4	3	6
b	2	0	1	8	7
c	4	1	0	4	2
d	3	8	4	0	3
e	6	7	2	3	0

Entfernungstabelle

Partikel i	Permutation x_i	v_i	$f(x_i)$
1	(c, a, d, b, e)	$\{(2,4)\}$	24
2	(a, c, e, d, b)	$\{(1,4), (2,5)\}$	19
3	(d, e, c, b, a)	$\{(1,2), (4,3)\}$	11
4	(b, c, a, d, e)	$\{(5,1)\}$	18
5	(b, d, c, a, e)	$\{(3,2), (4,1)\}$	29

Initialisierung und
Fitnesswerte $f(x_i)$ (Länge der Rundreise)

Wir beschränken uns auf die Aktualisierung der Rundreise x_1:

Die Partikelposition x_1 stellt die Rundreise $c \to a \to d \to b \to e \to c$ dar. Gemäß der Tabelle gilt $x_1 = p^b$ und $x_3 = p^g$.

Sei $\alpha = 0.3$ und $\beta = 0.5$. Es gilt

$$
\begin{aligned}
v_1' &= v_1 + \alpha \odot \left(p^b - x_1\right) + \beta \odot \left(p^g - x_1\right) \\
&= \{(2,4)\} + 0.3 \odot \emptyset + 0.5 \odot [(d, e, c, b, a) - (c, a, d, b, e)] \\
&= \{(2,4)\} + 0.5 \odot \{(1,3), (2,5)\} = \{(2,4)\} + \{(1,3)\} \\
&= \{(2,4), (1,3)\}.
\end{aligned}
$$

Daraus folgt

$$
x_1' = x_1 + v_1' = (c, a, d, b, e) + \{(2,4), (1,3)\} = (d, b, c, a, e).
$$

Die aktualisierte Rundreise x_1' von x_1 ist $d \to b \to c \to a \to e \to d$ mit der Länge 22.

13.7 Multikrielle Partikelschwarmoptimierung

Mithilfe von PSO-Algorithmen sind verschiedene Verfahren zur Lösung von Optimierungsaufgaben mit mehreren Zielfunktionen $f_i : S \subset \mathbb{R}^n \to \mathbb{R}$ $(i = 1, \dots, k)$ entwickelt worden. Diese Methoden werden mit *Multikrielle Partikelschwarm-optimierung* bezeichnet und mit MOPSO abgekürzt.

Anwendungen von MOPSO-Methoden reichen von Elektrotechnik, Elektronik, Wirtschaftsingenieurwesen, Maschinenbau, Softwaretechnik, Biologie, Chemie, Luftfahrttechnik bis Bildbearbeitung. Eine Übersicht von MOPSO-Anwendungen findet sich z. B. in S. Lalwani et al. [8].

Die Ziele aller MOPSO-Methoden sind analog wie bei genetischen Algorithmen die folgenden:

- Minimierung des Abstandes zwischen den Lösungen und der Pareto-Front
- Maximierung der Diversität der Lösungen nahe der Pareto-Front

Wir gehen von einem Minimierungsproblem

$$\{f_1(x), \dots, f_k(x)\} \to \min \quad \text{mit } x \in S \subset \mathbb{R}^n$$

aus.

Bei den meisten MOPSO-Methoden wird ein globales Archiv A mit fester Größe definiert, in dem die besten nicht-dominierten Lösungen gespeichert werden. Bei jedem Iterationsschritt wird für jedes Partikel i ein sozialer Führer p_i^s aus dem Archiv A ausgewählt, der den Schwarm in Richtung der Pareto-Front unter Berücksichtigung der Konvergenzgeschwindigkeit und der Diversität leiten soll. Weiterhin wird jedem Partikel i ein individuelles Archiv A_i zugeordnet, das die besten Positionen enthält, die das Partikel im Laufe der Iterationen erzielt hat. In jeder Iteration wird ein kognitiver Führer p_i^k aus dem Archiv A_i ermittelt (s. Abb. 13.10). Die Auswahl der Führer hat einen wesentlichen Einfluss auf die Performance. Die Positionen und die Geschwindigkeiten des Partikels i werden bestimmt mit der Formel

$$x_i' = x_i + v_i'$$
$$v_i' = w v_i + r_1 \left(p_i^k - x_i \right) + r_2 \left(p_i^s - x_i \right),$$

wobei r_1 und r_2 gleichverteilte Zufallszahlen in $[0, 1]$ sind und für den Trägheitsparameter w der praxistaugliche Wert 0.4 gesetzt wird.

Im Folgenden werden die einzelnen Iterationsschritte näher beschrieben (s. Abb. 13.11).

- **Initialisierung**

Beim Start der Optimierung werden die Positionen von N Partikeln des Schwarms zufällig im Lösungsraum bestimmt und die Geschwindigkeiten der Partikel gleich

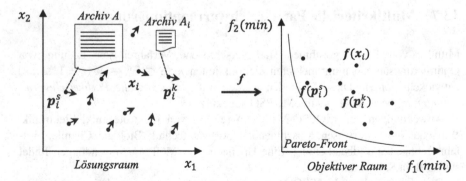

Abb. 13.10 Auswahl eines sozialen Führers p_i^s aus dem Archiv A und eines kognitiven Führers p_i^k aus dem Archiv A_i für eine Partikelposition x_i mit zwei zu minimierenden Zielfunktionen

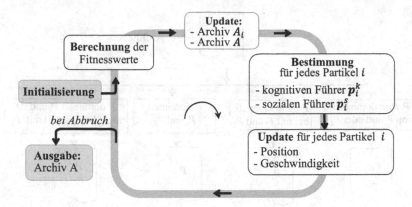

Abb. 13.11 Ablaufdiagramm des MOPSO-Algorithmus in der Grundversion

0 gesetzt. Das Archiv A wird mit $A = \emptyset$ initialisiert. Für die initialisierten Partikel-positionen x_i setzt man $A_i := \{x_i\}$.

- **Update des lokalen Archivs A_i und Bestimmung des besten kognitiven Führers p_i^k**

In vielen MOPSO-Implementierungen bestehen die lokalen Archive nur aus einer Partikelposition, die dann Führer des lokalen Archivs ist. Falls eine neue Lösung diese Partikelposition dominiert, so wird diese ersetzt. Umgekehrt bleibt das Archiv unverändert, wenn die neue Lösung von dem Führer dominiert wird. Sind beide Partikelpositionen nicht kompatibel, so werden in der Literatur verschiedene Strategien angewendet: Eine Partikelposition wird zufällig bestimmt, das Archiv bleibt unverändert oder in dem Archiv wird die neue Lösung gespeichert.

In manchen MOPSO-Verfahren bestehen die lokalen Archive aus einer limitierten Liste von mehreren Partikelpositionen, wobei die zuletzt über-nommenen nicht-dominierten Lösungen gespeichert werden. Eine aktualisierte Partikelposition wird in das lokale Archiv eingetragen, wenn es von keinem Element des Archivs dominiert wird. Alle Partikelpositionen des Archivs, die von der aktualisierten Partikelposition dominiert werden, werden gelöscht. Der Führer p_i^k des Archivs A_i kann per Zufall bestimmt werden oder mittels eines Auswahl-verfahrens, mit dem der soziale Führer eines globalen Archivs ermittelt wird.

- **Update des globalen Archivs A**

Zu Beginn des Iterationsprozesses ist das Archiv leer. Die erste Lösung wird im Archiv A übernommen. Alle neuen Partikelpositionen werden mit den Einträgen des Archivs auf Dominanz verglichen. Eine neue Partikelposition wird nicht im Archiv gespeichert, wenn es von einem Mitglied des Archivs dominiert wird. Auf der anderen Seite wird eine neue Lösung ins Archiv übernommen, wenn es von keinem Archiv-Mitglied dominiert wird. Archiv-Mitglieder, die von einer neuen Partikel-position dominiert werden, werden gelöscht. Ist die maximale Kapazitätsgrenze des

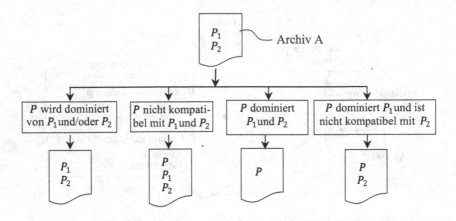

Abb. 13.12 Aktualisierung des Archivs A für eine neue Lösung P

Archivs erreicht, so werden Archiv-Mitglieder mit dem kürzesten Abstand zu einem Nachbarn gelöscht, um die Diversität zu erhöhen (s. Abb. 13.12).

- **Bestimmung des besten sozialen Führers p_i^s**

Die Auswahl eines sozialen Führers spielt eine entscheidende Rolle für die Konvergenz und Diversität der Lösungen. In der Literatur sind verschiedene Methoden sowie etliche Varianten dieser Methoden entwickelt worden. Wir beschränken uns hier auf drei verschiedene Strategien.

(1) **Gittermethode von Coello et al.** [9]

Nach der Methode von Coello et al. wird der Zielraum in achsenparallele Hyperrechtrechtecke zerlegt. Die Auswahl eines besten sozialen Führers p_i^s für ein Partikel i erfolgt in den folgenden zwei Schritten:

a) Im ersten Schritt wird jedem Hyperrechteck ein Fitnesswert $\frac{w}{n}$ zugeordnet, wobei n die Anzahl der in dem Hyperrechteck befindlichen Archiv-Mitglieder und w ein Gewichtsfaktor (nach Coello et al. $w = 10$) ist. Der Fitnesswert wird gleich 0 gesetzt, wenn das Hyperrechteck kein Element aus dem globalen Archiv enthält. Je kleiner die Anzahl der Archiv-Mitglieder in dem Hyperrechteck, umso größer ist der Fitnesswert. Mit der Roulette-Methode (s. Abschn. 12.2.1.5) wird ein Hyperrechteck H_i ausgewählt.

b) Im zweiten Schritt wird zufällig aus dem ausgewählten Hyperrechteck H_i ein Archiv-Mitglied p_i^s als bester sozialer Führer für das Partikel i selektiert (s. Abb. 13.13).

(2) **Pareto-Dominanz-Konzept von Alvarez-Benitez et al.** [10]

Bei der Dominanz-Methode wird zu einem Partikel ein sozialer Führer aus den Archiv-Mitgliedern ausgewählt, die die Partikelposition dominieren (s. Abb. 13.14).

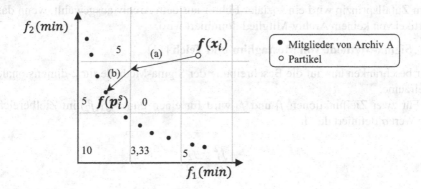

Abb. 13.13 Auswahl eines besten sozialen Führers p_i^s zu Partikel i. Zahlen in den Hyperrechtecken sind die Fitnesswerte zu $w = 10$.

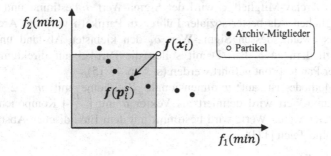

Abb. 13.14 Bei der Dominanz-Methode wird zu einer Partikelposition x_i ein sozialer Führer p_i^s aus der Menge aller x_i dominierenden Mitglieder des globalen Archivs (enthalten im Rechteck) ausgewählt.

Im Folgenden betrachten wir zwei Varianten der Dominanz-Methode, die sogenannte *Random-* und die *Prob-Methode*.

Random-Methode Bei der *Random-Methode* wird zu einem Partikel unter allen Archiv-Mitgliedern, die die Partikelposition dominieren, ein Element nach dem Zufallsprinzip als sozialer Führer ausgewählt. Gibt es kein Archiv-Mitglied, das diese Partikelposition dominiert, so wird zufällig aus dem Archiv ein sozialer Führer bestimmt.

Prob-Methode Bei der *Prob-Methode* wird zu jedem Partikel i mit Position x_i die zu x_i dominierenden Archiv-Mitglieder bestimmt. Um aus dieser Menge einen sozialen Führer zu bestimmen, wird zu jedem dieser Archiv-Mitglieder eine Auswahlwahrscheinlichkeit zugeordnet, die umgekehrt proportional zur Anzahl der Partikel des Schwarms ist, die von dem Archiv-Mitglied dominiert werden. Nach

dem Zufallsprinzip wird ein sozialer Führer aus dem Archiv ausgewählt, wenn das
Partikel von keinem Archiv-Mitglied dominiert wird.

(3) **Sigma-Methode von Mostaghim und Teich** [11]

Wir beschränken uns auf die Beschreibung der Sigma-Methode für 2-dimensionale
Zielräume.

Für zwei Zielfunktionen f_1 und f_2 wird für einen Punkt (f_1, f_2) im Zielbereich
der Wert σ definiert durch

$$\sigma = \frac{f_1^2 - f_2^2}{f_1^2 + f_2^2}.$$

Alle Punkte auf der Geraden $f_2 = af_1$ besitzen den gleichen σ-Wert, da für diese
Punkte gilt: $\sigma = (1 - a^2)/(1 + a^2)$.

Für jedes Partikel i wird der beste soziale Führer p_i^s auf folgende Weise
ermittelt:

Zu jedem Archiv-Mitglied x_j wird der Sigma-Wert σ_j bestimmt und mit dem
Wert σ_i verglichen. Als bester sozialer Führer zu Partikel i wird das Archiv-Mit-
glied x_k ausgewählt, dessen Sigma-Wert σ_k den kleinsten Abstand unter allen
Archiv-Mitgliedern zu σ_i hat. Damit sollen die Partikel auf direktem Weg in
Richtung der Pareto-Front geführt werden (s. Abb. 13.15).

Die σ-Methode ist auf m-dimensionale Zielräume mit $m > 2$ erweiter-
bar. Der Sigma-Wert wird definiert als Vektor $\boldsymbol{\sigma}$ mit $\binom{m}{2}$ Komponenten. Der
Abstand zweier Sigma-Werte wird bestimmt mit dem Euklidischen Abstand (vgl.
Mostaghim und Teich [11]).

- **Abbruchbedingung**

Ist die Abbruchbedingung erfüllt (z. B. maximale Anzahl von Iterationen, Überschreiten einer vorher definierten Laufzeit oder Erreichen einer vorher definierten

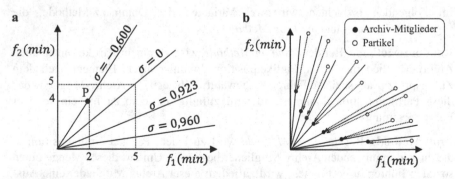

Abb. 13.15 a Der σ-Wert von Punkt P ist -0.6. **b** Auswahl eines sozialen Führers zu einem
Partikel mit minimalem Abstand der zugehörigen Sigma-Werte

Lösungsqualität), so werden die Mitglieder des Archivs der letzten Generation als beste gefundenen Lösungen ausgegeben.

Literatur

1. Heppner F, Grenander U A stochastic nonlinear model for coordinate bird flocks. *The Ubiquity of chaos: AAAS Publications, Editors: Krasner.*
2. Kennedy J, Eberhart R (1995) Particel swarm optimization. Proceedings of the IEEE International joint conference on neural networks, IEEE Press 8(3):1943–1948
3. Shi Y, Eberhart R (1998) A modified particle swarm optimizer. *Evolutionary Computation Proceedings,* Bd. IEEE World Congress on Computational Intelligence, S 69–73
4. Clerc M, Kennedy J The particle swarm: Explosion, stability, and convergence in a multi-dimensional complex space. *IEEE transactions on evolutionary computation,* Bd. 6(1), S. 58–73
5. Wachowiak M, Smolikova R, Zheng Y, Zurada J, Elmaghraby A (2004) An approach to multimodal biomedical image registration utilizing particle swarm optimization. IEEE Trans Evol Comput 8(3):289–301
6. Kennedy J, Eberhart R (1997) A discrete binary version of the particle swarm algorithm. IEEE conference on systems, man, and cypernetics 5:4104–4108
7. Clerc M (2004) Discrete particle swarm optimization, illustrated by the travelling salesman problem. *Springer,* S 219–239
8. Lalwani S, Singhal S, Kumar R, Guptaa N (2013) Comprehensive survey: Applications of multi-objective particle swarm optimization (Mopso) algorithm. Transactions on Combinatorics ISSN 2(1):39–101
9. Coello Coello, C, Lechuga M (2002) Mopso: A proposal of multiple objective particle swarm optimization. *Proceedings of the IEEE congress on evolutionary computation (CEC 2002),* S 1051–1056
10. Alvarez-Benitez J, Everson R, Fieldsend J (2005) A MOPSO algorithm based exclusively on pareto dominance concepts. *Evolutionary multi-criterion optimization,* springer, S 459–473
11. Mostaghim S, Teich J (2003) Strategies for finding local guides in multi-objective particle swarm optimization (MOPSO). *Proceedings of the IEEE swarm intelligence symposion 2003 (ŠIS 2003),* S 26–33

Kapitel 14
Ameisenalgorithmen

Ein schwarmbasierender Algorithmus ist der Ameisenalgorithmus, der von Dorigo 1992 entwickelt wurde. Vorbild des Ameisenalgorithmus ist die Futtersuche von Ameisen. Ameisen sind in der Lage, den kürzesten Weg zwischen dem Ameisenbau und der Futterquelle zu finden, indem sie über Duftstoffe miteinander kommunizieren. Bei der Wegsuche folgen sie dem Pfad mit der größten Pheromonintensität. Ameisenalgorithmen sind vor allem effektiv einsetzbar bei der Tourenplanung und beim Routing in Netzwerken.

In diesem Kapitel wird der Ameisenalgorithmus in verschiedenen Varianten vorgestellt. Weiterhin werden Anwendungen von Ameisenalgorithmen auf das Rucksackproblem, auf das Generalised Assignment Problem, auf Routing in Netzwerken und auf das Shortest Common Supersequence Problem beschrieben.

14.1 Ameisen in der Natur

Ameisen sind Staaten bildende Tiere, die in riesigen Kolonien mit bis zu mehreren Millionen Individuen leben. Eine einzelne Ameise besitzt nur sehr eingeschränkte Fähigkeiten, der Staat als Ganzes verfügt jedoch über enorme kollektive Leistungen und ist in der Lage, schwierige Probleme zu lösen. Die Ameisen handeln dabei selbstständig ohne zentrale Steuerung, dennoch ist die Kolonie in hohem Maße organisiert. Ameisen kommunizieren vorwiegend über Duftstoffe (Pheromone), die der Körper in unterschiedlichen Drüsen aussondern und das Verhalten der Tiere steuern.

Futtersuche der Ameisen als Vorbild des Ameisenalgorithmus
Ameisen kommunizieren bei der Futtersuche indirekt miteinander, indem sie auf ihren Wegen Pheromone hinterlassen.

In der Natur kann man beobachten, dass Ameisen zwischen dem Ameisenbau und einer Futterquelle den kürzesten Weg wählen. Der Ablauf kann durch folgende Wegsuche schematisch dargestellt werden.

R. Hollstein, *Optimierungsmethoden*, https://doi.org/10.1007/978-3-658-39855-2_14

Zwei Ameisen finden auf verschiedenen Wegen eine Futterquelle und hinterlassen eine Pheromonspur. Am Zielort angekommen, kehren sie zum Nest zurück. Auf dem Rückweg verstärken sie die Intensität der Pheromonspur. Die Ameise auf dem kürzeren Weg ist früher im Nest zurück, die Ameise auf dem längeren Weg markiert die Pheromonspur erst später. Die anderen Ameisen nehmen den Duft auf und gehen mit einer größeren Wahrscheinlichkeit den Weg mit der intensiveren Pheromonkonzentration. Mit jeder Ameise verstärkt sich die Pheromonintensität beim Ablaufen des kürzeren Weges und es entwickelt sich eine Ameisenstraße. Mit der Zeit verdunsten die Pheromone, sodass die Duftstoffe nur auf dem häufiger benutzten Weg zurückbleiben und demzufolge die längere Spur nicht mehr gewählt wird (s. Abb. 14.1). Die Wegfindung der Ameisen dient als Vorbild für den Ameisenalgorithmus.

Die erste Umsetzung in einen Algorithmus zur Lösung für das Problem des Handlungsreisenden wurde 1992 von Dorigo [1] entwickelt und wurde in den folgenden Jahren auf andere Probleme in verschiedenen Varianten weiterentwickelt. Als Oberbegriff hat sich die Bezeichnung ACO für *Ant Colony Optimization (Ameisenkolonie-Optimierung)* durchgesetzt.

14.2 Grundprinzip des Ameisenalgorithmus

Als Einführung in das Grundprinzip des ACO-Algorithmus betrachten wir das folgende einfache Beispiel.

Der Ameisenalgorithmus ist prädestiniert für die Lösung des Problems des Handlungsreisenden. Gesucht ist die kürzeste Rundreise über vier Orte, die von 1

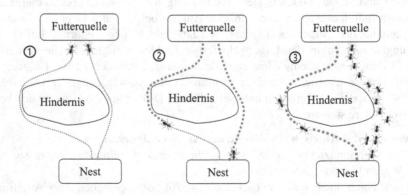

Abb. 14.1 Schematischer Ablauf der Futtersuche: ① Zwei Ameisen erreichen zeitgleich eine Futterquelle und hinterlassen auf ihrem Weg vom Nest aus eine Pheromonspur. ② Auf ihrem Rückweg verstärken die Ameisen die Intensität der Pheromonspur. ③ Die nachfolgenden Ameisen nehmen aufgrund der höheren Pheromonintensität mit größerer Wahrscheinlichkeit den Weg der früher zurückkehrenden Ameise und verstärken ihrerseits die Duftspur, sodass sich eine Ameisenstraße auf dem kürzesten Weg zur Futterquelle entwickeln kann.

bis 4 durchnummeriert seien. Zunächst werden alle Strecken mit dem Pheromon τ mittels Zufallszahlen zwischen 0.1 und 1 initialisiert. Die Pheromone τ und Abstände d zwischen den Städten sind in den folgenden Graphen angegeben:

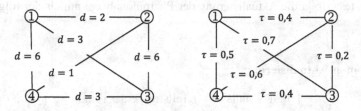

Berechnung der Auswahlwahrscheinlichkeit

Bei der Rundreise der künstlichen Ameisen wird in jedem Ort i in allen Richtungen $i \rightarrow j$ zu allen noch nicht besuchten Nachbarorten j eine Auswahl-wahrscheinlichkeit p_{ij} bestimmt. Man setzt für einen festen Ort i in Richtung $i \rightarrow j$ den Pheromonwert τ_{ij} ins Verhältnis zu der Gesamtsumme aller Pheromonwerte $\tau_{ik}, k \in N$, wobei N die Menge der Nachbarorte von i ist, die noch nicht besucht worden sind:

$$p_{ij} = \frac{\tau_{ij}}{\sum_{k \in N} \tau_{ik}}.$$

Die erste künstliche Ameise startet im Anfangspunkt 1. Für die Richtungen $1 \rightarrow 2, 1 \rightarrow 3$ und $1 \rightarrow 4$ ergeben sich dann folgende Wahrscheinlichkeiten:

$$p_{12} = \frac{\tau_{12}}{\tau_{12} + \tau_{13} + \tau_{14}} = \frac{0,4}{0,4 + 0,7 + 0,5} = \frac{0,4}{1,6} = 0,25$$

$$p_{13} = \frac{\tau_{13}}{1,6} = \frac{0,7}{1,6} = 0,44, \quad p_{14} = \frac{\tau_{14}}{1,6} = \frac{0,5}{1,6} = 0,31$$

Anhand der Auswahlwahrscheinlichkeiten kann eine Wegentscheidung stochastisch (z. B. mit der Roulette-Methode) getroffen werden:

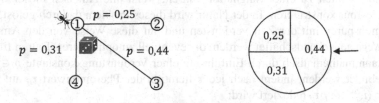

Fällt die Entscheidung auf Ort 3, was am wahrscheinlichsten ist, so ergeben sich für die Wahrscheinlichkeiten in Richtung $3 \rightarrow 2$ und $3 \rightarrow 4$ die Werte

$$p_{32} = \frac{\tau_{32}}{\tau_{32} + \tau_{34}} = 0,33 \text{ und } p_{34} = \frac{\tau_{34}}{\tau_{32} + \tau_{34}} = 0,67.$$

Mit einer höheren Wahrscheinlichkeit wählt die Ameise den Ort 4. Damit ist die Rundreise $1 \rightarrow 3 \rightarrow 4 \rightarrow 2 \rightarrow 1$ festgelegt, deren Gesamtlänge $L = 9$ beträgt.

Pheromon-Aktualisierung
Als nächstes erfolgt die Aktualisierung der Pheromonablage mittels der folgenden Formel:

Pheromon-Aktualisierung

$$\tau'_{ij} = \left\{ \begin{array}{ll} \tau_{ij} + \frac{1}{L} & \text{falls } i \rightarrow j \text{ Teilstrecke der Rundreise} \\ \tau_{ij} & \text{sonst} \end{array} \right\}$$

Nur die Strecken, die von der aktuellen Ameise besucht wurden, werden mit einem Pheromonanstieg belohnt, wobei der Pheromonanstieg umso größer ist, je kleiner die Tourlänge L ist. Damit wird die Wahrscheinlichkeit für die Festlegung ähnlich kurzer Reisen bei der nächsten Iteration erhöht.

Damit ergibt sich folgende neue Pheromonmatrix:

τ_{ij}	1	2	3	4
1	–	0,4	0,7	0,5
2	0,4	–	0,2	0,6
3	0,7	0,2	–	0,4
4	0,5	0,6	0,4	–

$\longrightarrow$

τ_{ij}^{neu}	1	2	3	4
1	–	0,4	0,81	0,5
2	0,51	–	0,2	0,6
3	0,7	0,31	–	0,51
4	0,5	0,71	0,4	–

Die Pheromonmatrix ist nicht symmetrisch. Im Gegensatz zum natürlichen Vorbild ist die Pheromonspur auf den Strecken gerichtet, d. h. die Pheromonintensität kann in beiden Richtungen unterschiedlich sein.

Verdunstung
Nachfolgende Ameisen bevorzugen Strecken, die bereits mehrmals abgelaufen sind und erhöhen damit die Pheromonintensität auf diesen Wegen. Dies kann allerdings schnell zu einer Stagnation führen, wenn alle Ameisen dieselbe suboptimale Tour konstruieren. In der Natur wird dieses Problem dadurch gelöst, dass Pheromonspuren mit der Zeit verdunsten und auf diese Weise von den Ameisen neue Wege ausgekundschaftet werden, die eventuell zu optimaleren Touren führen. Dies kann mathematisch durch Einführung einer Verdunstungskonstante $\rho \in (0,1]$ nachgebildet werden, indem nach jeder Iteration der Pheromonwert τ_{ij} auf allen Kanten (i,j) um $\rho \tau_{ij}$ reduziert wird:

Verdunstung

$$\tau'_{ij} = \tau_{ij} - \rho \tau_{ij} = (1 - \rho)\tau_{ij}, \ 0 < \rho \leq 1$$

Heuristische Information

Bei künstlichen Ameisen ist es möglich, lokale Informationen bei der Wegentscheidungsfindung mitzuberücksichtigen. So wird man in einem Knoten i bei der Auswahl von zwei Wegstrecken zu Nachbarknoten mit fast gleichen Pheromonwerten den Weg mit der kürzeren Entfernung bevorzugen, d. h. die Auswahlwahrscheinlichkeit p_{ij} soll höhere Werte bei größerem Pheromonwert τ und kleinerem Abstand d annehmen. Man bildet daher für einen festen Ort i in Richtung $i \to j$ das Produkt $\tau_{ij} \cdot \frac{1}{d_{ij}}$ und setzt diesen Wert ins Verhältnis zu der Gesamtsumme aller $\tau_{ik} \cdot \frac{1}{d_{ik}}, k \in N$, wobei N die Menge der Orte ist, die noch nicht besucht worden sind:

$$p_{ij} = \frac{\tau_{ij}/d_{ij}}{\sum_{k \in N} \tau_{ik}/d_{ik}}$$

Die Zahl $\eta_{ij} = \frac{1}{d_{ij}}$ nennt man dann *heuristische Information*.

Steuerparameter

Zusätzlich führt man zwei Steuerparameter α und β ein, um je nach Problemstellung Pheromonwerte und heuristische Information unterschiedlich gewichten zu können:

Auswahlwahrscheinlichkeit mit Steuerparameter

$$p_{ij} = \frac{[\tau_{ij}]^{\alpha} [\eta_{ij}]^{\beta}}{\sum_{k \in N} [\tau_{ik}]^{\alpha} [\eta_{ik}]^{\beta}}$$

14.3   Die Grundversion des Ameisenalgorithmus

Im Folgenden wird das Grundprinzip des ACO-Algorithmus beschrieben:

Eingabe: Optimierungsaufgabe

Wiederhole Schritte 1–3 bis eine Abbruchbedingung erfüllt ist.

1. **Konstruktion einer Lösung** In einem Zeitschritt erzeugen alle Ameisen einer Kolonie jeweils eine Lösung gemäß der heuristischen Information und Pheromon Intensität.
2. **Pheromonupdate** Aktualisiere die Pheromon Intensität unter Berücksichtigung der Güte der gefundenen Lösungen.
3. **Daemon-Aktion (optional)** Führe Daemon-Aktionen aus.

Ausgabe: beste konstruierte Lösung

Unter *Daemon-Aktionen* versteht man globale Operationen, die von einzelnen Ameisen allein nicht durchgeführt werden können. Zum Beispiel können Ameisen mit den besten Lösungen bei der Pheromonablage nach jeder Iteration stärker berücksichtigt werden.

Durch die einfache Grundversion des Ameisenalgorithmus sind viele Varianten für unterschiedliche Optimierungsprobleme möglich. Daneben kann durch Parameter das Verhalten der Algorithmen gesteuert werden. Einige Varianten werden im Folgenden vorgestellt.

14.4   Der Algorithmus AS

Das Ant System (AS) wurde von Dorigo 1992 [1] eingeführt.

Der ACO-Algorithmus ist ein graphenbasierter Algorithmus. Eine Menge von m künstlichen Ameisen wird nacheinander durch einen Graphen $G = (V, E)$, bestehend aus $|V|$ Knoten mit verbindenden Kanten (i, j), von einem Startknoten zu einem Zielknoten geschickt, wobei jede Ameise jeden Knoten nur einmal besuchen darf. Jeder Kante (i, j) wird eine Pheromonmenge τ_{ij} zugeordnet. Bei Beginn des Suchprozesses werden die Pheromonmengen initialisiert mit einem konstanten Wert, z. B. $\tau_{ij} = 1$ für alle Kanten (i, j). Der Wechsel von einem Knoten i zu einem noch nicht besuchten Knoten j für die Ameise k wird individuell bestimmt durch die Auswahlwahrscheinlichkeit p_{ij}^k, die abhängt von der Pheromonmenge τ_{ij} der Kante (i, j) und einer heuristischen Information η_{ij} (z. B. Länge der Kante (i, j)). Nachdem alle Ameisen den Zielknoten erreicht haben, werden die Lösungen jeder Ameise ausgewertet und die Pheromonwerte unter Berücksichtigung der Lösungsqualität aktualisiert. Danach erfolgt die nächste Iteration.

Ablauf des AS-Ameisenalgorithmus für das TSP
Gegeben: Vollständiger gerichteter Graph (V, E)

Gesucht: Kürzeste Rundtour durch alle Knoten (Städte), sodass jeder Knoten genau einmal besucht wird.

Wiederhole Schritte 1 bis 3 so lange, bis eine Abbruchbedingung erfüllt ist.

1. **Start** Starte jede Ameise $k \in \{1, \ldots, n\}$ am Ausgangsort
2. **Rundtour für jede Ameise** Wähle für jede Ameise k den nächsten noch nicht besuchten Knoten mit der Auswahlwahrscheinlichkeit p_{ij}^k nach der folgenden Formel (1) bis der Anfangsort erreicht ist.
3. **Pheromonupdate** Aktualisiere die Pheromonintensität mit der folgenden Formel (2).

Abbruch: Abbruch kann zum Beispiel erfolgen, wenn eine maximale Anzahl von Iterationen erreicht ist oder wenn nach einer bestimmten Anzahl von Iterationen keine Verbesserung erzielt worden ist.

Ausgabe: Beste gefundene Lösung

(1) Auswahlwahrscheinlichkeit
Für die Ameise $k \in \{1, \ldots, m\}$ wird die Richtungsentscheidungs-Wahrscheinlichkeit im Knoten i in Richtung eines noch nicht besuchten Knoten j berechnet durch

Auswahlwahrscheinlichkeit

$$p_{ij}^k = \frac{[\tau_{ij}]^\alpha [\eta_{ij}]^\beta}{\sum_{s \in N_i^k} [\tau_{is}]^\alpha [\eta_{is}]^\beta}, \quad j \in N_i^k$$

Dabei ist

- N_i^k = die Menge aller durch einen Schritt von i erreichbaren und von der Ameise k noch nicht besuchten Knoten.
- τ_{ij} = Pheromonwert auf dem Weg von i nach j
- $\eta_{ij} = 1/d_{ij}$ heuristische Information längs der Kante (i, j), wobei d_{ij} die Entfernung zwischen den Knoten i und j ist.
- $\alpha, \beta \geq 0$ Steuerparameter

Parameterbeschreibung
Die Steuerparameter $\alpha, \beta \geq 0$ gewichten die Pheromonmenge τ_{ij} und die heuristische Information η_{ij}.

Parameter α: Wählt man $\alpha > 0$ zu klein, so wird die Fähigkeit der Kooperation unter den Ameisen zu sehr eingeschränkt. Werte $\alpha > 1$ führen schnell zur Stagnation, d. h. alle Ameisen erzeugen die gleiche Tour. Der Wert $\alpha = 1$ hat sich im Allgemeinen bewährt.

Parameter β: Für $\beta = 0$ wird die heuristische Information nicht berücksichtigt und führt sehr schnell zur Stagnation in einem lokalen Optimum. Nach Dorigo [2] empfohlene Werte für $\beta : 2 \leq \beta \leq 5$.

(2) Phermonupdate
Jede Ameise k darf eine Pheromonspur legen. Die Pheromonmenge τ_{ij} auf der Kante (i, j) wird aktualisiert durch

Pheromonupdate

$$\tau_{ij}' = (1 - \rho)\tau_{ij} + \sum_{k=1}^m \Delta\tau_{ij}^k$$

$$\Delta\tau_{ij}^k = \begin{Bmatrix} 1/L^k & \text{falls } (i,j) \in T^k \\ 0 & \text{falls } (i,j) \notin T^k \end{Bmatrix},$$

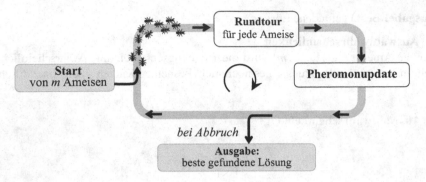

Abb. 14.2 Ablauf des AS-Algorithmus

wobei

- T^k = Route der Ameise $k \in \{1, .., m\}$
- L^k = Länge von T^k
- ρ = Verdunstungskonstante $(0 < \rho \le 1)$

Kleine Verdunstungsraten ρ beschleunigen die Konvergenz, allerdings erhöht sich damit die Gefahr der Stagnation in einem lokalen Optimum. Bei größeren Werten für ρ werden nach wenigen Iterationen stärker markierte Wege abgeschwächt, sodass auch neuere Wege gefunden werden können.

Abb. 14.2 zeigt den Ablauf des AS-Algorithmus als Diagramm.

14.5 Unterschied zwischen realen und künstlichen Ameisen

- Künstliche Ameisen besitzen zusätzlich ein Gedächtnis, in dem die vergangenen Ergebnisse der letzten Schritte gespeichert werden können.
- Künstliche Ameisen verfügen nicht über die Bewegungsfreiheit wie die realen Ameisen. Sie bewegen sich in einzelnen Schritten diskret auf einem Graphen von Knoten zu Knoten.
- Der Zeitpunkt der Pheromonablage auf den Teilabschnitten kann bei den künstlichen Ameisen frei gewählt werden.
- Reale Ameisen hinterlegen meistens Pheromone unabhängig von der Qualität der gefundenen Lösung. Bei künstlichen Ameisen können bei besseren Lösungen die Pheromonmengen vergrößert werden.
- Es können bei künstlichen Ameisen globale Informationen zusätzlich berücksichtigt werden.

14.6 Varianten des Ameisenalgorithmus AS

Zur Vermeidung vorzeitiger Stagnation und zur Verbesserung des Optimierungsprozesses wurden verschiedene ACO-Varianten entwickelt:

Abk.	Name	Pheromon Ablage
AS	Ant System	Alle Ameisen werden berücksichtigt.
EAS	Elitist AS	Alle Ameisen werden berücksichtigt, die bis dato beste Ameise trägt mehr Pheromone auf.
AS$_{rank}$	Rank-Based AS	Nur die k besten Ameisen je Tour und die global beste Ameise tragen zur Pheromonablage bei.
MMAS	MAX-MIN Ant-System	Pheromonupdate erfolgt nur durch die bisher beste Ameise. Die Pheromonwerte werden im Bereich $[\tau_{min}, \tau_{max}]$ limitiert.
ACS	Ant Colony System	Wie MMAS mit modifizierter Entscheidungsformel.

Die einzelnen Varianten werden im Folgenden kurz beschrieben.

14.6.1 Elitist AS (EAS)

Das Elitist Ant System (EAS) wurde von Dorigo et al. 1996 [3] eingeführt.

Modifikation zu AS
Pheromonupdate Bei dem Elitist Ant System verstärkt die bisher beste Ameise
zusätzlich die schon gelegten Pheromonspuren. Die Pheromonaktualisierung
erfolgt durch einen zusätzlichen Summanden:

Pheromonupdate des EAS

$$\tau'_{ij} = (1 - \rho)\tau_{ij} + \sum_{k=1}^{m} \Delta\tau_{ij}^{k} + e\Delta\tau_{ij}^{best},$$

wobei

- $\Delta\tau_{ij}^{best} = \left\{ \begin{array}{ll} \frac{1}{L^{best}} & \text{wenn}(i,j) \in T^{best} \\ 0 & \text{sonst} \end{array} \right\}$
- L^{best} = die Länge der bisher besten Tour T^{best}
- e = Steuerparameter

Damit wird die beste Lösung stärker betont, wodurch eine schnellere Konvergenz
erreicht wird.

14.6.2   Rank based AS (ASrank)

Eine weitere Variante des AS ist der von Bullnheimer et al. 1999 [4] entwickelte Algorithmus AS_{rank}.

Modifikationen zu AS
Pheromon Update: In jeder Iteration dürfen nur die $w - 1$ besten Ameisen und die bis dato beste Ameise die Pheromonspur auf jeder abgelaufenen Kante (i, j) aktualisieren:

Pheromonupdate des Asrank

$$\tau'_{ij} = \tau_{ij} + \sum_{r=1}^{w-1} (w - r)\Delta\tau^r_{ij} + w\Delta\tau^{best}_{ij},$$

wobei

- $\Delta\tau^r_{ij} = \frac{1}{L^r}$ falls $(i, j) \in T^r$
- $\Delta\tau^{best}_{ij} = \frac{1}{L^{best}}$ (L^{best} = Länge der bisher besten Tour T^{best})
- $w \in \mathbb{N}$ Steuerparameter (praxistauglich $w = 6$)

14.6.3   MAX–MIN Ant-System (MMAS)

Der MMAS-Algorithmus wurde von Stützle und Hoos 2000 [5] entwickelt und unterscheidet sich von dem AS Algorithmus in folgenden Punkten:

Modifikationen zu AS
1. Die Pheromonwerte werden im Bereich $[\tau_{min}, \tau_{max}]$ begrenzt, wobei $\tau_{max} = 1/\rho L^{best}$ und $\tau_{min} = \tau_{max}/a$ dynamisch definiert werden. Hierbei ist ρ die Verdunstungskonstante, L^{best} die historisch beste Tour und a eine Konstante. Grund: Um dem Stagnieren in einem lokalen Optimum vorzubeugen, werden Lösungen mit sehr guten Zielwerten weniger gewichtet. Dagegen werden Lösungen mit schlechteren Zielwerten nicht so schlecht markiert, damit sie auch weiterhin aufgesucht werden können.
2. Pheromonupdate erfolgt nur durch die bisher beste Ameise. Die Pheromon-aktualisierung auf der Kante (i, j) erfolgt durch

Pheromonupdate des MMAS

$$\tau'_{ij} = \tau_{ij}(1 - \rho) + \Delta\tau^{best}_{ij},$$

wobei

- $\Delta \tau_{ij}^{best} = \left\{ \begin{array}{ll} \frac{1}{L^{best}} & \text{wenn } (i,j) \in T^{best} \\ 0 & \text{sonst} \end{array} \right\}$

- L^{best} = Länge der bisher besten Tour T^{best}
  Grund: Die Konvergenz soll hiermit beschleunigt werden.
3. Die Pheromonwerte werden mit $\tau_0 = \tau_{max}$ initialisiert.
4. Die Pheromonwerte werden bei Stagnation reinitialisiert, d. h. wenn nach einer gewissen Anzahl von Iterationen keine verbesserte Tour gefunden werden kann.

14.6.4 Ant Colony System (ACS)

Der ACS-Algorithmus wurde von Dorigo und Gambardella 1997 [6] eingeführt.

Modifikationen zu AS
Tour Konstruktion Zu einem Steuerparameter $q_0 \in [0,1]$ und einer gleichverteilten Zufallszahl $q \in [0,1]$ wählt eine Ameise k im Knoten i den nächsten noch nicht besuchten Knoten $j \in N_i^k$ mittels der Entscheidungsformel:

(a) $q \le q_0 : j = \underset{s \in N_i^k}{\operatorname{argmax}} \tau_{is} \cdot \eta_{is}^{\beta}$

(b) $q > q_0 : j$ mit Wahrscheinlichkeit p_{ij}^k (vgl. 14.4(1)) für $\alpha = 1$.

Begründung: Mit einer Wahrscheinlichkeit q_0 wählt die Ameise den besten Weg zum nächsten Knoten hinsichtlich Pheromonintensität und heuristischer Information. Damit soll die Suche nach dem globalen Optimum zielgerichteter werden. Mit der Wahrscheinlichkeit $(1 - q_o)$ wählt die Ameise den nächsten Knoten probabilistisch wie beim AS. Hierdurch ist es möglich, neuere und damit möglicherweise bessere Wege zu finden. Mithilfe des Parameters q_0 kann die Gewichtung der deterministischen Entscheidung (a) und der probabilistischen Entscheidung (b) gesteuert werden. Für $q_0 = 1$ erfolgt die Wegsuche mit dem Greedy-Algorithmus, für $q_0 = 0$ mit dem AS-Algorithmus.

Pheromonupdate Das Pheromonupdate erfolgt nur durch die bisher beste Ameise nach jeder Iteration und wird wie beim *MMAS* implementiert. Damit kann die Performance verbessert werden.

14.7   Parameterwerte für ACO-Algorithmen

In der folgenden Tabelle sind praxistaugliche Parameterwerte für die einzelnen ACO-Algorithmen angegeben (vgl. Dorigo und Stützle [2]).

Parameter	Eigenschaft	AS	EAS	ASrank	MMAS	ACS
α	Pheromon-Gewichtung	1	1	1	1	-
β	Gewichtung heuristische Information	[2,5]	[2,5]	[2,5]	[2,5]	[2,5]
ρ	Verdunstung	0·5	0.5	0.1	0.02	0.1
k	Anzahl der Ameisen	m	m	m	m	10

m = Anzahl der Städte beim TSP

14.8   Anwendungen

Es gibt eine Vielzahl von Anwendungsbereichen, in denen erfolgreich Ameisen-algorithmen eingesetzt werden konnten (siehe hierzu Dorigo und Stützle [2]). Einige Anwendungsbeispiele werden im Folgenden vorgestellt.

14.8.1   Rucksackproblem

Das folgende Rucksackproblem ist mit dem ACO-Algorithmus von Schiff 2013 [7] gelöst worden.

Gegeben seien N Gegenstände i mit der Größe w_i und Nutzwert c_i, sowie ein Rucksack mit der Größe K. Gesucht ist eine Rucksackfüllung mit maximalem Gewinn. Formal ist folgendes Optimierungsproblem zu lösen:

$$f(y_1, \ldots, y_N) = \sum_{i=1}^{N} c_i y_i \rightarrow max,$$

wobei

$$\sum_{i=1}^{N} w_i y_i \leq K \quad \text{und} \quad y_i \in \{0, 1\}, i = 1, .., N.$$

Konstruktionsgraph Im Konstruktionsgraphen $G = (V, E)$ werden die Knoten mit den Gegenständen i assoziiert. E ist die Menge aller Verbindungen zwischen den Knoten. Bei der Konstruktion von Lösungen dürfen die Ameisen bei jedem

Schritt nur die Gegenstände auswählen, die beim Einpacken die Kapazitätsgrenze K nicht überschreiten.

Pheromonmengen Da die Reihenfolge der Objekte, die in den Rucksack gepackt werden, für die Lösungsqualität nicht relevant ist, werden die Pheromonmengen τ_i mit den Knoten i verknüpft. Der Wert τ_i gibt an, wie groß die Intention ist, den Gegenstand i der Teillösung hinzuzufügen.

Heuristische Information Die heuristische Information η_i soll bei der Auswahl des Objektes i bei größerem Nutzen und geringerer Kapazitätsreduzierung höhere Werte annehmen. η_i kann dann definiert werden durch:

$$(1)\quad \eta_i = \frac{c_i}{\frac{w_i}{K}} \quad (2)\ \eta_i = \frac{c_i}{w_i^2} \quad \text{oder} \quad (3)\ \eta_i = \frac{c_i}{\frac{w_i}{V_K}} \ (V_K = \text{Restkapazität}).$$

Konstruktion einer Lösung Jede Ameise bewegt sich von Knoten i zum Knoten j stochastisch mit der Wahrscheinlichkeit

$$p_j = \left\{ \begin{array}{ll} \frac{\tau_j^\alpha \eta_j^\beta}{\sum_{s \in N_i} \tau_s^\alpha \eta_s^\beta} & \text{für } j \in N_i \\ 0 & \text{für } j \notin N_i \end{array} \right\},$$

wobei N_i die Menge aller noch nicht eingepackter Gegenstände ist, die noch in den Rucksack passen. Die Reise endet, wenn kein Gegenstand mehr in den Rucksack passt. Dadurch können Lösungen mit unterschiedlichen Längen erzeugt werden. Jede Ameise darf nach ihrer Reise längs ihrer Route eine Pheromonmenge $\Delta \tau_i$ im besuchten Knotenpunkt i hinterlegen, wobei $\Delta \tau_i$ definiert ist durch

$$\Delta \tau_i = \frac{1}{1 + \frac{c_{best} - c}{c_{best}}}.$$

Dabei ist c der Gesamtprofit der Ameise und c_{best} der Profit der bis dato besten Ameise. Anschließend erfolgt ein Update

$$\tau_i' = (1 - \rho)\tau_i + \Delta \tau_i$$

mit Verdunstungskonstante ρ.

14.8.2 Generalised Assignment Problem

Unter dem *Generalised Assignment Problem* versteht man folgende Optimierungsaufgabe:

Generalised Assignment Problem (GAP)

Gegeben: $I = \{1, \ldots, m\}$ eine Menge von m Jobs
$J = \{1, \ldots, n\}$ eine Menge von n Maschinen
Kosten d_{ij} für die Zuweisung von Job i an Maschine j
Ressourcenbedarf b_{ij} von Maschine j zur Erfüllung von Job i
Verfügbare Kapazität a_j von Maschine j

Gesucht: Eine Zuweisung, die jedem Job i eine Maschine j zuordnet,
sodass die Gesamtkosten minimal sind.

Die Zuweisung von Jobs an Maschinen kann durch die folgenden Variablen
$x_{ij} \in \{0,1\}$ beschrieben werden:

$$x_{ij} = \left\{ \begin{array}{ll} 1 & \text{falls der Job } i \text{ von Maschine } j \text{ erledigt wird} \\ 0 & \text{sonst} \end{array} \right\} i \in I, j \in J.$$

Das Generalised Assignment Problem kann als ganzzahliges lineares
Optimierungsproblem wie folgt dargestellt werden:

$$\sum_{j=1}^{n} \sum_{i=1}^{m} d_{ij} \cdot x_{ij} \rightarrow min$$

unter den Bedingungen

$$\sum_{i=1}^{m} b_{ij} \cdot x_{ij} \leq a_j, \quad j = 1, \ldots, n$$

$$\sum_{j=1}^{n} x_{ij} = 1, \quad i = 1, \ldots, m.$$

Die letzte Gleichung stellt sicher, dass jedem Job nur eine Maschine zugeordnet
wird, andererseits können zwei verschiedene Jobs an der gleichen Maschine
durchgeführt werden.

Das GAP wurde von Dorigo und Stützle [2] mit einem ACO-Algorithmus wie
folgt gelöst:

Konstruktionsgraph Das Generalised Assignment Problem kann als Graph
$G = (V, E)$ dargestellt werden, wobei die Menge aller Knoten V aus allen
Jobs und allen Maschinen besteht, d. h. $V = I \cup J$. E sei die Menge aller Verbindungen zwischen diesen Knoten. Eine Lösung des Problems besteht dann aus
m Paaren (i, j) von Jobs i und Maschinen j. Eine Ameise kann unter Einhaltung
der Restriktionen eine Lösung konstruieren, indem sie zwischen Job-Knoten und
Maschinen-Knoten wechselt, wobei sie einen Job-Knoten nur einmal besuchen
darf, das mehrmalige Besuchen eines Maschinen-Knotens jedoch erlaubt ist.

Abb. 14.3 Weg einer Ameise im Konstruktionsgraphen mit Startknoten $i = 2$. Lösung: $S = \{(2,1), (3,3), (4,2), (1,1)\}$

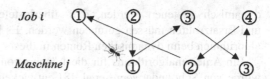

Die Konstruktion einer Lösung erfolgt in folgenden Schritten (s. Abb. 14.3):

1. Befindet sich die Ameise in einem Maschinen-Knoten, so wählt die Ameise zufällig einen Job-Knoten i aus der Menge der noch nicht besuchten Job-Knoten.
2. Befindet sich die Ameise in einem Job-Knoten i, so wird stochastisch ein Maschinen-Knoten j mittels der unten beschriebenen Übergangsfunktion p_{ij} bestimmt.

Pheromonspur und heuristische Information Die heuristische Information η_{ij} ist so zu wählen, dass sie bei einer Zuordnung $i \rightarrow j$ für kleineren Ressourcen-Bedarf d_{ij} und geringere Kosten b_{ij} höhere Werte annimmt. Dies liefert folgende Formel:

$$\eta_{ij} = \frac{1}{d_{ij} \cdot b_{ij}} \quad i = 1, \ldots, m, \quad j = 1, \ldots, n.$$

Die Pheromonwerte τ_{ij} können z. B. wie beim AS- oder ACS-Algorithmus definiert werden. Die Auswahlwahrscheinlichkeit ist dann für eine Ameise k definiert durch

$$p_{ij}^k = \frac{[\tau_{ij}]^\alpha [\eta_{ij}]^\beta}{\sum_{s \in N_i^k} [\tau_{is}]^\alpha [\eta_{is}]^\beta},$$

wobei N_i^k die Menge aller Maschinen j ist, zu denen der Job i ausgeführt werden kann, ohne die Kapizitätsrestriktionen der Maschinen zu verletzen. Sollte die Menge leer sein, so ist die Teillösung ungültig. Die Route der Ameise k wird dann abgebrochen und wird bei dem Update der Pheromonwerte nicht berücksichtigt.

14.8.3 Routing in Netzwerken

In Kommunikationsnetzwerken tritt das Problem auf, den günstigsten Weg von Informations- und Datenströmen von einem Quellknoten zu einem Zielknoten zu finden. Sei in einem Kommunikationsnetzwerk N die Anzahl der Netzknoten und E_{net} die Menge der Verbindungen zwischen ihnen. Sind die Kosten d_{ij} zwischen den Knoten i und j statisch, so liegt ein Kurze-Weg-Problem vor, das effektiv z. B. mit dem Dijkstra-Algorithmus (vgl. Abschn. 7.4.3) gelöst werden kann. In der Realität variiert jedoch die Datenauslastung zwischen den Knoten und die Netz-topologie ändert sich, wenn z. B. Knoten ausfallen. Dazu muss die Wegfindung dynamisch gesteuert werden, d. h. überlastete Verbindungen werden erkannt und Ersatzrouten müssen gefunden werden. Es hat sich erwiesen, dass Ameisenalgorithmen beim dynamischen Routen in diesen Netzen sehr gut geeignet sind.

Ein Ameisenalgorithmus für die Lösung von dynamischen Routingproblemen wurde von Schoonderwoerd et al. [8] entwickelt und als ABC-Algorithmus (Ant Based Control-Algorithmus) bezeichnet, der im Folgenden kurz dargestellt wird.

Konstruktionsgraph Ein Kommunikationsnetzwerk kann durch einen Graphen $G = (V, E_{net})$ dargestellt werden, wobei V die Netzknoten sind und E_{net} Verbindungen zwischen diesen repräsentiert. Nicht alle Knoten müssen paarweise miteinander verbunden sein.

Pheromone Jedem Knoten wird eine Pheromontabelle zugeordnet. Als Beispiel betrachten wir ein einfaches Netzwerk mit sieben Knoten und einer möglichen Tabelle für Knoten 5:

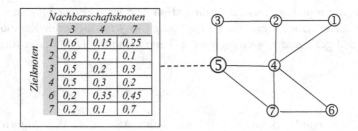

Die dargestellte Tabelle ist beispielhaft eine Pheromontabelle des Knotenpunkts 5 mit den drei Nachbarschaftsknoten 3, 4 und 7.

Die Tabelleneinträge enthalten Pheromonwerte, die im Intervall [0,1] normiert sind, sodass sie als Wahrscheinlichkeitswerte interpretiert werden können.

Vorwärtsameisen werden in zeitlichen Abständen zum Erkunden des Netzes von einem beliebig ausgewählten Anfangsknoten s zu einem beliebigen Endknoten d geschickt. An jedem Knoten entscheidet die Vorwärtsameise probabilistisch gemäß der Pheromontabelle, welchen Weg sie zum Nachbarknoten laufen soll. Sie wird entfernt, wenn sie einen Knoten doppelt besucht hat. Am Zielknoten d angelangt, übergibt die Vorwärtsameise einer erzeugten Rückwärtsameise die Informationen des Wegverlaufs sowie die benötigte Reisezeit und stirbt. Die Rückwärtsameise läuft deterministisch den gleichen Weg zum Anfangsknoten s zurück und aktualisiert in jedem besuchten Knoten die Pheromontabelle. Erreicht die Rückwärtsameise den Knoten i vom Nachbarknoten j kommend, so aktualisiert sie den Eintrag p_{dj} in der Spalte j und Zeile d der Pheromontabelle von i durch

$$(*) \quad p' = \frac{p_{alt} + \Delta p}{1 + \Delta p}, \Delta p = \frac{\alpha}{T} + \beta,$$

wobei α, β geeignete Steuerparameter sind und T das Alter (Reisezeit) der Vorwärtsameise ist. Da die Pheromontabelle normalisiert sein muss, werden die anderen Werte in Zeile d überschrieben durch

$$(**) \quad p' = \frac{p_{alt}}{1 + \Delta p}.$$

Betrachtet man zum Beispiel im obigen vereinfachten Netzwerk eine Ameisen-route $2 \to 3 \to 5 \to 7 \to 6$, so werden in der Pheromontabelle von Kotenpunkt 5 in der Zielknotenzeile 6 die Tabellenwerte in Spalte 7 mit Formel $(*)$ und in den Spalten 3 und 4 mit Formel $(**)$ aktualisiert. Der Summenwert in der Zielknoten-zeile 6 ist dann ebenfalls gleich 1.

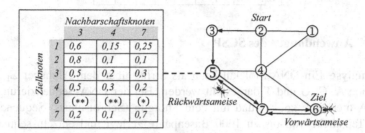

Datenpakete werden deterministisch im Netz in Richtung des Nachbarknotens mit dem höchsten Wahrscheinlichkeitswert der Pheromontabelle transportiert.

Durch den kontinuierlichen Einsatz von Ameisen kann mithilfe des ABC-Algorithmus das Routing-System überlastete Verbindungen erkennen und Ersatz-routen finden.

Ein ähnliches auf Ameisenalgorithmen basierendes Routingkonzept ist das *Antnet,* das von Caro und Dorigo 1997 [9] entwickelt wurde.

14.8.4 Shortest Common Supersequence Problem

Eine Menge Σ von Zeichen heißt *Alphabet,* z. B. $\Sigma = \{a, b, c, 1, \&\}$. Unter einem *String* (Wort) versteht man eine Folge von Zeichen, z. B. $L = a1c1\&\&b$. Unter dem *Shortest Common Supersequence Problem* (kürzestes-gemeinsames-Super-sequenz-Problem) versteht man folgende Optimierungsaufgabe:

Shortest Common Supersequence Problem (SCSP)

Gegeben: Eine Menge $L = \{L_1, \ldots, L_n\}$ von Strings (Wörtern) L_i, die aus Zeichen eines Alphabets Σ (z. B. $\Sigma = \{a, b, c\}$) bestehen.

Gesucht: Ein String S minimaler Länge, die Supersequenz aller strings L_i ist, d. h. jeder String L_i kann durch Löschen von Zeichen aus S erzeugt werden.

Beispiel Gegeben sei das Alphabet $\Sigma = \{a, b, c\}$. $S = acccbbbc$ ist dann eine Supersequenz der Strings $L_1 = ccbbbc$, $L_2 = acbbb$, $L_3 = cccbbb$ und $L_4 = acbbc$ (siehe folgende Tabelle).

S	a	c	c	c	b	b	b	c
L_1:	×	c	c	×	b	b	b	c
L_2:	a	c	×	×	b	b	b	×
L_3:	×	c	c	c	b	b	b	×
L_4:	a	c	×	×	b	b	×	c

14.8.4.1 Anwendungen des SCSP

DNA-Analyse Ein DNA-Molekül kann als String über dem Alphabet Σ_{DNA} der Nukleotide A, C, G und T dargestellt werden. Bei der DNA-Sequenzierung wird die DNA mehrfach kopiert und mit dem Shotgun (Schrotschuss) Sequencing in lesbare Teilstücke von bis zu 1000 Basenpaare zerlegt und einzeln sequenziert. Aus einer großen Anzahl einzelner sequenzierter DNA-Schnipsel kann die Gesamtsequenz als Shortest Common Supersequence berechnet werden.

```
CAT TCA GAT GTA GCG GAT
TTA GGC ATT TTG AAG AAT
GAC AGA AAA ATA ATG CAG
TTT TAC TTC AAA CTT TTT          Ausschnitt einer DNA Sequenz
GAC CAG AGC ATC CAA AAG
AAG GAA GAC ATG AAT GTC
AAC AAA AAG AAA CGA GAT
ACT AAT TAT TCG GTA ACT
```

Fließbandfertigung Als Beispiel seien drei Werkstücke *W1, W2* und *W3* gegeben, die an einem Fließband produziert werden sollen, wobei drei verschiedene Maschinen *a, b* und *c* für die Produktion erforderlich sind. Jede Maschine kann beim Eintreffen des Werkstücks die Bearbeitung ausführen oder unbearbeitet passieren lassen. Die Reihenfolge der Bearbeitung für die einzelnen Werkstücke seien gegeben durch

$W1 = abacb, W2 = cbacac$ und $W3 = acbcb$

Gesucht ist eine Anordnung der drei Maschinen am Fließband für die Herstellung aller Werkstücke. Eine Anordnung liefert genau dann eine Lösung, wenn sie eine Supersequenz bildet (s. Abb. 14.4). Aus wirtschaftlichen Gründen ist die kürzeste gemeinsame Supersequenz gesucht.

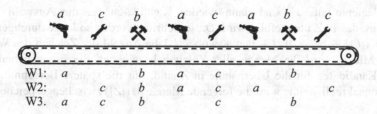

	a		c		b		a		c		a		b		c
W1:	a				b		a		c				b		
W2:			c		b		a		c		a				c
W3.	a		c		b				c				b		

Abb. 14.4 Die angegebene Maschinenreihenfolge acbacabc stellt eine gemeinsame Supersequenz der drei Strings W1, W2 und W3 dar.

14.8.4.2 AS-SCSP-Algorithmus

Michel und Middendorf [10] entwickelten einen Ameisenalgorithmus für die Lösung des SCSP, den sie mit *AS-SCSP-Algorithmus* bezeichneten. Im Folgenden wird dieser Algorithmus vorgestellt.

Gegeben: eine Menge L von n Strings über ein Alphabet Σ
Gesucht: eine Supersequenz S mit kurzer Stringlänge

Gegeben sei eine Kolonie von m Ameisen, die in jeder Iteration unabhängig voneinander eine Supersequenz konstruieren. Anschließend erfolgt in der aktuellen Iteration unter Berücksichtigung der Konstrukionsgüte der einzelnen Ameisen die Pheromonaktualisierung.

Konstruktionsgraph Mit s_{ij} wird das Zeichen mit Position j im Wort $L_i, i = 1, \ldots, n$, bezeichnet. Der Konstruktionsgraph besteht aus allen Knoten s_{ij} und ist vollständig.

Pheromone Jedem Zeichen s_{ij} wird ein Pheromonwert τ_{ij} zugeordnet, das mit 1 initialisiert wird.

Konstruktion einer Lösung Die Ameisen bilden unabhängig voneinander eine Supersequenz Z. Die Konstruktion einer Lösung wird im Folgenden aus der Sicht einer einzelnen Ameise beschrieben.

Zu Beginn wird Z mit dem leeren String initialisiert. Die Wörter L_i aus L werden von links nach rechts gescannt. Hierzu wird ein Indikatorvektor $v = (v_1, \ldots, v_n)$ eingeführt, der mit $v = (1, \ldots, 1)$ initialisiert wird. Im ersten Konstruktionsschritt fügt die Ameise mit einer Auswahlwahrscheinlichkeit p wie unten beschrieben ein Zeichen x_1 aus der Front $F_1 = \left\{ s_{1v_1}, \ldots, s_{nv_n} \right\} = \{s_{11}, \ldots, s_{n1}\}$ in Z ein. Die Front wird um eine Stelle in den Komponenten nach rechts verschoben, in denen das Frontzeichen x_1 vorkommt. Die neue Front F_2 ist dann gegeben durch $F_2 = \left\{ s_{1v_1}, \ldots, s_{nv_n} \right\}$, wobei

$$v_i = \begin{cases} v_i + 1, & s_{iv_i} = x_1 \\ v_i, & \text{sonst} \end{cases}, i = 1, \ldots, n.$$

Die Elemente aus F_2 sind dann wieder Kandidaten für die Auswahl eines Zeichens, das in Z übergeführt wird. Diese Schritte werden so lange durchgeführt, bis $v = (|L_1| + 1, \ldots, |L_n| + 1)$ gilt, wobei $|L_i|$ die Anzahl der Zeichen des Wortes L_i ist. Mit N_v wird die Menge aller Zeichen bezeichnet, die Frontzeichen und damit Kandidaten für die Übernahme in Z sind. Für die spätere Berechnung der Pheromonaktualisierung wird die folgende Menge $M(|Z|)$ zwischengespeichert:

$$M(|Z|) = M(r) := \left\{ s_{iv_i} : s_{iv_i} = x_r \right\},$$

wobei $r = |Z|$ die Anzahl der Elemente von Z ist. $M(|Z|)$ besteht damit aus allen Frontzeichen, die mit dem r-ten Zeichen x_r aus Z übereinstimmen.

Die Vorgehensweise soll folgendes Beispiel verdeutlichen: Zu dem Alphabet $\Sigma = \{a, b, c\}$ sei $L = \{L_1, L_2, L_3, L_4\} = \{cbcbac, aabbc, ccabbb, acbbb\}$ eine Menge von vier Strings. Nach zwei Konstruktionsschritten sei das Zeichen b mit einer Auswahlwahrscheinlichkeit, wie in Abb. 14.5 beschrieben, ausgewählt.

Auswahl eines Frontzeichens Ein Frontzeichen wird im Auswahlverfahren wie im ACS-Algorithmus bestimmt: Für ein $x \in N_v$ wird die Summe der Pheromonwerte τ_{ij} mit $s_{ij} = s_{iv_i} = x$ gebildet:

$$\tau(x) = \sum_{i:s_{iv_i}=x} \tau_{iv_i}.$$

Zu einem Steuerparameter $q_0 \in [0, 1]$ und einer gleichverteilten Zufallszahl $q \in [0,1]$ wählt die Ameise ein $x \in N_v$ mit der Entscheidungsformel

(a) $q < q_0 : x$ mit $x = \operatorname*{argmax}_{y \in N_v} \tau(y)$

(b) $q \geq q_0 : x$ mit Wahrscheinlichkeit $p(x, v) = \dfrac{[\tau(x)]^{\alpha}}{\sum_{y \in N_v} [\tau(y)]^{\alpha}}$,

wobei α ein Steuerparameter ist.

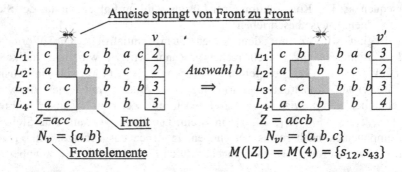

Abb. 14.5 Auswahl des Frontzeichen b, das in Z angehängt wird. Die Front (grau gefärbt) verschiebt sich dann bei b jeweils um eine Stelle nach rechts und die entsprechenden Komponenten des Indikatorvektors v werden um 1 erhöht. Die Ameisen besuchen bei diesem Verfahren mehrere Knoten parallel.

Die Supersequenz, die von der Ameise konstruiert ist, ist dann eine zulässige Lösung.

Pheromonaktualisierung In dem aktuellen Iterationsschritt sei Z^k die von der Ameise k konstruierte Supersequenz und $|Z^k|$ die Länge von Z^k. In der Reihenfolge der Stringlänge $|Z^k|$ sei r^k der Rang der Ameise k. Jede Ameise k liefert Beiträge $\Delta\tau_{ij}^k$ im Knoten s_{ij} zur Pheromonaktualisierung, die auf folgende Weise berechnet werden:

1. Die Pheromon-Gesamtmenge, die die Ameise k längs des konstruierten Weges hinterlässt, ist festgelegt durch

$$\Delta\tau^k = \frac{f(r^k)}{|Z^k|},$$

   wobei f eine Funktion von r^k ist, die je nach Problemstellung geeignet gewählt werden kann.
2. Zu jedem $l \in \left\{1,\ldots,|Z^k|\right\}$ und zu jedem $s_{ij} \in M^k(l)$ ist $\Delta\tau_{ij}^k$ definiert durch

$$\Delta\tau_{ij}^k := \frac{\Delta\tau^k}{|M^k(l)|} \cdot \frac{2\left(|Z^k|-l+1\right)}{|Z^k|^2 + |Z^k|}.$$

   Auswirkung der Formel auf die Pheromon-Aktualisierung:
   - Je kleiner l bzw. umso früher Zeichen aus $M^k(l)$ in die Supersequenz eingebettet werden, desto größer ist die Pheromonmenge.
   - Für jedes Zeichen in einer Menge $M^k(l)$ ist die Pheromonmenge gleich.
   - Die Gesamtsumme aller Pheromone, die die Ameise k gelegt hat, ist gleich $\Delta\tau^k$.
   (Dies kann mithilfe der Formel von Gauß gezeigt werden.)

3. Die Gesamtsumme der Pheromonablage von allen m Ameisen wird berechnet durch

$$\Delta\tau_{ij} = \sum_{k=1}^{m} \Delta\tau_{ij}^k.$$

Die Aktualisierung der Pheromonmenge für jeden Knoten s_{ij} ergibt sich aus folgender Formel:

$$\tau_{ij}' = (1-\rho) \cdot \tau_{ij} + \gamma\,\Delta\tau_{ij},$$

wobei ρ die Verdunstungskonstante und γ ein Steuerparameter ist.

Literatur

1. Dorigo M (1992) Optimization, learning and natural algorithms. PhD thesis, Politecnico di Milano
2. Dorigo M, Stützle T (2004) Ant colony optimization, Cambridge. MIT Press, MA
3. Dorigo M, Maniezzo V, Colorni A (1996) Ant system: optimization by a colony of cooperating agents. IEEE Trans Syst Man Cybern – Part B 26(1):29–41
4. Bullnheimer B, Hartl RF, Strauss C (1999) An improved ant system algorithm for the vehicle routing problem. Ann Oper Res 89:319–328
5. Stutzle T, Hoos H (2000) Max-min ant system. J Future Gener Comput Syst 16:889–914
6. Dorigo M, Gambardella LM (1997) Ant colony system: a cooperative learning approach to the travelling salesman problem. IEEE Trans Evol Comput 1(1):53–66
7. Schiff K (2013) Ant colony optimization algorithm for the 0–1knapsack problem. Czasopismo Techniczne 2013, Automatyka Zeszyt 3-AC(11), 39–52
8. Schoonderwoerd R, Holland O, Bruten J, Rothkrantz L (1996) Ant-based load balancing in telecommunications networks. Adapt Behav 5(2):169–207
9. Di Caro G, Dorigo M (1997) AntNet: A mobile agents approach to adaptive routing. Technical Report 97–12, IRIDIA, Université Libre Bruxelles 1–27
10. Michel R, Middendorf M (1999) An aco algorithm for the shortest supersequence problem In: New ideas in optimization, McGraw Hill, London, UK, S 51–61

Kapitel 15
Bienenalgorithmen

Natürliches Vorbild des Bienenalgorithmus ist das Verhalten der west-lichen Honigbienen bei der Futtersuche. Mit Bienenalgorithmen lassen sich kombinatorische wie auch kontinuierliche Optimierungsprobleme lösen. Die ersten Bienenalgorithmen wurden von Pham et al. und Karabo 2005 eingeführt, die in diesem Kapitel beschrieben werden.

Bei der Suche nach einer optimalen Futterquelle werden aus dem Volk der natürlichen Bienen sogenannte Späherinnen und Sammlerinnen mit unterschied-lichen Aufgaben eingesetzt. Bei den Bienenalgorithmen übernehmen analog dem natürlichen Vorbild die Sammlerinnen die lokale Suche einer optimalen Stelle im Suchraum, während die Späherinnen zuständig sind für die globale Suche. Der wesentliche Unterschied zwischen dem BA-Algorithmus von Pham und dem ABC-Algorithmus von Karabo besteht in der unterschiedlichen Strategie der lokalen Suche. Der BA-Algorithmus wird mit einem Beispiel illustriert.

15.1 Bienen in der Natur

15.1.1 Bienenvolk

In einem Bienenstock von westlichen Honigbienen leben zwischen 30.000 bis 40.000 Individuen. Ein Bienenvolk besteht aus einer Königin, weiblichen Bienen (Arbeitsbienen) und einigen Hundert männlichen Bienen (Drohnen). Die Funktionen dieser Bienentypen im Einzelnen:

Königin Die Königin ist die Mutter aller Bienen im Bienenstock. Die eigentliche Aufgabe der Königin besteht darin, Eier zu legen und somit den Fortbestand des Bienenvolkes zu sichern. Sie kann 3 bis 5 Jahre alt werden.

Arbeitsbiene Die Arbeitsbienen schlüpfen aus befruchteten Eiern genauso wie die Königin. Je nach Nahrung entsteht aus der Larve eine Arbeiterin oder eine Königin. Die Königin wird während des Larvenstadiums mit einem speziellen Saft

(Gelée Royal) gefüttert, während die Larve einer Arbeiterin mit Pollen und Nektar ernährt wird.

Die Aufgabe der weiblichen Bienen ändert sich im Laufe ihres kurzen sechswöchigen Lebens. Nach dem Larvenstadium ist sie zunächst zuständig für das Säubern der Bienenwaben, nach etwa sechs Tagen hilft sie bei der Fütterung der Larven und der Königin. Nach ein paar weiteren Tagen wird sie für die Wachs- und Honigproduktion eingesetzt und ist anschließend zur Verteidigung des Bienenstocks als Wächterin tätig. In ihrem restlichen Leben ist sie als Sammlerin von Nektar und Pollen unterwegs.

Drohnen Die Drohnen schlüpfen aus unbefruchteten Eiern (Jungfernzeugung). Die einzige Aufgabe der Drohnen besteht darin, die Königinnen zu begatten. Nach ihrer Geschlechtsreife verlassen sie den Bienenstock und paaren sich mit Jungköniginnen auf deren Hochzeitsflug.

15.1.2 Futtersuche der Bienen

Honigbienen bevorzugen als Futterquelle Blütenpflanzen, die besonders reichhaltig Nektar und Pollen erzeugen (diese nennt man auch *Bienentrachtpflanze* oder *Bienenweide*). Um neue ergiebige Futterquellen ausfindig zu machen, fliegen sogenannte *Späherinnen (Scouts)* in der Umgebung des Bienenstocks zufällig von Blüte zu Blüte, wobei sie eine Wegstrecke von bis zu 10 km zurücklegen können. Eine Biene fliegt zum Bienenstock zurück, wenn sie eine ergiebige Futterquelle entdeckt hat, wobei sie zur Futterprobe Nektar im Honigmagen bzw. Pollen am Hinterleib deponiert. Im Bienenstock angekommen, werden die Informationen über die Qualität und Richtung der Futterquelle in der eigenen Bienensprache weitergegeben. Erkannt hat die Bienensprache der Zoologe Karl von Frisch, der den zugrunde liegenden Code entschlüsselte. Er erhielt hierfür 1973 den Nobelpreis. Die Späherinnen kommunizieren mit ihren Artgenossinnen, indem sie auf einer Wabe (Tanzwabe) des Bienenstocks einen Bienentanz (Schwänzeltanz) aufführen. Der Laufweg der Tänzerin beschreibt eine Acht, wobei sie im Mittelteil der Acht Schwänzelbewegungen ausführt. Daneben werden mithilfe der Flugmuskulatur Laute erzeugt, die von den Bienen durch Schwingungen der Waben über ihre Beine wahrgenommen werden können. Durch das Tanzmuster können folgende Informationen den anwesenden Artgenossinnen mitgeteilt werden:

Entfernung Die Entfernung von der Futterquelle bis zum Bienenstock wird durch die sich ändernden Muster der Landschaft und durch die verbrauchte Nahrung während des Fluges ermittelt. Die Distanz zur Futterquelle wird durch die Länge des geradlinigen Schwänzellaufs angezeigt. Je mehr Umdrehungen die Tänzerin pro Zeiteinheit durchführt, desto näher liegt die Futterquelle.

Ergiebigkeit Die Ergiebigkeit wie Zuckergehalt und Menge wird durch die Intensität des Schwänzelns übermittelt. Je heftiger und schneller sie tanzt, umso ergiebiger ist die Futterquelle.

Richtung Die Richtung der Futterquelle wird relativ zum momentanen Sonnenstand angezeigt, wobei die Bienen die Sonne auch bedecktem Himmel sehen können, da sie mit ihren Facettenaugen polarisiertes Licht wahrnehmen. Der Winkel des geradlinigen Verlaufs beim Schwänzeltanz zum Sonnenstand entspricht dem Winkel zwischen Sonne und Futterquelle. Es ist eine enorme kognitive Leistung, den Flugwinkel bei geändertem Sonnenstand zu bestimmen und dies bei einem Gehirn in Sandkorngröße (s. Abb. 15.1).

Rekrutierung der Sammlerinnen
Eine Späherin legt bei ihrer Rückkehr den gesammelten Nektar zur Begutachtung ab. Ist die Ausbeute von ausreichender Qualität, so wird die Späherin von den Vorkostbienen durch Fühlerkontakte dazu angeregt, den zuschauenden Sammlerinnen mittels des Schwänzeltanzes den Fundort der Futterquelle mitzuteilen. Die Sammlerinnen laufen der Tänzerin nebenher und nehmen dabei den Duft der Futterprobe auf. Nach Beendigung des Bienentanzes fliegen die Sammlerinnen zur Futterquelle, wobei sie sich anhand der mitgeteilten Richtung, Distanz und ihrer Geruchssinne orientieren. Heimkehrende Sammlerinnen führen wie die Späherin einen Schwänzeltanz unter Berücksichtigung der aktuellen Bedingungen der Futterquelle auf und rekrutieren auf diese Weise weitere Sammlerbienen. Der Futterstandort wird so lange aufgesucht, bis die Nahrungsquelle vollständig ausgebeutet ist (s. Abb. 15.2).

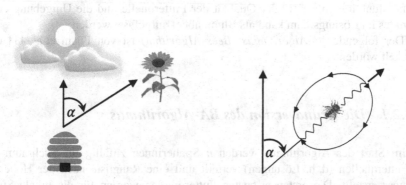

Abb. 15.1 Der Schwänzeltanz vermittelt den Winkel zwischen Sonnenstand und Futterquelle.

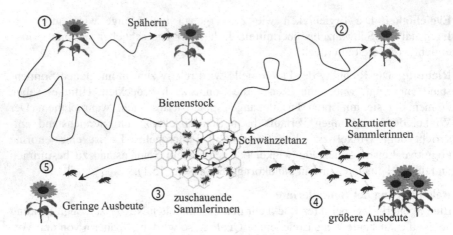

Abb. 15.2 ① Späherin auf der Suche nach einer ergiebigen Futterquelle ② Späherin fliegt nach Entdeckung einer ergiebigen Futterquelle auf direktem Weg zum Bienenstock zurück. ③ Späherin informiert die zuschauenden Sammlerinnen mittels Schwänzeltanz und Futterprobe über den Standort und Qualität der Futterquelle. ④ Späherin rekrutiert Sammlerinnen, die die Futterquelle ausbeuten. ⑤ Bei geringerer Ausbeute werden weniger Sammlerinnen rekrutiert, bei vollständiger Ausbeute wird die Futterquelle verlassen.

15.2   Der BA-Algorithmus

Der Bienenalgorithmus modelliert das Verhalten der Bienen bei der Suche nach Futterquellen, um kontinuierliche Optimierungsprobleme zu lösen. Dabei wird jede potenzielle Lösung als Ort einer Futterquelle aufgefasst. Der Wert der Fitnessfunktion entspricht der Qualität der Futterquelle und die Umgebung eines Punktes im Lösungsraum kann als Blumenbeet aufgefasst werden.

Der folgende *BA-Algorithmus (Bees Algorithm)* ist von Pham et al. [1] entwickelt worden.

15.2.1   Die Grundversion des BA-Algorithmus

Beim Start des Algorithmus werden n Späherinnen zufällig im Suchraum auf n Futterquellen (d. h. Lösungen) verteilt und eine Rangliste nach der Höhe der Fitness erstellt. Die ersten m besten Futterquellen werden für die lokale Suche ausgewählt. Unter diesen m Futterquellen werden in den Umgebungen der e bestbewerteten (elitären) Stellen jeweils nep Sammlerinnen zugewiesen und in den Umgebungen der restlichen $m - e$ besten Stellen jeweils nsp Sammlerinnen mit *nsp* < *nep*. Für die elitären Futterquellen werden mehr Sammlerinnen rekrutiert, da dort die lokale Suche nach dem Optimum vielversprechender ist.

Anschließend wird für jede der *m* Umgebungen die Biene mit dem höchsten Fitnesswert ausgewählt und wird zur neuen Späherin. Am Ende der Iteration werden die restlichen *n* − *m* Späherinnen im Suchraum zufällig verteilt, um neue potenzielle Lösungen zu finden (s. Abb. 15.3).

Der Ablauf des BA-Algorithmus in der Basisversion wird als Diagramm in Abb. 15.4 beschrieben.

15.2.2 Analogie zwischen natürlichen und künstlichen Bienen

Es besteht folgende Analogie zwischen den natürlichen und den künstlichen Bienen:

Natürliche Bienen	Künstliche Bienen
Futterquelle (Bienenweide)	Lösung
Qualität der Futterquelle	Fitnesswert
Schwänzeltanz	Aktualisierung der Fitnesswerte
Späherin	Globale Suche
Sammlerin	Lokale Suche

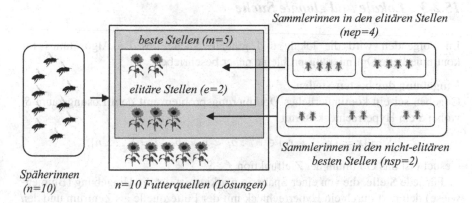

Abb. 15.3 Späherinnen erforschen global den Suchraum und rekrutieren Sammlerinnen für die lokale Suche in den Umgebungen der besten Futterplätze, wobei in den elitären Stellen mehr Sammlerinnen eingesetzt werden als in den nicht-elitären besten Futterquellen. Die restlichen Futterplätze werden verlassen.

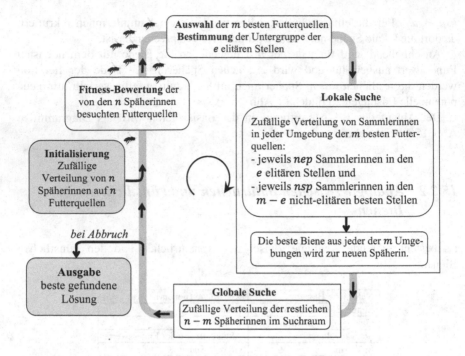

Abb. 15.4 Ablaufdiagramm des BA-Algorithmus in der Basisversion

15.2.3   Lokale und globale Suche

Im Folgenden wird die lokale und globale Suche des BA-Algorithmus für kontinuierliche Optimierungsprobleme näher beschrieben.

Umgebung der besten Stellen
Gegeben sei ein kontinuierliches Optimierungsproblem mit dem Lösungsraum S, wobei S ein Hyperrechteck ist mit

$$S = \{x = (x_1, \ldots, x_n) \in \mathbb{R}^n : a_i < x_i < b_i, \ i = 1, \ldots, n\}.$$

Gesucht ist das Optimum der Zielfunktion $f : S \to \mathbb{R}$.

Für jede Stelle, die von einer Späherin markiert ist, ist die Umgebung (Blumen-wiese) definiert durch ein Hyperrechteck mit der Futterquelle als Zentrum und den Seitenlängen

$$c_i = ngh \cdot (b_i - a_i), \ i = 1, \ldots, n,$$

wobei *ngh* ein Steuerparameter (Umgebungsparameter) ist.

Reduzierung der Umgebungsgröße

Nach der Methode von Pham et al. [1] ist der Parameter $ngh(k)$ zeitabhängig, wobei k der Iterationsindex ist. Solange bei der lokalen Suche bessere Futterquellen gefunden werden, bleibt die Größe der Blumenwiese unverändert. Wenn sich bei der lokalen Suche keine Verbesserung des Fitnesswertes ergibt, wird die Umgebungsgröße reduziert mit der folgenden Formel

$$ngh(k + 1) = 0.8 \cdot ngh(k).$$

Damit kann die Konvergenzgeschwindigkeit erhöht werden.

Verlassen einer Futterquelle

Wenn nach einer vorgegebenen Anzahl von Iterationen keine Verbesserung der Fitness innerhalb der Umgebung einer Futterquelle erzielt wird, kann davon ausgegangen werden, dass ein lokales Optimum dort vorliegt. In diesem Fall wird die Futterquelle verlassen und die Späherin wird neu initialisiert in einem zufällig gewählten Punkt des Lösungsraumes. Die Position der verlassenen Futterquelle wird gespeichert, wenn dort der bislang beste Fitnesswert erzielt worden ist. Sie wird als beste gefundene Lösung ausgegeben, wenn bis zur Abbruchbedingung keine besseren Werte ermittelt werden konnten.

15.2.4 Anwendungsbeispiel

Zum Ablauf des BA-Algorithmus betrachten wir ein einfaches Beispiel. Gesucht ist das Maximum der Funktion

$$f(x) = 0{,}03x^2 \sin(2{,}5x - 1) + 0{,}1x + 2{,}53$$

im Intervall $[0,10]$.

Wir führen exemplarisch eine Iteration mit dem BA-Algorithmus aus.

Im Lösungsraum $[0,10]$ werden $n = 10$ Späherinnen zufällig initialisiert. Die zugehörigen Fitnesswerte der von den Späherinnen markierten Stellen sind in der folgenden Tabelle angegeben.

x	0,5	1,5	2,3	3,4	4,4	6,4	6,9	7,8	9,2	9,7
$f(x)$	2,55	2,68	2,57	3,17	2,62	3,94	2,45	2,65	3,40	0,78
Ranking	8	4	7	3	6	1	9	5	2	10

Die Stellen mit den besten $m = 5$ Fitnesswerten werden für die lokale Suche ausgewählt, darunter $e = 2$ elitäre Stellen. Die restlichen Futterquellen werden gelöscht.

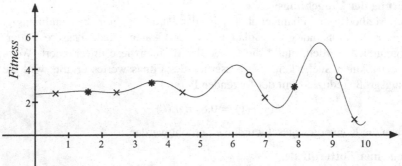

Die zwei Stellen mit den elitären Fitnesswerten (o) *und die nächsten drei bestplatzierten Stellen* (*)
werden ausgewählt. Die fünf Stellen mit den schlechtesten Fitnesswerten (×) *werden gelöscht.*

Die Umgebungen der besten Futterquellen seien Intervalle im Suchraum $[0,10]$
der Länge $1(ngh = 0.1)$. In der Umgebung der ausgewählten Bienen (*) werden
zwei Sammlerinnen ($nep = 2$) und in der Umgebung der elitären Bienen (o) vier
Sammlerinnen ($nsp = 4$) zusätzlich zufällig ausgewählt.

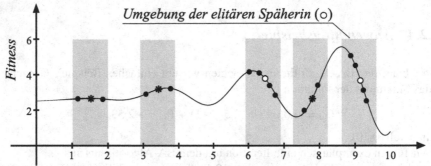

Rekrutierte Sammlerinnen (•) *in der grau markierten Umgebung der Späherinnen* (*) *und
der elitären Späherinnen* (o).

In jeder Umgebung wird die Biene mit dem höchsten Fitnesswert ausgewählt und
es werden zusätzlich fünf weitere Späherinnen für die globale Suche zufällig im
Lösungsraum verteilt.

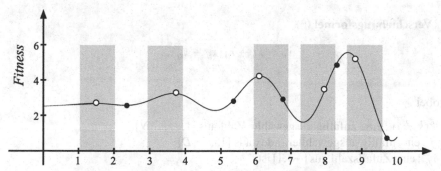

Ausgewählte Bienen mit dem höchsten Fitnesswert (○) in jeder Umgebung und zusätzliche fünf weitere zufällig ausgewählte Späherinnen (●).

Nachstehend die neue Generation von Bienen mit den folgenden Fitnesswerten:

x	1,5	2,3	3,8	5,3	6,1	6,8	7,9	8,3	8,8	9,8
$f(x)$	2,68	2,57	3,23	2,77	4,22	2,78	3,10	4,95	5,32	0,60

Die beste Lösung nach einer Iteration ist die Stelle 8,8 mit dem Fitnesswert 5,32.

15.3   Der ABC-Algorithmus

Der *ABC-Algorithmus (Artificial Bee Colony Algorithm)* wurde von Karabo 2005 [2] zur Lösung von kontinuierlichen Optimierungsproblemen eingeführt. Der wesentliche Unterschied zwischen dem ABC-Algorithmus und dem BA-Algorithmus besteht in der unterschiedlichen Strategie der lokalen Suche. Wie bei der BA-Methode repräsentiert die Position der Futterquelle eine potenzielle Lösung des Optimierungsproblems und die Nektarmenge der Futterquelle die Fitness. Bei dem ABC-Verfahren enthält die Population der künstlichen Bienen drei Gruppen von Individuen: die *Sammlerinnen*, die *Zuschauerinnen* und die *Späherinnen*. Die Anzahl der Sammlerinnen und die Anzahl der Zuschauerinnen betrage jeweils *SN*. Die Sammlerinnen markieren   *SN* Futterquellen (Lösungen) $x_i, i = 1, \ldots, SN$, und den Zuschauerinnen werden ebenfalls *SN* Futterquellen $y_i, i = 1, \ldots, S_N$, zugeordnet, wobei die Lösungen x_i bzw. y_i D-dimensionale Vektoren sind.

Die Struktur des ABC-Algorithmus setzt sich aus vier Phasen zusammen:

0. **Initialisierungsphase** Alle Futterquellen (Lösungen) $x_i, i = 1, \ldots, SN$, die von den Sammlerinnen markiert werden, werden zufällig im Suchraum initialisiert.

1. **Phase der Sammlerinnen** In dieser Phase suchen alle Sammlerinnen in der Umgebung der Stellen x_i nach einer besseren Futterquelle. Eine neue Futterquelle $v_i = (v_{i1}, \ldots, v_{iD})$, die aus $x_i = (x_{i1}, \ldots, x_{iD})$ für jedes $i \in \{1, \ldots, SN\}$ generiert wird, wird mit der folgenden Formel berechnet:

Verschiebungsformel (*)

$$v_{ij} = x_{ij} + r_{ij}(x_{ij} - x_{kj}),$$

wobei

- $k(k \neq i)$: eine zufällig ausgewählte Zahl aus $\{1, \ldots, SN\}$
- j : ein zufällig ausgewählter Index aus $\{1, \ldots, D\}$
- r_{ij} : eine Zufallszahl aus $[-1, 1]$ ist.

Falls der Fitnesswert von v_i besser ist als von x_i, so vergisst die Biene die alte Futterquelle und speichert die neue Futterquelle v_i. Im anderen Falle behält sie die Stelle x_i.

2. **Phase der Zuschauerinnen** Nachdem alle Sammlerinnen die lokale Suche beendet haben, werden die Zuschauerinnen über die Güte der einzelnen Futterquellen informiert. Diese treffen eine Entscheidung mit der Roulette-Methode (s. Abschn. 12.2.1.5), wobei umso mehr Zuschauerinnen in der Umgebung der Futterquelle x_m rekrutiert werden sollen, je größer die Fitness (Nektar) an dieser Stelle ist.

Zur Berechnung der Wahrscheinlichkeit p_m, mit der die Zuschauerin die Stelle x_m auswählt, muss zunächst die zu optimierende Funktion $f(x)$ in die Funktion $fit(x)$ transformiert werden. Diese Funktion ist definiert durch:

Minimierungsproblem	Maximierungsproblem
$fit(x_m) = \begin{cases} 1/z_m, & \text{falls } f(x_m) \geq 0 \\ z_m, & \text{falls } f(x_m) < 0 \end{cases}$	$fit(x_m) = \begin{cases} z_m, & \text{falls } f(x_m) \geq 0 \\ 1/z_m, & \text{falls } f(x_m) < 0 \end{cases}$

Dabei ist z_m definiert durch

$$z_m = 1 + |f(x_m)|.$$

Die Wahrscheinlichkeit p_m, mit der die Zuschauerin die Stelle x_m auswählt, ist dann definiert durch

$$p_m = \frac{fit(x_m)}{\sum_{i=1}^{SN} fit(x_i)}.$$

Ist für eine Zuschauerin probabilistisch die Futterquelle x_m bestimmt worden, so führt sie wie bei den Sammlerinnen mit der Verschiebungsformel (*) eine lokale Suche in der Umgebung von x_m durch. Hat die modifizierte Lösung einen höheren Fitnesswert, so verlässt die Zuschauerin ihre alte Position der Voriteration.

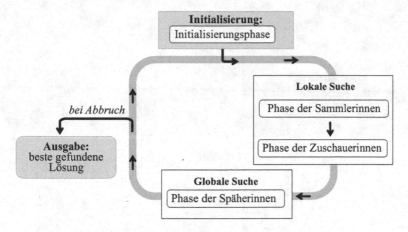

Abb. 15.5 Ablaufdiagramm des ABC-Algorithmus

3. **Phase der Späherinnen** Sammlerinnen, deren Lösungen nach einer vom Anwender vorgegebenen Anzahl von Iterationen nicht verbessert werden können, verlassen ihre Futterquelle, da sie nunmehr als ausgebeutet gilt. In diesem Fall konvertieren diese Sammlerinnen zu Späherinnen, die nach dem Zufallsprinzip im Lösungsraum neue Futterquellen aufsuchen und die dann wieder in Sammlerinnen mutieren.

Die Phasen 1 bis 3 werden so lange durchgeführt, bis die folgende Abbruch-bedingung erfüllt ist.

Abbruch Der Algorithmus wird abgebrochen, wenn eine vorgegebene maximale Anzahl von Iterationen erreicht ist.

Das Diagramm in Abb. 15.5 illustriert den Ablauf des ABC-Algorithmus.

Literatur

1. Pham DT, Ghanbarzadeh A, Koc E, Otri S, Rahim S, Zaidi M (2005) The bees algorithm. Technical Note Manufacturing Engineering Center, Cardiff University, Cardiff, UK
2. Karaboga D (2005) An idea based on honey bees swarm for numerical optimization. Technical Report TR06 Erciyes University Engineering Faculty, Computer Engineering Department

Kapitel 16
Fledermausalgorithmen

Vorbild des Fledermausalgorithmus (BAT-Algorithmus), der von Yang 2010 entwickelt wurde, ist die Echo-Ortung von Fledermäusen. Fledermäuse stoßen zur Peilung eines Beutetieres Ultraschallrufe aus, wobei je nach Geschwindigkeit und Entfernung zum Objekt die Anzahl, Dauer sowie Lautstärke der Rufe unterschiedlich sind. Mit dem BAT-Algorithmus, bei dem die Parameter der Ultraschallwellen des Echoortungssystems analog nachgebildet werden, können kontinuierliche Optimierungsprobleme gelöst werden. Osaba et. al. wendeten 2016 einen modifizierten BAT-Algorithmus auf das Problem des Handlungsreisenden an, der in diesem Kapitel beschrieben wird. Ebenfalls Gegenstand dieses Kapitels ist ein binärer BAT-Algorithmus, der von Sabba und Chiki 2014 entwickelt wurde.

16.1 Fledermäuse in der Natur

Fledermäuse sind die einzigen Säugetiere, die fliegen können. Bei ihnen sind die Hände zu Flügeln umgebildet. Weltweit gibt es etwa 900 verschiedene Fledermausarten, von denen die kleinsten Fledermäuse ein Gewicht von 2 g haben, während die Riesen-Flughunde 1,5 kg wiegen und eine Spannweite von 170 cm besitzen.

Die meisten Fledermausarten verfügen über ein Echoortungssystem, mit dem sie sich auch in der Dunkelheit orientieren und Beutetiere jagen können. Dabei stoßen sie zur Peilung während des Flugs für Menschen nicht hörbare Ultraschallrufe aus. Beutetiere und Hindernisse werfen im Schallkegel Echos zurück, woraus die Fledermäuse mit ihren ausgeprägten Ohren die Größe und die Entfernung der Objekte sowie die Geschwindigkeit der Beute ermitteln können. Fledermäuse passen die Art des Rufes den Gegebenheiten an. Die Anzahl und Dauer der Rufe sind variabel, wobei kurz vor dem Fang eines Beutetieres die Rufrate bis auf 100 Rufe pro Sekunde ansteigt, um damit die Beute präziser zu lokalisieren. Die Ultraschalllaute liegen dabei zwischen 20 und 110 kHz. Auch die Lautstärke einer Rufreihe ist unterschiedlich. Im offenen Gelände sind die Rufe lauter, während die Lautstärke in der Nähe von Beutetieren abnimmt (s. Abb. 16.1).

R. Hollstein, *Optimierungsmethoden*, https://doi.org/10.1007/978-3-658-39855-2_16

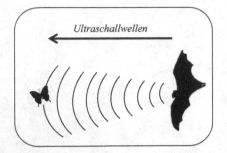 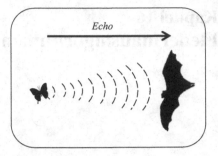

Abb. 16.1 Treffen die Ultraschallwellen, die von Fledermäusen ausgesendet werden, auf Beute-tiere, so werden diese als Echo zurückgeworfen. Die Fledermaus fängt die reflektierten Wellen ein und kann aus der Zeitdifferenz berechnen, wie weit das Beutetier entfernt ist und in welcher Richtung es sich mit welcher Geschwindigkeit bewegt.

16.2   Grundversion des BAT-Algorithmus

Im Folgenden wird der BAT-Algorithmus von Yang [1] vorgestellt.

Gegeben sei eine zu optimierende Fitnessfunktion $f : S \to \mathbb{R}$ mit dem d-dimensionalen Suchraum $S \subset \mathbb{R}^d$. Jedem Individuum i einer Population von n künstlichen Fledermäusen wird eine Position $x_i^t \in S$ und eine Geschwindigkeit v_i^t im Zeitschritt t zugeordnet. Jede Position x_i^t stellt eine Lösung des Optimierungs-problems dar.

Im Folgenden beschränken wir uns auf Minimierungsprobleme. Bei einer zu maximierenden Fitnessfunktion minimiere man die Funktion $g = -f$.

16.2.1   Parameter des BAT-Algorithmus

Parameter der Ultraschallwellen des Echoortungssystems der natürlichen Fleder-mäuse werden bei dem BAT-Algorithmus folgendermaßen nachgebildet:

Frequenz Der Frequenzbereich der künstlichen Fledermäuse wird festgelegt durch das Intervall $[f_{min}, f_{max}]$, wobei f_{max} eine obere Schranke und f_{min} eine untere Schranke des für das Optimierungsproblem relevanten Wertebereichs von f ist. Die Frequenz f_i^t der Fledermaus i zum Zeitschritt t wird berechnet mit der Formel

$$f_i^t = f_{min} + \beta(f_{max} - f_{min}),$$

wobei β eine gleichverteilte Zufallszahl in $[0,1]$ ist. Die Frequenz f_i^t bestimmt die Geschwindigkeit v_i^t der Fledermaus i.

Geschwindigkeit Die Geschwindigkeit v_i^t der Fledermaus i zum Zeitschritt t wird berechnet aus der Frequenz f_i^t und der global besten Position x^* aller Fledermäuse, die am Ende einer Iteration ermittelt wird:

$$v_i^t = v_i^{t-1} + f_i^t \cdot \left(x_i^{t-1} - x^* \right)$$

Je größer die Frequenz, umso größer ist die Geschwindigkeit der Fledermaus, d. h. sie fliegt schneller und weiter, um das Beutetier zu fangen. Die Geschwindigkeit wird für die Aktualisierung der Position x_i^t von Fledermaus i benötigt.

Pulsrate und Lautstärke Die Rate, mit der eine Fledermaus ihre Ultraschallrufe ausstößt, ändert sich mit der Entfernung zur Beute. Sie nimmt zu, wenn die Fledermaus sich dem Beutetier annähert. Für die künstliche Fledermaus i wird zum Zeitschritt t die Pulsrate r_i^{t+1} definiert durch

$$r_i^{t+1} = r_i^0 \left[1 - e^{-\gamma t} \right],$$

wobei $\gamma > 0$ ein Parameter ist und der Initialwert r_i^0 im Intervall $[0,1]$ festgelegt wird. Zu Anfang ist die Pulsrate niedrig, da die Fledermaus mit der Suche nach der Beute beginnt.

Umgekehrt nimmt die Lautstärke der Ultraschallrufe einer Fledermaus bei Annäherung an das Beutetier ab. Die Lautstärke A_i^t einer künstlichen Fledermaus i variiert im Intervall $[0, A_0]$ und ist definiert für einen Parameter $0 < \alpha < 1$ durch

$$A_i^{t+1} = \alpha A_i^t.$$

Es gilt dann

$$A_i^t \to 0 \text{ und } r_i^t \to r_i^0 \text{ für } t \to \infty.$$

Zur Vereinfachung setzt man in vielen Anwendungen $\alpha = \gamma$. Praxistauglich ist der Wert $\alpha = \gamma = 0{,}9$.

Die Lautstärke und die Pulsrate werden nur verändert, wenn die neue Lösung die bis dato global beste Lösung verbessert, d. h. wenn diese Fledermaus in Richtung der optimalen Lösung fliegt.

16.2.2 BAT-Algorithmus in der Grundversion

Die Struktur des BAT-Algorithmus in der Grundversion setzt sich aus den folgenden Phasen zusammen:

1. **Initialisierung** Die Fledermäuse der Population $S = \{1, \ldots, n\}$ werden zufällig im Suchraum verteilt. Zu der Initialposition x_i^0 der Fledermaus $i \in S$ wird die Pulsrate $r_i^0 \in [0,1]$, die Lautstärke $A_i^0 \in [0, A^0]$ und die Frequenz $f_i^0 \in [f_{min}, f_{max}]$ initialisiert. Für den Geschwindigkeitsvektor v_i^0 wählt man initial den Nullvektor, d. h. die Fledermaus startet mit dem Flug in der ersten Iteration auf der Suche nach der besten Lösung im Suchraum.

2. **Evaluierung und Bestimmung der global besten Fledermaus** In dieser Phase wird die Population evaluiert und die beste Position x^* aller Fledermäuse bestimmt. Während des Suchprozesses besitzt jede Fledermaus des Schwarms Kenntnis über die Position x^*.

3. **Zufallsflug des Schwarms** In jedem Zeitschritt t bewegt sich jede Fledermaus i des Schwarms zu einer neuen Position x_i^t. Sie wird berechnet aus dem Geschwindigkeitsvektor v_i^t, der Frequenz f_i^t und der aktuell besten Lösung x^*:

Zufallsflug des Schwarms

$$f_i^t = f_{min} + \beta(f_{max} - f_{min})$$
$$v_i^t = v_i^{t-1} + f_i^t \cdot (x_i^{t-1} - x^*)$$
$$x_i^t = x_i^{t-i} + v_i^t$$

Dabei ist β eine gleichverteilte Zufallszahl in $[0,1]$.

4. **Lokale Suche um eine elitäre Fledermaus** Für eine Fledermaus i wird immer dann in der Umgebung einer zufällig ausgewählten elitären Fledermaus y^* eine lokale Suche durchgeführt, wenn die Bedingung

$$rand(0,1) > r_i^t$$

erfüllt ist. Zu den elitären Fledermäusen gehören die m besten Fledermäuse (praxistauglich $m = 10$). Die neue Position x_i^t in der Umgebung der elitären Fledermaus y^* wird dann berechnet mit der Formel:

$$x_i^t = y^* + \varepsilon A^t,$$

wobei ε eine Zufallszahl aus $[-1,1]$ und A^t der Durchschnitt (arithmetisches Mittel) aller Lautstärken A_k^t von allen Fledermäusen k im Zeitschritt t ist. Die Durchschnittslautstärke A^t dient als Maß für die Entfernung des gesamten Schwarms zur Beute (s. Abb. 16.2).

Am Ende dieser Phase wird die Fledermaus i evaluiert.

5. **Aktualisierung der global besten Position** Die Position x_i^t einer Fledermaus i wird als neue global beste Lösung akzeptiert, wenn zu einer gleichverteilten Zufallszahl α in $[0, A^0]$ gilt:

$$A_i^t > \alpha \quad \text{und} \quad f(x_i^t) < f(x^*).$$

In diesem Fall wird die Lautstärke A_i und die Pulsrate r_i aktualisiert.

6. **Abbruch des BAT-Algorithmus** Der BAT-Algorithmus wird abgebrochen, wenn ein Abbruchkriterium erfüllt ist, wie z. B. das Erreichen einer vom Anwender vorgegebenen maximalen Anzahl von Iterationsschritten.

Das Diagramm in Abb. 16.3 illustriert den Ablauf des BAT-Algorithmus in der Grundversion.

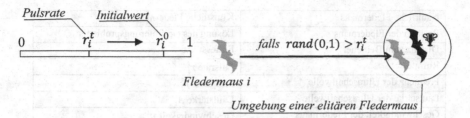

Abb. 16.2 Mithilfe der Pulsrate r_i^t einer Fledermaus i kann abgeschätzt werden, wie gut die Fledermaus positioniert ist. Je größer die Pulsrate, umso besser ist ihre Position im Vergleich zu ihren Schwarmmitgliedern. Bei kleineren Werten wird sie mit größerer Wahrscheinlichkeit eine lokale Suche in der Nähe einer elitären Fledermaus durchführen.

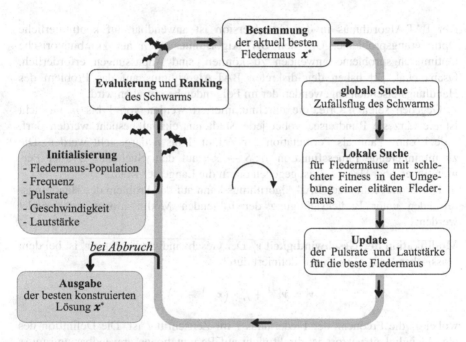

Abb. 16.3 Ablaufdiagramm des BAT-Algorithmus

16.2.3 Analogie zwischen natürlichen und künstlichen Fledermäusen

Die folgende Tabelle stellt die Analogie zwischen den natürlichen und künstlichen Fledermäusen dar.

Natürliche Fledermaus	Künstliche Fledermaus
Position der Fledermaus	Lösung des Optimierungsproblems
Distanz zum Beutetier	Fitnesswert
Rufrate	Pulsrate r_i^t
Frequenz der Ultraschallwelle	Frequenz f_i^t
Lautstärke der Ultraschallwelle	Lautstärke A_i^t
Geschwindigkeit der Fledermaus	Geschwindigkeit v_i^t

16.2.4 BAT-Algorithmus für das Problem des Handlungsreisenden

Der BAT-Algorithmus in der Grundversion ist anwendbar auf kontinuierliche Optimierungsprobleme. Um den BAT-Algorithmus auch auf kombinatorische Optimierungsprobleme anwenden zu können, sind Anpassungen erforderlich. Osaba et al. [2] haben den diskreten BAT-Algorithmus auf das Problem des Handlungsreisenden angewendet, der im Folgenden beschrieben wird.

Gegeben seien n Orte, die durchnummeriert werden von 1 bis n. Gesucht ist die kürzeste Rundreise, wobei jede Stadt nur einmal besucht werden darf. Jede Lösung kann als Permutation der Zahlen 1 bis n dargestellt werden. Die zu minimierende Fitnessfunktion $f : S \to \mathbb{R}^+$ auf dem Suchraum S aller Permutationen über $\{1,\ldots,n\}$ ist gegeben durch die Länge der Route.

Die Grundversion des BAT-Algorithmus kann auf das Problem des Handlungsreisenden unter Berücksichtigung der folgenden Modifikationen angewendet werden:

Modifikation der Geschwindigkeit v_i^t Der Geschwindigkeitsvektor v_i^t ist bei dem klassischen BAT-Algorithmus definiert durch

$$v_i^t = v_i^{t-1} + f_i^t \cdot \left(x_i^{t-1} - x^* \right),$$

wobei f_i^t die Frequenz der Fledermaus i im Zeitschritt t ist. Die Definition des Geschwindigkeitsvektors ist direkt nicht auf Permutationen anwendbar und muss in geeigneter Weise auf Permutationen adaptiert werden.

Die Geschwindigkeit v_i^t der Fledermaus i im Zeitschritt t wird definiert als ganze Zufallszahl

$$v_i^t = rand\left(1, h\left(x_i^{t-1}, x^*\right)\right) \in \mathbb{N}$$

zwischen 1 und $h\left(x_i^{t-1}, x^*\right)$, wobei $h\left(x_i^{t-1}, x^*\right)$ der Hamming-Abstand zwischen der Position (Permutation) x_i^t der Fledermaus i und der aktuell besten globalen Position x^* ist. Der Hamming-Abstand zweier Permutationen ist als Anzahl unterschiedlicher Stellen definiert, z. B. ist für zwei Permutationen $a = (1,2,3,4,5)$

und $b = (1,2,5,4,3)$ der Hamming-Abstand $h(a,b) = 2$. Bei der Berechnung der Geschwindigkeit v_i^t wird die Frequenz nicht berücksichtigt.

Zufallsflug des Schwarms Die Bewegungsformel

$$x_i^t = x_i^{t-1} + v_i^t$$

des BAT-Algorithmus in der Grundversion ist nicht direkt auf Permutationen anwendbar und muss geeignet modifiziert werden. Hierzu werden die von Lin und Kernighan eingeführten 2-opt und 3-opt Verfahren (s. Abschn. 7.5.1) eingesetzt:

2-opt Verfahren: Bei dem 2-opt Verfahren werden aus einer gegebenen Route zufällig *zwei* Verbindungsstrecken entfernt und die Route neu zusammengesetzt.

3-opt Verfahren: Im Gegensatz zum 2-opt Verfahren werden bei dem 3-opt Verfahren zufällig *drei* Verbindungsstrecken entfernt und eine zulässige Route neu gebildet.

Die Flugweite einer Fledermaus soll davon abhängen, wie gut sie im Vergleich zum gesamten Schwarm positioniert ist. Ist die Geschwindigkeit v_i^t niedrig, so kann angenommen werden, dass die Fledermaus i sich in der Nähe der besten Fledermaus befindet. In diesem Fall soll die Fledermaus mit dem 2-opt Verfahren einen kürzeren Weg ausführen. Umgekehrt soll bei einer größeren Geschwindigkeit die Fledermaus mittels des 3-opt Verfahrens eine größere Distanz zurücklegen. Dazu wird die neue Position x_i^t der Fledermaus i zum Zeitschritt t bestimmt mittels der folgenden Formel.

Zufallsflug des Schwarms

$$v_i^t = rand\left(1, h\left(x_i^{t-1}, x^*\right)\right) \in \mathbb{N}$$

$$(*) \quad x_i^t = \left\{ \begin{array}{l} 2 - opt\left(x_i^{t-1}, v_i^t\right) \text{ falls } v_i^t \leq \frac{n}{2} \\ 3 - opt\left(x_i^{t-1}, v_i^t\right) \text{ falls } v_i^t > \frac{n}{2} \end{array} \right\}$$

Der Ausdruck $2 - opt\left(x_i^{t-1}, v_i^t\right)$ (bzw. $3 - opt\left(x_i^{t-1}, v_i^t\right)$) gibt an, dass die Fledermaus i das $2 - opt$ (bzw. $3 - opt$) Verfahren auf die Route x_i^{t-1} insgesamt v_i^t mal anwendet und die beste Route auswählt.

Lokale Suche Ist die Bedingung $rand(0,1) > r_i^t$ für die Pulsrate r_i^t der Fledermaus i im Zeitschritt t erfüllt, so findet eine lokale Suche in der Umgebung einer elitären Fledermaus y^* statt, wobei y^* eine der k besten Fledermäuse ist. (Praxistauglich ist nach Osaba et al. [2] der Wert $k = 10$ bei einer Schwarmgröße von 50 Fledermäusen.) Die lokale Lösung x_i^t wird bestimmt mit der Formel $(*)$, wobei die global beste Fledermaus x^* in Formel $(*)$ durch die ausgewählte elitäre Fledermaus y^* ersetzt wird.

Unter Berücksichtigung der angegebenen Modifikationen kann dann der BAT-Algorithmus in der Grundversion auf das Problem des Handlungsreisenden angewendet werden.

16.3   Binärer BAT-Algorithmus

Sabba und Chiki [3] entwickelten einen BAT-Algorithmus (abgekürzt BinBA) zur
Lösung von Optimierungsproblemen in binären Suchräumen. Dieser Algorithmus
basiert auf einer Methode, die bei dem binären PSO Verfahren angewendet wurde
(s. Abschn. 13.6.1).

Gegeben sei eine zu minimierende Fitnessfunktion $f : S \to \mathbb{R}$ auf einem Suchraum S von binären Vektoren $x = (x_1, \ldots, x_D)$ mit $x_d \in \{0,1\}$, $d = 1, \ldots, D$. Die
Parameter Pulsrate r_i^t, Lautstärke A_i^t und Frequenz f_i^t werden auch beim binären
BAT-Algorithmus verwendet. Um den klassischen BAT-Algorithmus auf Binärvektoren anwenden zu können, sind wiederum folgende Anpassungen erforderlich.

Modifikation der Geschwindigkeit Der Geschwindigkeitsvektor $v_i^t = \left(v_{i1}^t, \ldots, v_{iD}^t\right)$
der Fledermaus i im Zeitschritt t wird benötigt, um die neue Position x_i^t zu berechnen.
Wie bei dem binären PSO-Verfahren werden die Komponenten v_{id}^t von v_i^t als Wahrscheinlichkeiten für eine Bitänderung interpretiert und mittels der Sigmoid-Funktion
$s(u) = 1/\left(1 + e^{-u}\right)$ in das Intervall [0,1] transformiert (vgl. Abschn. 13.6.1). Der
Wert $s\left(v_{id}^t\right)$ gibt dann die Akzeptanzwahrscheinlichkeit an, dass x_{id}^t den Wert 1
annimmt.

Zufallsflug des Schwarms Die Berechnung der neuen Position beim Zufallsflug
des Schwarms wird mithilfe der folgenden Formeln berechnet:

Zufallsflug des Schwarms (BinBA)

$$f_i^t = f_{min} + (f_{max} - f_{min})\beta, \quad \beta = rand(0,1)$$

$$v_i^t = v_i^{t-1} + f_i^t\left(x_i^{t-1} - x^*\right)$$

$$s\left(v_{id}^t\right) = \frac{1}{1 + e^{-v_{id}^t}}$$

$$x_{id}^t = \begin{cases} 1 & \text{wenn } rand(0,1) \leq s\left(v_{id}^t\right) \\ 0 & \text{sonst} \end{cases}, \quad d = 1, \ldots, D$$

Lokale Suche Ist für eine Fledermaus i zum Zeitschritt t mit der Position x_i^t eine
Zufallszahl $rand(0,1)$ größer als die Pulsrate r_i^t, so führt die Fledermaus i eine
lokale Suche in der Umgebung einer Position y^t durch, die aktuell zu den zehn
besten Positionen gehört. Die neue Position $\tilde{x}_i^t$ wird aus y^t gebildet, indem in
einem Abschnitt des Bitvektors $y^t = \left(y_1, \ldots, y_{p_1}, \ldots, y_{p_2}, \ldots, y_D\right)$ für zwei zufällig
ausgewählte Indizes p_1 und p_2 ($p_1 \leq p_2$) die Komponenten $y_{p_1}, \ldots, y_{p_2}$ mit der
Wahrscheinlichkeit $s\left(\varepsilon A^t\right)$ den Wert 1 annimmt. A^t ist wiederum der Durchschnitt
aller Lautstärken A_k^t und ε eine gleichverteilte Zufallszahl in $[-1, 1]$. Somit ist $\tilde{x}_i^t$
definiert durch

$$1 \leq j < p_1 : \widetilde{x}_{ij}^t = y_j^t$$

$$p_1 \leq j \leq p_2 : \widetilde{x}_{ij}^t = \begin{cases} 1 & \text{wenn } rand(0,1) \leq s(\varepsilon A^t) \\ 0 & \text{sonst} \end{cases}$$

$$p_2 < j \leq D : \widetilde{x}_{ij}^t = y_j^t$$

Zur Illustration dieser Formel betrachten wir folgendes Beispiel.

Beispiel Gegeben seien die grau markierten Werte der unteren Tabelle. Für die Position $\widetilde{x}_i^t$ ergibt sich dann der in der Tabelle angegebene Bitvektor.

Index	1	2	3	4	5	6	7	8
y^t	0	1	1	0	0	1	0	1
εA^t		1,23	-0,52	0,71	0,34			
$s(\varepsilon A^t)$		0,77	0,37	0,67	0,58			
$rand(0,1)$		0,23	0,71	0,45	0,61			
$\widetilde{x}_i^t$	0	1	0	1	0	1	0	1

Die Fledermaus i übernimmt die Position $\widetilde{x}_i^t$, wenn sie besser als die Position y^t ist, im anderen Fall werden diese Schritte maximal k-mal (praxistauglich $k = 5$) wiederholt. Wenn keine bessere Lösung als y^t erzielt wird, behält die Fledermaus i die ursprüngliche Position x_i^t.

Mit den angegebenen Anpassungen kann der BAT-Algorithmus in der Grundversion auf ein binäres Optimierungsproblem angewendet werden.

16.4   Multikriterieller BAT-Algorthmus

Yang [4] entwickelte einen BAT-Algorithmus zur Lösung von multikriteriellen Optimierungsproblemen und nannte dieses Verfahren MOBA -Algorithmus.

Gegeben sei ein multikriterielles Optimierungsproblem

$$\min_{x \in S}\{f_1(x),\dots,f_K(x)\}, \quad S \subset \mathbb{R}^n.$$

Mit der Methode der gewichteten Summe lässt sich dieses multikriterielle Optimierungsproblem überführen in ein einkriterielles Optimierungsproblem

$$\min_{x \in S} g(x) = \min_{x \in S} \sum_{k=1}^{K} w_k f_k(x), \quad \sum_{k=1}^{K} w_k = 1.$$

Eine Minimalstelle von $g(x)$ ist dann Pareto-optimal (vgl. Abschn. 9.1). Mit dem MOBA-Algorithmus werden N Näherungswerte der Pareto-Front erzeugt, indem N-mal der BAT-Algorithmus auf die Funktion $g(x)$ angewendet wird, wobei bei jedem Neustart des Algorithmus die Gewichtsfaktoren w_k mit $\sum_{k=1}^{K} w_k = 1$ erneut zufällig generiert werden, wodurch eine Diversität der Näherungslösungen erzielt werden kann.

Literatur

1. Yang XS (2010) A new metaheuristic bat-inspired algorithm. In: Nature Inspired Cooperative Strategies for Optimization (NISCO 2010), Bd SCI 284. Springer, Berlin, S 65–74
2. Osaba E, Yang X, Diaz F, Lopez-Garcia P, Carballedo R (2016) An improved discrete bat algorithm for symmetric and asymmetric traveling salesman problems. Engl Appl Artif Intell 48.C:59–71
3. Sabba S, Chikhi S (2014) A discrete binary version of bat algorithm for multidimensional knapsack problem. Int J Bio-Inspired Comput 6(2):140–152
4. Yang XS (2011) Bat algorithm for multiobjective optimization. Int J Bio-Inspired Comput 3(5):267–274

Kapitel 17
Künstliche Immunsysteme

In diesem Kapitel werden künstliche Immunsysteme (AIS) behandelt. Menschliche Immunsysteme sind sehr komplexe und effiziente Abwehrsysteme gegen Krankheitserreger. Viele Strategien und Prinzipien des menschlichen Immunsystems können imitiert werden, um komplexe Probleme in verschiedenen Anwendungen zu lösen, wie zum Beispiel Mustererkennung, Sicherheit von Computersystemen und Datenanalyse. AIS kann ebenfalls erfolgreich auf Optimierungsprobleme angewendet werden. Die Strategie der Optimierung mit AIS-Methoden unterscheidet sich jedoch von den bisher behandelten naturanalogen Optimierungsverfahren, bei denen unter Umgehung der lokalen Extremstellen gezielt die globale Extremstelle gesucht wird, analog den natürlichen Vorbildern. Bei dem natürlichen Immunsystem werden jedoch nicht die am besten angepassten Antikörper zu einem bestimmten Antigen (z. B. Virus) generiert, sondern möglichst für alle Antigene, die eine Infektion in einem Körper hervorrufen. Bei den AIS-Optimierungsmethoden, die das Immunsystem imitieren, werden entsprechend bei der Erforschung des Suchraumes die lokalen Extremstellen bewahrt. Oftmals unterscheiden sich die lokalen Extremwerte nur wenig von den globalen Extremwerten. Der Optimierer hat dann die Möglichkeit, unter den lokalen und globalen Extremstellen eine geeignete Stelle im Suchraum auszuwählen.

17.1 Natürliches Immunsystem

Das natürliche Immunsystem ist ein lernendes Abwehrsystem gegen Krankheitserreger, das anpassungsfähig ist und über ein „Gedächtnis" verfügt. Strategien und Prinzipien des Immunsystems sind Vorbild für künstliche Immunsysteme (AIS), die sich in zwei Klassen einteilen lassen:

Populationsbasierende AIS-Algorithmen Diese Verfahren sind inspiriert durch die *klonale Selektionstheorie* und durch die *negative* bzw. *positive Selektionstheorie*.

R. Hollstein, *Optimierungsmethoden*, https://doi.org/10.1007/978-3-658-39855-2_17

Netzwerkbasierende AIS-Algorithmen Darunter versteht man künstliche Immunsysteme, die die Prinzipien der *immunen Netzwerktheorie* adaptieren.

17.1.1 Angeborenes und erworbenes Immunsystem

Das Immunsystem schützt den Körper vor Infektionen durch *Antigene*. Als Antigen wird jeder Stoff bezeichnet, der eine Immunantwort hervorrufen kann. Dazu zählen u. a. Bakterien, Viren, Pilze, Toxine, Blütenpollen und Krebszellen. Man unterscheidet zwei große Hauptbereiche des Immunsystems, das angeborene und das erworbene Immunsystem.

Angeborenes Immunsystem
Das angeborene (unspezifische) Immunsystem ist von Geburt an einsatzbereit und bildet die erste Abwehrfront gegen Krankheitserreger und körperfremde Stoffe. Es bekämpft ein breites Spektrum von Antigenen. Zu den Abwehrzellen des angeborenen Immunsystems zählen die Granulozyten und Makrophagen.

- **Makrophagen:** Makrophagen sind große Fresszellen, die sich im Gewebe befinden. Diese Abwehrzellen können eine Vielzahl schädlicher Erreger und Substanzen an bestimmten Oberflächenstrukturen erkennen und diese dann vertilgen. Dabei schütten die Makrophagen Botenstoffe aus, um weitere Makrophagen und Granulozyten anzulocken.
- **Granulozyten:** Die von den Makrophagen angelockten (neutrophilen) Granulozyten, die sich größtenteils im Blut befinden, treten ins Gewebe über. Dort nehmen sie die Erreger in sich auf und zerstören sie.

Erworbenes Immunsytem
Das erworbene (spezifische) Immunsystem wird erst im Laufe des Lebens im Kontakt mit Krankheitserregern entwickelt. Es bekämpft unbekannte Antigene sowie Bakterien und Viren, die sich im Laufe der Zeit verändern. Die Abwehrzellen des erworbenen Immunsystems sind die Lymphozyten. Nach dem ersten Kontakt mit einem Antigen merken sich die Lymphozyten die Struktur des Erregers und können bei erneutem Kontakt sofort gezielt reagieren. Man spricht daher auch von einer „gelernten" Abwehr. Die Lymphozyten gehören zur Klasse der weißen Blutkörperchen (Leukozyten), die im Knochenmark und im Thymus hergestellt werden. Die beiden Hauptgruppen der Lymphozyten sind die B-Zellen und die T-Zellen.

B-Zellen Die B-Zellen haben ihren Namen aufgrund ihrer Entstehung im Knochenmark (englisch: bone marrow). Die B-Zellen reifen zu *Plasmazellen*, die spezielle Antikörper (Immunglobuline) produzieren. Die Antikörper bekämpfen Antigene, indem sie sich an sie binden und sie neutralisieren, sodass damit die Antigene von Fresszellen wie den Makrophagen verdaut werden können.

T-Zellen Die T-Vorläuferzellen werden im Knochenmark gebildet und wandern über die Blutbahn in den Thymus, der hinter dem Brustbein liegt. In dem

Thymus reifen die T-Vorläuferzellen aus (Der Buchstabe T steht für Thymus). Bei den T-Zellen unterscheidet man drei verschiedene Gruppen:

- **T-Helferzellen,** die andere Immunzellen aktivieren und helfen, Antigene zu zerstören. Sie sind die Offiziere im Abwehrkampf gegen Eindringlinge.
- **T-Killerzellen,** die die von Krankheitserregern befallenen Zellen oder Krebszellen auf Befehl der T-Helferzellen abtöten.
- **T-Suppressorzellen,** die Angriffe anderer Lymphozyten auf intakte Körperzellen unterdrücken.

Abb. 17.1 stellt das Klassifikationsschema für die einzelnen Immunzellen dar.

17.1.2   Affinität

B-Zellen

Die B-Zellen besitzen an ihrer Oberfläche Antikörper, die an spezifische Antigene angepasst sind. Ein Antikörper besitzt eine Y ähnliche Struktur, die in eine variable und eine konstante Region unterteilt ist. Die variable Region bestimmt, welches Antigen sich an einen Antikörper bindet, während der konstante Bereich die Antikörperklasse festlegt. (Es gibt fünf Antikörperklassen mit unterschiedlichen Funktionen.) Ein Antikörper bindet ein Antigen über Bindungsstellen, die jeweils am freien Ende des Y-Arms liegen. Dabei bindet ein Antikörper nur einen Teilbereich des Antigens, den man *Epitop* nennt. Die Antigen-Antikörper-Bindung kommt zustande über elektrostatische Kräfte, Wasserstoffbrücken, Van-der-Waals-Bindung und hydrophobe (wasserabweisende) Wechselwirkungen (s. Abb. 17.2).

Die Vielfalt der Antikörper wird durch folgenden Mechanismus erreicht: Die Antikörpergene werden aus bestimmten Genfragmenten eines Chromosoms zusammengesetzt, die zufällig in verschiedenen Variationen rekombiniert werden, wodurch eine beträchtliche Diversität erzeugt wird. Diesen Prozess nennt man *somatische Rekombination.*

Einige Antikörper, die anfänglich sich nur schwach an Antigene gebunden haben, werden zur Vermehrung angeregt, wobei Mutationen *(somatische Hypermutation)* auftreten, die zu einer höheren Anpassung führen können. Damit ist eine

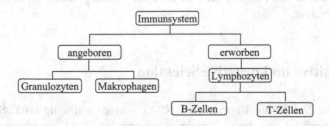

Abb. 17.1 Hauptgruppen von ausgewählten Immunzellen des menschlichen Immunsystems

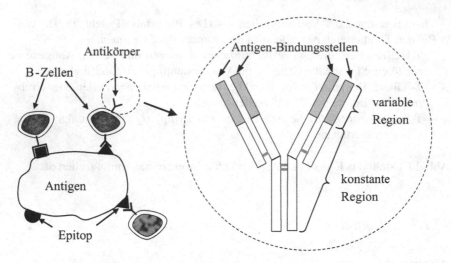

Abb. 17.2 Ein Antikörper ist Y förmig und besitzt eine Spezifität nur für ein Epitop eines Antigens. Antigene können verschiedene Epitope besizen, die auch andere Antikörper binden können.

Feinabstimmung möglich. Antikörper, die besser zum Antigen passen, werden selektiert und vermehren sich.

Unter der *Affinität* zwischen Antigen und Antikörper versteht man die Stärke der Bindung zwischen Antikörper und Epitop.

T-Zellen

Alle Zellen tragen auf ihrer Membran sogenannte MHC-Proteine (MHC, major histocompatibility complex), die für jeden Menschen einzigartig sind. Sie gelten als Ausweis für körpereigen. Die T-Zell-Rezeptoren sind ähnlich wie bei B-Zellen, jedoch können sie sich nur an MHC-Proteine binden und keine Antikörper absondern. Antigenverarbeitende Zellen wie z. B. Markrophagen nehmen das Antigen auf und zerlegen es in Teilstücke. Einige Stücke werden mit einem MHC-Protein gebunden und an die Oberfläche der Zelle befördert. Ein T-Zell-Rezeptor erkennt das mit dem MHC-Protein verknüpfte Antigenstück und kann sich daran binden. Der Antigen-Kontakt aktiviert die T-Zelle, sodass sie sich vermehrt und andere Immunzellen aktiviert (s. Abb. 17.3).

Unter Affinität bei T-Zellen versteht man die Bindungsstärke zwischen T-Zelle und MHC-Protein.

17.2   Positive und negative Selektion

Der *Negative-Selektions-Algorithmus* (NSA) wurde erstmalig von S. Forrest et al. [1] eingeführt, die dieses Verfahren anwendeten, um Computersysteme vor Schadsoftware zu schützen. Der NSA ahmt das folgende Thymusmodell nach.

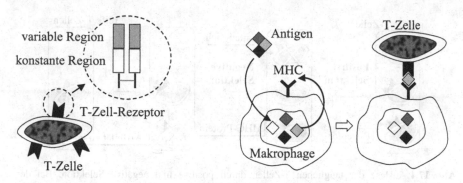

Abb. 17.3 Der T-Zell-Rezeptor besitzt wie der B-Zellen-Antikörper eine obere variable Region und eine untere konstante Region. Fresszellen wie Makrophagen nehmen Erreger auf, zerlegen sie in Bruchstücke und präsentieren den T-Zellen Antigenfragmente mit MHC-Proteinen auf ihren Zellmembranen.

17.2.1 Thymusmodell

Die T-Vorläuferzellen, die aus den Knochenmarkstammzellen gebildet werden, wandern in den Thymus und werden dort geschult, körpereigene (Selbst) von körperfremden (Nicht-Selbst) Stoffen zu unterscheiden. Zunächst erfolgt die *positive Selektion*. Dabei werden die T-Zellen selektiert, die die körpereigenen MHC-Proteine binden können, die anderen T-Zellen werden als untauglich aussortiert und sterben ab. Im nächsten Schritt werden bei der sogenannten *negativen Selektion* von den übriggebliebenen T-Zellen wiederum die T-Zellen eliminiert, die eine zu starke Affinität zu den körpereigenen MHC-Proteinen aufweisen. Damit soll eine Autoimmunkrankheit, die zu einer Schädigung des eigenen Gewebes führt, verhindert werden. Durchschnittlich überleben weniger als 10 % der T-Zellen diese Selektionsprozesse. Die selektierten (reifen) T-Zellen wandern in die Blutbahn und in die lymphatischen Organe (s. Abb. 17.4).

17.2.2 Künstliche positive und negative Selektion

Das Thymusmodell dient u. a. als Vorbild für die Mustererkennung und den Schutz von unerlaubten Eingriffen in Computersysteme und Netzwerke. In der Terminologie der künstlichen Immunsysteme werden die MHC-Proteine *Selbstzellen* genannt. Die Menge S der Selbstzellen wird mit *Selbstmenge* bezeichnet. Die T-Zellen werden daraufhin getestet, ob sie sich mit Selbstzellen binden können.

In den meisten Anwendungen werden die Selbstzellen und T-Zellen dargestellt als Bitfolge gleicher Länge, da in vielen Fällen Daten binär codiert werden können. Die Affinität zwischen Selbstzellen und T-Zellen kann dann definiert werden durch:

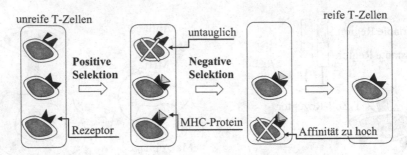

unreife T-Zellen

Positive
Selektion

untauglich

Negative
Selektion

reife T-Zellen

Rezeptor

MHC-Protein

Affinität zu hoch

Abb. 17.4 Auslese der tauglichen T-Zellen durch positive und negative Selektion. Bei der positiven Selektion werden die untauglichen T-Zellen entfernt, wohingegen bei der negativen Selektion die T-Zellen eliminiert werden, deren Affinität zu MHC-Proteinen zu hoch ist, um Autoimmunkrankheiten zu verhindern.

Definition Für zwei Bitstrings x und y der Länge n und einer natürlichen Zahl $r \leq n$ heißen x und y *r-affin,* wenn mindestens r Bits ab einer Position p in x und y identisch sind. r heißt dann *Affinitätsgrad.*

Beispiel Für $x = 1001\underline{011}$ und $y = 1011\underline{010}$ sind x und y 3-affin, und damit auch 1- und 2-affin, aber nicht 4-affin.

Der Negative-Selektions-Algorithmus (NSA) und der Positive-Selektions-Algorithmus (PSA) sind Verfahren, die die negative bzw. die positive Selektion des Thymusmodells nachahmen. Beide Verfahren werden zum Beispiel bei der Anomalie-Detektion eingesetzt, um unerlaubte Aktivitäten in Netzwerken zu erkennen. Bei PSA wird ein Repertoire von Detektoren erzeugt, das bekannte Muster erkennt, während bei NSA Detektoren generiert werden, die nicht bekannte Muster erkennen sollen.

17.2.2.1 Positiver-Selektions-Algorithmus

Typischerweise besteht der Positive-Selektions-Algorithmus aus zwei Phasen, der Detektorphase und der Überwachungsphase. In der Detektorphase werden Selbststrings, die eine zu schützende Datenmenge repräsentieren, mit zufällig generierten Strings (T-Zellen) verglichen. Ein String (T-Zelle) wird als Detektor übernommen, wenn er zu einem Selbststring affin ist. In der Überwachungsphase werden die geschützten Strings mit den Detektoren verglichen. Strings, die **nicht** affin mit einem Detektor sind, werden als systemfremd identifiziert.

Ablauf der Detektorphase bei PSA
Ein Repertoire R von Detektoren wird bestimmt durch folgenden Algorithmus:

Gegeben Eine Menge S von Selbstzellen (Selbstmenge) und ein Affinitätsgrad r

1. **Zufallsauswahl** Erzeuge zufällig eine T-Zelle x

2. **Selektion** Die T-Zelle x wird in das Repertoire R eingefügt, wenn x zu mindestens einer Selbstzelle aus S r-affin ist.

Die Anweisungen 1 und 2 werden so lange wiederholt, bis eine vorgegebene Anzahl von Detektoren generiert ist (s. Abb. 17.5).

17.2.2.2 Negativer-Selektions-Algorithmus

Im Gegensatz zum PSA werden beim NSA die zufällig erzeugten Strings als Detektoren ausgewählt, die zu allen Selbststrings **nicht** affin sind. Das so erstellte Repertoire an Detektoren erkennt ausschließlich Elemente, die nicht systemeigen sind. Strings, die in der Überwachungsphase affin zu einem Detektor sind, werden als Nicht-Selbst identifiziert.

Ablauf der Detektorphase
Ein Repertoire R von Detektoren wird bestimmt durch folgenden Algorithmus:

1. **Zufallsauswahl** Erzeuge zufällig eine T-Zelle x
2. **Selektion** Die T-Zelle x wird in das Repertoire R eingefügt, wenn x zu allen Selbstzellen aus S **nicht** r-affin ist.

Die Anweisungen 1 und 2 werden so lange wiederholt, bis eine vorgegebene Anzahl von Detektoren generiert ist (s. Abb. 17.6).

17.2.2.3 Beispiel

Als Anwendung des NSA betrachten wir beispielhaft die von S. Forrest et al. [1] eingeführte Methode zur Erkennung von unerlaubten Änderungen in Computersystemen. Für die Generierung von Detektoren wird ein zu schützender Bitstring

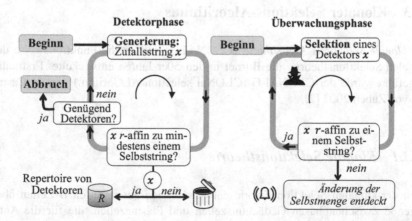

Abb. 17.5 Ablauf der Detektorphase und der Überwachungsphase für PSA

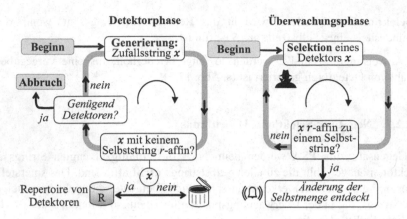

Abb. 17.6 Ablauf der Detektorphase und der Überwachungsphase für NSA

in Teilstrings (Selbstzellen) gleicher Bitlängen aufgeteilt. Als Beispiel betrachten wir den zu schützenden String

$$00011\,11010\,10101\,11000,$$

der in Selbstzellen der Bitlänge 5 gesplittet wird, die in der Selbstmenge S gespeichert werden. R_0 sei ein Repertoire von zufällig erzeugten Bitstrings der Länge 5, deren Affinität mit den Selbstzellen bestimmt wird. Der Affinitätsgrad sei $r = 3$. Elemente von R_0, die nicht 3-affin zu allen Selbstzellen sind, werden in R gespeichert und in der Überwachungsphase mit den Selbstzellen auf Affinität überprüft werden. Eine unerlaubte Änderung der Selbstzellen wird erkannt, wenn ein Detektor mit einer Selbstzelle 3-affin ist. In Abb. 17.7 ist ein solcher Fall dargestellt.

17.3 Klonaler Selektions-Algorithmus

Der *klonale Selektions-Algorithmus* (CLONALG) imitiert die Funktionsweise der klonalen Selektionstheorie, die Burnet in den 50er-Jahren entwickelte. Erstmalig eingeführt wurde der CLONALG (CLONal selection ALGorithm) von de Castro und von Zuben 2002 [2].

17.3.1 Klonale Selektionstheorie

Nach der klonalen Selektionstheorie entwickeln sich aus unreifen B-Zellen über folgende Zwischenphasen Gedächtniszellen und Plasmazellen, die für die Antigene maßgeschneiderte Antikörper produzieren (s. Abb. 17.8):

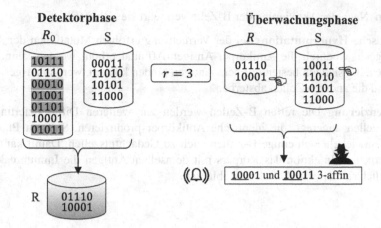

Abb. 17.7 Die grau markierten Strings in R_0 sind nicht als Detektoren geeignet, da sie mit mindestens einer Selbstzelle aus S 3-affin sind. Dagegen werden die Strings 01110 und 10001 als Detektoren akzeptiert, da sie mit keiner Selbstzelle 3-affin sind. In der Überwachungsphase wird das Element 10011 aus S, das 3-affin mit dem Detektor 10001 ist, als systemfremd erkannt.

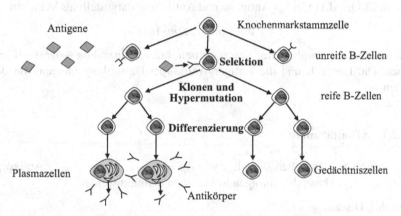

Abb. 17.8 Schematische Darstellung des Entwicklungsweges einer B-Zelle zu antigenspezifischen Plasma- und Gedächtniszellen

Selektion Unreife B-Zellen, die zuvor noch keinen Kontakt mit Antigenen hatten, besitzen an ihrer Oberfläche ganz spezifische Antikörper. Hat eine unreife B-Zelle an ein passendes Antigen angekoppelt (Schlüssel-Schloss-Prinzip), so wird sie aktiviert und wird zu einer reifen B-Zelle.

Rezeptor-Edition B-Zellen, die körpereigene Antigene (Autogene) erkennen, werden eliminiert oder vollziehen eine sogenannte *Rezeptor-Edition*. Dabei entwickeln die B-Zellen durch Rekombination ihrer Antikörpergene (somatische Rekombination) neue Rezeptoren.

Klonen Nach der Aktivierung der B-Zelle vermehrt sie sich stark.

Somatische Hypermutation Bei der Vermehrung erfolgen Mutationen der Antikörpergene, wodurch die Antikörper-Antigen-Affinität erhöht werden kann. Die B-Zellen, die sich am besten mit dem Antigen binden können, werden ausgewählt, während die anderen Zellen absterben.

Differenzierung Die reifen B-Zellen werden zur weiteren Differenzierung in Plasmazellen angeregt, die identische Antikörper produzieren. Statt zu Plasmazellen entwickeln sich einige B-Zellen auch zu Gedächtniszellen. Damit kann bei einer erneuten Infektion des Körpers mit demselben Antigen die Immunreaktion wesentlich schneller und effektiver ablaufen.

17.3.2 CLONALG für Mustererkennung

In der Terminologie des künstlichen Immunsystems wird nicht unterschieden zwischen B-Zellen und den Antikörpern, die aus den B-Zellen generiert werden. Bei dem CLONALG werden Antigene und Antikörper dargestellt als Vektoren

$$m = (m_1, \ldots, m_L)$$

gleicher Länge L, wobei die Komponenten binär, ganzzahlig oder reell sein können. Die Länge L und die Antigen/Antikörper-Darstellung hängen von dem Problem ab.

17.3.2.1 Affinitätsmaße

Die Affinität zwischen Antigen $Ag = (x_1, \ldots, x_L)$ und Antikörper $Ab = (y_1, \ldots, y_L)$ kann durch folgende Metriken definiert werden:

Hamming-Distanz
Für binäre Komponenten ist die Affinität von Ag und Ab umgekehrt proportional zur Hamming-Distanz

$$d = \sum_{i=1}^{L} \delta_i, \quad \delta_i = 1 \text{ für } x_i \neq y_i \quad \text{und} \quad \delta_i = 0 \text{ sonst.}$$

Euklidische Distanz
Für reelle Komponenten ist die Affinität von Ag und Ab umgekehrt proportional zur Euklidischen Metrik

$$d = \sqrt{(x_1 - y_1)^2 + \cdots + (x_L - y_L)^2}.$$

17.3.2.2 Ablauf des CLONALG

Gegeben

- Eine Population Ag von M Antigenen
- Ein Repertoire Ab von N Antikörpern
- Zwei Teilmengen Ab_m und Ab_r von Ab. Die Menge $Ab_m (m \leq N)$ besteht aus m Gedächtniszellen und $Ab_r (r = N - m)$ ist die Restmenge in Ab.
- Anzahl n der zu klonenden Antikörper

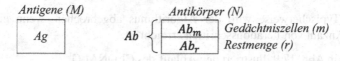

Die Struktur des CLONALG-Algorithmus nach de Castro und von Zuben [2] für die Mustererkennung setzt sich aus den folgenden Phasen zusammen:

1. **Initialisierung** Es wird zufällig ein Repertoire $Ab = Ab_m \cup Ab_r$ von N Antikörpern initialisiert.
2. **Auswahl eines Antigens** Es wird ein Antigen Ag_k aus Ag ausgewählt, das allen N Antikörpern präsentiert wird.
3. **Evaluation** Es wird die Affinität zwischen Ag_k und allen N Antikörpern bestimmt.
4. **Klonale Selektion** Die Antikörper werden bezüglich der Affinität absteigend sortiert. Die n Antikörper mit der höchsten Affinität werden ausgewählt und proportional zur Affinität geklont. Je höher die Affinität, umso größer wird die Anzahl der Klone gewählt. Die Anzahl der Klone für den i-platzierten Antikörper ist festgelegt durch

$$N_i = round\left(\frac{\beta \cdot N}{i} \right),$$

   wobei *round* die Rundungsfunktion auf die nächste größere ganze Zahl ist und β der Klon-Koeffizient ist, der die Anzahl der Klone steuert. Zum Beispiel werden für $N = 100$ und $\beta = 1$ insgesamt 100 Klone für den erstplatzierten Antikörper erzeugt.
5. **Hypermutation** Alle geklonten Antikörper werden antiproportional zur Affinität mutiert. Unähnliche Antikörper werden stärker mutiert, während für Antikörper mit höherer Affinität eine niedrigere Mutationsrate gewählt wird. Die Mutation erfolgt ähnlich wie bei genetischen Algorithmen. Bei Binärstrings beispielsweise werden einzelne Bits negiert, bei Strings von reellen Zahlen wird ein Wert zufällig verändert oder in anderen Fällen werden Elemente vertauscht.

6. **Selektion des besten Antikörpers** Aus der Menge der geklonten Antikörper wird das Element mit der höchsten Affinität zu Ag_k als Kandidat für die Menge Ab_m der Gedächtniszellen ausgewählt. Es ersetzt den Antikörper mit der niedrigsten Affinität aus Ab_m, sofern die Affinität größer ist.

7. **Ersetzung** In dem Repertoire Ab_r werden d Antikörper $(d < r)$ mit den geringsten Affinitäten zu Ag_k durch zufällig erzeugte Antikörper ersetzt. Damit wird die Diversität in der Population der Antikörper erhöht.

Die Iteration ist abgeschlossen bzw. eine neue Generation ist erzeugt, wenn alle Antigene aus Ag ausgewählt und jeweils die Schritte 3 bis 7 durchgeführt wurden.

Abbruch Typischerweise wird der Algorithmus abgebrochen, wenn eine vorgegebene Anzahl von Iterationsschritten erreicht ist.

Die Grafik in Abb. 17.9 illustriert den Ablauf des CLONALG.

17.3.2.3 Beispiel (Mustererkennung)

Gegeben seien die Muster L und C, wie unten dargestellt. Sie bilden die Antigene, die als Bitstring der Länge 16 mit vier 4-Bit-Segmenten codiert werden, wobei jede Zeile ein 4-Bit-Segment repräsentiert. (Für ein dunkles Feld wird das Bit auf 1 und für ein helles Feld 0 gesetzt.)

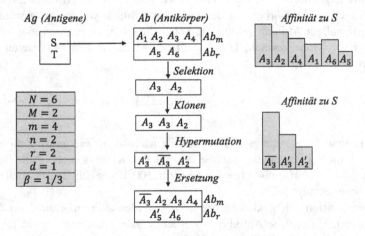

Abb. 17.9 Beispielhaft der Ablauf des CLONALG, wobei das Antigen S zu allen Antikörpern präsentiert wird. Dabei wird der bestplatzierte Antikörper A_3 zweimal geklont ($N_1 = 2$) und der zweitplatzierte Antikörper A_2 einmal geklont ($N_2 = 1$). Der Antikörper mit der niedrigsten Affinität A_5 in Ab_r wird ersetzt durch einen ($d = 1$) zufällig erzeugten Antikörper A_5'. Die Iteration ist abgeschlossen, wenn noch Antigen T präsentiert wird und die Menge Ab aktualisiert ist.

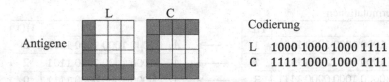

Codierung

L   1000 1000 1000 1111
C   1111 1000 1000 1111

Gegeben sei das folgende zufällig initialisierte Antikörper-Repertoire Ab, bestehend aus den folgenden sechs Antikörpern $A_1, \ldots, A_6$.

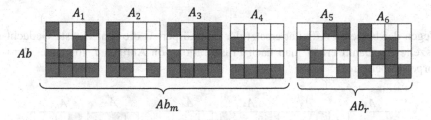

Mithilfe des CLONALG sollen die Antikörper diese Zeichen erkennen. Wir beschränken uns auf die Präsentation des Antigens L und führen eine Iteration durch.

Als Affinität wird die Hamming-Distanz (abgekürzt HD) zugrunde gelegt. In der unteren Tabelle sind die Hamming-Distanzen der Antikörper zu dem Antigen

$$L \quad 1000\ 1000\ 1000\ 1111$$

und in der rechten Spalte ihre Platzierungen dargestellt.

Nr.	Codierung	HD	🏆
A_1	1001 0010 1100 1111	4	3
A_2	1000 1000 1000 1101	1	1
A_3	1011 0011 1001 1111	6	5
A_4	0000 1000 0000 1111	2	2
A_5	0011 1001 0100 1101	7	6
A_6	1000 1010 0110 1011	5	4

Der bestplatzierte Antikörper A_2 wird proportional zur Affinität *zweimal* und der zweitplatzierte Antikörper A_4 wird *einmal* geklont. Die Klone werden anschließend antiproportional zur Affinität mutiert, wobei ein Bit der Klone von Antikörper A_2 jeweils an *einer* zufälligen Stelle negiert wird und die Bits des Klons von Antikörper A_4 an *zwei* zufällig ausgewählten Positionen negiert werden. Weiterhin wird der letztplatzierte Antikörper A_5 aus Ab_r durch einen zufällig erzeugten Antikörper A_5' ersetzt.

Hypermutationen

		HD
A_2	1000 1000 1000 1101	1
A_2	1000 1000 1000 1101	1
A_4	0000 1000 0000 1111	3

$\longrightarrow$

		HD
A_2'	1010 1000 1000 1101	2
$\hat{A}_2$	1000 1100 1000 1101	2
A_4'	1000 1000 1000 1111	0

Ersetzung

A_5	0011 1001 0100 1101	7

$\longrightarrow$

A_5'	0111 0001 0101 1011	9

Wegen der besseren Affinität ersetzt der Antikörper A_4' die schlechteste Gedächtniszelle A_1. Damit erhält man nach Präsentation von Antigen L folgendes Antikörper-Repertoire:

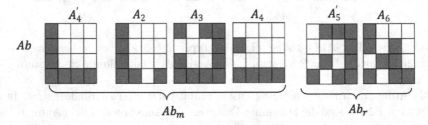

Die Antikörper mit der größten Affinität zu L können als Gedächtniszellen für das Muster L ausgewählt werden. Das vereinfachte Beispiel illustriert, wie im Laufe der Iterationen die Antikörper sich den zu erkennenden Antigenen anpassen. Der Ablauf für Antigen C erfolgt analog.

17.3.3 CLONALG für Optimierung

Der CLONALG für Mustererkennung kann auf die Optimierung von kontinuierlichen Funktionen sowie auf die kombinatorische Optimierung mithilfe der folgenden Modifikationen adaptiert werden (vgl. de Castro und von Zuben [2]):

- Ein Antikörper repräsentiert eine Lösung, während Antigene nicht berücksichtigt werden. Die Affinität zu einem Antigen wird ersetzt durch den Funktionswert der Lösung bzw. Antikörper (s. Abb. 17.10).
- Das Repertoire Ab der Antikörper besteht nur aus Gedächtniszellen, d. h. $Ab = Ab_m$.
- Es werden nicht ein, sondern die n besten geklonten Antikörper in Ab übernommen.

Typischerweise werden die Antikörper codiert als Strings von binären, ganzen oder reellen Zahlen.

Abb. 17.10 Darstellung des
Antikörpers und Affinität bei
Anwendung des CLONALG
für eine zu maximierende
Funktion $f(x)$

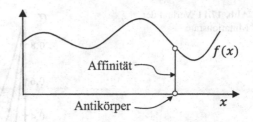

17.3.3.1   Ablauf des CLONALG für Optimierung

Die Struktur des CLONALG-Algorithmus für Maximierungsprobleme setzt sich
aus den folgenden Phasen zusammen:

Gegeben N : Repertoiregröße von Ab
n : Anzahl der zu klonenden Antikörper
β : Klon-Koeffizient
d : Anzahl der schlechtesten Antikörper, die ersetzt werden
ρ : Mutationskoeffizient

Gesucht Antikörper mit den höchsten Funktionswerten

1. **Initialisierung** Es werden N Antikörper zufällig initialisiert, die Lösungen des
   Optimierungsproblems repräsentieren.
2. **Affinität** Für jede Lösung wird die Affinität (d. h. Funktionswert) ermittelt.
3. **Selektion** Die n besten Antikörper aus Ab werden ausgewählt und in dem
   Repertoire Ab_n gespeichert.
4. **Klonen** Jeder Antikörper aus Ab_n wird geklont, wobei unabhängig von der
   Affinität des Antikörpers die Anzahl der Klone festgelegt wird durch

$$M = round(\beta \cdot N)$$

5. **Hypermutation** Alle geklonten Antikörper werden abhängig zur Affinität
   (Funktionswert) f mutiert mit der Mutationsrate

$$\alpha\left(f^*\right) = e^{-\rho f^*}.$$

Die Zahl f^* ist die zu f in $[0,1]$ normierte Affinität, definiert durch

$$f^* = \frac{f - f_{min}}{f_{max} - f_{min}} \in [0,1],$$

wobei f_{max} die größte und f_{min} die kleinste Affinität aller Antikörper ist.
Die Hypermutationsrate fällt bei zunehmender normalisierter Affinität. ρ ist ein
Parameter, der das Gefälle der Funktion $\alpha(f^*)$ steuert (s. Abb. 17.11).

Abb. 17.11 Verlauf der
Mutationsrate

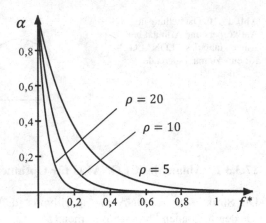

6. **Re-Selektion** Die n besten geklonten Antikörper werden ausgewählt und in das Repertoire Ab übernommen.
7. **Ersetzung** Aus dem Repertoire der Antikörper werden die d schlechtesten Mitglieder entfernt und durch Zufallsauswahl mittels neuer Antikörper ersetzt.

Die Schritte 2 bis 7 werden so lange wiederholt, bis eine Abbruchbedingung erfüllt ist.

Abbruch Typischerweise nach einer festen Anzahl von Generationen.

Der CLONALG reproduziert Antikörper mit hoher Affinität und selektiert die verbesserten Nachkommen, wodurch die lokale Suche einzelner Antikörper verstärkt wird (Exploitation). Auf der anderen Seite wird durch die Ersetzung der schlechtesten Antikörper durch neue zufällig erzeugte Antikörper die Exploration des Suchraumes unterstützt.

In Abb. 17.12 wird graphisch der Ablauf des CLONALG für Optimierungen dargestellt

17.3.3.2 Analogie zwischen dem natürlichen Immunsystem und dem CLONALG für Optimierungen

Die folgende Tabelle stellt die Analogie zwischen dem natürlichen Immunsystem und der künstlichen klonalen Selektion für Optimierungen dar:

Natürliches Immunsystem	CLONALG für Optimierungen
Antikörper	Lösung des Optimierungsproblems
Affinität	Zielfunktion
Klonen	Reproduktion der Lösungen
Somatische Hypermutation	Mutation der Lösung
Rezeptor-Editing	Zufallsauswahl der Lösungen

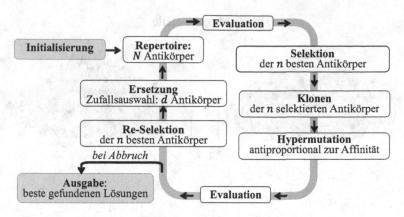

Abb. 17.12 Ablaufdiagramm des CLONALG für Optimierungen

17.3.3.3 Beispiel

Als Anwendungsbeispiel betrachten wir die zu maximierende Funktion

$$f(x, y) = x \, \sin(4\pi x) - y \, \sin(4\pi y + \pi) + 1$$

im Suchraum $[-1,2] \times [-1,2]$, die mehrere lokale Maximalstellen und eine globale Maximalstelle besitzt.

De Castro und von Zuben [2] wendeten den CLONALG auf diese Funktion an, wobei sie die Elemente des Suchraums für x und y jeweils als Bitstring der Länge $L = 22$ codierten, was einer Genauigkeit von sechs Dezimalstellen hinter dem Komma entspricht. Die Affinität ist definiert als Funktionswert $f(x, y)$ nach Decodierung von x und y als reelle Zahl. (Zur Vorgehensweise der Codierung und Decodierung reeller Zahlen siehe Abschn. 12.5.1.1) Nach 50 Iterationsschritten bei einer Population von 100 Antikörpern generiert der CLONALG aus einer inertialen Anfangspopulation Lösungen, die der rechten Grafik der Abb. 17.13 entsprechen. Wie aus dieser Grafik zu entnehmen ist, liefert der CLONALG als Lösungen eine Menge von lokalen Maxima, darunter das globale Maximum. Bei den bisher behandelten naturanalogen Optimierungsverfahren konzentrierte sich die ganze Population von Individuen in Richtung der besten Lösung, wobei die Diversität sukzessive reduziert wurde, während im Gegensatz dazu der CLONALG eine diversitätserhaltende Eigenschaft besitzt. Oftmals sucht man nicht das globale Optimum, sondern ein Gebiet des Suchraums, in dem besonders viele lokale Extremstellen sich befinden.

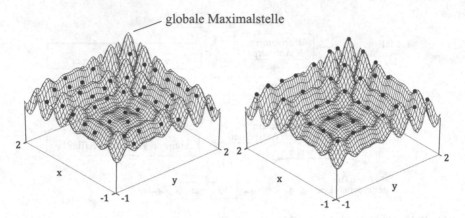

globale Maximalstelle

Abb. 17.13 Linke Grafik: Inertiale Antikörper-Population, **rechte Grafik:** Antikörper-Population nach Anwendung des CLONALG (nach de Castro und von Zuben [2])

17.4 Immuner-Netzwerk-Algorithmus

Ein bekannter AIS-Algorithmus, der die Netzwerktheorie von Jerne nachahmt, ist der von de Castro und von Zuben 2001 [3] eingeführte *aiNet-Algorithmus (aritificial immune network)* zur Lösung von Clusterproblemen. Im Folgenden wird die Jernesche Netzwerktheorie kurz vorgestellt.

17.4.1 Die Jernesche Netzwerktheorie

In der klonalen Selektionstheorie wird angenommen, dass das Immunsystem ohne Anwesenheit von Antigenen sich in einem Ruhezustand befindet. Im Gegensatz dazu geht man in der von N. Jerne 1974 entwickelten Netzwerktheorie davon aus, dass das Immunsystem ein dynamisches und autonomes System ist, das aus Immunzellen besteht, die sich ohne äußere Reize gegenseitig erkennen und miteinander kommunizieren können. Die Immunzellen sind in der Lage, sich gegenseitig zu stimulieren, zu aktivieren oder zu unterdrücken.

Ein Antikörper bindet sich bei hinreichender Affinität an einen Teilbereich eines Antigens, den man Epitop nennt (s. Abschn. 17.1.2). Die Bindungsstelle des Antikörpers heißt *Paratop*. Nach der Netzwerktheorie von N. Jerne besitzen Antikörper ebenfalls Epitope und können damit auch von anderen Antikörpern erkannt werden (s. Abb. 17.14).

Die Epitope der Antikörper, die sich an dem variablen Bereich des Antikörpers befinden, werden *Idiotop* genannt. Die Gruppe der Antikörper mit gleichem Idiotop heißt *Idiotyp*. Die Idiotope können ihrerseits als Antigene auftreten und eine Antikörperbildung auslösen. Wenn ein Idiotop eines Antikörpers

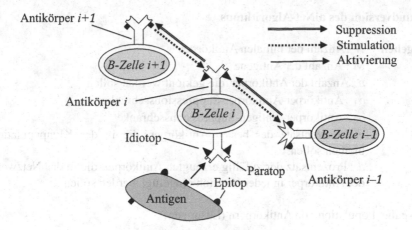

Abb. 17.14 Schematische Darstellung des idiotopischen Netzwerkes

von einem Paratop eines anderen Antikörpers erkannt wird, so werden Antikörper dieses Idiotops unterdrückt *(Suppression)* und die Konzentration wird reduziert. Auf der anderen Seite werden Antiköper, deren Paratope Idiotope anderer Antikörper erkennen, stimuliert und die Konzentration wird erhöht. Damit entsteht ein komplexes Netzwerk von Paratopen, die Idiotope erkennen und Idiotope, die von Paratopen erkannt werden. Dieses Netzwerk wird *idiotopisches Netzwerk* genannt und wurde von N. Jerne beschrieben. Für diese Netzwerktheorie erhielt er 1984 den Nobelpreis. Das idiotopische Netzwerk ist ein dynamischer Zustand, bei dem auch ohne Antigene Zellen gebildet und vernichtet werden. Diese Netzwerkaktivität wird auch *Metadynamik* genannt.

Der folgende aiNet-Algorithmus imitiert die Metadynamik, womit durch permanente Erzeugung neuer Elemente und Beseitigung unbrauchbarer Zellen die Struktur des künstlichen Immunsystems dynamisch gesteuert werden kann.

17.4.2   Der aiNet-Algorithmus

Der aiNet Algorithmus wird auf eine Population *Ag* von Antigenen angewendet, die erkannt werden sollen und auf eine Population *Ab* von Antikörpern, die Netzwerkknoten (Netzwerkzellen) in einem Netzwerk repräsentieren. Antigene und Antikörper werden dargestellt als Vektoren reeller Zahlen gleicher Länge. Nach Definition ist die „Antigen-Antikörper" Affinität (*Ag-Ab*-Affinität) umgekehrt proportional zum Euklidischen Abstand, während die „Antikörper-Antikörper" Affinität (*Ab-Ab*-Affinität) gleich dem Euklidischem Abstand ist. Im Folgenden betrachten wir den aiNet-Algorithmus in der Grundversion von de Franca et al. [4].

Grundversion des aiNet-Algorithmus

Gegeben N : Anzahl der initialen Antikörper
M : Anzahl der Antigene
n : Anzahl der Antikörper, die geklont werden sollen
σ_1 : Antikörper-Antikörper-Suppressionsschranke
σ_2 : Antikörper-Antigen-Suppressionsschranke
m : Prozentsatz der besten Antikörper, die in der Klonpopulation
bleiben sollen
d : Prozentsatz der zufällig erzeugten Antikörper, die in das Netzwerk
der Antikörper in jeder Iteration eingefügt werden sollen

Ausgabe Population von Antikörpern (Lösungen)

1. **Initialisierung** Generiere zufällig eine initiale Population von N Antikörpern
2. **Antigen-Präsentation** Führe für jedes Antigen folgende Schritte aus:
   2.1 **Evaluation** Bestimme die *Ag-Ab* Affinität für alle Netzwerk-Antikörper
   zum Antigen.
   2.2 **Selektion** Wähle n Netzwerk-Antikörper mit der höchsten *Ag-Ab* Affinität aus.
   2.3 **Klonen** Erzeuge zu jedem der n ausgewählten Antikörper N_C Klone,
   wobei N_C proportional zur *Ag-Ab* Affinität ist. N_C wird berechnet mit der
   Formel

   $$N_C = \sum_{i=1}^{n} round\left(N - D_{ij}N\right),$$

   wobei N die Anzahl aller aktuellen Antikörper ist und *round*() die
   Rundungsfunktion auf die nächste ganze Zahl ist. D_{ij} ist der Euklidische
   Abstand zwischen dem Antikörper $i \in \{1, \ldots, n\}$ und dem aktuell
   präsentierten Antigen j.
   2.4 **Hypermutation** Mutiere jeden Klon antiproportional zu seiner
   Ag-Ab-Affinität und belasse $m\%$ mit der höchsten Affinität in der
   Klonpopulation.
   2.5 **Apoptose (programmierter Zelltod)** Eliminiere alle Antikörper der
   Klonpopulation, deren *Ag-Ab*-Affinität zu dem Antigen kleiner als σ_2 ist.
   2.6 **Klonale Suppression** Bestimme die *Ab-Ab*-Affinität unter allen
   mutierten Klone und eliminiere diese, wenn die *Ab-Ab*-Affinität zu einem
   anderen Klon kleiner als σ_1 ist.

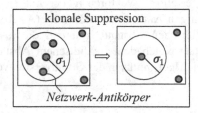

    2.7 Netzwerkkonstruktion Füge die übrig gebliebenen Klone in das Netzwerk ein.

3. **Netzwerkinteraktionen**

    3.1 Evaluation Bestimme die *Ab-Ab*-Affinität zwischen den Netzwerk-Antikörpern.

    3.2 Netzwerk-Suppression Entferne jeden Antikörper, dessen *Ab-Ab*-Affinität zu einem anderen Antikörper kleiner als σ_1 ist.

    3.3 Diversität Füge zufällig erzeugte Antikörper in das Netzwerk ein, deren Anzahl $d\%$ der aktuellen Antikörper -Population entspricht.

Wiederhole die Schritte 2 bis 3, bis eine Abbruchbedingung erfüllt ist.

Abbruch Als Abbruchbedingung kann z. B. eine vordefinierte Anzahl von Iterationschritten gewählt werden.

Bemerkungen
Die Schritte 2.1 bis 2.5 beschreiben die klonale Selektion (vgl. Abschn. 17.3.1), während die restlichen Schritte 2.6 bis 3.3 die idiotopische Netzwerktheorie imitieren. Die klonale Suppression eliminiert die ähnlichen Antikörper innerhalb einer Klonpopulation, während die Netzwerk-Suppression ähnliche Antikörper zwischen den verschiedenen Mengen von Klonen unterdrückt. Schritt 3.3 bewirkt eine breitere Exploration des Suchraumes.

17.4.3 Anwendung (Clusteranalyse)

Unter Clusteranalyse versteht man Verfahren mit dem Ziel, ähnliche Objekte zu Gruppen (Cluster) so zusammenzufassen, dass Objekte innerhalb einer Gruppe ähnlich und Objekte zwischen den Gruppen unähnlich sind. Die einzelnen Merkmale der Objekte können als Merkmalvektor zusammengefasst werden. Die Distanz zwischen den Objekten kann zum Beispiel mithilfe der Euklidischen Distanz berechnet werden (s. Abb. 17.15).

Die Methode des aiNet-Algorithmus soll mit dem Beispiel aus de Castro und von Zuben [3] illustriert werden. Gegeben seien 50 Objekte (Antigene), die in fünf

Abb. 17.15 Drei Cluster mit verschiedenen Merkmalen

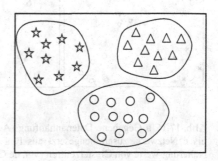

Clustern mit jeweils 10 Objekten aufgeteilt sind, wie in der Abbildung 17.16 dargestellt.

Nach Anwendung des aiNet-Algorithmus auf diese Datenanhäufung ergibt sich mit den in [3] angegebenen Werten der Parameter nach zehn Generationen ein Netzwerk, bestehend aus zehn Antikörpern, wodurch die Größe der Datenmenge auf 20 % reduziert werden kann. Durch Verbindungen der Netzwerk-Antikörper erhält man fünf einzelne Subgraphen für jeden Cluster, wobei alle Verbindungen entfernt werden, deren Längen größer einer Konstanten σ_{cut} sind. Die Mittelpunkte dieser Verbindungen stellen Clusterzentren (geometrische Schwerpunkte) dar (s. Abb. 17.16).

17.4.4 Der opt-aiNet -Algorithmus

Der opt-aiNet-Algorithmus ist eine Variante des aiNet-Algorithmus zur Optimierung von unimodalen und multimodalen Funktionen, die von De Castro und J. Timmis [5] eingeführt wurde. Die Hauptmechanismen des opt-aiNet besteht aus der Generierung von Klonen, Mutation der Klone und der Suppression, bei der redundante Lösungen eliminiert werden. Durch die Suppression und durch Erzeugung neuer Individuen wird die Größe der Population dynamisch gesteuert. Es ist eine Zielsetzung des opt-aiNet, die lokalen Extremstellen zur Erforschung des Suchraumes zu bewahren.

Im Folgenden wird die nachstehende Terminologie zugrunde gelegt:

(Netzwerk)-Zelle: Individuum der Population, repräsentiert durch einen Vektor reeller Komponenten

Fitness: Maß für die Güte einer Zelle in Bezug auf den Funktionswert

Affinität: Euklidischer Abstand zwischen zwei Zellen

Klon: Identische Kopie einer Elternzelle

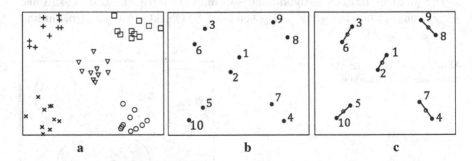

Abb. 17.16 a Gegebene Datenanhäufung (Antigene) **b** Netzwerkzellen (Antikörper) als Ergebnis **c** Netzwerk, zusammengesetzt aus fünf Subgraphen. Die Mittelpunkte „o" repräsentieren Näherungswerte von Clusterzentren (vgl. de Castro und von Zuben [3]).

Grundversion des opt-aiNet

Der opt-aiNet setzt sich aus den folgenden Phasen zusammen:

Gegeben N : Anzahl der initialen Netzwerkzellen

N_c : Anzahl der Klone für jede Zelle

σ : Suppressionsparameter

d : Prozentsatz der zufällig erzeugten Antikörper, die in das Netzwerk der Antikörper in jeder Iteration eingefügt werden sollen

β : Mutationsrate

Gesucht Extremstellen einer zu optimierenden Funktion f

1. **Initialisierung** Es werden N Zellen zufällig initialisiert, die Lösungen des Optimierungsproblems repräsentieren.
2. **Klonen** Zu jeder Zelle werden N_c Klone generiert.
3. **Hypermutation** Jeder Klon unterzieht sich einer Hypermutation in Abhängigkeit von der Fitness der Elternzelle. Die Mutation wird berechnet durch folgende Gleichung:

$$c' = c + \left(\frac{1}{\beta} e^{-f^\star} \right) \cdot N(0,1),$$

wobei
- $c = $ Klon
- $c' = $ mutierter Klon von c
- $f^\star = $ Fitness von c, normalisiert in $[0,1]$ (siehe Abschn. 17.3.3.1)
- $N(0,1) = $ Gaußscher Zufallsvektor, d. h. in jeder Komponente wird eine normalverteilte Zufallszahl (s. Abschn. 12.6.4.1) erzeugt.
- $\beta = $ Mutationrate
  Die Zelle c' wird eliminiert, wenn sie außerhalb des Definitionsbereiches von f liegt.

4. **Evaluation** Jeder Klon wird bzgl. der Fitness evaluiert.
5. **Selektion** Aus jeder Subpopulation, bestehend aus dem Elternteil und seinen Klonen, wird die fitteste Zelle selektiert.

Bei Verbesserung der durchschnittlichen Fitness der Population gehe nach 2. sonst nach 6. Eine Verbesserung der durchschnittlichen Fitness liegt vor, wenn die prozentuale Differenz zwischen dem Mittelwert aller Affinitäten (Funktionswerte) der aktuellen Antikörper und dem Mittelwert der Voriteration größer als eine vorgegebene Schranke ε ist.

6. **Evaluation** Die Affinität (Euklidischer Abstand) der Zellen untereinander wird berechnet.

7. **Suppression** Für jedes Paar von Zellen, deren Affinität kleiner als der Suppressionsparameter σ ist, wird die schlechtere Zelle eliminiert. Damit wird eine Anhäufung von Zellen in einer lokalen Extremstelle vermieden.

8. **Diversität** Die Population wird durch zufällig ausgewählte Zellen ergänzt, deren Anzahl $d\%$ der aktuellen Population entspricht.

9. Gehe nach Schritt 2.

Abbruch Typischerweise nach einer vorgegebenen Anzahl von Iterationsschritten

In Abb. 17.17 ist graphisch der Ablauf des opt-aiNet-Algorithmus dargestellt.

Beispiel
Als Anwendungsbeispiel betrachten wir die zu maximierende Funktion (Schaffer Funktion)

$$f(x,y) = 0{,}5 + \frac{\cos^2(\sqrt{x^2 + y^2}) - 0{,}5}{1 + 0{,}001\,(x^2 + y^2)}$$

im Suchraum $[-10,10] \times [-10,10]$, die eine globale Maximalstelle in $(0,0)$ und unendlich viele lokale Maximalstellen besitzt, die konzentrische Kreise um die globale Maximalstelle bilden. Die globale Maximalstelle ist iterativ insofern schwer zu lokalisieren, da der Funktionswert in dieser Stelle nur unwesentlich von den Funktionswerten in den lokalen Extremstellen abweicht.

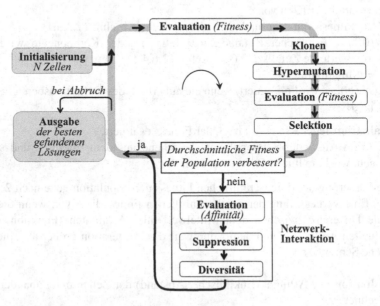

Abb. 17.17 Ablaufdiagramm des opt-aiNet-Algorithmus

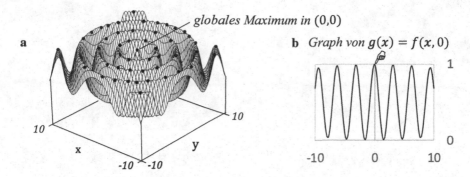

Abb. 17.18 a Verteilung der Netzwerkzellen nach Anwendung des opt-aiNet-Algorithmus **b** Der Maximalwert in (0,0) weicht nur geringfügig von den Funktionswerten in den lokalen Maximalstellen ab .

De Castro und Timmis [5] wendeten den opt-aiNet auf die Funktion $f(x, y)$ an, deren Ergebnisse beispielhaft in Abb. 17.18 dargestellt sind. Dabei konnte das globale Maximum ermittelt werden, wobei die Zellen der Population bei einer weiträumigen Verteilung vorwiegend die lokalen Extremstellen besetzen.

Folgende Parameterwerte wurden von den Autoren verwendet:

Parameter	Wert
N: Anzahl der initialen Netzwerkzellen	20
N_c: Anzahl der Klone für jede Zelle	10
σ: Suppressionsparameter	0,2
d: Prozentsatz der zufällig erzeugten Zellen für jede Iteration	40
β: Mutationsrate	100
Maximale Anzahl der Iterationen	500

Literatur

1. Forrest S, Perelson S, Allen L, Cherukuri R. 1994. Self-nonself discrimination in a computer. In: Proceedings of the 1994 IEEE symposium on research in security and privacy, S 202–212
2. de Castro LN, von Zuben FJ (2002) Learning and optimization using the clonal selection principle. IEEE Trans Evol Comput, Spec Issue Artif Immune Sys 6:239–251
3. de Castro LN, von Zuben FJ (2001) aiNet: an artificial immune network for data analysis. In: HA Abbas, RA Sarker, CS Newton (Hrsg) Data mining: a heuristic approach, chapter XII. USA: Idea Group publishing, S 231–259
4. de Franca FO, Coelho GP, Castro P, Von Zuben FJ (2010) Conceptual and practical aspects of the aiNet family of algorithms. Int J Natural Comput Res 1:1–35
5. de Castro LN, Timmis J (2002) An artificial immune network for multimodal function optimization. Proc IEEE Congr Evol Comput 1:699–674

Kapitel 18
Übersicht: Naturanaloge Optimierungen

Allgemein lassen sich die naturanalogen Optimierungsverfahren in physik-
basierende, evolutionäre, schwarmbasierende Algorithmen sowie künstliche
Immunsysteme unterteilen. In einem Diagramm werden die in diesem Buch
behandelten naturanalogen Optimierungsmethoden in dieses Klassifizierungs-
schema eingeordnet. In der Literatur wurde eine Vielzahl weiterer naturanaloger
Optimierungsmethoden entwickelt. Eine Auswahl dieser Verfahren ist in einer
Tabelle aufgelistet. Von diesen aufgelisteten Methoden gibt es mitunter weitere
Varianten.

18.1 Naturanaloge Optimierungen in diesem Buch

In dem folgenden Diagramm sind die in diesem Buch behandelten naturanalogen
Optimierungsmethoden in der Grundversion aufgeführt.

R. Hollstein, *Optimierungsmethoden*, https://doi.org/10.1007/978-3-658-39855-2_18

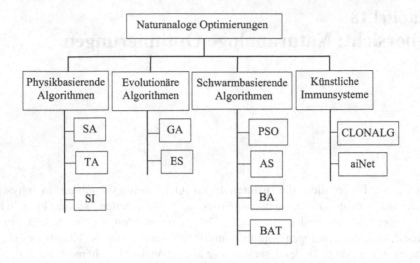

SA: Simulated-Annealing-Algorithmus
TA: Threshhold-Accepting-Algorithmus
SI: Sinflut-Algorithmus
GA: Genetischer Algorithmus
ES: Evolutionsstrategien
PSO: Partikelschwarmalgorithmus
AS: Ameisenalgorithmus
BA: Bienenalgorithmus
BAT: Fledermausalgorithmus
CLONALG: Klonaler Selektions-Algorithmus
aiNet: Künstlicher-Immunnetzwerk-Algorithmus

18.2 Übersicht weiterer naturanaloger Optimierungsmethoden

In der Literatur wurde eine Vielzahl weiterer naturanaloger Optimierungsmethoden entwickelt. Eine Auswahl dieser Verfahren ist in der folgenden Tabelle
aufgelistet. Von diesen aufgelisteten Methoden gibt es mitunter wiederum weitere
Varianten.

Autoren	Algorithmus	Vorbild
[1]	Bacteria Foraging Optimization Algorithm (BFOA)	Bakterielle Nahrungssuche von Coli-bakterien
[2]	Imperialist Competitive Algorithm	Imperialistischer Wettbewerb
[3]	Firefly Algorithm (FA)	Variation der Leuchtkraft von Glüh-würmchen
[4]	Gravitational Search Algorithm (GSA)	Massenanziehungskraft

Autoren	Algorithmus	Vorbild
[5]	Firework Algorithm (FWA)	Explosionsprozess von Feuerwerkskörpern
[6]	Cuckoo Search Algorithm (CSA)	Fortpflanzungsstrategien von Kuckucksvögeln
[7]	Hunting Search Algorithm (HS)	Beutejagd in Gruppen (Löwen, Wölfe, Delphine)
[8]	Spiral Optimization Algorithm (SPO)	Spiralphänomene in der Natur
[9]	Curved Space Optimization (CSO)	Konzepte der Raum-Zeit-Krümmung in der Allgemeinen Relativitätstheorie
[10]	Flower Pollination Algorithm (FPA)	Bestäubungsprozess von Blütenpflanzen
[11]	Krill Herd Algorithm (KH)	Herdenverhalten von Krill-Individuen
[12]	Cuttlefish Algorithm (CFA)	Farbwechsel der Haut von Tintenfischen
[13]	Seeker Optimization Algorithm (SOA)	Verhalten der Menschen bei der Suche
[14]	Exchange Market Algorithm (EMA)	Verfahren des Aktienhandels an der Börse
[15]	Black Hole Algorithm (BH)	Schwarzes-Loch-Phänomene
[16]	Spider Monkey Algorithm (SMO)	Verhalten von Klammeraffen
[17]	Dragonfly Algorithm (DA)	Statisches und dynamisches Schwarmverhalten von Libellen
[18]	Mayfly Algorithm (MA)	Flugverhalten und Paarungsprozess von Eintagsfliegen
[19]	Golden Eagle Optimizer (GEO)	Jagdverhalten von Steinadlern
[20]	Momentum Search Algorithm (MSA)	Impulserhaltungssatz
[21]	FBI inspired meta-optimization (FBI)	Ermittlungs- und Verfolgungsprozess mit Polizeibeamten
[22]	Jellyfish Search (JS)	Bewegungen von Quallen in einem Quallenschwarm

Literatur

1. Passino KM (2002) Biomimicry of bacterial foraging for distributed optimization and control. IEEE Control Syst 22(3):52–67
2. Atashpaz-Gargari E, Lucas C (2007) Imperialist competitive algorithm: an algorithm for optimization inspired by imperialistic competition. IEEE Congr Evol Comput 7:4661–4666
3. Yang X (2009) Firefly algorithms for multimodal optimization. In: Stochastic algorithms: foundation and applications. Lecture notes in computer sciences, Bd. 5792, S 169–178
4. Rashedi E, Nezamabadi-pour H, Saryazdi S (2009) GSA: A gravitational search algorithm. Inf Sci 179:2232–2248
5. Tan Y, Zhu Y (2010) Fireworks algorithm for optimization. In International Conference in Swarm Intelligence, LNCS 6145. Springer Verlag. Berlin Heidelberg, S 355–364
6. Yang XS, Deb S (2009) Cuckoo search via Lévy flights. World congress on nature & biologically inspired computing. IEEE Publications, S 210–214
7. Oftadeh R, Mahjoob MJ, Shariatpanahi M (2011) A novel metaheuristic optimization algorithm inspired by group hunting of animals: hunting search. Comput Math Appl 60:2087–2098

8. Tamura K, Yasuda K (2011) Primary study of spiral dynamics inspired optimization. IEEJ Trans Electr Electron Eng 6(S1):98–100
9. Moghaddam FF, Moghaddam RF, Cheriet M (2012) Curved space optimization: a random search based on general relativity theory. arXiv: 1208.2214:1–16
10. Yang XS (2012) Flower pollination algorithm for global optimization. In: International conference on unconventional computation and natural computation, lecture notes in computer science, Bd. 7445, S 240–249
11. Gandomi AH, Alavi AH (2012) Krill herd: a new bio-inspired optimization algorithm. Commun Nonlinear Sci Numer Simul 17(12):4831–4845
12. Eesa AS, Brifcani AM, Orman Z (2014) A new tool for global optimization problems – cuttlefish algorithm. Int Sch Res Innov 8(9):1235–1239
13. Zhu Y, Dai C, Chen W (2014) Seeker optimization algorithm for several practical applications. Int J Comput Intell Sys 7(2):353–359
14. Ghorbani N, Babaei E (2014) Exchange market algorithm. Appl Soft Comput 177–187
15. Kumar S, Datta D, Singh SK (2015) Black hole algorithm and its applications. In: Computational intelligence applications in modeling and control. Springer International Publishing, S 147–170
16. Sharma A, Sharma A, Panigrahi BK, Kiran D, Kumar R (2016) Ageist spider monkey optimization. Computation 28:58–77
17. Mirjalili S (2016) Dragonfly algorithm: a new meta-heuristic optimization technique for solving single-objective, discrete, and multi-objective problems. Neural Comput Appl 27:1053–1073
18. Zervoudakis K, Tsafarakis S (2020) A mayfly optimization algorithm. Comput Ind Eng 145:106559
19. Mohammadi-Balani A, Dehghan Nayeri M, Azar A, Taghizadeh-Yazdi M (2021) Golden eagle optimizer: a nature-inspired metaheuristic algorithm. Comput Ind Eng 152:107050
20. Dehghani M, Samet H (2020) Momentum search algorithm: a new meta-heuristic optimization algorithm inspired by momentum conservation law. SN Appl Schiences 2:1720
21. Chou J-S, Nguyen N-M (2020) FBI inspired meta-optimization. Appl Soft Comput 93:106339
22. Chou JC, Truong DN (2021) A novel metaheuristic optimizer inspired by behavior of jellyfish in ocean. Appl Math Comput 389:125535

Teil IV
Neuronale kombinatorische Optimierung

Kapitel 19
Neuronale Netze

Künstliche neuronale Netze imitieren die Arbeitsweise des menschlichen Gehirns. Sie bestehen aus Neuronen (Knoten), die über gewichtete Kanten mit anderen Neuronen verbunden sind. Die Neuronen nehmen von außen oder von anderen Neuronen Informationen auf und geben sie je nach Gewichtung der Kanten modifiziert an andere Neuronen weiter. Typische Anwendungsgebiete neuronaler Netze sind Bild-, Sprach-, Muster- oder Schrifterkennung. Beim sogenannten überwachten Lernen wird dem neuronalen Netz ein Beispieldatensatz von Ein- und Ausgabemustern vorgegeben. Die vom Netz erzeugten Ausgabemuster werden mit den vorgegebenen Ausgabemustern verglichen. Die Korrektur der Kantengewichte erfolgt durch Minimierung der Abweichungen. Das Gradientenabstiegsverfahren stellt eine geeignete Optimierungsmethode dar, um die Gewichtsänderungen beim Lernen zu bestimmen. Ebenso sind naturanaloge Optimierungsmethoden, wie zum Beispiel genetische Algorithmen einsetzbar. Nach dem Training ist das Netz in der Lage, unbekannte Muster zu erkennen.

19.1 Natürliches neuronales Netz

Das *neuronale Netz* (Gehirn) besteht aus einer Vielzahl von Nervenzellen *(Neuronen),* die untereinander durch *Synapsen* miteinander verbunden sind. Es ist ein extrem komplexes Kommunikationssystem, das eine enorme Menge an Informationen gleichzeitig aussenden und empfangen kann.

Ein Neuron besteht aus einem Zellkörper und einer einzelnen ausgedehnten Verlängerung *(Axon),* über die Nachrichten ausgesendet werden. Neuronen verfügen weiterhin über zahlreiche Zweige *(Dendriten),* mit denen sie Signale empfangen. Im Zellkörper (Soma) werden alle Informationen der Dendriten gesammelt und am Axonhügel, der in das Axon übergeht, miteinander verrechnet und aufsummiert. Beim Überschreiten eines Schwellenwerts wird ein Signal in Form eines elektrischen Impulses entlang des Axon zu der Synapse (Kontaktstelle zwischen Neuronen) weitergeleitet und dort mittels sogenannter Neurotransmitter (chemische Botenstoffe) an das nachgeschaltete Neuron übertragen, wo es

R. Hollstein, *Optimierungsmethoden*, https://doi.org/10.1007/978-3-658-39855-2_19

wieder in ein elektrisches Signal umgebildet wird. Die Synapsen können dabei die Signale verstärken oder hemmen. Das Gehirn eines Erwachsenen enthält etwa 100 Billionen Synapsen (s. Abb. 19.1).

19.2 Das künstliche Neuron

Die Funktionsweise eines biologischen Neurons kann auf folgende Weise mathematisch modelliert werden:

Eingänge Das künstliche Neuron besteht aus n Eingängen $x_1, \ldots, x_n$, die den Dendriten des biologischen Vorbilds entsprechen.

Gewichte Die Eingabewerte werden mit Gewichten $w_1, \ldots, w_n$ multipliziert, wobei positive Gewichte die Eingabe verstärken und negative Werte die Eingabe hemmen. Die Gewichte entsprechen dabei den Synapsenstärken. Die Gewichte bestimmen auf eine Eingabe die Ausgabe des neuronalen Netzes und stellen damit einen Informationsspeicher dar.

Übertragungsfunktion Die *Übertragungsfunktion* $\varphi(x)$ berechnet die gewichtete Summe der Eingangswerte und ist gegeben durch

$$\varphi(\boldsymbol{x}) = \sum\nolimits_{i=1}^{n} w_i x_i, \quad \boldsymbol{x} = (x_1, \ldots, x_n).$$

Aktivierungsfunktion Der Wert $\varphi(\boldsymbol{x})$ wird mit einem *Schwellenwert* Θ verglichen. Liegt der Wert über Θ, so „feuert" das Neuron. Der Ausgabewert a wird durch die *Aktivierungsfunktion* bestimmt, wobei f_{hea} die sogenannte Heaviside-Funktion ist.

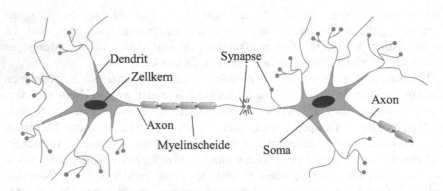

Abb. 19.1 Typische Struktur einer Nervenzelle (Neuron)

$$a = f_{hea}(x) = \begin{cases} 1 & \text{wenn } \varphi(x) - \Theta \geq 0 \\ 0 & \text{wenn } \varphi(x) - \Theta < 0 \end{cases}$$

Heaviside-Funktion

In Abb. 19.2 ist graphisch ein künstliches Neuron dargestellt.

Biasneuron Ein Neuron „feuert", wenn

$$(-1) \cdot \Theta + w_1 x_1 + \cdots + w_n x_n \geq 0$$

gilt. Es erweist sich als vorteilhaft, den Schwellenwert Θ als Gewicht eines Neurons mit dem Eingabewert -1 darzustellen. Dieses Neuron nennt man *Bias*. Ein künstliches Neuron mit den Eingabewerten x_1, x_2 und dem Schwellenwert Θ kann in der Form wie unten abgebildet dargestellt werden.

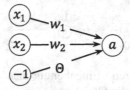

Beispiel
Mit künstlichen Neuronen können Boolesche Funktionen beschrieben werden. Beispielsweise ist die Konjunktion AND darstellbar als künstliches Neuron mit den zwei binären Eingängen x_1 und x_2, den Gewichten $w_1 = w_2 = 1$ und dem Schwellenwert $\Theta = 1,5$.

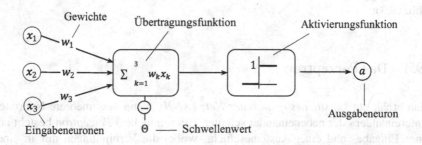

Abb. 19.2 Formale Darstellung eines künstlichen Neurons mit drei Eingängen

x_1	x_2	AND	$a = f_{Hea}(x_1 + x_2 - 1.5)$
0	0	0	0
1	0	0	0
0	1	0	0
1	1	1	1

Geometrische Deutung

Die Gleichung $x_1 + x_2 = 1,5$ beschreibt eine Gerade, die den Eingaberaum in eine positive Halbebene $\{(x_1, x_2): x_1 + x_2 > 1,5\}$ und eine negative Halbebene $\{(x_1, x_2): x_1 + x_2 < 1,5\}$ teilt. Die Gerade $x_1 + x_2 = 1,5$ trennt die Punkte im Eingaberaum, die auf 0 und die Punkte, die auf 1 abgebildet werden.

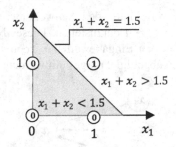

Allgemein ist bei n binären Eingabeneuronen der Eingaberaum ein n-dimensionaler Würfel, wobei die Gleichung $w_1 x_1 + \cdots + w_n x_n = c$ eine $(n-1)-$dimensionale Hyperebene beschreibt.

19.3 Typen von Aktivierungsfunktionen

Als Aktivierungsfunktion werden neben der Heaviside-Funktion weitere Funktionstypen mit unterschiedlichen Anwendungsbereichen verwendet (s. Abb. 19.3):

19.4 Das Perzeptron

Man erhält ein *künstliches neuronales Netz (KNN)*, wenn man mehrere Neuronen hintereinander oder nebeneinander schaltet. Ein (einfaches) *Perzeptron* besteht aus einer Eingabe- und einer Ausgabeschicht, wobei die Verbindungen nur in einer Richtung von der Eingabeschicht zur Ausgabeschicht verlaufen (s. Abb. 19.4).

Bezeichnung	Funktion	Graph
Heaviside-Funktion	$f_{hea}(x) = \begin{cases} 1, & \text{wenn } x \geq 0 \\ 0, & \text{wenn } x < 0 \end{cases}$	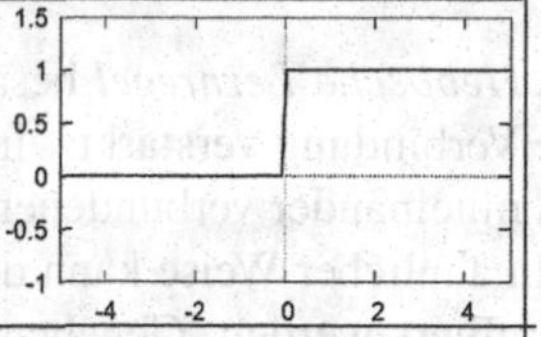
Identität	$f_{id}(x) = x$	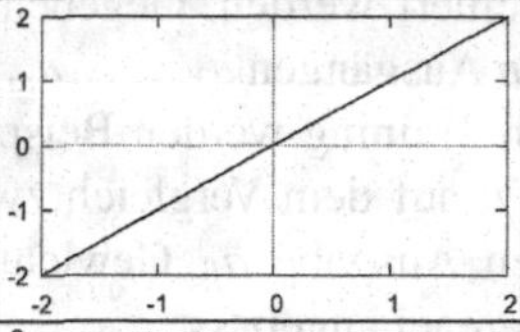
Tangenshyperbolicus	$f_{tanh}(x) = \dfrac{e^x - e^{-x}}{e^x + e^{-x}}$	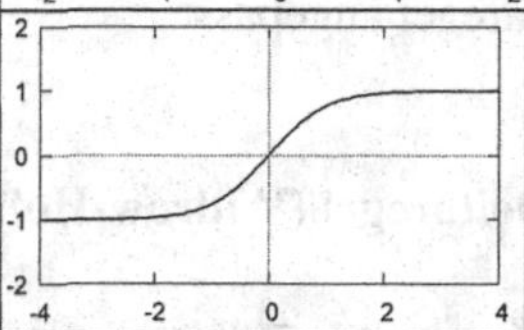
Sigmoid-Funktion	$f_{sig}(x) = \dfrac{1}{1 + e^{-x}}$	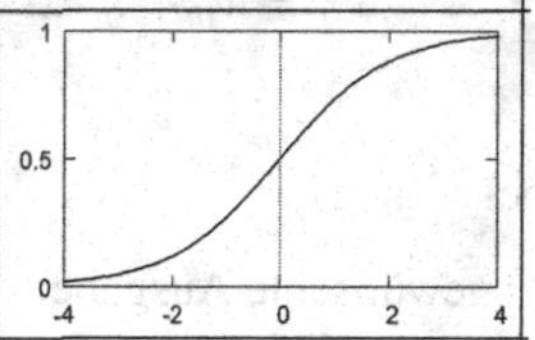
Rectified Linear Unit (ReLU)	$f_{ReLU}(x) = \max(0, x)$	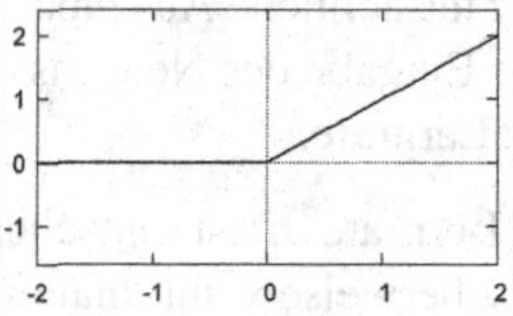
Signum-Funktion	$f_{sgn}(x) = \begin{cases} 1, & x \geq 0 \\ -1, & x < 0 \end{cases}$	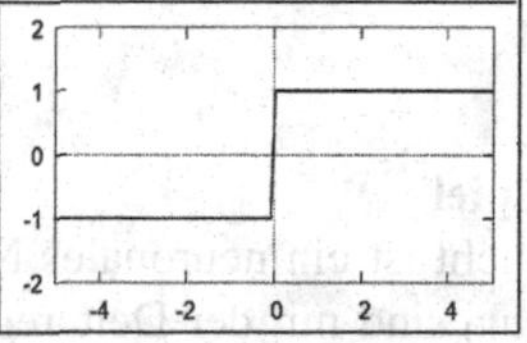

Abb. 19.3 Typen von Aktivierungsfunktionen

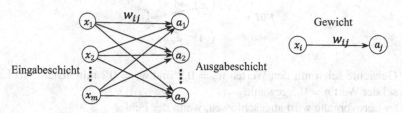

Abb. 19.4 Ein (einfaches) Perzeptron mit m Eingängen und n Ausgängen

19.5 Deltaregel

Die *Hebbsche Lernregel* besagt, dass bei gemeinsamer Aktivität zweier Neuronen ihre Verbindung verstärkt wird. Demnach werden durch Lernen die Synapsenwerte von miteinander verbundenen Neuronen nach und nach erhöht.

In ähnlicher Weise kann dieses Lernverhalten mathematisch auf folgende Weise modelliert werden. Gegeben sei ein neuronales Netz mit m Eingängen $x_1, \ldots x_m$ und n Ausgängen $a_1, \ldots, a_n$, sowie initialisierte Gewichte w_{ij} und Schwellenwerte. Beim Training werden Beispiele dem neuronalen Netz präsentiert. Die *Deltaregel* beruht auf dem Vergleich zwischen der gewünschten Ausgabe t_j und der tatsächlichen Ausgabe a_j. Gewichte und Schwellenwerte werden nach der folgenden Deltaregel angepasst:

Deltaregel (Widrow-Hoff-Regel)

$$w'_{ij} = w_{ij} + \eta \cdot x_i \cdot \left(t_j - a_j \right), \quad i = 1, \ldots, m \text{ und } j = 1, \ldots, n,$$

---

wobei

- t_j : gewünschte Ausgabe
- a_j : tatsächliche Ausgabe
- x_i : Eingabe des Neurons
- η : Lernrate.

Die Lernrate η ist entscheidend für die Geschwindigkeit des Lernverfahrens. Typischerweise wählt man η im Bereich

$$0{,}01 \leq \eta \leq 0.9$$

Beispiel

Gesucht ist ein neuronales Netz, das die Negation repräsentiert. Die Gewichte w_0 und w_1 sind mit der Deltaregel so zu bestimmen, dass das Netz die Negation darstellt.

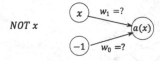

Die Gewichte seien mit den Werten $w_0 = 0{,}2$ und $w_1 = 0{,}1$ initialisiert. Als Lernrate sei der Wert $\eta = 0{,}5$ gewählt.

Der Lernvorgang wird abgeschlossen, wenn der Fehler

$$F = (1 - a(0))^2 + (0 - a(1))^2$$

gleich null ist, wobei

$$a(x) = f_{hea}(w_1 x - w_0)$$

die Ausgabefunktion und die Heaviside-Funktion f_{hea} die Aktivierungsfunktion ist. Die Gewichtsänderungen werden nach der Deltaregel bestimmt nach den Formeln

$$\Delta w_0 = 0{,}5 \cdot (-1) \cdot (NOT\ x - a(x))\ \text{und}\ \Delta w_1 = 0{,}5 \cdot x \cdot (NOT\ x - a(x)).$$

Für die Eingabewerte $x = 0$ und $x = 1$ gilt:

$$x = 0: \Delta w_0 = 0{,}5 \cdot (f_{hea}(-w_0) - 1)\ \text{und}\ \Delta w_1 = 0$$
$$x = 1: \Delta w_0 = 0{,}5 \cdot f_{hea}(w_1 - w_0)\ \text{und}\ \Delta w_1 = -0{,}5 \cdot f_{hea}(w_1 - w_0).$$

Die Ergebnisse des Lernvorgangs sind in der Abb. 19.5 angegeben. Der Lernvorgang ist nach drei Iterationen abgeschlossen.

19.6 Das mehrschichtige Perzeptron

XOR-Problem Die Boolesche Funktion XOR kann mit einem einfachen Perceptron nicht dargestellt werden. Hierzu müsste eine Gerade so gedreht werden, dass die Eingabemenge $\{(0,0), (1,1)\}$ von der Eingabemenge $\{(0,1), (1,0)\}$ durch die Gerade getrennt wird. Dies ist offensichtlich nicht möglich (s. Abb. 19.6).

Das XOR-Problem ist lösbar, indem das neuronale Netz durch eine Zwischenschicht erweitert wird. Diese Schicht wird als *versteckte Schicht (hidden layer)* bezeichnet und ihre Knoten als *versteckte Neuronen*. Jeder Knoten einer Schicht kann vorwärtsgerichtet mit jedem Knoten der folgenden Schicht verbunden sein. Ein solches Netz nennt man auch *Feedforward-Netz*. Die Knotenverbindungen erhalten jeweils ein Gewicht, die die Stellschrauben des Netzes darstellen. Als Aktivierungsfunktion verwendet man häufig die Sigmoid-Funktion.

In Abb. 19.7 ist ein neuronales Netz mit einer Eingabeschicht, einer versteckten Schicht und einer Ausgabeschicht dargestellt.

x	$NOT\ x$	w_0	w_1	F	Δw_0	Δw_1	w_0^{neu}	w_1^{neu}
0	1	0,2	0,1	2	-0,5	0	-0,3	0,1
1	0	-0,3	0,1	1	0,5	-0,5	0,2	-0,4
0	1	0,2	-0,4	1	-0,5	0	-0,3	-0,4
1	0	-0,3	-0,4	0	0	0	-0,3	-0,4

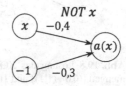

Abb. 19.5 Verlauf des Lernvorgangs mittels der Deltaregel. Die Negation kann damit repräsentiert werden als neuronales Netz mit den Gewichten $w_0 = -0{,}3$ und $w_1 = -0{,}4$.

x_1	x_2	XOR
0	0	0
1	0	1
0	1	1
1	1	0

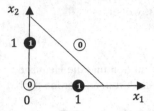

Abb. 19.6 Definition der booleschen Funktion XOR. Eine Trennung der Punktmengen $\{(0,0), (1,1)\}$ und $\{(0,1),(1,0)\}$ durch eine Trenngerade ist nicht möglich

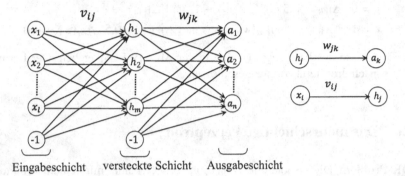

Abb. 19.7 Dreischichtiges neuronales Netz mit einer Eingabeschicht, einer versteckten Schicht und einer Ausgabeschicht

Beispiel

Als Beispiel betrachten wir das XOR-Problem, das durch das in Abb. 19.8 dargestellte dreischichtige neuronale Netz mit den gegebenen Gewichten und Schwellenwerten lösbar ist.

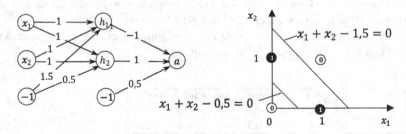

Abb. 19.8 Lösung des XOR-Problems durch ein dreischichtiges neuronales Netz. Die Punktmengen $\{(0,0), (1,1)\}$ und $\{(0,1),(1,0)\}$ können durch zwei Geraden getrennt werden.

Abb. 19.9 Lineare
Separierung der Klassen
„krank" und „normal"

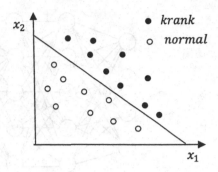

Als Aktivierungsfunktion wird die Heaviside-Funktion verwendet. Die Eingabe-werte für die versteckten Neuronen h_1 und h_2 sind dann gegeben durch

$$h_1 = f_{hea}(x_1 + x_2 - 1{,}5), \quad h_2 = f_{hea}(x_1 + x_2 - 0{,}5).$$

In der folgenden Tabelle sind die Werte für h_1, h_2 und a aufgeführt.

x_1	x_2	h_1	h_2	$a = f_{hea}(-h_1 + h_2 - 0{,}5)$	XOR
0	0	0	0	0	0
1	0	0	1	1	1
0	1	0	1	1	1
1	1	1	1	0	0

Die Tabellenwerte zeigen, dass die Boolesche Funktion XOR durch das drei-schichtige neuronale Netz von Abb. 19.8 dargestellt werden kann.

19.7 Klassifikation

Ein wichtiges Anwendungsgebiet künstlicher neuronaler Netze ist die *Klassifikation*, bei der Objekte mit ähnlichen Merkmalen zu Klassen zusammen-gefasst werden. Als Beispiel betrachten wir eine Krankheit, von der bekannt ist, dass die Blutwerte x_1 und x_2 gewisser Stoffe bei normalen und kranken Patienten unterschiedlich sind. Die gemessenen Blutwerte einer Testgruppe normaler und kranker Patienten können als *Musterpunkte* (x_1, x_2) im sogenannten *Merkmalraum* dargestellt werden (s. Abb. 19.9). Es ist die Aufgabe der Klassifikation, eine Trennungslinie zwischen den beiden Patientengruppen zu finden, die die Punkt-mengen trennt. Ist die Trennungslinie eine Gerade wie in der Abbildung, so spricht man von *linearer Separierung*. Die Trennungslinie kann mithilfe von Lern-algorithmen bestimmt werden. Um eine Diagnose nach der Lernphase für einen unbekannten Patienten zu erstellen, muss dann nur überprüft werden, auf welcher Seite sein Musterpunkt liegt.

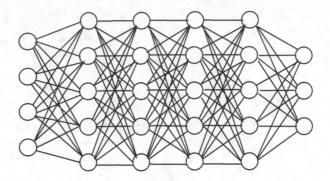

Abb. 19.10 Deep-Learning-Netz mit vier versteckten Schichten

19.8 Deep Learning

Man spricht von *Deep Learning (Tiefgehendes Lernen)*, wenn das neuronale Netz mehrere versteckte Schichten enthält. Je mehr Schichten vorliegen, umso tiefer ist das Netz (s. Abb. 19.10). Häufige Anwendungsgebiete von Deep Learning sind die Klassifikation, Bild- und Spracherkennung, Sprachsteuerung, Empfehlungssysteme, Computerspiele sowie Anomalieerkennung.

Bei der Bilderkennung werden den Pixeln von digitalen Bildern je nach Farbton numerische Werte zugeordnet, die die Eingabewerte der Eingabeschicht bilden. Die Eingabewerte werden auf der Basis von einfachen Merkmalen wie zum Beispiel Striche und Kanten gewichtet und mittels der Übertragungs- und Aktivierungsfunktion in die nächste Schicht weitergeleitet. Dort werden diese Merkmale kombiniert und codiert. Die Informationen werden wieder der nächsten Schicht weitergegeben. Je tiefer die Schicht, umso abstrakter sind die Merkmale, die in der Schicht verarbeitet werden. Das Ergebnis wird in der letzten Schicht ausgegeben.

Damit das Bilderkennungssystem zum Beispiel eine Katze auf einem Bild erkennt, muss es lernen, wie eine Katze aussieht. Hierzu wird eine Vielzahl von Bildern als Trainingsdaten in das System eingespeist. Mit einem Lernverfahren werden die Gewichte der Knotenverbindungen trainiert. Ausgabewert ist die Wahrscheinlichkeit, dass das Bild eine Katze darstellt. Wenn die Gewichte gelernt wurden, ist das Bilderkennungssystem beliebig oft einsetzbar.

Deep-Learning-Netze können eine Komplexität von Milliarden Gewichten aufweisen.

19.9 Backpropagation

Ein häufig angewendetes Lernverfahren ist die *Backpropagation*, das im Folgenden betrachtet wird.

Gradientenbasiertes Optimierungsverfahren

Gegeben sei ein mehrschichtiges neuronales Netz mit den Eingabewerten $x_1, \ldots, x_L$ und den Ausgabewerten $y_1, \ldots, y_N$, sowie eine Trainingsmenge M. Es ist das Lernziel, dass für alle Trainingsbeispiele $p \in M$ die von dem Netz gelieferten Ausgabewerte $y_n^{(p)}$ mit den Sollwerten $t_n^{(p)}$ (teaching input) annähernd gleich sind.

Die Netzeingabe für ein Trainingsbeispiel $p \in M$

$$net_j^{(p)} = \sum_i o_i^{(p)} w_{ij}$$

des Neurons j ist gegeben durch die gewichtete Summe des Outputs $o_i^{(p)}$ der vorhergehenden Neuronen i. Der Output des Neurons j ist definiert durch

$$o_j^{(p)} = f_{act}\left(net_j^{(p)}\right)$$

für eine Aktivierungsfunktion f_{act}.

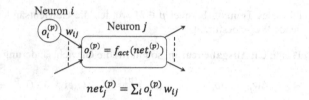

$$net_j^{(p)} = \Sigma_i o_i^{(p)} w_{ij}$$

Zur Minimierung des Gesamtfehlers wählt man die quadratische Fehlerfunktion

$$E^{(p)} = \frac{1}{2} \sum_{n=1}^{N} \left(t_n^{(p)} - y_n^{(p)}\right)^2$$

für jedes Trainingsbeispiel $p \in M$. Der Vorfaktor $\frac{1}{2}$ wird verwendet, um den Faktor 2 kürzen zu können, der bei einer Ableitung entsteht. Die Gewichte w_{ij} sind die Veränderlichen der Fehlerfunktion $E^{(p)}$.

Man unterscheidet zwischen folgenden Lernverfahren:

Online Lernen Beim *Online Lernen* wird der Fehler $E^{(p)}$ für jedes einzelne Trainingsbeispiel $p \in M$ bewertet und die Gewichtsänderung direkt durchgeführt.

Offline Lernen Beim *Offline Lernen* werden die Gewichtsänderungen für alle $p \in M$ bestimmt und aufsummiert. Die Korrektur der Gewichte erfolgt dann in einem Schritt.

Als Optimierungsverfahren bietet sich das Gradientenabstiegsverfahren an (vgl. Abschn. 6.7.1). Um dieses Verfahren anwenden zu können, müssen die Aktivierungsfunktionen f_{act} stetig differenzierbar sein.

Wendet man das Gradientenverfahren auf $E^{(p)}$ an, so ergibt sich für den Vektor w aller Gewichte w_{ij} des Netzes (vgl. Abschn. 6.7.1)

$$w = w - \eta \nabla E^{(p)},$$

wobei die Schrittweite η mit *Lernrate* bezeichnet wird. In der komponentenweisen Darstellung gilt dann

$$w'_{ij} = w_{ij} - \eta \frac{\partial E^{(p)}}{\partial w_{ij}}.$$

Die Gewichtsänderung für jedes Trainingsbeispiel p ist gegeben durch

$$\Delta w_{ij} = -\eta \frac{\partial E^{(p)}}{\partial w_{ij}}.$$

Führt man die partielle Ableitung aus, indem man wiederholt die Kettenregel der Differentialrechnung anwendet, so erhält man die folgende Lernregel für die Gewichtsänderungen.

Backpropagation Lernregel (online Version)

Für jedes Trainingsbeispiel $p \in M$ werden die Gewichtsänderungen auf folgende Weise bestimmt:

1. Ist h ein **Ausgabeneuron**, so gilt für die Gewichtsänderung Δw_{jh}:

$$\Delta w_{jh} = \eta o_j^{(p)} \delta_h^{(p)} \quad \text{mit} \quad \delta_h^{(p)} = f'_{act}\left(net_h^{(p)}\right) \cdot \left(t_h^{(p)} - y_h^{(p)}\right)$$

2. Ist h ein **verstecktes Neuron**, so gilt für die Gewichtsänderung Δw_{jh}:

$$\Delta w_{jh} = \eta o_j^{(p)} \delta_h^{(p)} \quad \text{mit} \quad \delta_h^{(p)} = f'_{act}\left(net_h^{(p)}\right) \sum_{k=1}^{K} \delta_k^{(p)} \cdot w_{hk}$$

Beim Offline-Training werden Gewichtsänderungen erst nach der Präsentation aller Trainingsbeispiele vorgenommen. Die Gewichtsänderungen werden dabei für alle Trainingsbeispiele p aufsummiert.

Backpropagation Lernregel (offline Version)
Ist M die Menge der Trainingsbeispiele, so erfolgt die Korrektur der Gewichte mit der Formel

$$\Delta w_{jh} = \eta \sum_{p \in M} o_j^{(p)} \delta_h^{(p)}$$

Herleitung der Backpropagation-Lernregel für ein einfaches neuronales Netz
Zum besseren Verständnis betrachten wir die Herleitung der Online-Lernregel für das folgende stark vereinfachte neuronale Netz mit einem Eingabeneuron j, einem versteckten Neuron h und einem Ausgabeneuron k. Der Eingabewert sei x, der Ausgabewert y und die Sollausgabe t. Der Übersichtlichkeit halber wird der Index p weggelassen.

$$x \longrightarrow \boxed{j} \xrightarrow{\ v\ } \boxed{h} \xrightarrow{\ w\ } \boxed{k} \longrightarrow y$$

Die Ausgabe von Neuron k ist gegeben durch $o_k = f_{act}(wo_h) = y$ und die Ausgabe von Neuron h durch $o_h = f_{act}(vx)$.

Die zu minimierende Fehlerfunktion F ist gegeben durch

$$F = \frac{1}{2}(y-t)^2 = \frac{1}{2}(f_{act}(wo_h) - t)^2.$$

Anwendung der Kettenregel der Differentialrechnung ergibt

$$\frac{\partial F}{\partial w} = \frac{1}{2} \underbrace{2(f_{act}(wo_h) - t)}_{\text{äußere Ableitung}} \cdot \underbrace{f'_{act}(wo_h)\, o_h}_{\text{innere Ableitung}} = (y-t)f'_{act}(wo_h)o_h.$$

Hieraus folgt

$$\Delta w = -\eta \frac{\partial F}{\partial w} = \eta o_h \underbrace{f'_{act}(wo_h) \cdot (t - y)}_{\delta_k}$$

Die Gewichtsänderung für das **Ausgabeneuron** k ist damit gegeben durch

$$\Delta w = \eta o_h \delta_k.$$

Durch wiederholte Anwendung der Kettenregel erhält man weiterhin

$$\frac{\partial F}{\partial v} = \frac{\partial F}{\partial o_h}\frac{\partial o_h}{\partial v} = \frac{\partial F}{\partial o_h}\frac{\partial f_{act}(vx)}{\partial v} = \frac{\partial F}{\partial o_h}f'_{act}(vx)x = \frac{\partial F}{\partial y}\frac{\partial y}{\partial o_h}f'_{act}(vx)x$$

$$= \frac{\partial F}{\partial y}\frac{\partial f_{act}(wo_h)}{\partial o_h}f'_{act}(vx)x\frac{\partial F}{\partial y}f'_{act}(wo_h)wf'_{act}(vx)x$$

$$= (y-t)f'_{act}(wo_h)wf'_{act}(vx)x.$$

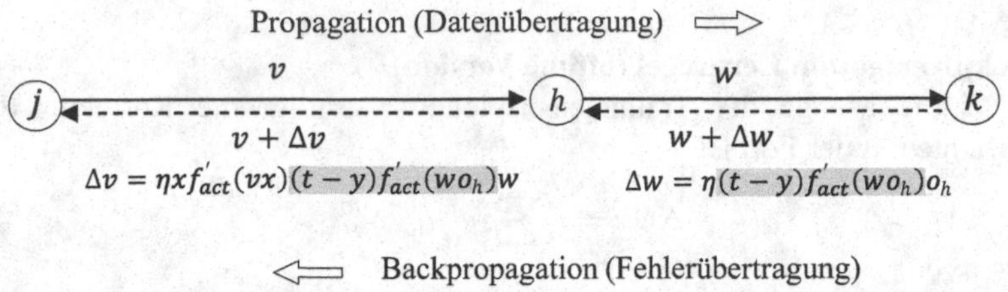

Propagation (Datenübertragung) $\implies$

$$\Delta v = \eta x f'_{act}(vx)(t-y)f'_{act}(wo_h)w \qquad \Delta w = \eta(t-y)f'_{act}(wo_h)o_h$$

$\impliedby$ Backpropagation (Fehlerübertragung)

Abb. 19.11 Bei der Backpropagation erfolgt eine rückwärtsgerichtete Weitergabe des Fehlers

Hieraus folgt

$$\Delta v = -\eta \frac{\partial F}{\partial v} = \eta x f'_{act}(vx)\underbrace{\underbrace{f'_{act}(wo_h)\cdot(t-y)}_{\delta_k}w}_{\delta_h}.$$

Damit ist die Gewichtsänderung für das **versteckte Neuron** h gegeben durch

$$\Delta v = \eta x \delta_h.$$

Die Abb. 19.11 verdeutlicht, wie die Informationen der Gewichtsänderungen von einer Schicht zur vorhergehenden Schicht weitergegeben werden.

19.10 Varianten der Gradientenverfahren

Bei der Aktualisierung der Gewichte eines neuronalen Netzes mittels der Gradientenmethode unterscheidet man folgende Lernverfahren:

- **Offline-Verfahren.** Bei dem Offline-Verfahren werden alle Trainingsbeispiele für einen Optimierungsschritt verwendet.
- **Batch-Verfahren.** Bei dem *Batch-Verfahren* wird der Trainingsdatensatz in kleinere Pakete, genannt *Batches*, unterteilt und in das neuronale Netz eingespeist. Auf diese Batches wird zur Aktualisierung der Gewichte der Backpropagation-Algorithmus angewendet.
- **Online-Verfahren.** Hierbei wird nur ein Trainingsbeispiel je Iterationsschritt verwendet. Man spricht von einem *stochastischen Gradientenverfahren (abgekürzt SGD)*, wenn per Zufall ein Trainingsbeispiel ausgewählt wird.

19.11 Ablauf des Backpropagation-Lernalgorithmus

Das Lernziel bei einem gegebenen neuronalen Netz besteht darin, zu einem Trainingsdatensatz $T = \{(x_1, t_1), \ldots, (x_n, t_n)\}$ von Eingabemustern x_i und Ausgabemustern t_i die Gewichte des Netzes so anzupassen, dass die Differenzen zwischen den Ausgabewerten y_i mit den Sollwerten t_i bei Eingabe von x_i minimal sind. Im Offline-Verfahren wird der gesamte Trainingsdatensatz in das neuronale Netz eingegeben und zur Aktualisierung der Gewichte der Backpropagation -Algorithmus angewendet. Im Anschluss daran wird der Trainingszyklus wiederholt. Einen solchen Zyklus nennt man *Epoche*.

Gegeben: Ein Feedforward-Netz

- **Lernphase**

0. **Initialisierung** Sämtliche Gewichte werden mit Zufallszahlen initialisiert und der Epochenzähler *ep* wird auf 1 gesetzt.
1. **Eingabe der Trainingsdaten** Der Trainingsdatensatz wird in das Feedforward-Netz eingespeist.
2. **Propagation und Fehlerevaluation** Die Trainingsdaten werden von der Eingabeschicht bis zur Ausgabeschicht durchgeschleust und die Differenz zwischen den berechneten Werten und den Sollwerten bestimmt.
3. **Backpropagation** Die Anpassung der Gewichte erfolgt mit der Backpropagation rückwärtsgerichtet von der Ausgabeschicht zu den versteckten Schichten bis zur Eingabeschicht.
4. **Epochenzähler** Die Anzahl der Epochen wird um 1 erhöht.

Die Schritte 1 bis 4 werden so lange wiederholt, bis eine Abbruchbedingung erfüllt ist.

Abbruchbedingung Das Training wird abgebrochen, wenn der Fehler minimiert oder die maximale Anzahl der Epochen erreicht ist.

In Abb. 19.12 ist graphisch der Ablauf des Backpropagation-Lernalgorithmus dargestellt.

- **Testphase**

In dieser Phase wird durch Eingabe neuer Testdaten überprüft, ob das neuronale Netz mit den modifizierten Gewichten und Schwellenwerten etwas gelernt hat. Ist

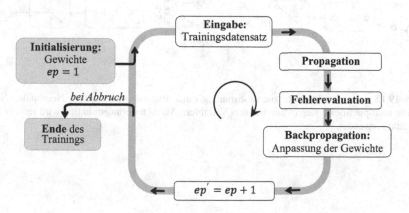

Abb. 19.12 Ablauf des Backpropagation-Lernalgorithmus

das neuronale Netz nicht verwertbar, so kann versucht werden, das neuronale Netz durch Änderung der Netzstruktur oder der Aktivierungsfunktionen zu verbessern. Um die Leistungsfähigkeit des neuronalen Netzes zu ermitteln, ist es wichtig, die Trainings- und die Testdaten zu trennen.

19.12 Regression

Ein Anwendungsgebiet neuronaler Netze ist die Regressionsanalyse zur Erstellung einer Prognose. Zur Erläuterung betrachten wir folgende Aufgabe, die relevant ist für die Kalkulation von Renten und Lebensversicherungen:

Es soll eine Prognose der durchschnittlichen Lebenserwartung einer Population auf Basis historischer Daten für die nächsten Jahre erstellt werden, wobei man von einem linearen Modell ausgeht, d. h. es besteht ein linearer Zusammenhang

$$y = ax + b$$

zwischen der Zeit x und der Lebenserwartung y. Die Parameter a und b können mit dem Backpropagation-Lernalgorithmus bestimmt werden, wobei a und b die Gewichte des neuronalen Netzes sind (s. Abb. 19.13a und b). Der Trainingsdatensatz besteht aus den historischen Daten $T = \{(x_1, y_1), \ldots, (x_n, y_n)\}$, wobei y_i die Lebenserwartung zum Zeitpunkt x_i ist. Die durchschnittliche Lebenserwartung in einer Population kann aus den Sterbetafeln ermittelt werden.

Die Daten aus T bilden im $xy-$ Diagramm eine Punktwolke. Gesucht ist eine Gerade, die bestmöglich diesen Punkten angepasst ist (s. Abb. 19.14).

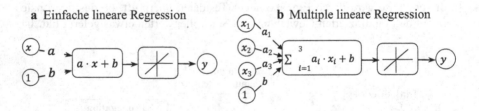

a Einfache lineare Regression   **b** Multiple lineare Regression

Abb. 19.13 a Neuronales Netz zur Bestimmung einer Regressionsgeraden **b** Neuronales Netz für die multiple lineare Regression mit drei Variablen. Als Aktivierungsfunktion wird jeweils die Identität verwendet.

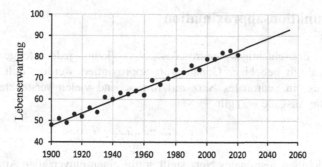

Abb. 19.14 Regressionsgerade bei linear steigender Lebenserwartung (Werte beispielhaft)

19.13   Under- und Overfittung

Das trainierte neuronale Netz muss in der Lage sein zu generalisieren, d. h. es muss neue unbekannte Daten möglichst korrekt verarbeiten. Beim Trainieren eines Netzes kann das Problem des *Overfitting* bzw. *Underfitting* auftreten:

Overfitting Man spricht von Overfitting, wenn das Modell sich zu stark an die Trainingsdaten angepasst hat, sodass das trainierte Netz bei Anwendung neuer Daten versagt.

Underfitting Das Problem des Underfitting tritt auf, wenn ein zu einfaches Modell gewählt wird oder der Trainingssatz zu klein ist. In diesem Fall ist eine Generalisierung nicht gewährleistet.

Die Abb. 19.15 illustriert das Problem des Underfitting/Overfitting:

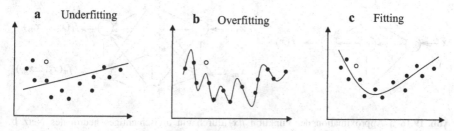

○ neuer, zuvor noch nicht gesehener Datenpunkt

Abb. 19.15 a Lineares Modell ist zu einfach, um die Struktur der Trainingsdaten zu erlernen **b** Modell funktioniert gut auf Trainingsdaten, besitzt aber keine Generalisierungsfähigkeit. **c** Gute Anpassung an die Trainingsdaten durch ein Polynom zweiten Grades

19.14 Funktionsapproximation

Durch ein dreischichtiges neuronales Netz kann jede stetige Funktion $f : [a,b] \to \mathbb{R}$ mit beliebiger Genauigkeit approximiert werden, d. h. zu jedem $\varepsilon > 0$ gibt es ein neuronales Netz mit hinreichend vielen versteckten Knoten, sodass für die Ausgabe $g(x)$ gilt

$$|f(x) - g(x)| < \varepsilon \text{ für alle } x \in [a, b]$$

Ein dreischichtiges neuronales Netz stellt somit einen universellen Approximator dar (s. Abb. 19.16).

Als Illustration soll im Folgenden gezeigt werden, wie mit einem vierstufigen Netz eine beliebige stetige Funktion $f : [a,b] \to \mathbb{R}$ mit beliebiger Genauigkeit approximiert werden kann:

Zu jedem $\varepsilon > 0$ existiert eine Zerlegung $a = x_1 < x_2 < \cdots < x_n = b$ des Intervalls $[a,b]$, sodass

$$|f(x) - g(x)| < \varepsilon \text{ für alle } x \in [a, b]$$

gilt, wobei $g(x)$ die Treppenfunktion

$$g(x) = \begin{cases} y_i = f(x_i), & x_i \leq x < x_{i+1} \\ 0, & \text{sonst} \end{cases}$$

ist.

Die Treppenfunktion $g(x)$ in Abb. (19.17a) mit den fünf Stützstellen $x_1, \ldots, x_n$ kann als folgendes vierstufiges neuronales Netz dargestellt werden:

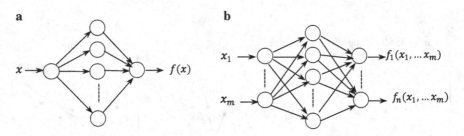

Abb. 19.16 a Approximation der Funktion *f(x)* durch ein dreischichtiges neuronales Netz **b** Approximation einer vektorwertigen Funktion mit den Variablen $x_1, \ldots, x_m$

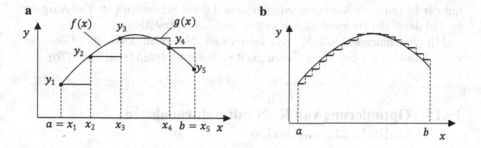

Abb. 19.17 a Approximation der stetigen Funktion $f(x)$ durch die Treppenfunktion $g(x)$ mit 5 Stützstellen **b** Approximation mit vielen Stützstellen

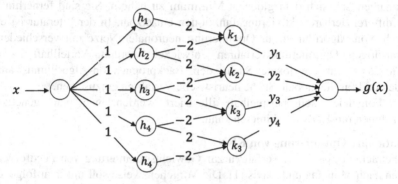

Dabei ist der Output h_i der Neuronen in der ersten versteckten Schicht, definiert durch

$$h_i = f_{hea}(1 \cdot x - x_i) = \begin{cases} 1, & x \geq x_i \\ 0, & x < x_i \end{cases},$$

wobei x_i der Schwellenwert und die Heaviside-Funktion f_{hea} die Aktivierungsfunktion ist. Der Output k_i der Neuronen in der zweiten versteckten Schicht ist definiert durch

$$k_i = f_{hea}(2 \cdot h_i - 2 \cdot h_{i+1} - 1) = \begin{cases} 1, & x_i \leq x < x_{i+1} \\ 0, & \text{sonst} \end{cases}$$

mit dem Schwellenwert 1. Die Ausgabe des neuronalen Netzes ist definiert durch

$$g(x) = f_{id}(y_1 \cdot k_1 + y_2 \cdot k_2 + y_3 \cdot k_3 + y_4 \cdot k_4 - 0) = \begin{cases} y_i, & x_i \leq x < x_{i+1} \\ 0, & \text{sonst} \end{cases}$$

mit der Identität als Aktivierungsfunktion und 0 als Schwellenwert. Die Ausgabe $g(x)$ ist damit die Treppenfunktion zu $f(x)$ mit den Stützstellen $x_1, \ldots, x_5$.

Mit zunehmender Anzahl der versteckten Neuronen kann die Güte der Approximation mit beliebiger Genauigkeit verbessert werden (s. Abb. 19.17b).

19.15   Optimierung von KNN mit naturanalogen Optimierungsmethoden

Die Backpropagation-Algorithmen haben den Nachteil, dass sie beim Versuch, die Fehlerfunktion zu minimieren, in einem lokalen Minimum hängenbleiben und der Lernprozess abbricht. Mithilfe von naturanalogen Optimierungsverfahren besteht die Möglichkeit, bei der Minimierung der Fehlerfunktion lokale Minima zu umgehen und sich dem globalen Minimum zu nähern. Sie sind fernerhin für nicht differenzierbare Aktivierungsfunktionen einsetzbar. In der Literatur ist eine Vielzahl von Algorithmen zur Optimierung neuronaler Netze mit verschiedenen naturanalogen Optimierungsverfahren entwickelt worden. Vorteilhaft ist der Hybridansatz, für die lokale Suche den Backpropagation-Algorithmus anzuwenden und für die globale Suche heuristische Verfahren einzusetzen.

Im Folgenden soll beispielhaft illustriert werden, wie man genetische Algorithmen mit KNN kombinieren kann.

Evolutionäre Optimierung von KNN
Wir betrachten hierzu ein Verfahren zur Gewichtsoptimierung von Feedforward-Netzen nach Montana und Davis [1]. Die Vorgehensweise soll mit dem folgenden Beispiel erläutert werden. Gegeben sei ein dreischichtiges Feedforward-Netz mit zwei Eingabeneuronen 1 und 2, zwei versteckten Neuronen 3 und 4 und einem Ausgabeneuron 5. Die Verbindungsgewichte sind in Abb. 19.18 angegeben. Dieses neuronale Netz kann auf folgende Weise als Vektor reeller Zahlen codiert werden:

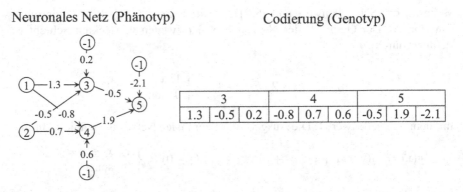

Abb. 19.18 Codierung des dreischichtigen Feedforward-Netzes als Chromosom

Die Gewichte der Verbindungen, die zu einem Neuron führen, werden als Gruppe zusammengefasst. Die Menge aller dieser Gengruppen bildet ein Chromosom, das das neuronale Netz repräsentiert.

Die binäre Codierung von Verbindungsgewichten hat den Nachteil, dass bei großen neuronalen Netzen mit vielen Verbindungen zu lange Strings entstehen.

Die Fitnessfunktion für die Bewertung der Chromosomen wird definiert als Kehrwert der quadratischen Fehlerfunktion (Lernfehler).

Rekombination

Ein Paar von Chromosomen kann mit dem folgenden Crossover-Verfahren rekombiniert werden: Per Zufall werden Neuronen ausgewählt, die nicht Eingabeneuronen sind, und anschließend werden die Gewichte der Gengruppen zu den ausgewählten Neuronen ausgetauscht (s. Abb. 19.19). Damit werden die Gene einer Gruppe gemeinsam vererbt.

Mutation

Ein Chromosom kann mutiert werden, indem man per Zufall einige wenige Neuronen, die nicht Eingabeneuronen sind, auswählt und zu den Gewichten der ausgewählten Gengruppen eine Zufallszahl aus dem Intervall $[-1, 1]$ addiert (s. Abb. 19.20).

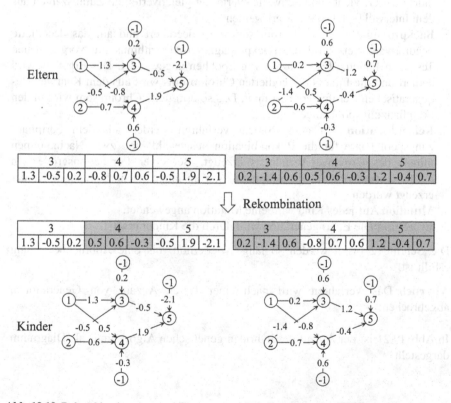

Abb. 19.19 Rekombination von zwei Chromosomen mit dem Crossover-Verfahren

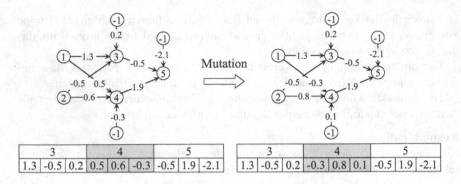

3			4			5		
1.3	-0.5	0.2	0.5	0.6	-0.3	-0.5	1.9	-2.1

3			4			5		
1.3	-0.5	0.2	-0.3	0.8	0.1	-0.5	1.9	-2.1

Abb. 19.20 Mutation eines Feedforward-Netzes

Ablauf der Gewichtsoptimierung mit dem genetischen Algorithmus
Der Ablauf des genetischen Algorithmus für die Gewichtsoptimierung eines Feedforward-Netzes erfolgt in den folgenden Schritten:

1. **Initialisierung** Eine Ausgangspopulation von n Chromosomen wird generiert, indem die Gewichte und Schwellenwerte mit gleichverteilten Zufallszahlen aus dem Intervall $[-1,1]$ initialisiert werden.
2. **Backpropagation** Jedes Chromosom wird decodiert und auf das decodierte Feedforward-Netz wird der Backpropagation-Algorithmus mit vorgegebenen Testdaten für eine feste Anzahl von Epochen angewendet. Das Ergebnis wird codiert und die Fitness des codierten Chromosoms wird aus dem Kehrwert des quadratischen Lernfehlers bestimmt. Das so ermittelte Chromosom wird in den Fortpflanzungspool eingetragen.
3. **Rekombination** Mit dem Roulette-Verfahren werden aus dem Fortpflanzungspool Paare für die Rekombination ausgewählt und zwei Nachkommen mittels des Crossover-Verfahrens erzeugt. Bei einer Populationsgröße von n Chromosomen wird die Rekombination so lange wiederholt, bis n Kinder erzeugt wurden.
4. **Mutation** Auf jedes Kind wird eine Mutation angewendet.
5. **Ersetzung** Die Elterngeneration wird durch die Kinder ersetzt.

Die Schritte 2 bis 5 werden so lange wiederholt, bis eine Abbruchbedingung erfüllt ist.

Abbruch Das Verfahren wird nach einer festen Anzahl von Generationen abgebrochen.

In Abb. 19.21 ist der Ablauf des hybriden genetischen Algorithmus als Diagramm dargestellt.

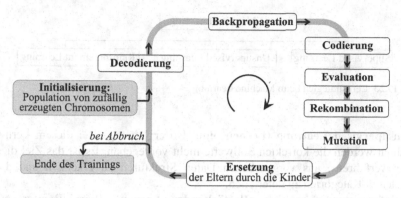

Abb. 19.21 Ablauf eines hybriden genetischen Algorithmus zur Gewichtsoptimierung eines Feedforward-Netzes

19.16   Netztopologien

Neben den bisher betrachteten Feedforward-Netzen finden weitere Netzarchitekturen Anwendung. Abhängig von der Orientierung und Verknüpfung zwischen den Neuronen unterscheidet man Netzstrukturen, die in Abb. 19.22 dargestellt sind.

19.17   Lernen mit künstlichen neuronalen Netzen

Beim Lernen von neuronalen Netzen unterscheidet man folgende Strategien:

- **Supervised Learning (Lernen mit Unterweisung)** Die Trainingsmenge besteht aus Daten, von denen die Eingabe und die Sollausgabe bekannt sind. In jedem Lernschritt werden die von dem Netz gelieferten Ausgabewerte mit den Sollwerten verglichen. Aus der Differenz werden nach einer Lernformel die Änderungen der Gewichte und der Schwellenwerte bestimmt.

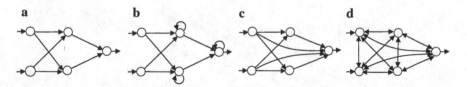

Abb. 19.22 a Feedforward-Netz **b** Neuronales Netz mit Rückkoppelungen **c** Feedforward-Netz mit überbrückenden Verbindungen **d** Vollständig verbundenes Netz

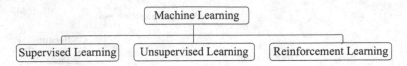

Abb. 19.23 Lernstrategien beim Machine Learning

- **Unsupervised Learning (Lernen ohne Unterweisung)** Bei diesem Lernver-fahren werden die korrekten Sollwerte nicht vorgegeben. Es ist das Ziel dieses Lernverfahrens, aus vorgegebenen Daten Strukturen zu erkennen und diese Daten in Kategorien zu unterteilen.
- **Reinforcement Learning (Bestärkendes Lernen)** Beim Reinforcement Learning erfolgt das Lernen ähnlich dem biologischen Vorbild durch Belohnung und Bestrafung. Das Lernsystem muss selbst herausfinden, was die beste Strategie ist, um die meisten Belohnungen zu erhalten.

Ein Oberbegriff dieser Lernverfahren ist Machine Learning (Maschinelles Lernen), siehe Abb. 19.23.

Literatur

1. Montanam DJ, Davis L (1989) Training feedforward networks using genetic algorithms. In Proceedings of the 11 th international joint conference on artificial intelligence, San Mateo, Ca, S 762–67

Kapitel 20
Selbstorganisierende Karten

Selbstorganisierende Karten sind spezielle neuronale Netze, die dem Namen entsprechend sich selbst organisieren und zu den Lernverfahren „Unsupervised Learning" gehören. Eine Bewertung der Ausgabedaten während des Lernens findet nicht statt. Selbstorganisierende Karten, eingeführt von Kohonen 1982, finden Anwendung zum Beispiel bei der Clusteranalyse, Data-Mining, Anomaliedetektion oder Optimierung. Die Netzstruktur der selbstorganisierten Karte besteht aus einer Eingabeschicht und einer Ausgabeschicht, wobei jedes Eingabeneuron mit jedem Neuron der Ausgabeschicht mit veränderlichen Gewichten verbunden ist. Mithilfe des sogenannten SOM-Lernalgorithmus können benachbarte Eingabedaten auf benachbarte Neuronen der Ausgabeschicht abgebildet werden. In diesem Kapitel wird der SOM-Lernalgorithmus beschrieben und beispielhaft auf das Problem des Handlungsreisenden angewendet.

20.1   Kohonen-Karte

Die Methode der selbstorganisierenden Karten beruht auf der Erkenntnis der Biologie, dass bei visuellen, akustischen oder sensorischen Wahrnehmungen benachbarte Rezeptoren die Reize auf benachbarte Areale des Gehirns abbilden. Kohonen [1] entwickelte eine Netzstruktur, bestehend aus einer Eingabeschicht und einer Ausgabeschicht (Kohonen-Karte), wobei jedes Eingabeneuron mit jedem Neuron der Ausgabeschicht mit veränderlichen Gewichten verbunden ist. Es gibt keine versteckten Neuronen (s. Abb. 20.1). Es ist das Ziel der selbstorganisierenden Karten, benachbarte Eingabedaten auf benachbarte Neuronen der Ausgabeschicht abzubilden. Die Dimension der Kohonen-Karte kann beliebig gewählt werden, wobei häufig zweidimensionale Kartendimensionen verwendet werden. Die Neuronen sind netzartig miteinander verbunden, wodurch eine Nachbarschaftstopologie definiert ist (s. Abb. 20.2).

Jedem Neuron n wird auf der Kohonen-Karte eine Position sowie ein Gewichtsvektor $w = (w_1, \ldots, w_n)$ zugeordnet. Jedes Neuron spezialisiert sich

Ausgabeschicht (Kohonen-Karte)

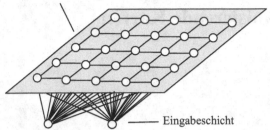

Eingabeschicht

Abb. 20.1 Selbstorganisierende Karte

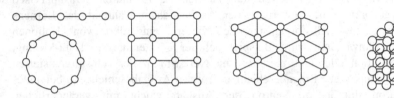

Abb. 20.2 Mögliche Neuronenanordnung als eindimensionale Kette, Ring, Rechteckgitter, hexagonales Gitter oder Quader

Abb. 20.3 Kohonen-
Karte mit Neuron n und dem
zugehörigen Gewichtsvektor
$w = (w_1, w_2, w_3)$

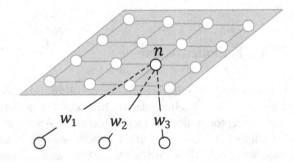

auf einen speziellen Bereich des Eingabebereiches, wodurch Strukturen hervorgehoben werden (s. Abb. 20.3).

20.2   Einführendes Beispiel (SOM-Algorithmus)

Als Einführung des sogenannten SOM-Algorithmus betrachten wir folgendes Beispiel:

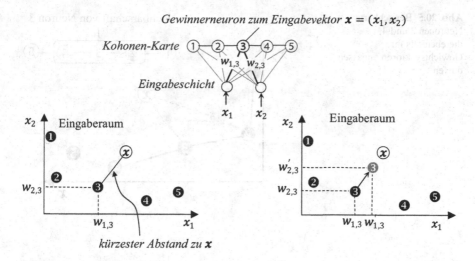

Abb. 20.4 Schwarz gefärbte Zahlen repräsentieren die Gewichtsvektoren der gleichzahligen Kohonenneuronen. Gewichtsvektor $w_3 = (w_{1,3}, w_{2,3})$ von Gewinnerneuron 3 wird in Richtung des Eingabevektors $x = (x_1, x_2)$ verschoben.

Gegeben sei eine eindimensionale Neuronenkette mit fünf Neuronen $1, \ldots, 5$ auf der Ausgabeschicht sowie zwei Neuronen in der Eingabeschicht wie in Abb. 20.4 dargestellt. Weiterhin seien die Gewichte der Verbindungen von den Eingabeneuronen zu den Ausgabeneuronen gegeben. Ausgewählt sei ein Daten-beispiel $x = (x_1, x_2)$ aus einer Trainingsmenge, das mit den Gewichtsvektoren $w_i = (w_{1,i}, w_{2,i})$ aller Kartenneuronen $i = 1, \ldots, 5$ verglichen wird. Das Neuron gewinnt, dessen Gewichtsvektor am besten mit dem Eingabevektor x überein-stimmt, d. h. dessen Abstand zu x am geringsten ist. In unserem Beispiel ist dies das Neuron 3 mit dem Gewichtsvektor $w_3 = (w_{1,3}, w_{2,3})$.

Neben dem Gewichtsvektor des Gewinnerneurons 3 werden auch die Gewichts-vektoren der benachbarten Neuronen in den Lernprozess einbezogen und in abgeschwächter Form geändert. In unserem Beispiel seien dies die zu Neuron 3 benachbarten Neuronen 2 und 4, die ebenfalls in Richtung des Eingabevektors x verschoben werden (s. Abb. 20.5). Benachbarte Neuronen haben damit ähnliche Gewichtsvektoren. In der Lernphase werden wiederholt Musterbeispiele aus einer Trainingsmenge in das Netz eingegeben, bis eine Abbruchbedingung erfüllt ist.

20.3 SOM-Lernalgorithmus

Der SOM-Lernalgorithmus besteht in der Trainingsphase aus den folgenden Schritten.

Abb. 20.5 Benachbarte
Neuronen 2 und 4,
die ebenfalls ihre
Gewichtsvektoren anpassen
dürfen

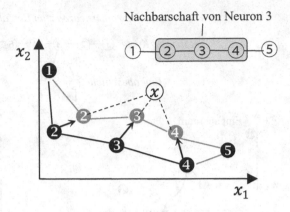

Gegeben

- Eingabeschicht mit m Eingabeneuronen
- Ausgabeschicht mit n Kartenneuronen und gegebener Nachbarschaftstopologie
- Trainingsmenge M von Eingabevektoren $x = (x_1, \dots, x_m)$

Initialisierung

- Zufällig generierte Komponenten $w_{i,s}$ der Gewichtsvektoren $w_s = (w_{1,s}, \dots, w_{m,s})$ für alle Kartenneuronen $s = 1, \dots, n$
- Lernrate $0 < \eta < 1$ und Lernradius $r > 0$

Aktivierung

In jedem Lernschritt wird aus der Trainingsmenge zufällig ein Eingabevektor $x = (x_1, \dots, x_m)$ ausgewählt. Der Vektor x legt ein Gewinnerneuron $v \in \{1, \dots, n\}$ auf der Karte fest, dessen Gewichtsvektor $w_v = (w_{1v}, \dots, w_{mv})$ unter allen Gewichtsvektoren minimalen Abstand zu x hat, wobei als Abstandsmaß die Euklidische Norm zugrunde gelegt wird:

$$\|x - w_v\| = \min_{1 \leqslant s \leqslant n} \|x - w_s\|.$$

Das Gewinnerneuron wird auch *Erregungszentrum* genannt.

Gewichtsänderungen

Es werden alle Neuronen s der Kohonenkarte bestimmt, die neben dem Gewinnerneuron v ihre Gewichtsvektoren anpassen dürfen. Die Anpassung erfolgt umso stärker, je näher sie sich am Gewinnerneuron befinden.

- **Adaptionsregel** Die Gewichtsänderung für Neuron s erfolgt mit der folgenden Adaptionsregel:

$$\Delta w_s = \eta \cdot h_{sv} \cdot (x - w_s).$$

Hierbei ist h_{sv} die Nachbarschaftsfunktion, die vom Abstand d zwischen Gewinnerneuron v und Neuron s auf der Kohonenkarte sowie von dem sogenannten Lernradius r abhängt. Der Lernradius legt die Größe der Nachbarschaft fest.

- **Nachbarschaftsfunktionen** Die Nachbarschaftsfunktion ist auf der Kohonen-Karte definiert und stellt die Nachbarschaftsbeziehungen zwischen Neuronen dar. Mögliche Nachbarschaftsfunktionen sind folgende Funktionen:

$$\text{Rechteckfunktion}: \; h_{sv} = \begin{cases} 1 & \text{wenn } d < r \\ 0 & \text{sonst} \end{cases}$$

$$\text{Kegelfunktion}: \quad h_{sv} = \begin{cases} 1 - \frac{d}{r} & \text{wenn } d < r \\ 0 & \text{sonst} \end{cases}$$

$$\text{Gaußfunktion}: \quad h_{sv} = e^{-\frac{d^2}{2r^2}}$$

Die Abb. 20.6 illustriert die Nachbarschaftsreichweite auf der Kohonen-Karte zu einem Gewinnerneuron.

- **Anpassung des Lernradius** Es ist sinnvoll, anfangs mit einer größeren Lernrate r zu beginnen, um die Neuronen grob zu ordnen. Im Laufe des Lernfortschrittes wird die Ausdehnung der Nachbarschaft des Siegerneurons verringert, sodass sich dann die Feinstruktur herausbildet. Dies kann zum Beispiel mit der folgenden Funktion bewerkstelligt werden:

$$r(t) = r_0 e^{-\frac{t}{\tau}} \text{ mit } \tau > 0,$$

wobei t der Präsentationszeitpunkt ist.

- **Anpassung der Lernrate** Die Lernrate η wird anfangs groß gewählt, um schnell eine Struktur zu erzeugen, und wird Schritt für Schritt für ein Fein-Tuning verkleinert. Eine passende Funktion ist analog zum Lernradius zum Beispiel

$$\eta(t) = \eta_0 e^{-\frac{t}{\tau}} \text{ mit } \tau > 0.$$

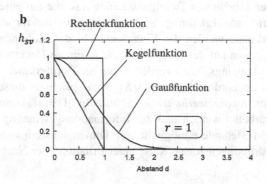

Abb. 20.6 a Nachbarschaftsreichweite in einem Rechteckgitter mit dem Gewinnerneuron s im Zentrum für Rechteck- und Kegelfunktionen mit gegebenem Lernradius r **b** Verlauf der Nachbarschaftsfunktionen für $r = 1$

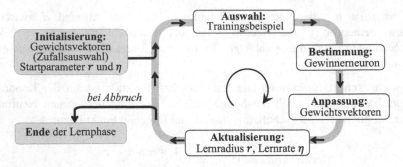

Abb. 20.7 Ablauf des SOM-Lernalgorithmus

Abbruch
Der Lernprozess wird beendet, wenn eine vorgegebene Anzahl von zufällig aus der Trainingsmenge M ausgewählten Testdaten präsentiert wurden.

Anwendungsphase
In der Anwendungsphase können Daten übergeführt werden, die in der Trainings-menge nicht vorkamen. Ein neuer Eingabevektor wird dem Gewinnerneuron auf der Kohonen-Karte zugeordnet, dessen Gewichtsvektor den kürzesten Abstand zu dem eingegebenen Vektor hat. Auf diese Weise können neue Daten klassifiziert und visualisiert werden.

Das Diagramm in Abb. 20.7 illustriert den Ablauf des SOM-Lernalgorithmus.

20.4   Klassifizierung von Daten mit SOM

Selbstorganisierende Karten finden Anwendung in der Klassifizierung von Daten. Zur Illustration betrachten wir die Klassifizierung von Tieren mittels SOM, wie sie in Ritter und Kohonen [2] beschrieben ist. Hierzu gehen wir von einer Tabelle von Tiereigenschaften aus, die auf eine zweidimensionale Kohonen-Karte unter Erhaltung der Nachbarschaftsstruktur abgebildet wird. Codierte Tier-merkmale werden der Eingabeschicht des Kohonennetzes übergeben, wobei die Neuronen auf der Kohonen-Karte in einem Rechteckgitter angeordnet sind. Nach der Trainingsphase werden ähnliche Tiermerkmale auch auf der Karte benach-bart angeordnet (s. Abb. 20.8). Man spricht in diesem Zusammenhang auch von einer *topologieerhaltende Abbildung*. Damit können hochdimensionale Daten verarbeitet werden und zur Informationsgewinnung veranschaulicht werden. Die SOM-Methode ermöglicht eine Dimensionsreduktion einer Datenmenge auf eine niedrig dimensionale Karte unter Erhaltung der Nachbarschaftsstruktur.

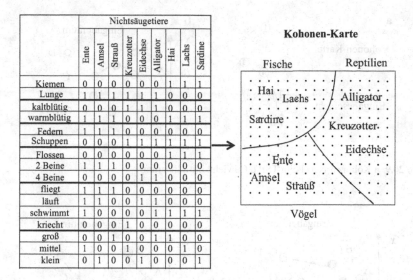

	Nichtsäugetiere								
	Ente	Amsel	Strauß	Kreuzotter	Eidechse	Alligator	Hai	Lachs	Sardine
Kiemen	0	0	0	0	0	0	1	1	1
Lunge	1	1	1	1	1	1	0	0	0
kaltblütig	0	0	0	1	1	1	1	1	1
warmblütig	1	1	1	0	0	0	1	1	1
Federn	1	1	1	0	0	0	0	0	0
Schuppen	0	0	0	1	1	1	1	1	1
Flossen	0	0	0	0	0	0	1	1	1
2 Beine	1	1	1	0	0	0	0	0	0
4 Beine	0	0	0	0	1	1	0	0	0
fliegt	1	1	1	0	0	0	0	0	0
läuft	1	1	0	0	1	1	0	0	0
schwimmt	1	0	0	0	0	1	1	1	1
kriecht	0	0	0	1	0	0	0	0	0
groß	0	0	1	0	0	1	1	0	0
mittel	1	0	0	1	0	0	0	1	0
klein	0	1	0	0	1	0	0	0	1

Abb. 20.8 Kohonen-Karte mit quadratischem Neuronengitter nach der Trainingsphase, wobei die codierten Tiermerkmale in die Eingabeschicht eingegeben werden. Verwandte Tierarten werden auch auf der Kohonen-Karte benachbart angeordnet (beispielhaft). Die Tiernamen werden an die Stelle des Siegerneurons gesetzt.

20.5 Lösung des TSP mit der SOM-Methode

Mit der SOM-Methode können Optimierungsprobleme wie zum Beispiel das Problem des Handlungsreisenden gelöst werden.

Als Beispiel betrachten wir sechs Orte $A, \ldots, F$, zu denen die kürzeste Rundreise-Route zu bestimmen ist. Die Eingabeschicht besteht aus zwei Neuronen, an die die Koordinaten (x_1, x_2) der Orte übergeben werden. Als Neuronenanordnung auf der Kohonen-Karte wird ein Ring mit (mindestens) sechs durchnummerierten Neuronen gewählt. Die Gewichte der Kartenneuronen werden so initialisiert, dass die Gewichtskoordinaten im Eingaberaum kreisförmig angeordnet sind (s. Abb. 20.9). Die Trainingsmenge besteht aus den Koordinaten der zu besuchenden Orte.

Werden die Ortskoordinaten der Orte $A, \ldots, F$ an die Eingabeschicht übergeben, so passen sich im Laufe der Iterationen die Gewichtskoordinaten immer mehr den Ortskoordinaten an. Da die Nachbarn von Siegerneuronen bei der Anpassung mit einbezogen werden, werden unnötige Umwege vermieden. Nach mehreren Iterationen verkleinert sich die Distanz zwischen den Orts- und Gewichtskoordinaten der zugehörigen Siegerneuronen, bis sie schließlich nahezu gleich sind. Nach Ende der Lernphase erhält man eine Reiseroute, indem man der Nummerierung der Neuronen folgt. Der Rundkurs muss nicht optimal sein (s. Abb. 20.10).

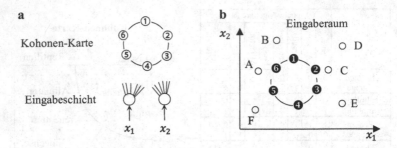

Abb. 20.9 **a** Kohonen-Netz beim TSP **b** Gewichtsinitialisierung

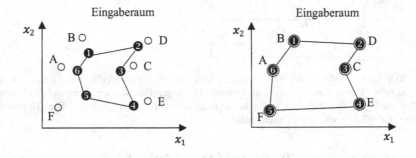

Abb. 20.10 Nach einer genügend großen Anzahl von Iterationen passen sich die Gewichts-koordinaten den Ortskoordinaten an. Der Nummerierung der Neuronen folgend erhält man nach der Darstellung die Reiseroute $B \rightarrow D \rightarrow C \rightarrow E \rightarrow F \rightarrow A \rightarrow B$ mit B als Startort.

Literatur

1. Kohonen T (1982) Self-organized formation of topologically correct feature maps. Biol Cybern 43:59–69
2. Ritter H, Kohonen T (1989) Self-organizing semantic maps. Biol Cybern 61:241–254

Kapitel 21
Hopfield-Netze

Tunk und Hopfield entwickelten 1985 eine Netzwerkarchitektur, mit der sie kombinatorische Optimierungsprobleme mithilfe von neuronalen Netzen lösen konnten. Sie wendeten hierzu die nach Hopfield genannten Hopfield-Netze an, bei denen alle Neuronen miteinander vernetzt sind, wobei alle veränderlichen Kantengewichte symmetrisch sind und die Neuronen die Werte -1 und $+1$ annehmen können. Die Methode zur Lösung von kombinatorischen Optimierungsproblemen besteht darin, ein Hopfield-Netz so zu konstruieren, dass die Energiefunktion des Netzes, definiert durch die Kantengewichte des Netzes, mit der zu minimierenden Zielfunktion identisch ist. Das Minimum der Energiefunktion liefert dann das Minimum des Optimierungsproblems. Die Vorgehensweise wird in diesem Kapitel mit zwei Beispielen illustriert, darunter als Anwendung das Problem des Handlungsreisenden.

21.1 Definition eines Hopfield-Netzes

Das von Hopfield [1] eingeführte neuronale Netz mit n Neuronen ist wie folgt definiert:

- Für die Gewichte w_{ij} zwischen Neuron i und Neuron j gilt

$$w_{ij} = w_{ji}, \ w_{ii} = 0.$$

- Die Neuronen i können die Werte $a_i = -1$ oder $+1$ annehmen.
- Die neuen Werte $a_i^{(s)}$ für das Gesamtnetz werden berechnet mit der Update-Formel

$$a_i^{(s+1)} = f_{sgn}\left(\sum_{j}^{n} w_{ij} a_j^{(s)} - \theta_j\right).$$

Dabei ist f_{sgn} die Signum-Funktion und die Zahlen θ_j sind die Schwellenwerte. (Oftmals setzt man $\theta_j = 0$.)

R. Hollstein, *Optimierungsmethoden*, https://doi.org/10.1007/978-3-658-39855-2_21

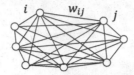

Hopfield-Netz

In der Literatur werden auch Hopfield-Netze betrachtet, deren Neuronen anstelle der Werte ± 1 die binären Werte 0 und 1 annehmen. Alle Aussagen der einen Fassung sind wörtlich auf die andere Fassung übertragbar.

In Abb. 21.1 ist ein Hopfield-Netz mit drei Neuronen und den Gewichten zwischen den Neuronen dargestellt.

Update-Formel in der vektoriellen Darstellung
Gegeben sei ein Hopfield-Netz mit n Neuronen, der Gewichtsmatrix W und dem Schwellenvektor $\boldsymbol{\theta} = (\theta_1, \dots, \theta_n)^T$. Ist $\boldsymbol{a}^{(0)}$ der initialisierte Spaltenvektor, so erhält man nach der Update-Formel die Iterationsfolge

$$a^{(s+1)} = f_{sgn}\big(W \cdot a^{(s)} - \theta\big), s = 0,1,2,\dots$$

Hierbei wird die Signumfunktion f_{sgn} komponentenweise angewendet.

21.2   Aktualisierung in Hopfield-Netzen

Die Aktualisierung kann auf zwei verschiedenen Arten durchgeführt werden:

- **Asynchron** Die zu aktualisierenden Neuronen werden zufällig ausgewählt oder in einer festgelegten vordefinierten Reihenfolge.
- **Synchron** Alle Neuronen werden gleichzeitig aktualisiert.

Stabiler Zustand
Werden die Neuronen asynchron aktualisiert, so konvergiert das Netzwerk gegen einen stabilen Zustand, d. h. während der Aktualisierung ändern sich die Werte nicht mehr.

Beispiel
Gegeben sei die folgende Gewichtsmatrix W und der folgende Eingabevektor $\boldsymbol{a}^{(0)}$. Die Schwellenwerte seien alle null.

$$W = \begin{pmatrix} 0 & 1 & 1 \\ 1 & 0 & 1 \\ 1 & 1 & 0 \end{pmatrix}, a^{(0)} = \begin{pmatrix} 1 \\ -1 \\ -1 \end{pmatrix}$$

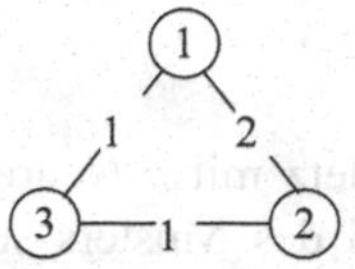

Gewichtsmatrix W

$$\begin{pmatrix} 0 & w_{12} & w_{13} \\ w_{21} & 0 & w_{23} \\ w_{31} & w_{32} & 0 \end{pmatrix} = \begin{pmatrix} 0 & 2 & 1 \\ 2 & 0 & 1 \\ 1 & 1 & 0 \end{pmatrix}$$

Abb. 21.1 Beispiel eines Hopfield-Netzes mit den drei Neuronen 1, 2, 3 und der zugehörigen Gewichtsmatrix W

Mit der synchronen Aktualisierung erhält man die folgenden aktualisierten Werte.

a_1	a_2	a_3
1	-1	-1
-1	1	1
1	1	1
1	1	1

Damit ist nach zwei Schritten der stabile Zustand erreicht.

21.3 Energiefunktion

Gegeben sei ein Hopfield-Netz mit n Neuronen, den Gewichten w_{ij} und den Schwellenwerten θ_i. Dann heißt die Funktion

$$E = -\frac{1}{2} \sum_{i,j} w_{ij} a_i a_j + \sum_k \theta_k a_k$$

die Energiefunktion zum Vektor $\boldsymbol{a} = (a_1, \ldots, a_n)^T$.

Satz
Die stabilen Zustände $\boldsymbol{a}$ eines Hopfield-Netzes sind die lokalen Minima der Energiefunktion.

21.4 Speichern von Mustern

Beim Speichern eines Musters in einem Hopfield-Netz mit n Neuronen ist eine
Gewichtsmatrix so zu bestimmen, dass der Zustand des Musters stabil ist. Die
Gewichte des gesuchten Netzes können analytisch ohne Lernvorgang wie folgt
angegeben werden:

Bestimmung der Gewichte eines Musters
Gegeben sei ein Muster, das durch den n-dimensionalen Vektor
$a = (a_1, \ldots, a_n)^T$ beschrieben wird. Setzt man

$$w_{ij} = \begin{cases} a_i \cdot a_j & \text{wenn } i \neq j \\ 0 & \text{wenn } i = j \end{cases},$$

so wird das Muster a in dem Hopfield-Netz gespeichert, das durch die
Gewichtsmatrix $W = (w_{ij})$ und den Schwellenvektor $\theta = 0$ festgelegt ist.

Das Muster a ist stabil. Denn für alle $i \in \{1, \ldots, n\}$ gilt:

$$f_{sgn}\left(\sum_j w_{ij} a_j\right) = f_{sgn}\left(\sum_j a_i \cdot a_j \cdot a_j\right) = f_{sgn}\left(a_i \sum_{\substack{j \\ j \neq i}} a_j^2\right)$$

$$= f_{sgn}((n-1)a_i) = a_i.$$

Das bedeutet, dass das Netz in seinem Zustand bleibt, wenn das richtige Muster
eingegeben wird.

Beispiel
Gibt man ein verrauschtes Muster in das Netz ein, so kann das richtige Muster
restauriert werden, sofern das Rauschen nicht so stark ist. Hierzu betrachten wir
das folgende vereinfachte Beispiel:

Gegeben sei das folgende Bildmuster, bestehend aus vier Pixeln.

Schwarze Felder werden mit 1 und weiße Felder mit -1 codiert. Das Muster kann
dann mit dem Spaltenvektor

$$a = \left(\underbrace{-1, 1}_{\text{Zeile 1}}, \underbrace{1, -1}_{\text{Zeile 2}}\right)^T$$

dargestellt werden. Nach der obigen Formel ist die Gewichtsmatrix gegeben durch

$$W = \begin{pmatrix} 0 & a_1a_2 & a_1a_3 & a_1a_4 \\ a_2a_1 & 0 & a_2a_3 & a_2a_4 \\ a_3a_1 & a_3a_2 & 0 & a_3a_4 \\ a_4a_1 & a_4a_2 & a_4a_3 & 0 \end{pmatrix} = \begin{pmatrix} 0 & -1 & -1 & 1 \\ -1 & 0 & 1 & -1 \\ -1 & 1 & 0 & -1 \\ 1 & -1 & -1 & 0 \end{pmatrix}$$

Gibt man beispielsweise das folgende verrauschte Muster

ein, dargestellt durch den Vektor $b = (-1, -1, 1, -1)^T$, so erhält man mit der Update-Formel

$$f_{sgn}(w_{i1}b_1 + w_{i2}b_2 + w_{i3}b_3 + w_{i4}b_4) = a_i, i = 1, 2, 3, 4.$$

Damit kann bereits nach einer Iteration das Muster erkannt bzw. restauriert werden.

Speichern mehrerer Muster
Seien m Muster $a^k = (a_1^k, \dots, a_n^k)^T, k = 1, \dots, m$, gegeben und sei W^k die Gewichtsmatrix mit den Matrixelementen

$$w_{ij}^k = \begin{cases} a_i^k \cdot a_j^k & \text{wenn } i \neq j \\ 0 & \text{wenn } i = j \end{cases}, \quad i, j = 1, \dots, n.$$

Ein Hopfield-Netz mit n Neuronen sei gegeben durch die Gewichtsmatrix

$$W = \sum_{k=1}^m W^k = \left(\sum_{k=1}^m a^k (a^k)^T \right) - mE,$$

wobei E die Einheitsmatrix ist.
    Für alle Muster a^i gilt

$$\begin{aligned} Wa^i &= \left(\sum_{k=1}^m \left(a^k (a^k)^T \right) a^i \right) - mEa^i \\[2mm] &= \left(\sum_{\substack{k=1 \\ k \neq i}}^m a^k \left((a^k)^T a^i \right) \right) + a^i \underbrace{\left((a^i)^T a^i \right)}_{n} - ma^i \\[2mm] &= \underbrace{\left(\sum_{\substack{k=1 \\ k \neq i}}^m a^k \left((a^k)^T a^i \right) \right)}_{Term(*)} + (n-m)a^i. \end{aligned}$$

Sind die Muster untereinander orthogonal, so gilt

$$\left(a^k\right)^T a^i = \sum_{j=1}^{n} a_j^k a_j^i = \begin{cases} n \text{ wenn } k = i \\ 0 \text{ wenn } k \neq i \end{cases}$$

In diesem Fall ist der Term (*) gleich dem Nullvektor und man erhält für alle $k=1,...,n$

$$Wa^k = (n - m)a^k.$$

Hieraus folgt, dass alle Vektoren a^k für $n \geq m$ stabile Zustände des Hopfield-Netzes sind, denn es gilt für alle $i=1,...,n$

$$f_{sgn}\left(\sum_j w_{ij} a_j^k\right) = f_{sgn}\left((n - m)a_i^k\right) = a_i^k.$$

Ist der Term (*) hinreichend klein, so ist die Korrelation zwischen den zu speichernden Mustern niedrig. Die Muster können dann dennoch stabil sein.

Beispiel
Seien $a = (-1, 1, -1, 1)^T$ und $b = (1, -1, -1, 1)^T$ zwei abzuspeichernde Muster. Wegen

$$a^T b = -1 - 1 + 1 + 1 = 0$$

sind a und b orthogonal und sind somit stabile Zustände in dem Hopfield-Netz mit der Gewichtsmatrix

$$W = W^1 + W^2 = \begin{pmatrix} 0 & -1 & 1 & -1 \\ -1 & 0 & -1 & 1 \\ 1 & -1 & 0 & -1 \\ -1 & 1 & -1 & 0 \end{pmatrix} + \begin{pmatrix} 0 & -1 & -1 & 1 \\ -1 & 0 & 1 & -1 \\ -1 & 1 & 0 & -1 \\ 1 & -1 & -1 & 0 \end{pmatrix}$$

$$= \begin{pmatrix} 0 & -2 & 0 & 0 \\ -2 & 0 & 0 & 0 \\ 0 & 0 & 0 & -2 \\ 0 & 0 & -2 & 0 \end{pmatrix}$$

21.5   Wiederherstellung eines Musters

Gegeben sei ein Hopfield-Netz mit n Neuronen, der Gewichtsmatrix $W = (w_{ij})$, dem Schwellenvektor $\theta = (\theta_1, \ldots, \theta_n)$ und m gespeicherten Mustern a^k. Sei $b = (b_1, \ldots, b_n)^T$ ein verrauschtes Muster, das von den gespeicherten Mustern erkannt werden soll. Der Hopfield-Algorithmus erfolgt in den folgenden Schritten:

1. **Initialisierung** Setze

$$b_i^{(0)} = b_i, i = 1, \ldots, n$$

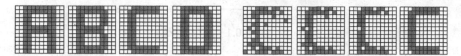

Abb. 21.2 Darstellung eines Hopfield-Netzes mit 12×12 Neuronen (binäre Pixel). Links sind vier Muster abgebildet, die im Hopfield-Netz gespeichert sind. Rechts ist beispielhaft die Konvergenz eines verrauschten Buchstabens C dargestellt, der zum korrespondierenden Muster konvergiert.

2. **Asynchrones Update** Bestimme zufällig ein Neuron i und setze

$$b_i^{(s+1)} = f_{sgn}\left(\sum_{k=1}^{m} w_{ik} b_k^{(s)} - \theta_i \right),$$

wobei s der Iterationsindex ist.

3. Gehe nach 2, bis der Vektor $b^{(s+1)}$ sich nicht mehr ändert bzw. einen stabilen Zustand erreicht hat.

Es kann gezeigt werden, dass das Hopfield-Netz gegen einen stabilen Zustand konvergiert, sofern das Update asynchron erfolgt. Dabei ist jedoch nicht gesichert, dass dieser stabile Zustand mit einem gespeicherten Muster übereinstimmt (s. Abb. 21.2).

21.6 Hopfield-Algorithmus mit dem Simulated-Annealing-Verfahren

Nach dem Satz von Abschn. 21.3 sind die stabilen Zustände eines Hopfield-Netzes die Minima der Energiefunktion E. Es besteht das Problem, dass bei Anwendung des Hopfield-Algorithmus die Energiefunktion in einem lokalen Minimum hängenbleibt. Es gibt Anwendungen, bei denen nur das globale Minimum gesucht ist, wie zum Beispiel bei der Lösung von kombinatorischen Optimierungsproblemen (s. Abschn. 21.7).

In der Literatur ist der Hopfield-Algorithmus dahingehend modifiziert worden, dass die Berechnungen nicht deterministisch, sondern stochastisch erfolgen. Die Vorgehensweise ähnelt dem Simulated-Annealing-Verfahren, das in Abschn. 11.1.2 beschrieben wurde. Dieses hybride Verfahren wird *Hopfield-Simulated-Annealing-Algorithmus* genannt und mit *HopSA-Algorithmus* abgekürzt.

HopSA-Algorithmus

Gegeben sei ein Hopfield-Netz wie in Abschn. 21.5, jedoch sollen die Neuronen die binären Werte 0 und 1 annehmen. Sei weiterhin $T > 0$ ein Parameter (Temperatur). Der HopSA-Algorithmus erfolgt in den folgenden Schritten:

1. **Initialisierung:** Setze $b_i^{(0)} = b_i, i = 1, \ldots, n$
2. Wähle zufällig ein Neuron i

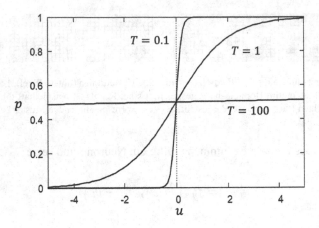

Abb. 21.3 Verlauf der Wahrscheinlichkeit p für verschiedene Temperaturen T

3. Bestimme $u = \sum_{k=1}^{m} w_{ik} b_k^{(s)} - \theta_i$, wobei s der Iterationsindex ist.

4. Bestimme die Wahrscheinlichkeit $p = \frac{1}{1+e^{-\frac{u}{T}}}$

5. Wähle eine Zufallszahl $0 \le z \le 1$ und setze

$$b_i^{(s+1)} = \begin{cases} 1 & \text{wenn } z \ge p \\ 0 & \text{wenn } z < p \end{cases}$$

6. Gehe zurück nach 2, bis der Vektor $b^{(s+1)}$ einen stabilen Zustand erreicht hat.

Für $T \to 0$ geht die Sigmoid-Funktion in die Heaviside-Funktion über und das Berechnungsverfahren konvergiert gegen ein Minimum. Dabei kann es in einem lokalen Minimum hängenbleiben. Wählt man die Temperatur T sehr groß, so ist die Wahrscheinlichkeit p nahe 0,5 (s. Abb. 21.3). Das bedeutet, dass die Neuronen unabhängig von dem berechneten Wert u mit einer Wahrscheinlichkeit von 0.5 den Wert 1 annehmen. Damit kann ein lokales Minimum verlassen werden. Beginnt man mit einer höheren Initialtemperatur T und verringert T sukzessive, so verkleinert sich in jeder Iteration stochastisch die Energiefunktion. Das Verfahren konvergiert gegen einen stabilen Zustand, dessen Energiewert ein Minimum ist. Das globale Minimum erhält man mit höherer Wahrscheinlichkeit, aber nicht mit Sicherheit.

21.7 Anwendungen auf Optimierungsprobleme

Hopfield und Tunk [2] hatten zeigen können, dass Hopfield-Netze geeignet sind, schnell gute zulässige Lösungen von kombinatorischen Optimierungsproblemen zu finden. Die Vorgehensweise besteht darin, ein Hopfield-Netz so zu konstruieren, dass die Energiefunktion des Netzes mit der zu minimierenden

Funktion des Optimierungsproblems identisch ist. Das Minimum der Energiefunktion liefert dann das Minimum des Optimierungsproblems. Die Vorgehensweise soll an einem einfachen Optimierungsproblem erläutert werden.

Minimierung der Summe von Abständen zweier Punkte
Gegeben sei eine Menge von N Punkten, wobei N geradzahlig ist. Aus dieser
Menge sind Punktpaare so zu bestimmen, dass die Summe der Abstände dieser
Paare minimal ist (s. Abb. 21.4).

Die Topologie des Hopfield-Netzes bestehe aus allen Neuronen ij, die eine
Verbindung von dem Punkt i zu dem Punkt j repräsentieren. Die zugehörige
Neuronenaktivität wird mit a_{ij} bezeichnet, die den Wert 1 annimmt, wenn i mit
$j \neq i$ verbunden wird und im anderen Fall den Wert 0. Sei d_{ij} der Abstand
zwischen i und j. Es gilt $d_{ij} = d_{ji}$ und $a_{ij} = a_{ji}$ für alle i, j. Die zu minimierende
Gesamtlänge E aller Abstände ist dann gegeben durch

$$E = \frac{1}{2} \sum_{i,j} d_{ij} a_{ij} \to \text{min.}$$

Die Summe wird mit $\frac{1}{2}$ multipliziert, da in der Summe die Abstände zweimal
addiert werden. Damit jeder Punkt i nur mit einem Punkt verbunden wird, fordert
man zusätzlich, dass die Bedingung $\sum_j a_{ij} = 1$ für alle $i = 1, \dots, N$ erfüllt ist.
Dies ist genau dann erfüllt, wenn

$$\sum_i \left(\sum_j a_{ij} - 1 \right)^2 = 0$$

gilt. Die Nebenbedingung kann als Strafterm in die folgende gewichtete Energiefunktion mit aufgenommen werden:

$$E = \frac{b}{2} \sum_{i,j} d_{ij} a_{ij} + c \sum_i \left(\sum_j a_{ij} - 1 \right)^2 \to \text{min,}$$

Abb. 21.4 Beispiel von
Zweierverbindungen

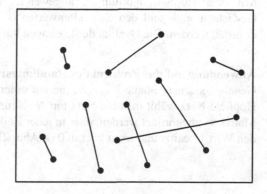

wobei b und c positive Konstanten sind. Der zweite Term kann wie folgt umgeformt werden:

$$\sum_i \left(\sum_j a_{ij} - 1\right)^2 = \sum_i \left(\left(\sum_j a_{ij}\right) \cdot \left(\sum_j a_{ij}\right) - 2\sum_j a_{ij} + 1\right)$$

$$= \sum_{i,j,k} a_{ik}a_{ij} - 2\sum_{i,j} a_{ij} + N.$$

Hieraus ergibt sich

$$E = \frac{b}{2}\sum_{i,j} d_{ij}a_{ij} + \sum_{i,j,k} ca_{ij}a_{ik} - 2c\sum_{i,j} a_{ij} + cN$$

$$= -\frac{1}{2}\sum_{(i,j),(l,k)} -2c\delta_{li}a_{ij}a_{lk} + \sum_{i,j}\left(\frac{b}{2}d_{ij} - 2c\right)a_{ij} + cN.$$

Dabei ist δ_{li} das Kronecker-Symbol, definiert durch

$$\delta_{li} = \begin{cases} 1 & \text{falls } l = i \\ 0 & \text{sonst} \end{cases}$$

Der konstante Term cN ist vernachlässigbar, da er keinen Einfluss auf die Minimalstelle hat. Durch Vergleich mit der Hopfield-Energiefunktion

$$E = -\frac{1}{2}\sum_{i,j} w_{ij}a_i a_j + \sum_i \theta_i a_i, \quad \boldsymbol{a} = (a_1, \ldots, a_n)^T$$

erhält man unter der Berücksichtigung, dass jedes Neuron durch einen Doppelindex gekennzeichnet ist, die Netzwerkparameter

$$w_{ij,lk} = -2c\delta_{li} \quad \text{und} \quad \theta_{ij} = \frac{b}{2}d_{ij} - 2c.$$

Mit dem HopSA-Algorithmus, angewendet auf das Hopfield-Netz mit den Gewichten $w_{ij,lk}$ und den Schwellenwerten θ_{ij}, können die optimalen Werte a_{ij} ermittelt werden. Die Qualität der Lösungen hängt von der Wahl der Parameter b, c ab.

Anwendung auf das Problem des Handlungsreisenden
Gegeben seien N Städte $1, \ldots, N$, die auf einer Rundreise zu besuchen sind. Als Hopfield-Netz wählt man ein Netz mit N^2 Neuronen ij, die in einer quadratischen Matrix so angeordnet werden, dass in jeder Zeile i und Spalte j genau ein Neuron den Wert 1 besitzt und sonst überall 0 (s. Abb. 21.5).

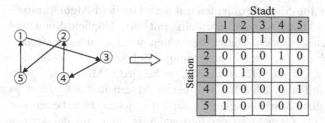

Abb. 21.5 Abbildung des TSP mit Startort 3 auf ein Hopfield-Netz

Die Neuronenaktivität a_{ij} ist definiert durch

$$a_{ij} = \begin{cases} 1 \text{ wenn die Stadt } j \text{ die } i\text{-te Station der Rundreise ist} \\ 0 \text{ sonst} \end{cases}$$

Ist d_{jk} die Weglänge von Stadt j zur Stadt k, so ist die zu minimierende Gesamtlänge der Rundreise gegeben durch

$$E = \sum_{i,j,k} d_{jk} a_{ij} a_{(i \bmod N)+1,k} \to \min$$

mit den Nebenbedingungen

(1) $\sum_i a_{ij} = 1$ für alle $j = 1, \ldots, N$ (In jeder Spalte j ist nur ein Neuron aktiv.)

(2) $\sum_j a_{ij} = 1$ für alle $i = 1, \ldots, N$ (In jeder Zeile i ist nur ein Neuron aktiv.)

Der Index $(i \bmod N) + 1, k$ in der Zielfunktion E stellt sicher, dass nach der letzten Station N die Weglänge zum Startort zurück mitberücksichtigt wird (es gilt $a_{(i \bmod N+1),k} = a_{1,k}$ für $i = N$). Die Nebenbedingungen (1) und (2) können nach Umformungen (vgl. vorhergehendes Beispiel) als Strafterme in die Energiefunktion mit den frei wählbaren Gewichtsfaktoren b, c und d mit aufgenommen werden:

$$E = b \sum_{i,j,k} d_{jk} a_{ij} a_{(i \bmod N)+1,k} + c \underbrace{\sum_j \left(\sum_i a_{ij} - 1 \right)^2}_{(1)} + d \underbrace{\sum_i \left(\sum_j a_{ij} - 1 \right)^2}_{(2)}$$

Analog dem vorhergehenden Beispiel kann diese Darstellung in die Form der Hopfield-Energiefunktion übergeführt werden, aus der mit dem Hopfield-Simulated-Annealing-Verfahren eine Lösung des TSP bestimmt werden kann.

Lösung von Job-Shop-Problemen mit dem Hopfield-Algorithmus

Job-Shop-Probleme können ebenfalls mit der Hopfield-Simulated-Annealing-Methode gelöst werden. Hierzu betrachten wir folgendes einfache Beispiel aus dem Bereich der Personaleinsatzplanung. Fünf Jobs $1, \ldots, 5$ sollen von fünf Mitarbeitern $1, \ldots, 5$ ausgeführt werden, wobei jeder Mitarbeiter genau einen Job bearbeiten soll und jeder Job von einem Mitarbeiter ausgeführt werden muss. Die benötigten Bearbeitungszeiten sind für jeden Mitarbeiter und jeden Job unterschiedlich. Gesucht ist der Personaleinsatzplan mit der kürzesten Gesamtbearbeitungszeit. Dieses Problem kann analog wie bei dem TSP gelöst werden, wenn Städte durch Mitarbeiter, Stationen durch Jobs und Weglänge durch Bearbeitungszeit ersetzt werden.

	Mitarbeiter				
Job	1	2	3	4	5
1	0	0	1	0	0
2	0	0	0	1	0
3	0	1	0	0	0
4	0	0	0	0	1
5	1	0	0	0	0

Möglicher Personaleinsatzplan

In der Literatur sind weitere Verfahren zur Lösung von kombinatorischen Optimierungsproblemen entwickelt worden, in denen Hopfiel-Netze eingesetzt wurden. Einige Anwendungen der Hopfield-Methode sind im Folgenden für verschiedene Problemklassen aufgelistet:

Autoren	Optimierungsproblem
Foo, Takefuji 1988 [71]	Job Shop Scheduling
Cho et al. 1993 [72]	Maximales verallgemeinertes Zuordnungsproblem
Jagota 1995 [73]	Maximales Cliquenproblem
Lee, Park 1993 [74]	Rucksackproblem
Lai et al. 1994 [75]	Knotenüberdeckungsproblem Stabilitätsproblem Maximales Cliquenproblem

Literatur

1. Hopfield JJ (1982) Neural networks and physical systems with emergent collective computational abilities. Proc Nat Acad Sci USA 79:2554–2558
2. Hopfield JJ, Tank DW (1985) Neural computation of decisions in optimization problems. Biol Cybern 52:141–152
3. Foo YPS, Takefuji Y (1988) Integer linear programming neural networks for job jop scheduling. Proc IEEE Int Conf Neural Netw 2:341–348
4. Cho YB, Kurokawa T, Takefuji Y, Kim HS (1993) An O(1) approximate parallel algorithm for the n-Task n-Person assignment problem. Proc Int Joint Conf Neural Netw 2:1503–1506

5. Jagota A (1995) Approximating maximum clique with a Hopfield network. IEEE Trans Neural Netw 6:724–735
6. Lee S, Park J (1993) Dual-Mode Dynamics Neural Network (D2NN) for knapsack packing problem. Proc Int Joint Conf Neural Netw 3:2425–2428
7. Lai JS, Kuo SY, Chen IY (1994) Neural networks for optimization problems in graph theory. Proc IEEE Int Symp on Circ Sys 6:269–272

Kapitel 22
Reinforcement Learning

Bei dem Reinforcement Learning erfolgt das Lernen durch Belohnung bzw. durch Bestrafung. Das Lernen mit einem Belohnungssystem findet man in vielen Bereichen, wie zum Beispiel bei der Tierdressur, in der Schule durch Benotung, beim Finanzhandel durch den Gewinn von Finanzprodukten, bei dem Belohnungs-effekt durch Dopamin im Gehirn oder bei Computerspielen durch Punktvergabe. Es ist das Ziel des Reinforcement Learning, das Lernergebnis zu maximieren. Dies kann erreicht werden, indem ein Agent eine Policy (Strategie) zur Maximierung der zu erwartenden Gesamtbelohnung erlernt, indem er mit seiner Umwelt interagiert. Ein strategiebasiertes Verfahren zur Maximierung der Policy ist der REINFORCE-Algorithmus, der in diesem Kapitel beschrieben wird. Hier-bei wird die Policy durch ein neuronales Netz approximiert und die Netzgewichte mit dem Gradientenverfahren optimiert. Weiterhin wird der Q-Learning Algorith-mus vorgestellt, mit dem Q-Werte abgeschätzt werden können. Ein Q-Wert gibt an, wie groß die Belohnung ist, wenn in einem Zustand eine mögliche Aktion aus-geführt wird. Der Q-Learning-Algorithmus ist für viele Zustände und Aktionen jedoch nicht praktikabel. Eine Möglichkeit besteht darin, die Q-Werte durch ein tiefes neuronales Netz zu approximieren, das mit Deep-Q-Netz (DQN) bezeichnet wird. Das Verwenden eines DQN-Netzes für die Bestimmung der Q-Werte nennt man DQN-Algorithmus. In diesem Kapitel wird der von Google DeepMind-Mitarbeitern 2015 entwickelte DQN-Algorithmus vorgestellt.

22.1 Einführung

Reinforcement Learning (Verstärkendes Lernen) ist neben dem Supervised Learning und dem Unsupervised Learning ein Teilgebiet des Machine Learning. Ein Anwendungsgebiet des Reinforcement Learning (RL) ist beispielsweise das autonome Fahren, das Navigieren von Robotern, Chatbots im Kundenservice für die Bearbeitung von Anfragen oder das Erlernen von Gewinnstrategien bei Spielen.

R. Hollstein, *Optimierungsmethoden*, https://doi.org/10.1007/978-3-658-39855-2_22

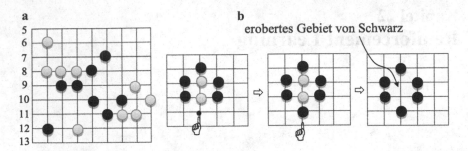

Abb. 22.1 a Go wird auf einem Brett von 19×19-Linien mit schwarzen und weißen Spielsteinen gespielt, die abwechselnd auf die Schnittpunkte des Brettes gesetzt werden. **b** Ziel des Spiels ist es, mehr Gebiete zu erobern als der Gegner. Dies wird erreicht durch Umzingeln des Gegners durch eigene Steine.

AlphaGo Zero ist ein Computerprogramm (entwickelt 2017 im Forschungszentrum Google DeepMind mit Methoden des RL), das jeden Go-Spieler der Welt schlägt. Go ist ein strategisches Brettspiel mit zwei Spielern, das aufgrund der enorm vielen Variationsmöglichkeiten ($2,08 \cdot 10^{170}$ gültige Spielpositionen) komplexer ist als Schach (s. Abb. 22.1).

AlphaGo Zero spielte auf Kenntnis der Spielregeln ohne menschliche Hilfe mittels Zufallszügen gegen sich selbst und belohnte sich bei gewonnenen Spielen mit Punkten selbst, wodurch Erfolg versprechende Strategien verstärkt wurden. Eine Parallele findet man in dem Buch „Schachnovelle" von Stefan Zweig, in dem der Protagonist in jahrelanger isolierter Haft anhand eines Schachbuches Meisterpartien nachspielte und anschließend Gewinnstrategien entwickelte, indem er gegen sich selbst spielte. Mit den Worten des Protagonisten: „Jedes meiner beiden Ich, mein Ich Schwarz und mein Ich Weiß hatten zu wetteifern gegeneinander und gerieten jedes für seinen Teil in einen Ehrgeiz, zu gewinnen". In Freiheit war er in der Lage, den Schachweltmeister zu schlagen.

Wie RL Gewinnstrategien erlernen kann, soll folgendes einführende Beispiel als Motivation verdeutlichen.

22.2 Menace

Donald Michie entwickelte 1961 einen mechanischen Computer, bestehend aus 304 Streichholzschachteln, mit dem eine Gewinnstrategie bei dem Spiel Tic-Tac-Toe durch RL erlernt werden kann.

Tic-Tac-Toe-Spielverlauf Auf einem quadratischen Spielfeld mit 3x3 Feldern setzen zwei Spieler nacheinander ein Zeichen ✗ bzw. O auf ein freies Feld. Ein Spieler gewinnt, wenn er drei Zeichen in einer horizontalen, vertikalen oder diagonalen Reihe platzieren kann. Das Spiel ist unentschieden, wenn alle Felder besetzt sind und kein Spieler die erforderlichen Zeichen in einer Reihe setzen konnte.

(a) (b) (c)

(a) Spieler O gewinnt, (b) Spieler ✗ gewinnt, (c) unentschieden

Der Spielalgorithmus von Menace (Machine Educable Noughts And Crosses Engine) Der Menace-Computer besteht aus 304 Streichholzschachteln, wobei jede Streichholzschachtel einen möglichen relevanten Spielstand repräsentiert. Anstelle der Streichhölzer enthalten die Schachteln neun verschiedene bunte Perlen (z. B. 10 Perlen je Farbe), wobei jede Farbe ein spezielles Feld des Spielfeldes repräsentiert. Zur besseren Darstellung werden anstelle unterschiedlicher Farben die Perlen von 1 bis 9 durchnummeriert.

Zu Beginn enthalten alle Schachteln zu allen Farben (Zahlen) gleich viele Perlen für alle möglichen Züge. Wir nehmen an, der „Computer" spielt mit einem menschlichen Gegenspieler . Ist der Computer am Zug, so wird die Schachtel ausgewählt, die den Spielstand repräsentiert. Es wird zufällig eine Perle dieser Schachtel entnommen und der Zug ausgeführt, der der Nummer der gezogenen Perle entspricht. Ist das Spiel beendet, so erfolgt die Aktualisierung der Perlen der verwendeten Schachteln auf folgende Weise:

- „Computer" gewinnt: Alle entnommenen Perlen werden zurückgelegt und zusätzlich eine weitere Perle gleicher Nummer als Belohnung hinzugefügt. Alle Züge dieser Partie werden somit belohnt. Auf diese Weise werden in zukünftigen Spielen diese Gewinnzüge mit größerer Wahrscheinlichkeit wiederholt.
- „Computer" verliert: Alle entnommenen Perlen werden einbehalten, wodurch alle Züge dieser Partie bestraft werden. Damit werden in Zukunft die nicht erfolgreichen Züge mit einer geringeren Wahrscheinlichkeit wiederholt.
- Unentschieden: Alle entnommenen Perlen werden wieder zurückgelegt (keine Veränderung).

Eine Spielsequenz nennt man *Episode*.

Nach einigen hundert Episoden erlernt der Computer eine Gewinnstrategie, mit der er nicht mehr verliert (s. Abb. 22.2).

22.3 Formale Beschreibung von RL

Die Komponenten des RL bestehen formal aus Umgebung (Environment), Agent, Zustand (State), Aktion (Action) und Belohnung (Reward). Ein Agent führt im Zeitschritt t in der Umgebung eine Aktion a_t aus und erhält als Feedback von der

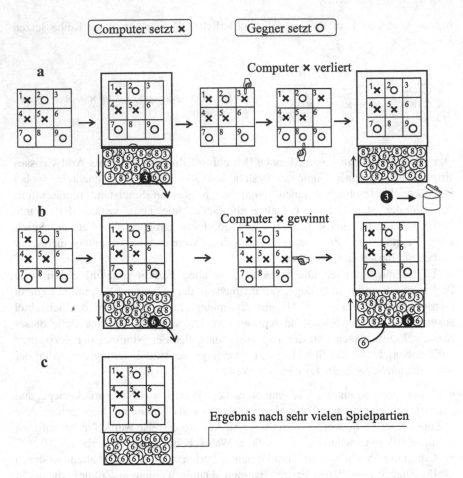

Abb. 22.2 Menace-Spielalgorithmus a Dem Spielstand entsprechend wird zufällig eine Perle aus der Schachtel entnommen (hier Nummer 3) und ein ✖ auf Feld 3 gesetzt. Setzt der Gegenspieler sein Zeichen ◯ auf Feld 8, so hat der Computer verloren und alle entnommenen Perlen werden als Bestrafung entfernt. **b** Wird bei gleichem Spielstand zufällig eine Perle mit Nummer 6 ausgewählt und entsprechend auf Feld 6 ein Kreuz gesetzt, so hat der Computer gewonnen. Alle entnommenen Perlen werden zurückgelegt und als Belohnung zusätzlich eine Perle mit gleicher Nummer hinzugefügt. **c** Nach sehr vielen Spielpartien sind alle suboptimalen Perlen aussortiert worden. Mit zunehmender Anzahl der Spielpartien erhöhen sich die Wahrscheinlichkeiten für die Auswahl der erfolgversprechendsten Perlen.

Umgebung eine Belohnung r_{t+1} sowie Informationen über den neuen Zustand s_{t+1}. Der Zustand s_t ist die Konfiguration der Umgebung zum Zeitpunkt t (s. Abb. 22.3).

Im Folgenden betrachten wir das Szenario beim Menace-Verfahren.

RL Komponenten bei dem Menace-Verfahren
Agent Der Agent ist der Lernalgorithmus, der bei jedem Spielstand festlegt, auf welchem freien Spielfeld sein Zeichen eingetragen wird.

Abb. 22.3 Ablauf des RL. In jedem Zeitschritt t führt der Agent in einer Umgebung zu einem bestimmten Zustand s_t eine Aktion a_t aus, die zu einer Belohnung r_{t+1} und der Zustandsänderung s_{t+1} führt.

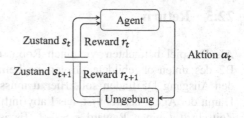

Umgebung Die Umgebung, bestehend aus einem 3x3-Spielfeld, liefert nach jedem Spielzug des Agenten und des Gegenspielers die Informationen über den neuen Spielstand und führt bei Spielende die Belohnung bzw. Bestrafung aus.

Aktionen Der Agent führt im Zeitschritt t durch Setzen seines Zeichens in ein freies Spielfeld eine Aktion a_t aus. Die Aktion erfolgt hierbei stochastisch.

Zustand Der Zustand s_t ist der Spielstand nach t Spielschritten. Durch die Aktion a_t des Agenten geht der Zustand s_t in den Zustand s_{t+1} über.

Belohnung Die Belohnung bzw. Bestrafung r_t erfolgt erst rückwirkend durch das Hinzufügen bzw. durch das Entfernen von Perlen nach Spielende (Delayed Reward).

22.4 Markovsche Entscheidungprozesse

Grundlage des RL sind die sogenannten *Markovschen Entscheidungsprozesse* (MDP für *Marcov Decision Process*).

Ein Markovscher Entscheidungsprozess ist definiert durch ein Tupel (S, A, r, p, γ). Dabei gilt:

- S ist eine endliche Menge von Zuständen.
- A ist eine endliche Menge von Aktionen.
- $p : S \times A \times S \to [0, 1]$ ist die *Übergangsfunktion (transition function)*. $p(s'|s, a)$ gibt die Wahrscheinlichkeit an, mit der der Agent von Zustand s in den Zustand s' wechselt, wenn er Aktion a ausführt. Diese Wahrscheinlichkeitswerte werden auch Übergangswahrscheinlichkeiten genannt.
- $r : S \times A \times S \to \mathbb{R}$ ist die *Belohnungsfunktion (reward function)*. $r(s, a, s')$ gibt die Belohnung (Reward) beim Übergang von Zustand s nach Zustand s' unter Ausführung der Aktion a an.
- γ ist der Diskontierungsfaktor mit $\gamma \in \mathbb{R}, 0 \leq \gamma \leq 1$.

Bei MDP wird die sogenannte *Markov-Eigenschaft* zugrunde gelegt, d. h. die Übergangsfunktion zwischen den Zuständen hängt nur von dem Ausgangszustand und nicht von der Vergangenheit ab.

22.5 Return

Als Beispiel betrachten wir einen Roboter (Agenten), der sich in der Position B2 des unten abgebildeten Irrgartens befindet und auf möglichst kurzem Weg den Ausgang D5 finden soll. Hierzu muss der Agent die Umgebung erkunden. Damit der Agent bestrebt ist, das Labyrinth zu verlassen, bekommt er nach jedem Zeitschritt t einen Reward $r_t = -1$. Es ist das Ziel, die Gesamtbelohnung zu maximieren. Für den optimalen Weg in der Abbildung (grau markiert) bekommt der Agent eine Belohnung von -5, den man *Return* nennt.

	1	2	3	4	5
A		-7	-6		
B		♟	-5	-4	-3
C		-5			-2
D		-4	-3	-2	-1
E					

Return Ist $r_{t+1}, r_{t+2}, r_{t+3}, \ldots$ eine Folge von Rewards nach einem Zeitschritt t, so wird die Gesamtbelohnung

$$G_t = \sum_{k=0}^{\infty} \gamma^k r_{t+k+1}$$

Return genannt, wobei $0 \leq \gamma \leq 1$ der Diskontierungsfaktor ist. Für $\gamma < 1$ ist die Konvergenz der Reihe gesichert. Für $0 < \gamma < 1$ wird mit zunehmendem k der Einfluss der zu erwartenden Rewards abgeschwächt. Je kleiner γ, umso stärker ist die Abschwächung. Ist $\gamma = 0$, so wird nur die unmittelbare Belohnung berücksichtigt. Die Reihe ist endlich, wenn eine Terminierung nach T Zeitschritten vorliegt.

Episode und Trajektorie Eine *Trajektorie* ist der Pfad von einem Startzustand bis zum Terminierungszustand und wird mit τ bezeichnet. Den Verlauf längs der Trajektorie nennt man *Episode* (s. Abb. 22.4).

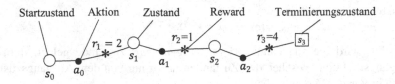

Abb. 22.4 Trajektorie τ mit der undiskontierten Gesamtbelohnung $G_t = 7$

22.6 Policy

Unter *Policy* versteht man eine Strategie, mit der ein Agent in einem Zustand eine Aktion ausführt. Die Policy wird mit π bezeichnet, wobei man zwischen stochastischer und deterministischer Policy unterscheidet.

- Eine *deterministische Policy* π bildet Zustände s auf Aktionen a ab: $\pi(s) = a$.
- Eine *stochastische Policy* π ist definiert als Wahrscheinlichkeitsverteilung $\pi(a|s)$ über alle Aktionen a, die vom aktuellen Zustand s ausgehen. Sie gibt an, mit welcher Wahrscheinlichkeit eine Aktion a in Zustand s ausgewählt wird. Es gilt dann

$$\sum_{a \in A(s)} \pi(a|s) = 1,$$

wobei mit $A(s)$ die Menge der Aktionen bezeichnet wird, die im Zustand s möglich sind (s. Abb. 22.5).

Es ist das Ziel des RL, eine Policy π so zu bestimmen, dass die aus der Umgebung stammenden Belohnungen maximal sind. Zum Beispiel bei der Gewinnstrategie π eines Spiels wird bei jedem Spielschritt der beste Zug gewählt. Dies ist der Zug mit der größten Wahrscheinlichkeit, der zum Sieg führt.

Als Erläuterung betrachten wir folgendes stark vereinfachte Beispiel. Gegeben sei ein MDP mit zwei Zuständen A und B sowie zwei Terminierungszustände (Endzustände) Z_1 und Z_2. Die Rewards sowie die Aktionen, dargestellt als Pfeile, sind in der folgenden Abbildung angegeben. Die Zahl über den Pfeilen gibt die Wahrscheinlichkeit $\pi(a|s)$ an, mit der Aktion a im Zustand s ausgeführt wird.

Im Zustand B gilt für alle Policies: $G_B = 10$. Unter den vier angegebenen Policies ist die deterministische Policy π_1 die Beste.

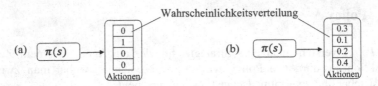

Abb. 22.5 **a** Deterministische Policy π **b** Stochastische Policy π

22.7 State-Value-Funktion

22.7.1 Definition der State-Value-Funktion

Die *State-Value-Funktion (Zustand-Wert-Funktion)* $V_\pi(s)$ eines Zustands s für eine Policy π ist definiert als der zu erwartende Return, ausgehend von s, wenn man der Policy π folgt:

$$V_\pi(s) = \mathbb{E}_\pi[G_t|s_t = s] = \mathbb{E}_\pi\left[\sum_{k=0}^{\infty} \gamma^k r_{t+k+1}|s_t = s\right],$$

wobei $\mathbb{E}_\pi[\cdot]$ der Erwartungswert, s_t der Zustand zum Zeitpunkt t und γ der Diskontierungsfaktor ist.

Der Erwartungswert einer diskreten Zufallsvariablen ist wie folgt definiert:

Erwartungswert einer diskreten Zufallsvariablen
Sei X eine diskrete Zufallsvariable, die die Werte $(x_i)_{i \in I}$ mit den jeweiligen Wahrscheinlichkeiten $p_i = P(X = x_i)$ annimmt und sei $f : \mathbb{R} \to \mathbb{R}$ eine beliebige Funktion. Dann ist der Erwartungswert $\mathbb{E}[f(X)]$ von X definiert durch

$$\mathbb{E}[f(X)] = \sum_{i \in I} p_i \cdot f(x_i),$$

sofern die Reihe im Fall einer abzählbar unendlichen Indexmenge I konvergiert.

Beispiel Für die zufällige Augenzahl X beim Wurf eines regulären Würfels ist der Erwartungswert $\mathbb{E}[X]$ gegeben durch

$$\mathbb{E}[X] = \sum_{i=1}^{6} \frac{1}{6} \cdot i = 3.5, \quad f(x) = x.$$

22.7.2 Beispiel der State-Value-Funktion

Gegeben sei die folgende rechteckige Umgebung mit quadratischen Feldern (genannt Gridworld) sowie die Policy π und die Rewards für jedes Feld. Das Feld Z sei der Terminierungszustand.

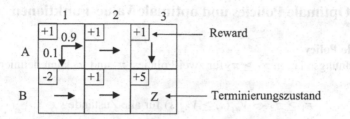

Wir bestimmen die State-Value-Funktion $V(A1)$ im Zustand $s = A1$ für den Diskontierungsfaktor $\gamma = 1$. Hierzu betrachten wir die möglichen Trajektorien

$$\tau_1 : A1 \xrightarrow{+1} A2 \xrightarrow{+1} A3 \xrightarrow{+5} Z \quad \text{und} \quad \tau_2 : A1 \xrightarrow{-2} B1 \xrightarrow{+1} B2 \xrightarrow{+5} Z.$$

Die State-Value-Funktion in $A1$ ist dann gegeben durch

$$\begin{aligned}
V_\pi(A1) &= \pi(\rightarrow |A1) \cdot G_t(\tau_1) + \pi(\downarrow |A1) \cdot G_t(\tau_2) \\
&= 0.9 \cdot (1 + 1 + 5) + 0.1 \cdot (-2 + 1 + 5) \\
&= 6.7.
\end{aligned}$$

Monte-Carlo-Methode

Bei dieser Methode wird die State-Value-Funktion approximiert, indem für jeden Zustand durch häufiges Durchlaufen von Episoden bis zum Terminierungszustand T die Gesamtbelohnung berechnet wird, wobei T sich von Episode zu Episode unterscheiden kann.

22.8 Action-Value-Funktion

Analog zur Definition der State-Value-Funktion ist die *Action-Value-Funktion* (*Q-Funktion*) $Q_\pi(s, a)$ definiert als der zu erwartende Return, wenn in Zustand s Aktion a gewählt und anschließend der Policy π gefolgt wird:

$$Q_\pi(s, a) = \mathbb{E}_\pi[G_t | s_t = s, a_t = a] = \mathbb{E}_\pi\left[\sum_{k=0}^{\infty} \gamma^k r_{t+k+1} | s_t = s, a_t = a\right]$$

Die Action-Value-Funktion $Q_\pi(s, a)$ gibt an, wie gut das Auswählen einer Aktion a im Zustand s ist.

Es gilt dann

$$V_\pi(s) = \sum_{a \in A(s)} \pi(a|s) \cdot Q_\pi(s, a),$$

wobei $A(s)$ die Menge aller möglichen Aktionen im Zustand s ist.

Bei einer Gewinnstrategie eines Spiels gibt $V_\pi(s)$ an, wie gut die Chancen bei einem Zustand (Spielstand) s sind, das Spiel zu gewinnen. Die Q-Funktion $Q_\pi(s, a)$ gibt an, wie gut ein Zug (Aktion) bei einem Spielstand s ist.

22.9   Optimale Policies und optimale Value-Funktionen

Optimale Policy

Eine Ordnungsrelation $\pi_1 \geq \pi_2$ für zwei Policies π_1 und π_2 kann definiert werden durch:

$$\pi_1 \geq \pi_2 \Leftrightarrow V_{\pi_1}(s) \geq V_{\pi_2}(s) \text{ für alle Zustände } s \in S.$$

Es existiert dann mindestens eine Policy π^* mit $\pi^* \geq \pi$ für alle Policies π, die mit *optimale Policy* bezeichnet wird.

Optimale Value-Funktionen

Die optimale State-Value-Funktion $V^*(s)$ ist definiert durch

$$V^*(s) = \max_{\pi} V_{\pi}(s)$$

und die optimale Action-Value-Funktion $Q^*(s,a)$ durch

$$Q^*(s,a) = \max_{\pi} Q_{\pi}(s,a).$$

22.10   Q-Learning

Die Q-Funktion $Q(s,a)$ kann rekursiv durch die folgende Bellman-Gleichung dargestellt werden:

Bellman-Gleichung für Action-Value-Funktionen

$$Q(s_t, a_t) = r_{t+1} + \gamma \max_{a' \in A} Q(s_{t+1}, a')$$

Zur Veranschaulichung betrachten wir folgendes einfache Beispiel. Gegeben sei folgende Umgebung mit drei Zuständen s_0, s_1, s_2 und dem Terminierungszustand z sowie die folgenden Rewards r_1, r_2 und r_3 für die Aktionen a_0, a_1 und a_3:

Der Einfachheit halber sei der Diskontierungsfaktor $\gamma = 1$. Es gilt

$$Q(s_2, a_2) = 3$$
$$Q(s_1, a_1) = 2 + Q(s_2, a_2) = 5$$
$$Q(s_0, a_0) = 1 + Q(s_1, a_1) = 6.$$

Die optimale Action-Value-Funktion Q^* kann mit folgender Lernformel iterativ bestimmt werden:

Q-Learning

$$Q'(s_t, a_t) = Q(s_t, a_t) + \alpha \cdot \left(r_{t+1} + \gamma \cdot \max_{a' \in A} Q(s_{t+1}, a') - Q(s_t, a_t) \right)$$

Dabei ist $0 < \alpha \leq 1$ die Lernrate und $0 \leq \gamma \leq 1$ der Diskontierungsfaktor. Die Parameter α und γ nennt man *Hyperparameter*, da sie vor dem Lernprozess festgelegt werden müssen und nicht mitgelernt werden. Das Update erfolgt dabei ohne Verwendung der Policy. Man nennt dieses Verfahren daher auch *Off-Policy-Algorithmus*.

Die Lernrate $0 \leq \alpha \leq 1$ steuert die Veränderung des aktuellen Wertes. Mit dem Term $\max_{a' \in A} Q(s_{t+1}, a')$ wird eine Greedy-Strategie angewendet, indem die beste bekannte Nachfolgeaktion ausgewählt wird.

Q-Learning-Algorithmus

1. **Initialisierung** $Q(s, a)$ für alle Zustände s und Aktionen $a \in A(s)$
2. **Ablauf für jede Episode** Für jede Episode führe bis zum Terminierungszustand folgende Schritte durch:
   2.1 Bestimme einen zufälligen Initialzustand s
   2.2 Wähle zu einer gegebenen Schranke $0 \leq \varepsilon \leq 1$ und einer Zufallszahl $0 \leq p \leq 1$ eine Aktion $a \in A(s)$ nach folgendem Auswahlverfahren (*ε-Greedy-Methode*) aus:
   Ist $p \geq \varepsilon$, so wähle zufällig eine Aktion $a \in A(s)$.
   Ist $p < \varepsilon$, so wähle Aktion $a = \operatorname*{argmax}_{a'} Q(s, a')$.
   Mit zunehmender Anzahl der Iterationen wird die Schranke ε erhöht, wodurch die Wahrscheinlichkeit der zufälligen Auswahl reduziert wird. Zu Beginn mit einem niedrigen ε-Wert kann damit die Exploration verstärkt und mit zunehmender ε-Schranke die Exploitation erhöht werden.
   2.3 Aktualisiere $Q(s, a)$ mit der Lernformel

   $$Q'(s, a) = Q(s, a) + \alpha \cdot \left(r + \gamma \max_{a' \in A} Q(s', a') - Q(s, a) \right)$$

   2.4 Setze den nächsten Zustand s' als den aktuellen Zustand s.

3. **Abbruch** Abbruch erfolgt nach einer vorgegebenen Anzahl von Episoden.

Nach Abschluss des Trainingsprozesses kann der Agent dann auf die trainierten Q-Werte zurückgreifen. Er erreicht von einem aktuellen Zustand den Terminierungszustand, indem er schrittweise mit dem Greedy-Verfahren immer die Aktion mit dem maximalen Q-Wert auswählt.

Beispiel
Als stark vereinfachtes Beispiel betrachten wir einen Roboter in einer rechteckigen Umgebung mit quadratischen Feldern (siehe untere Abbildung). Der Roboter befindet sich im Feld A1 (Startposition) und soll den Weg zum Zielzustand C2 finden. Bei der Wegsuche erhält er in den Feldern einen Reward, wie in der folgenden Tabelle angegeben. Die Episode ist im Feld B2 und C2 beendet.

	1	2
A	♟	+2
B	+1	–5
C	+1	+10

Die möglichen Aktionen a sind die vier Bewegungsrichtungen →, ←, ↑ und ↓. Die Q-Werte $Q(s, a)$ können in einer $6 \times 4-$ Matrix (Q-Tabelle) dargestellt werden (s. Abb. 22.6).

Im Folgenden wenden wir den Q-Learning-Algorithmus an und führen einen Zeitschritt aus. Als Lernrate wählen wir $\alpha = 0,5$, als Diskontierungsfaktor $\gamma = 1$ und zu Beginn die Schranke $\varepsilon = 0$. Alle Matrixelemente der Q-Tabelle werden mit 0 initialisiert.

Im Startpunkt A1 des Roboters sei zufällig die Aktion ↓ ausgewählt. Für den Term $\max\limits_{a'} Q(s', a')$ der Lernformel gilt dann

$$\max_{a'} Q(B1, a') = \max \{Q(B1, \uparrow), Q(B1, \rightarrow), Q(B1, \downarrow)\} = 0.$$

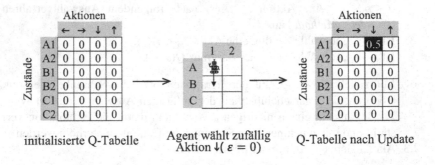

Abb. 22.6 Update der Q-Tabelle nach einem Zeitschritt des Q-Learning-Algorithmus

Damit erhält man den aktualisierten Q-Wert:

$$Q'(A1, \downarrow) = Q(A1, \downarrow) + \alpha \cdot \left(r + \gamma \cdot \max_{a'} Q(B1, a') - Q(A1, \downarrow) \right)$$
$$= 0 + 0,5 \cdot (1 + 1 \cdot 0 - 0)$$
$$= 0,5.$$

22.11 DQN-Algorithmus

Bei einer Vielzahl von Zuständen und Aktionen sind Q-Tabellen nicht mehr praktikabel. Beispielsweise beträgt die Anzahl der möglichen Stellungen auf einem Schachbrett $\approx 2 \cdot 10^{77}$. Zum Vergleich wird die Anzahl der Atome im Weltall auf 10^{84} geschätzt. Eine Möglichkeit besteht darin, die Q-Werte durch ein neuronales Netz zu approximieren. Dies bezeichnet man als *approximatives Q-Learning*, das von Google DeepMind-Mitarbeitern [1] 2015 entwickelt wurde. Das neuronale Netz zum Schätzen der Q-Werte nennt man Deep Q-Netz (DQN).

Die Vorgehensweise soll an einem Beispiel verdeutlicht werden. Wir betrachten hierzu eine rechteckige Umgebung mit quadratischen Feldern, auf dem sich ein Roboter befindet, der sich in den vier Himmelsrichtungen bewegen kann und dazu für jede Aktion einen Reward erhält (s. Abb. 22.7).

Anstelle der Q-Tabelle wird ein neuronales Feedforward-Netz verwendet, bestehend aus einer Eingabeschicht, aus versteckten Schichten und einer Ausgabeschicht. Eingabe des neuronalen Netzes ist der Zustand s. In unserem Beispiel besteht die Eingabeschicht aus zwei Neuronen für den Zeilen- und Spaltenindex. Die Ausgabe ist ein Vektor, dessen Komponenten die vorhergesagten Q-Werte $Q(s, a)$ zum Eingabezustand s für alle Aktionen $a \in A(s)$ sind (s. Abb. 22.8).

Als Aktivierungsfunktion wird die ReLu-Funktion gewählt. Der Ausgabewert ist die Vorhersage $Q(s, a)$ des Netzes.

Anpassung der Gewichte
Für die Anpassung der Gewichte werden sogenannte *Erfahrungstupel* (s, a, r, s'), bestehend aus Zustand s, Aktion a, Reward r und Folgezustand s' in einer Gedächtnisliste $\mathcal{R}$ mit vordefinierter Größe, genannt *Replay Buffer*, gespeichert. Ist dieser

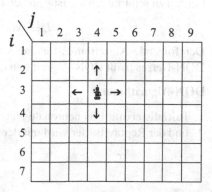

Abb. 22.7 Der Zustand ist festgelegt durch das Paar (i, j), wobei i der Zeilen- und j der Spaltenindex ist.

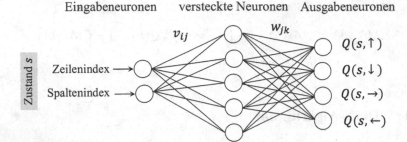

Abb. 22.8 Neuronales Netz mit den Netzgewichten v_{ij} und w_{jk} als Funktionsapproximator für die Q-Funktion

Speicher voll, so wird das erste Tupel herausgenommen, um ein neues Tupel hinzufügen zu können.

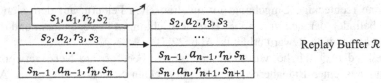

Nach der Q-Lernformel gilt

$$Q'(s,a) = Q(s,a) + \alpha \cdot \left[\underbrace{(r + \gamma \max_{a'} Q(s',a')}_{Zielwert} - \underbrace{Q(s,a)}_{Vorhersage}) \right].$$

Zielwert ist der Term $y(s,a) = r + \gamma \max\limits_{a'} Q(s',a')$. Die Fehlerfunktion, die durch Lernen zu minimieren ist, ist gegeben durch

$$L = (y(s,a) - Q(s,a))^2.$$

Der folgende Algorithmus für die Approximation der Q^*-Funktion mittels eines DQN-Netzes heißt DQN-Algorithmus.

DQN-Algorithmus

1. **Initialisierung** Das neuronale Netz wird mit kleinen zufälligen Startgewichten und der Replay Buffer wird mit der leeren Menge initialisiert.

2. **Ablauf der Episoden** Die Anpassung der Gewichte erfolgt für jede Episode zu jedem Zeitschritt bis zum Terminierungszustand in folgenden Schritten:

   2.1 Initialisiere Startzustand s

   2.2 Zu dem aktuellen Zustand s wähle eine Aktion a nach der ε-Greedy-Methode in Abhängigkeit der ε-Schranke (vgl. Abschn. 22.10) entweder zufällig oder mit dem besten Q-Wert aus. Das Erfahrungstupel (s, a, r, s'), bestehend aus s, a, dem Reward r und dem Folgezustand s', wird in dem Replay Buffer abgespeichert.

   2.3 Aus dem Replay Buffer wird zufällig eine Menge B von einigen Erfahrungstupeln (genannt *Mini-Batch*) ausgewählt. Zu jedem Tupel (s, a, r, s') aus B werden zu der Fehlerfunktion

$$(y(s, a) - Q(s, a))^2$$

   mit dem Gradientenabstiegsverfahren die Gewichte des neuronalen Netzes angepasst.

   2.4 Der Folgezustand s' wird zum aktuellen Zustand.

3. **Abbruch** Nach genügend vielen Episoden ist die Parameteranpassung beendet.

In Abb. 22.9 ist der Ablauf des approximativen Q-Learning graphisch dargestellt.

Man schreibt $Q(s, a, \theta)$ für die approximierte Q-Funktion, wobei θ der Vektor ist, dessen Komponenten die Gewichte des neuronalen Netzes repräsentieren. Die Darstellung der Gewichte als einen sehr langen Vektor θ anstelle von Matrizen vereinfacht die Notation. Die Komponenten von θ sind die Stellschrauben des Modells, die die Leistungsfähigkeit des neuronalen Netzes festlegen. Mit dem Lernverfahren können die Einstellungen der Stellschrauben zur Verbesserung der Leistungsfähigkeit verfeinert werden.

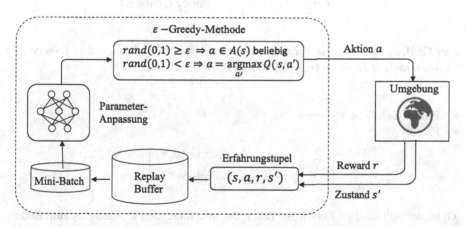

Abb. 22.9 Ablauf des approximativen Q-Learning zur Bestimmung der Q^*-Funktion

22.12   REINFORCE-Algorithmus

Sei $\boldsymbol{\theta}$ der Gewichtsvektor einer parametrisierten Policy-Funktion $\pi(a|s, \theta)$, dessen Komponenten die Gewichte eines neuronalen Netzes darstellen. Die Parametrisierung einer Policy-Funktion durch ein neuronales Netz wird im Beispiel 22.12.3 illustriert.

Es ist das Ziel des REINFORCE-Algorithmus, den Gewichtsvektor $\boldsymbol{\theta}$ einer parametrisierten Policy-Funktion $\pi(a|s, \boldsymbol{\theta})$ so zu bestimmen, dass $\pi(a|s, \boldsymbol{\theta})$ der optimalen Policy-Funktion $\pi^*(a|s)$ bestmöglich angepasst ist.

22.12.1   Policy Gradient Theorem

Zum Erlernen der Policy-Parameter kann die zu maximierende Zielfunktion

$$J(\boldsymbol{\theta}) = V_\pi(s_0) = \mathbb{E}_\pi[G_t|s_t = s_0]$$

verwendet werden, wobei s_0 der Episodenstartzustand einer Trajektorie τ ist.

Die Maximalstelle $\boldsymbol{\theta}^*$ der Zielfunktion $J(\boldsymbol{\theta})$ kann mithilfe des Gradientenverfahrens in Richtung des stärksten Anstiegs berechnet werden (vgl. 6.7.3):

$$\boldsymbol{\theta}\,' = \boldsymbol{\theta} + \alpha \cdot \nabla_{\boldsymbol{\theta}} J(\boldsymbol{\theta}),$$

wobei α die Schrittweite ist. Der Index $\boldsymbol{\theta}$ des Gradienten gibt an, dass nach den Komponenten von $\boldsymbol{\theta}$ partiell abgeleitet wird.

$$\nabla_{\boldsymbol{\theta}} J(\boldsymbol{\theta}) = \begin{pmatrix} \frac{\partial J(\boldsymbol{\theta})}{\partial \theta_1} \\ \vdots \\ \frac{\partial J(\boldsymbol{\theta})}{\partial \theta_n} \end{pmatrix} \qquad \text{Policy Gradient}$$

Der Gradient $\nabla_{\boldsymbol{\theta}} J(\boldsymbol{\theta})$ heißt *Policy Gradient* und ist bestimmbar mit dem folgenden *Policy Gradient Theorem* (vgl. Sutton und Barto [2]).

Policy Gradient Theorem
Es gilt

$$\nabla_{\boldsymbol{\theta}} J(\boldsymbol{\theta}) = \mathbb{E}_{\pi_\theta}\left[G_t \frac{\nabla_\theta \pi(a_t|s_t, \boldsymbol{\theta})}{\pi(a_t|s_t, \boldsymbol{\theta})} \right]$$

G_t ist der vollständige Return zur Zeit t, der alle folgenden Rewards bis zum Ende der Trajektorie enthält. Für den natürlichen Logarithmus ln gilt allgemein

$$\nabla \ln f(\boldsymbol{x}) = \frac{\nabla f(\boldsymbol{x})}{f(\boldsymbol{x})}$$

für jede differenzierbare Funktion f. Damit kann der Quotient des Policy Gradient Theorem, genannt *Eligibility-Vector*, ersetzt werden durch

$$\frac{\nabla_\theta \pi(a_t|s_t, \boldsymbol{\theta})}{\pi(a_t|s_t, \boldsymbol{\theta})} = \nabla_\theta \ln \pi(a_t|s_t, \boldsymbol{\theta}).$$

Eine alternative Formel des Policy Gradient Theorems lautet demnach

$$\nabla_\theta J(\boldsymbol{\theta}) = \mathrm{E}_{\pi_\theta}[G_t \nabla_\theta \ln \pi(a_t|s_t, \boldsymbol{\theta})].$$

Aus dem Policy Gradient Theorem und dem Gradientenverfahren ergibt sich für die Parameterverbesserung die folgende Iteration:

$$\boldsymbol{\theta}' = \boldsymbol{\theta} + \alpha G_t \nabla_\theta \ln \pi(a_t|s_t, \boldsymbol{\theta}),$$

wobei α die Schrittweite ist. Der Eligibility-Vector $\nabla_\theta \ln \pi(a_t|s_t, \boldsymbol{\theta})$ gibt die Richtung vor, in der die Parameter des Netzes geändert werden müssen, um die Policy zu verbessern. Dabei werden die Wahrscheinlichkeiten von Aktionen erhöht, die eine hohe Belohnung eingebracht haben, wohingegen Wahrscheinlichkeiten von Aktionen mit niedrigem Return verringert werden. Der Faktor G_t gibt an, wie stark die Wahrscheinlichkeit der im Zustand s_t auszuführenden Aktion a_t erhöht bzw. gesenkt werden soll.

Der folgende REINFORCE-Algorithmus wurde von Williams 1992 [3] entwickelt.

22.12.2   *REINFORCE Algorithmus*

Gegeben Eine nach $\theta \in \mathbb{R}^n$ differenzierbare Policy-Funktion $\pi(a|s, \boldsymbol{\theta})$,
Diskontierungsfaktor $0 \leq \gamma \leq 1$, Lernrate $0 < \alpha \leq 1$

1. **Initialisierung** Policy-Parameter θ durch zufällige Gewichte
2. **Ablauf für jede Episode**
   2.1 Erzeuge eine Trajektorie $\tau : s_0, a_0, r_1, \ldots, s_{T-1}, a_{T-1}, r_T$, indem $\pi(\cdot|\cdot, \boldsymbol{\theta})$ gefolgt wird.
   2.2 Für jeden Schritt $t = 0, 1, \ldots, T-1$ bestimme

$$G_t = \sum_{k=t+1}^{T} \gamma^{k-t-1} r_k$$

$$\theta' = \theta + \alpha \gamma^t G_t \nabla_\theta \ln \pi(a_t|s_t, \boldsymbol{\theta})$$

3. Wiederhole Vorgang 2, bis hinreichend viele Episoden ausgeführt sind.

Trainingsdaten des REINFORCE-Algorithmus sind die Returns längs der Trajektorien, die mittels der Monte-Carlo-Methode gebildet werden.

22.12.3   Beispiel (Vier Gewinnt)

Im Folgenden soll veranschaulicht werden, wie mithilfe des REINFORCE-Algorithmus ohne Heuristik eine Gewinnstrategie beim Spiel „Vier-Gewinnt" entwickelt werden kann. „Vier-Gewinnt" ist ein Strategiespiel mit zwei Personen. Gespielt wird mit einem nach oben geöffneten Spieltableau, das aus sieben senkrechten Spalten und sechs waagrechten Zeilen besteht. Jeder Spieler erhält 21 gleichfarbige Spielchips, die von den Spielern abwechselnd von oben in eine Spalte eingeworfen werden, wobei die Chips immer an den tiefsten Platz herunterfallen. Es gewinnt der Spieler, der als Erster vier Chips seiner Farbe in eine horizontale, vertikale oder diagonale Reihe bringt. Das Spiel ist unentschieden, wenn das Spieltableau vollständig gefüllt ist und kein Spieler eine Viererreihe erzielt hat.

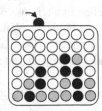

Tableau beim Spiel „Vier Gewinnt"

Die zugrunde liegende Netzarchitektur besteht aus 42 Eingabeneuronen, wobei jedes Eingabeneuron ein Matrixelement des 6×7 großen Spieltableaus repräsentiert. Eingabewerte der Eingabeneuronen sind die Zahlen 0 (nicht besetzt), 1 (schwarzer Chip) und 2 (grauer Chip). Die Ausgabeneuronen liefern die Wahrscheinlichkeit zurück, mit der die Aktion (Auswahl der Spalten A bis G) ausgeführt wird.

Der Agent (schwarzer Chip) spielt gegen einen Gegner (grauer Chip), der die Züge zufällig wählt oder gegen einen Menschen. Der Agent erhält nach jedem ausgeführten Zug eine Belohnung bzw. eine Bestrafung, deren beispielhafte Werte je nach endgültigem Ergebnis in der folgenden Tabelle aufgeführt sind.

	Reward
Agent verliert	−5
Agent gewinnt	+5
Für jeden gültigen Zug	+0.1
Für jede nicht erlaubte Aktion	−5

Eine Episode ist eine Spielsequenz, die terminiert, wenn mit der momentanen Aktion der Agent gewinnt, der Gegner mit dem darauffolgenden Zug gewinnt oder der Agent eine ungültige Aktion ausführt.

Zu der gegebenen Netzarchitektur (s. Abb. 22.10) kann der REINFORCE-Algorithmus zur Erzeugung einer Gewinnstrategie angewendet werden. Mit zunehmender Anzahl von Spielsequenzen erhöht sich die Wahrscheinlichkeit für bessere Züge, wodurch sich die Gewinnstrategie verbessert.

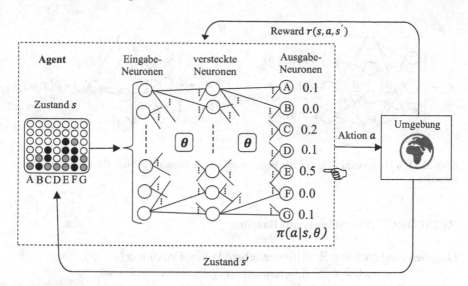

Abb. 22.10 Darstellung der Netzarchitektur. Input der Eingabeneuronen ist die momentane Spielstellung des Spieltableaus, wobei jedes Eingabeneuron mit einem Matrixelement des 6×7 großen Spieltableaus assoziiert wird. Eingabewerte sind die Zahlen 0 (nicht besetzt), 1 (schwarzer Chip) und 2 (grauer Chip). Output der Ausgabeneuronen ist die Wahrscheinlichkeitsverteilung der wählbaren Aktionen (Auswahl der Spalten A bis G). Wie abgebildet wählt der Agent mit Aktion a die Spalte E mit der Wahrscheinlichkeit von 0,5.

22.12.4 REINFORCE mit Baseline

Bei dem REINFORCE-Verfahren wird eine Episode mit der Monte-Carlo-Methode durchlaufen und dann eine Gesamtbelohnung G_t berechnet. G_t gibt an, wie stark die Wahrscheinlichkeit der im Zustand s_t auszuführenden Aktion a_t erhöht bzw. gesenkt werden soll. Die Returns G_t können sich je nach Stichprobe stark unterscheiden, was zu einer hohen Varianz führt, wodurch der Lernprozess verlangsamt wird. Daher ist es sinnvoll, Abweichungen um einen Mittelwert zu betrachten. Zur Varianzreduzierung führt man eine sogenannte Baseline $b(s_t)$ ein.

Man kann zeigen, dass

$$\nabla_\theta J(\theta) = E_{\pi_\theta}[G_t \nabla_\theta \ln \pi(a_t|s_t, \theta)] = E_{\pi_\theta}[(G_t - b(s_t)) \nabla_\theta \ln \pi(a_t|s_t, \theta)]$$

gilt, sofern die Funktion $b(s_t)$ nicht von a_t abhängt. Als Baseline kann die State-Value-Funktion $V(s)$ gewählt werden, die durch eine parametrisierte Funktion $\hat{v}(s, w)$ approximiert wird, wobei w der Parametervektor ist und parallel zum Parametervektor θ der Policy trainiert wird (s. Abb. 22.11a und b).

Der Algorithmus REINFORCE mit Baseline wird im Folgenden beschrieben (vgl. Sutton und Barto [2]).

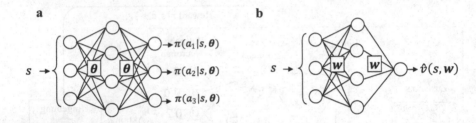

Abb. 22.11 a Neuronales Netz für die Policy-Funktion **b** Neuronales Netz für die State-Value-Funktion

REINFORCE-Algorithmus mit Baseline

Gegeben Eine nach $\theta \in \mathbb{R}^n$ differenzierbare Policy-Funktion $\pi(a, s, \theta)$,
eine nach $w \in \mathbb{R}^m$ differenzierbare Value-Funktion $\hat{v}(s, w)$,
Schrittweiten α_θ und α_w

1. **Initialisierung** Zufällige Initialisierung der Gewichte θ und w
2. **Ablauf für jede Episode**
   2.1 Erzeuge eine Trajektorie $\tau : s_0, a_0, r_1, \ldots, s_{T-1}, a_{T-1}, r_T$, indem $\pi(\cdot|\cdot, \theta)$ gefolgt wird.
   2.2 Für jeden Schritt $t = 0, 1, \ldots, T - 1$ bestimme

$$G_t = \sum_{k=t+1}^{T} \gamma^{k-t-1} r_k$$
$$\delta = G_t - \hat{v}(s_t, w)$$
$$w' = w + \alpha_w \gamma^t \delta \nabla_w \hat{v}(s_t, w)$$
$$\theta' = \theta + \alpha_\theta \gamma^t \delta \nabla_\theta \ln \pi(a_t|s_t, \theta)$$

3. Wiederhole Vorgang 2, bis hinreichend viele Episoden ausgeführt sind.

Literatur

1. Mnih V, Kavukcuoglu K, Silver D, Rusu A, Veness J, Bellemare M, Graves A, Riedmiller M, Fidjeland A, Ostrovski G (2015) „Human-level control through deep reinforcement learning," Nature, 518(7540):529
2. Sutton RS, Barto AG (2017) Reinforcement learning: an introduction. Bradford Book, Cambridge
3. Williams RJ (1992) Simple statistical gradient-following algorithms for connectionist reinforcement learning. Mach Learn 8:229–256

Kapitel 23
Optimierungsmethoden in Deep Learning

Es sind verschiedene Gradientenverfahren entwickelt worden, die den Lernprozess in Deep-Learning-Netzen beschleunigen und dem Problem der verschwindenden/ explodierenden Gradienten entgegenwirken. In diesem Kapitel wird das Gradient Clipping, die Momentum-Optimierung, die RMSProp-Optimierung und die Adam-Optimierung beschrieben.

23.1 Problem der verschwindenden und explodierenden Gradienten

Das Problem der verschwindenden und explorierenden Gradienten tritt bei der Backpropagation von neuronalen Netzen mit vielen Schichten auf. Bei der Anwendung des Backpropagation-Algorithmus werden zur Bestimmung der Gewichtsänderungen die Fehlergradienten rückwärts von der Ausgabeschicht bis zur Eingabeschicht berechnet. Die Fehlergradienten setzen sich zusammen aus dem Produkt von Ableitungen, wobei die Anzahl der Ableitungen von Schicht zu Schicht zunimmt (s. Abschn. 19.9). Sind die Ableitungen kleiner 1, so wird das Produkt mit zunehmender Anzahl der Faktoren kleiner (Beispiel: $0.3 \cdot 0.2 = 0.06$). Dies tritt zum Beispiel auf, wenn Parameter sich Sattelpunkten oder Optimalstellen nähern. In der Folge können die Gewichte in den ersten Schichten nicht mehr aktualisiert werden. Dies bezeichnet man als das *Problem der verschwindenden Gradienten*, das vor allem in rekurrenten neuronalen Netzen (vgl. Abschn. 24.1) auftritt. Sind umgekehrt die Ableitungen größer 1, so vergrößern sich die Gradienten zunehmend, wenn viele Faktoren miteinander multipliziert werden. Damit treten extreme Gewichtsänderungen der vorderen Schichten auf, wodurch der Algorithmus divergieren kann. In diesem Fall spricht man von dem *Problem der explodierenden Gradienten.*

Es sind zahlreiche Techniken zur Vermeidung verschwindender/explodierender Gradienten entwickelt worden, von denen einige in diesem Kapitel vorgestellt werden.

R. Hollstein, *Optimierungsmethoden*, https://doi.org/10.1007/978-3-658-39855-2_23

23.2 Gradient Clipping

Gradient Clipping ist ein einfaches Verfahren, mit dem das Problem der explodierenden Gradienten abgeschwächt werden kann. Dabei werden während der Backpropagation die Gradienten g so gekappt, dass sie einen vorgegebenen Schwellenwert s nicht überschreiten. Hierzu wird im Fall $\|g\| > s$ der Gradient g skaliert durch

$$s \cdot \frac{g}{\|g\|},$$

womit die Schrittweite eingeschränkt wird, aber die Gradientenrichtung nicht verändert wird (s. Abb. 23.1).

23.3 Momentum-Optimierung

Die *Momentum-Optimierung* ist eine gradientenbasierte Methode, die den Iterationsprozess bei der Minimierung einer Zielfunktion $J(\theta)$ beschleunigen soll. Bei der Momentum-Optimierung werden die vorhergehenden Gradienten mitberücksichtigt, indem zu dem aktuellen Gradienten ein sogenannter gewichteter *Momentumvektor m* addiert wird.

Momentum-Optimierung

1. $m' = \gamma m + \eta \nabla_\theta J(\theta)$
2. $\theta' = \theta - m'$

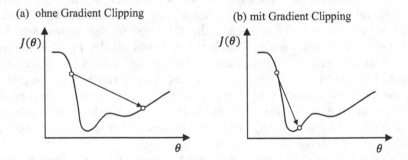

(a) ohne Gradient Clipping   (b) mit Gradient Clipping

Abb. 23.1 a Ohne Gradient Clipping schießt der Gradientenabstieg an steilen Abhängen, in denen die Gradienten betragsmäßig sehr große Werte annehmen, weit über das Ziel hinaus. **b** Mit Gradient Clipping bleiben die Parameter in der Nähe der Talsohle

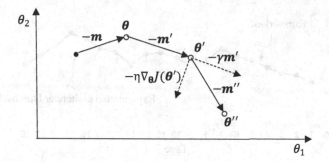

Abb. 23.2 Der Momentumvektor *m* bestimmt die Bewegungsrichtung unter Einbeziehung der Bewegungsrichtung des vorhergehenden Iterationsschrittes.

Der Parameter η ist die Lernrate. Der Hyperparameter γ heißt *Momentum* und liegt zwischen 0 und 1 (praxistauglich $\gamma = 0.9$). Abb. 23.2 zeigt graphisch, wie der Momentumvektor die Bewegungsrichtung bestimmt.

Der Optimierungsprozess kann mit dem Momentum-Verfahren bei kleinem Gefälle beschleunigt werden. Das Verfahren ermöglicht weiterhin das Überspringen kleiner Hügel, um in ein niedrigeres Niveau zu fallen. Auch besteht die Möglichkeit, lokale Minima zu umgehen. In engen Tälern können Oszillationen mit der Momentum-Methode gedämpft werden, wodurch die Konvergenz beschleunigt wird (s. Abb. 23.3).

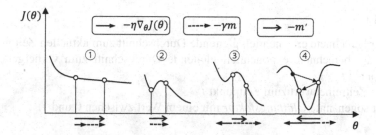

Abb. 23.3 ① Mit dem Momentum-Verfahren kann bei kleinen Gradienten der Optimierungsprozess beschleunigt werden. Lokale Minima ② oder kleine Hügel ③ können übersprungen werden, da bei der Talfahrt der Schwung mitgenommen werden kann. ④ In engen Schluchten können aufgrund des Vorzeichenwechsels der Gradienten Oszillationen gedämpft werden.

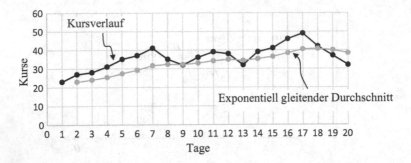

Abb. 23.4 Exponentiell gleitende Durchschnitt zu Kursdaten einer Aktie mit dem Glättungs-faktor $\alpha = 0.2$. Damit können stärkere Ausschläge geglättet werden.

23.4 Exponentiell gleitender Durchschnitt

Der *exponentiell gleitender Durchschnitt* (engl. *Exponential Moving Average,* abgekürzt EMA) ist eine Methode zur Prognose aus einer Stichprobe mit Ver-gangenheitsdaten, wobei aktuelle Daten stärker gewichtet werden. Dieses Ver-fahren wird in verschiedenen Anwendungen eingesetzt (s. Abb. 23.4).

Exponentiell gleitender Durchschnitt

$$y_t = \alpha x_t + (1 - \alpha)y_{t-1}$$

Dabei ist

- y_t der berechnete exponentiell gleitende Durchschnitt zum aktuellen Zeitpunkt t
- y_{t-1} der berechnete exponentiell gleitende Durchschnitt zum vorhergehenden Zeitpunkt $t-1$
- x_t der Zeitreihenwert zum Zeitpunkt t
- α der sogenannte *Glättungsfaktor* mit einem Wert zwischen 0 und 1.

23.5 RMSProp-Optimierung

RMSprop (Root Mean Square Propagation) ist eine weitere gradientenbasierte Optimierungsmethode mit einer adaptiven Lernrate, d. h. die Lernrate ändert sich im Laufe der Iterationen. Dabei wird die Lernrate bei niedrigen Gradienten erhöht, um ein Verschwinden zu verhindern. Dagegen wird bei großen Gradienten die Lernrate verringert, um ein Explodieren zu vermeiden.

RMSProp-Algorithmus

Vektordarstellung	Komponentendarstellung
$$v' = \beta v + (1 - \beta)\nabla_\theta J(\theta) \odot \nabla_\theta J(\theta)$$ $$\theta' = \theta - \eta \nabla_\theta J(\theta) \oslash \sqrt{v' + \varepsilon}$$	$$v_i' = \beta v_i + (1 - \beta)\left(\frac{\partial J(\theta)}{\theta_i}\right)^2$$ $$\theta_i' = \theta_i - \frac{\eta}{\sqrt{v_i' + \varepsilon}}\frac{\partial J(\theta)}{\theta_i}$$ $$i = 1, \dots, n$$ $$\theta = (\theta_1, \dots, \theta_n), v = (v_1, \dots, v_n)$$

Hierbei steht der Operator $\odot$ für komponentenweise Multiplikation und $\oslash$ für komponentenweise Division. Im ersten Schritt wird der exponentiell gleitende Durchschnitt mit dem Glättungsfaktor β verwendet (praxistauglich $\beta = 0.9$). Der Term ε verhindert die Division durch null und beträgt normalerweise 10^{-10}. Ein geeigneter Wert für η ist 0.001. Die adaptive Lernrate ist für jede Komponente i gegeben durch $\eta/\sqrt{v_i' + \varepsilon}$.

Abb. 23.5 illustriert die RMSProp-Methode.

23.6 Adam-Optimierung

Der von Kingma und Ba [1] 2015 eingeführte Optimierer *Adam* (Abkürzung für *Adaptive Moment Estimation*) ist eine Kombination des Momentum-Verfahrens und der RMSProp-Methode. Adam verwendet einen Momentumvektor sowie adaptive Lernraten, womit die Konvergenz beschleunigt werden kann. Der

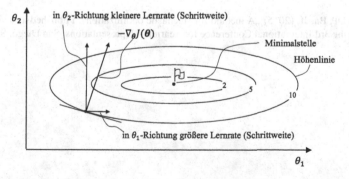

Abb. 23.5 Illustration der RMSProp-Methode. Nimmt die i-te Komponente des Gradienten niedrige Werte an, so wird die Lernrate $\eta/\sqrt{v_i' + \varepsilon}$ erhöht, im anderen Fall erniedrigt. Somit können Oszillationen gedämpft und der Lernprozess beschleunigt werden. Man beachte, dass der Gradient senkrecht auf der Höhenlinie in der $\theta_1\theta_2$-Ebene steht.

Adam-Algorithmus ist die mit am häufigsten eingesetzte gradientenbasierte Optimierungsmethode in Deep Learning.

Adam-Optimierungsalgorithmus

1. $m' = \beta_1 m + (1 - \beta_1) \nabla_\theta J(\theta)$
2. $v' = \beta_2 v + (1 - \beta_2) \nabla_\theta J(\theta) \odot \nabla_\theta J(\theta)$
3. $\hat{m} = \frac{m'}{1 - \beta_1^t}$
4. $\hat{v} = \frac{v'}{1 - \beta_2^t}$
5. $\theta' = \theta - \eta \hat{m} \oslash \sqrt{\hat{v} + \varepsilon}$

Bemerkungen zu den einzelnen Schritten:

1. Der erste Schritt entspricht dem Momentum-Verfahren, mit dem Unterschied, dass der exponentiell gleitende Durchschnitt verwendet wird. Für den Glättungsfaktor β_1 setzt man normalerweise 0.9.
2. Für den Parameter β_2 des RMSprop-Verfahrens wählt man im Allgemeinen den Wert 0.999.
3. und 4. Die Parameter β_1 und β_2 werden mit dem Iterationsindex t potenziert, beginnend bei 1. Diese Anweisungen bewirken eine Verstärkung der Vektoren m' und v' zu Beginn der Iterationen, da sie mit dem Nullvektor initialisiert werden. Mit wachsendem t gilt $\hat{v} \approx v'$ und $\hat{m} \approx m'$.
5. Für die Lernrate η wird häufig der Wert 0.001 verwendet. Zur Vermeidung der Division durch null wird im Allgemeinen $\varepsilon = 10^{-8}$ gesetzt.

Literatur

1. Kingma DP, Ba, JL (2015) „A method for stochastic optimization". Published as a conference paper at the 3rd International Conference for Learning Representations, San Diego, S 1–15

Kapitel 24
Neuronale Optimierung mit dem Pointer-Netzwerk

Der Begriff „Neuronal Combinatorial Optimization" („Neuronale kombinatorische Optimierung") wurde 2016 von Bello et al. für die Lösung kombinatorischer Optimierungsprobleme mittels Methoden des maschinellen Lernens eingeführt. Diese Verfahren haben das Potenzial, automatisch konkurrenzfähige Heuristiken für Optimierungsprobleme zu erlernen. Sie können auf praktische Optimierungsprobleme angewendet werden, zu denen keine guten Heuristiken existieren. „Handgemachte" Heuristiken haben den Nachteil, dass sie bei kleinen Änderungen der Problemstellung überarbeitet werden müssen.

In diesem Kapitel wird eine neuronale kombinatorische Optimierungsmethode (NCO-Methode) von Bello et al. zur Lösung des Problems des Handlungsreisenden beschrieben. Damit soll ein Einblick gegeben werden, wie mit neuronalen Netzen ohne Einfluss von Menschen Heuristiken für die Lösung von Optimierungsproblemen erlernt werden können. Als Lernverfahren verwendeten sie die REINFORCE-Methode, wobei das Pointer-Netzwerk eingesetzt wird, das 2015 von Vinyals et al. zur Lösung von kombinatorischen Optimierungsproblemen eingeführt wurde. Pointer-Netzwerke bestehen aus rekurrenten neuronalen Netzen, die in diesem Kapitel beschrieben werden.

24.1 Rekurrente neuronale Netze

Rekurrente neuronale Netze (Rückgekoppelte neuronale Netze), abgekürzt RNN, sind geeignet, sequenzielle Daten zu verarbeiten. Sie werden im Bereich der Verarbeitung natürlicher Sprache (NLP) eingesetzt, wie zum Beispiel bei der Spracherkennung, Chatbots, der automatischen Übersetzung oder der Umwandlung von Sprache zu Text.

Ein einfaches RNN besteht aus einer Eingabeschicht, einer versteckten Schicht und einer Ausgabeschicht. Die versteckte Schicht besteht aus einem Neuron mit einer direkten Rückkopplung, d. h. der eigene Ausgang wird als zusätzlicher Eingang verwendet. Dieses Neuron heißt RNN-Einheit und dient als Gedächtniszelle, da es auf vorgehende Daten zurückgreifen kann.

© Der/die Autor(en), exklusiv lizenziert an Springer Fachmedien Wiesbaden GmbH, ein Teil von Springer Nature 2023
R. Hollstein, *Optimierungsmethoden*, https://doi.org/10.1007/978-3-658-39855-2_24

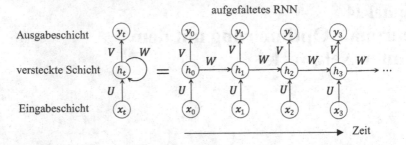

Abb. 24.1 Schematische Darstellung eines RNN, das über die Zeit abgewickelt wird. Das aufgefaltete RNN bildet ein tiefes Feedforward-Netz, dessen Tiefe von der Länge der Eingabesequenz abhängt. Dabei wird jeder Eingabe eine versteckte Schicht zugeordnet.

Die Gewichtsmatrizen zwischen den Schichten werden mit U bzw. V bezeichnet, die der Rückkopplungs-Matrix mit W. Diese Matrizen sind in jedem Zeitschritt gleich.

Eine schematische Darstellung eines RNN ist in Abb. 24.1 angegeben.

24.2 Einführende Beispiele von RNN

Beispiel 1 Das folgende einfache Beispiel verdeutlicht den Mechanismus eines RNN. Hierbei berechnet das RNN den Summenwert bei der Eingabe von Summanden in Zeitschritten, wobei der versteckte Zustand als Gedächtnis den letzten Summenwert bereitstellt.

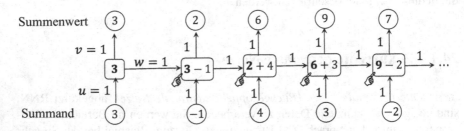

Beispiel 2 Ein Anwendungsgebiet des RNN ist die Wortergänzung. Für die Eingabe von Wörtern in das RNN wird dabei jedem Wort einen Zahlenvektor fester Größe zugeordnet (genannt *Wort-Embedding*). Die Vektorrepräsentationen werden wie in einem Wörterbuch gespeichert. Mittels der versteckten Zustände können Informationen mit der Wortsequenz übermittelt werden, wobei die Kontextabhängigkeit eine wichtige Rolle spielt. Um eine passende Wortergänzung aus-

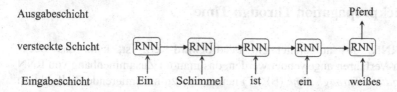

Abb. 24.2 Wortergänzung als Anwendungsgebiet des RNN. Bei dieser Variante besitzt das RNN mehrere Eingänge und einen Ausgang (many to one).

geben zu können, ist eine große Datenmenge an Beispielen erforderlich, mit der das Modell trainiert werden kann (s. Abb. 24.2).

24.3   Mathematische Beschreibung des RNN

Die Variablen des RNN in der Grundversion werden zum Zeitpunkt t wie folgt definiert:

Eingabe: x_t
Versteckter Zustand: $h_t = f_{act}(Ux_t + Wh_{t-1})$, wobei h_{-1} zufällig initialisiert wird. Hierbei wird der versteckte Zustand aus der vorhergehenden Iteration übernommen.

Ausgabe: $y_t = g_{act}(Vh_t)$
Die Aktivierungsfunktionen f_{act} und g_{act} werden dabei auf jede Komponente des Vektors angewendet (s. Abb. 24.3).

Die lernbaren Gewichtsmatrizen U, V und W sind in der gesamten Architektur gleich. Es ist das Ziel, die Matrizen so anzupassen, dass bei der Eingabe von x_t die beste Vorhersage $\hat{y}_t$ für den Sollwert y_t geliefert wird.

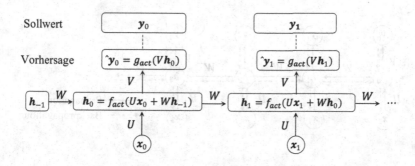

Abb. 24.3 Architektur des RNN in der Grundversion

24.4 Backpropagation Through Time

Auf das RNN, das aufgefaltet ein Feedforward-Netz ist, kann das Back-propagation-Verfahren angewendet werden, das man im Zusammenhang von RNN *Backpropagation Through Time* (BPTT) nennt. Die zu minimierende Zielfunktion ist die Fehlerfunktion

$$L(U, V, W) = \sum\nolimits_{t=1}^{N_y} \mathcal{L}(\hat{\boldsymbol{y}}_t, \boldsymbol{y}_t),$$

wobei $\mathcal{L}$ für eine Eingabesequenz $(\boldsymbol{x}_t)$ die Abweichung zwischen dem Vorhersage-wert $\hat{\boldsymbol{y}}_t$ und dem Sollwert $\boldsymbol{y}_t$ ist. N_y ist die Länge der Sequenz $(\boldsymbol{y}_t)$ (s. Abb. 24.4).

24.5 LSTM-Zellen

Bei dem Gradientenverfahren besteht das Risiko, dass bei zunehmender Ein-gabesequenz die Gradienten verschwinden, wodurch Zellen nicht weiter trainiert werden können und das Gedächtnis dadurch leidet. Zur Lösung dieses Problems wurde eine neuer Zelltyp von Hochreiter und Schmidhuber 1997 [80] ein-geführt mit dem Namen *Long Short-Term Memory* (Langes Kurzzeitgedächtnis), abgekürzt LSTM. In LSTM-Zellen werden zusätzliche Gates (Tore) integriert, die kontrollieren, welche Informationen an den Ausgang und den versteckten Zustand exportiert werden und welche Informationen so lang wie erforderlich gespeichert werden. Damit können mehr Informationen aus der Vergangenheit gespeichert werden. Neben der Ausgabe h_t enthält eine LSTM-Zelle einen weiteren Ausgang c_t für den Zellzustand, der als Langzeitgedächtnis fungiert.

Es wird zwischen den folgenden Typen von Gates unterschieden:

Forget Gate (Vergess- und Erinnerungstor) Dieses Gate steuert, welche Informationen behalten oder vergessen werden sollen. Wieviel Prozent weiter durchgelassen werden soll, wird mit der Sigmoid-Funktion festgelegt, die Werte

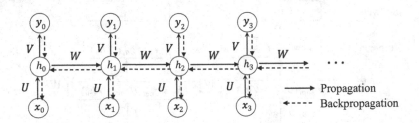

Abb. 24.4 Illustration des Backpropagation Through Time

zwischen 0 und 1 annimmt. Bei einem Wert 0 wird nichts und bei einem Wert 1 alles durchgelassen. Dadurch kann das Langzeitgedächtnis erhöht werden.

Input Gate (Eingangstor) Das Input Gate legt fest, welche neuen Informationen in der Zelle gespeichert werden sollen.

Output Gate (Ausgangstor) Das Output Gate steuert, welche Informationen weitergegeben werden sollen.

Abb. 24.5 zeigt schematisch eine LSTM -Zelle.

Die Ausgabenwerte $\boldsymbol{h}_t$ und $\boldsymbol{c}_t$ ergeben sich aus den folgenden Formeln:

$$i_t = \sigma(U_i \cdot \boldsymbol{x}_t + W_i \cdot \boldsymbol{h}_{t-1})$$

$$\boldsymbol{f}_t = \sigma\left(U_f \cdot \boldsymbol{x}_t + W_f \cdot \boldsymbol{h}_{t-1}\right)$$

$$\boldsymbol{o}_t = \sigma(U_o \cdot \boldsymbol{x}_t + W_o \cdot \boldsymbol{h}_{t-1})$$

$$\boldsymbol{g}_t = \tanh\left(U_g \cdot \boldsymbol{x}_t + W_g \cdot \boldsymbol{h}_{t-1}\right)$$

$$\boldsymbol{c}_t = \boldsymbol{f}_t \odot \boldsymbol{c}_{t-1} + \boldsymbol{i}_t \odot \boldsymbol{g}_t$$

$$\boldsymbol{h}_t = \tanh(\boldsymbol{c}_t) \odot \boldsymbol{o}_t$$

Der Operator $\odot$ steht für komponentenweise Multiplikation. Die Matrizen U und W sind Gewichtsmatrizen. Die Sigmoid-Funktion σ und die Funktion tanh wird komponentenweise auf die Vektoren angewendet.

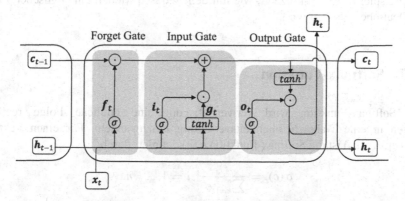

Abb. 24.5 Standarddarstellung einer LSTM-Zelle. Mit der Sigmoid-Funktion σ und der komponentenweisen Multiplikation $\odot$ kann gesteuert werden, welche Informationen weitergeleitet werden sollen.

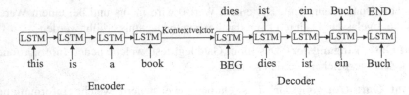

Abb. 24.6 Encoder-Decoder-Modell beim automatischen Übersetzen von Englisch in Deutsch. Mit der Eingabe BEG wird der Decoder gestartet.

24.6 Seq2seq

Das *seq2seq-Modell* (Sequenz-zu-Sequenz-Modell) wurde ursprünglich 2014 von Sutskever et al. [1] für die Übersetzung von einer Sprache in eine andere Sprache entwickelt. Das seq2seq-Modell liest eine Sequenz von Daten von einem Typ ein und erzeugt eine Sequenz von Daten von einem anderen Typ. Beispielsweise kann die Eingabesequenz aus Wörtern einer Sprache bestehen und die Ausgabe-sequenz aus Wörtern einer anderen Sprache. Ein weiteres Beispiel ist die Sprach-erkennung, wobei ein Audiosignal in eine Folge von Wörtern umgewandelt wird. Ebenfalls kann das seq2seq-Modell bei dem Dialog zwischen Frage und Antwort eingesetzt werden.

Das seq2seq-Modell besteht aus zwei Teilen:

Encoder Der Encoder liest eine Sequenz ein und gibt als Ausgabe einen Codierungsvektor, genannt *Kontextvektor,* mit fester Länge aus, der die Informationen der Eingaben komprimiert enthält.

Decodierer Der Decodierer liest den Kontextvektor ein, um hieraus eine Vorher-sage zu treffen.

Das Beispiel in Abb. 24.6 zeigt, wie mit dem seq2seq-Modell ein englischer Text ins Deutsche übersetzt wird.

24.7 Softmax-Funktion

Die Softmax-Funktion wird verwendet, um eine endliche Folge reeller Zahlen in eine Wahrscheinlichkeitsverteilung umzuwandeln. Für einen Vektor $c = (c_1, \ldots, c_n)$ ist die Softmax-Funktion $\sigma(c)$ definiert durch:

$$\sigma(c)_i = \frac{e^{c_i}}{\sum_{k=1}^{n} e^{c_k}}, i = 1, \ldots, n.$$

Dazu betrachten wir folgendes Beispiel:

$$
\begin{array}{ccc}
\boldsymbol{c} & \dfrac{e^{c_i}}{\sum_{k=1}^{5} e^{c_k}} & \sigma(\boldsymbol{c}) \\[2em]
\begin{bmatrix} 3.5 \\ 2.7 \\ 0 \\ 5.3 \\ 1.1 \end{bmatrix} & \xrightarrow{\qquad \text{Softmax-Funktion} \qquad} & \begin{bmatrix} 0.131 \\ 0.059 \\ 0.004 \\ 0.794 \\ 0.012 \end{bmatrix}
\end{array}
$$

Wahrscheinlichkeitsverteilung

24.8 Attention-Mechanismus

Bei dem seq2seq-Modell besteht das Problem, dass der Eingabevektor für den Decoder alle relevanten Informationen speichern muss, wodurch bei längeren Eingabesequenzen Informationsverluste entstehen können. Zur Lösung dieses Problems wurde der *Attention-Mechanismus* (Aufmerksamkeitsmechanismus) von Bahdanau et al. [2] entwickelt. Bei diesem Verfahren wird nicht ein einzelner Kontextvektor dem Decoder übergeben, sondern für jeden Decoderschritt i wird ein Kontextvektor als Eingabe in die i-te Decoderzelle verwendet, der Informationen über den Teil der Eingabesequenz enthält, der am besten zu dem i-ten Ausgabewert passt bzw. dem die größte Aufmerksamkeit (Attention) geschenkt wird. Betrachtet man bei der maschinellen Übersetzung beispielsweise den Satz

„Er sitzt auf der Bank.",

so kann aus dem Kontext der Wörter „sitzt" und „Bank" geschlossen werden, dass eine Sitzgelegenheit und nicht ein Geldinstitut gemeint ist. Mit dem Attention-Mechanismus wird abhängig vom Kontext bewertet, welche Wörter besonders wichtig sind bzw. wie stark sie mit anderen Wörtern korrelieren. Der Kontext zwischen den Wörtern wird mathematisch modelliert, indem die Wahrscheinlichkeit bestimmt wird, dass sich Wörter in der Nachbarschaft zueinander befinden.

Ablauf des Attention-Mechanismus

Gegeben sei eine Eingabesequenz $x_1, \ldots, x_n$, aus der die Ausgabesequenz $y_1, \ldots, y_m$ generiert werden soll. Mit $e_i, i \in \{1, \ldots, n\}$, wird der versteckte Zustand des Encoders und mit d_j der versteckte Zustand des Decoders im Zeitschritt j bezeichnet.

Ablauf für jeden Zeitschritt j

1. **Bestimmung der Scores** Für jedes $i \in \{1, \ldots, n\}$ wird der sogenannte *Score* zwischen dem Encoderzustand e_i und dem vorhergehenden Decoderzustand d_{j-1} bestimmt durch:

$$
s(e_i, d_{j-1}) = v^T \tanh(W_1 e_i + W_2 d_{j-1}),
$$

wobei W_1, W_2 lernbare Matrizen sind und v ein lernbarer Spaltenvektor ist. Der tanh wird komponentenweise angewendet. Der Score gibt an, wie hoch der Einfluss der Eingabewerte um Position i auf den Ausgabewert in Position j ist.

2. **Bestimmung der Attention-Gewichte** Auf die Scores $u_{ij} = s(e_i, d_{j-1})$ wird für jeden Encoderzustand e_i die Softmax-Funktion angewendet:

$$a_{ij} = \frac{e^{u_{ij}}}{\sum_{k=1}^{n} e^{u_{ik}}}, i = 1, \ldots, n.$$

Die Zahlen a_{ij} werden *Attention-Gewichte* genannt und stellen Wahrscheinlichkeiten dar.

Beispiel: Mögliche Attention-Gewichte zu dem in das Deutsche zu übersetzenden englischen Satz „This is a book":

	Dies	ist	ein	Buch
This	**0.85**	0.09	0.04	0.02
is	0.03	**0.92**	0.03	0.02
a	0.01	0.04	**0.90**	0.05
book	0.01	0.05	0.03	**0.91**

Das Wort mit dem höchsten Attention-Gewicht wird übernommen. Die Matrix mit den Attention-Gewichten wird *Ausrichtungsmatrix* genannt.

3. **Bestimmung des Kontextvektors** Der Kontextvektor c_j ist definiert als gewichtete Summe der Encoderzustände e_i:

$$c_j = \sum_{i=1}^{n} a_{ij} e_i.$$

Der Kontextvektor c_j wird als Eingabe für die j-te Decoderzelle verwendet.

4. **Bestimmung des Zustands d_j und der Ausgabe y_j** Eingabe der j-ten Decoderzelle ist der vorhergehende Ausgabewert y_{j-1} sowie die Verkettung $[c_j, d_{j-1}]$ des Kontextvektors c_j und des vorhergehenden versteckten Zustands d_{j-1}. Ausgabe der j-ten Decoderzelle ist der versteckte Zustand d_j.

$$y_{j-1} \longrightarrow \boxed{\text{LSTM}} \longrightarrow d_j \xrightarrow{V} y_j$$
$$\uparrow$$
$$[c_j, d_{j-1}]$$

Die Ausgabe y_j wird gebildet durch Anwendung einer Matrix V auf d_j.

Die Schritte 1 bis 4 werden wiederholt, so lange $j \neq \text{"END"}$ ist (s. Abb. 24.7).

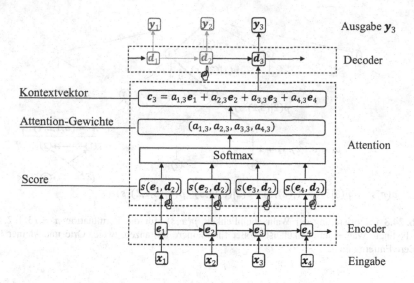

Abb. 24.7 Ablauf des Attention-Mechanismus im dritten Decoderschritt

24.9 Stochastische Policy für das TSP

Gegeben sei eine Folge s von n Orten, die durchnummeriert seien von 1 bis n. Mit $x_i \in \mathbb{R}^2$ wird der Koordinatenvektor des Ortes i bezeichnet. Eine Lösung des TSP ist darstellbar als Permutation $\pi = (\pi_1, \ldots, \pi_n)$ mit $\pi_i \in \{1, \ldots, n\}$ und $\pi_i \neq \pi_j$ für $i \neq j$. Die Länge einer Tour, definiert durch π, ist gegeben durch

$$L(\pi|s) = \left\| x_{\pi_n} - x_{\pi_1} \right\|_2 + \sum_{i=1}^{n-1} \left\| x_{\pi_i} - x_{\pi_{i+1}} \right\|_2,$$

wobei $\|\cdot\|_2$ die Euklidische Norm ist.

Eine Teilroute wird als Zustand betrachtet. Der Agent wählt als Aktion den nächsten noch nicht besuchten Ort und erhält als Reward die Länge der zusätzlichen Wegstrecke. Der neue Zustand ist die Erweiterung der Teilroute.

Wir betrachten im Folgenden die stochastische Policy $p(\pi, s)$ zu einer Folge s von Orten und einer Permutation π, die höhere Wahrscheinlichkeit annimmt für kürzere Routen und niedrigere Wahrscheinlichkeiten für längere Routen. (Mit der Bezeichnung π für die Permutation und p für die Wahrscheinlichkeit folgen wir der Bezeichnung von Bello et al. [3].) Die Wahrscheinlichkeit $p(\pi, s)$ kann faktorisiert werden durch

$$p(\pi, s) = \prod_{j=1}^{n} p(\pi_j | \pi_{1:j-1}, s),$$

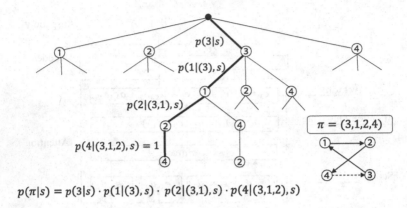

$$p(\pi|s) = p(3|s) \cdot p(1|(3),s) \cdot p(2|(3,1),s) \cdot p(4|(3,1,2),s)$$

Abb. 24.8 Faktorisierung der Wahrscheinlichkeit $p(\pi, s)$ für die Permutation $\pi = (3, 1, 2, 4)$. Die bedingte Wahrscheinlichkeit ist größer für kleinere Distanzen zweier Orte und kleiner für größere Entfernungen.

wobei $p(\pi_j|\pi_{1:j-1}, s)$ die bedingte Wahrscheinlichkeit unter der Voraussetzung ist, dass die Orte π_1 bis π_{j-1} bereits besucht sind (s.Abb. 24.8).

24.10   Pointer-Netzwerk

Für die Parametrisierung

$$p_\theta(\pi, s) = \prod_{j=1}^{n} p_\theta\left(\pi_j|\pi_{1:j-1}, s\right)$$

der Policy $p_\theta(\pi, s)$ wird das *Pointer-Netzwerk* eingesetzt, das 2015 von Vinalys et al. [4] zur Lösung von kombinatorischen Problemen eingeführt wurde.

Das Pointer-Netzwerk basiert auf dem Attention-Mechanismus mit dem Unterschied, dass die Ausgabesequenz ein Pointer auf die Eingabesequenz ist. Damit vereinfacht sich das Netzwerk.

Die Pointer-Netzwerk-Architektur besteht analog wie bei dem Attention-Modell aus zwei rekurrenten neuronalen Netzen, dem Encoder und Decoder, die aus LSTM-Zellen bestehen. Die versteckten Zustände des Encoders seien mit $e_i \in \mathbb{R}^d$ und des Decoders mit $d_i \in \mathbb{R}^d, i = 1, \ldots, n$, bezeichnet. Im Fall des TSP besteht die Eingabesequenz des Encoders und des Decoders aus den Koordinaten (x_i, y_i) der zu besuchenden Orte, die mittels einer $d \times 2$ Embedding-Matrix W_{int} in die LSTM eingegeben werden. Die Hauptidee des Pointer-Netzwerks besteht darin, in jedem Decoderschritt j den Ort des Encoders mit der höchsten Relevanz zu bestimmen. Die Decoder-Ausgabe ist dabei definiert als Pointer auf die Eingabesequenz, wobei in jedem Zeitschritt j die Wahrscheinlichkeitsverteilung für die nächsten Orte ausgegeben wird.

Ablauf im Decoderschritt j

Bei dem Decoderschritt j wird eine Wahrscheinlichkeit für jeden Ort $i \in \{1, \dots, n\}$ auf folgende Weise bestimmt. Zunächst wird der sogenannte *Score* $s(e_i, d_{j-1})$ zwischen e_i und dem vorhergehenden Zustand d_{j-1} für alle $i \in \{1, \dots, n\}$ berechnet:

$$u_{ij} = s(e_i, d_{j-1}) = \begin{cases} -\infty & \text{wenn } i \in \{\pi_1, \dots, \pi_{j-1}\} \\ v^T \tanh\left(W_1 e_i + W_2 d_{j-1}\right) & \text{sonst} \end{cases}.$$

Hierbei bilden die $d \times d-$ Matrizen W_1, W_2 und der Vektor v die lernbaren Parameter des Modells, dargestellt durch den Gewichtsvektor θ.

Der Pointervektor $u_j = (u_{1j}, \dots, u_{nj})$ wird umgewandelt in eine Wahrscheinlichkeitsverteilung mittels der Softmax-Funktion:

$$a_{ij} = \text{softmax}(u_{ij}), \quad i = 1, \dots, n.$$

Die Wahrscheinlichkeit für die Auswahl des nächsten Ortes π_j ist dann gegeben durch

$$p_\theta\left(\pi_j | \pi_{1:j-1}, s\right) = a_{\pi_j, j},$$

wobei wegen $a_{ij} = 0$ für $i \in \{\pi_1, \dots, \pi_{j-1}\}$ gewährleistet ist, dass nur die Orte i berücksichtigt werden, die noch nicht besucht wurden, sodass die Ausgabe eine zulässige Route liefert.

Abb. 24.9 illustriert das Pointer-Netzwerk für das TSP.

24.11   Trainierbare Zielfunktion für das TSP

Die trainierbare Zielfunktion ist die zu erwartende Tourlänge einer Sequenz s von zu besuchenden Orten und ist definiert durch

$$J_\theta(s) = \mathbb{E}_{p_\theta(\cdot|s)}[L(\pi|s)],$$

wobei θ der Parametervektor des Pointer-Netzwerks ist.

Zur Optimierung des Parametervektors θ wird das Gradientenabstiegsverfahren

$$\theta' = \theta - \nabla_\theta J_\theta(s)$$

angewendet. Der Gradient dieser Funktion kann mit dem Policy Gradient Theorem wie folgt bestimmt werden (vgl. Abschn. 22.12.1):

$$\nabla_\theta J(\theta|s) = \mathbb{E}_{p_\theta(\cdot|s)}\left[(L(\pi|s) - b(s))\nabla_\theta \ln p_\theta(\pi|s)\right],$$

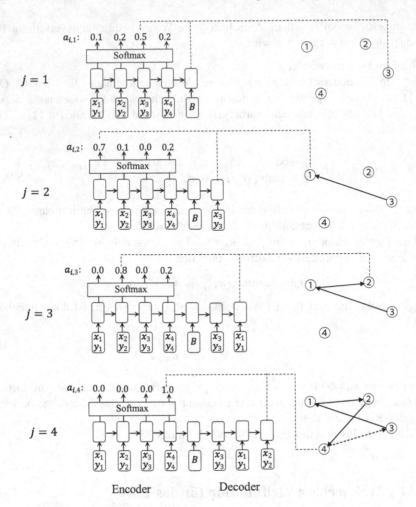

Abb. 24.9 Illustration des Pointer-Netzwerks für das TSP In jedem Decoderschritt j wird eine Wahrscheinlichkeitsverteilung $(a_{1,j}, \ldots, a_{4,j})$ ausgegeben. Der nächste Ort j der Tour wird mit der Wahrscheinlichkeit a_{ij} ausgewählt und ist Input für den Decoder im nächsten Decoderschritt. Die konstruierte Tour ist $\pi = (3, 1, 2, 4)$. Mit der Eingabe B wird der Decoder gestartet.

wobei mit $b(s)$ eine Varianz reduzierende Baseline-Funktion bezeichnet wird, die nicht von der Permutation π abhängt und die die zu erwartende Tourlänge abschätzt. Der Erwartungswert kann approximiert werden durch den Mittelwert

$$\nabla_\theta J(\theta \,|\, s) \approx \frac{1}{B} \sum_{i=1}^{B} \left(L(\pi_i \,|\, s_i) - b(s_i) \right) \nabla_\theta \ln p_\theta (\pi_i \,|\, s_i),$$

wobei $s_1, \ldots, s_B$ eine Folge von B zufällig ausgewählten Städtesequenzen ist und zu jedem s_i eine Permutation π_i mit dem Pointer-Netzwerk und der Monte-Carlo-Methode generiert wird.

24.12 Baseline

Eine geeignete Baseline reduziert die Varianz bei dem Gradientenverfahren und erhöht die Geschwindigkeit beim Lernprozess. Bello et al. [3] führten zur Lösung des TSP mit Reinforcement Learning eine parametrisierte Baseline (genannt critic) $b_{\theta_v}(s)$ ein, wobei θ_v trainierbarer Parametervektor eines weiteren neuronalen Netzes ist. Eine effektivere und einfachere Baseline-Methode ohne zusätzliches neuronales Netz wurde von Kool et al. eingeführt, die im nächsten Kapitel vorgestellt wird. Eine einfache Baseline-Methode ist die Verwendung des exponentiell gleitenden Durchschnitts (vgl. Abschn. 23.4). Dabei erfolgt bei jeder Iteration das Update der Baseline b durch

$$b' = \alpha b + (1 - \alpha)L(\pi|s),$$

wobei der Glättungsfaktor α zwischen 0 und 1 liegt.

24.13 REINFORCE-Algorithmus für das TSP

Im Folgenden wird der REINFORCE-Algorithmus nach Bello et al. [3] mit vereinfachter Baseline beschrieben.

Gegeben: Trainingsmenge S von Städtesequenzen, Batch Größe B,
Anzahl N der Epochen, Glättungsfaktor α

1. Initialisierung: Parametervektor θ, Baseline $b = 0$
2. Ablauf für jede Epoche
  2.1 Wähle zufällige Städtesequenzen $s_1, \ldots, s_B \in S$
  2.2 Generiere zu s_i Permutation π_i für alle $i \in \{1, \ldots, B\}$, indem $p_\theta(\cdot|s_i)$ mit der Monte-Carlo-Methode gefolgt wird.
  2.3 Bestimme $g_\theta = \frac{1}{B}\sum_{i=1}^{B} (L(\pi_i|s_i) - b)\nabla_\theta \ln p_\theta(\pi_i|s_i)$
  2.4 Bestimme $\theta' = \text{Adam}(\theta, g_\theta)$ mit dem Adam-Optimierer (vgl. Abschn. 23.6)
  2.5 Bestimme Baseline $b' = \alpha \cdot b + (1 - \alpha)\frac{1}{B}\sum_{i=1}^{B} L(\pi_i|s_i)$
3. Wiederhole **2,** bis alle N Epochen durchgeführt wurden.

Ausgabe: Bester gefundener Parametervektor θ

Testphase
Für das Testen können folgende Verfahren angewendet werden:

- **Greedy-Methode** Mit dem trainierten Pointer Netzwerk wird zu einer gegebenen Städtesequenz s in jedem Decoderschritt der Ort mit der größten Wahrscheinlichkeit ausgewählt.
- **Monte-Carlo-Methode** Bei fixiertem Parametervektor θ des Pointer-Netzwerks wird zu einer Städtesequenz s mit der Monte-Carlo-Methode eine größere Anzahl von Testdurchläufen durchgeführt und die kürzeste Tour ausgewählt.

- **Active Search** Mit dem Active-Search-Verfahren von Bello et al. [3] kann beim Testen die Policy p_θ verbessert werden. Das Verfahren kann bei einem trainierten wie auch bei einem untrainierten Netzwerk angewendet werden. Der Algorithmus wird im Folgenden angegeben.

Gegeben: Städtesequenz s, Batchgröße B,
Anzahl der Epochen N, Glättungsfaktor α

1. Falls der Parametervektor θ des Pointer-Netzwerks nicht trainiert ist, initialisiere θ.
2. Erzeuge zu s die Permutation π mit dem Parametervektor θ des Pointer-Netzwerks und setze für die Baseline $b = L(\pi|s)$.
3. Ablauf für jede Epoche:
   3.1 Erzeuge zu s Permutationen $\pi_1, \ldots, \pi_B$ mit der Monte-Carlo-Methode und der Policy $p_\theta(\cdot|s)$
   3.2 Bestimme j mit $L(\pi_j|s) = \min\{L(\pi_1|s), \ldots, L(\pi_B|s)\}$
   3.3 Falls $L(\pi_j|s) < L(\pi|s)$, so setze $\pi = \pi_j$
   3.4 Bestimme $g_\theta = \frac{1}{B} \sum_{i=1}^{B} (L(\pi_i|s) - b)\nabla_\theta \ln p_\theta(\pi_i|s)$
   3.5 Bestimme $\theta' = \text{Adam}(\theta, g_\theta)$
   3.6 Bestimme neue Baseline $b' = \alpha \cdot b + (1 - \alpha)\frac{1}{B} \sum_{i=1}^{B} L(\pi_i|s)$
4. Wiederhole **3.**, bis N Epochen durchgeführt wurden.

Ausgabe: Beste gefundene Permutation π zu s

Anwendungen

Mit einem trainierten Pointer-Netzwerk kann in einem Durchgang sehr schnell zu gegebenen Städten eine gute Rundroute ermittelt werden. Daher ist diese Optimierungsmethode gut einsetzbar, wenn dynamisch bzw. online Lösungen des TSP zu bestimmen sind.

Die einzigen Informationen, die von dem Modell benötigt werden, sind die kumulativen Belohnungen bzw. die Längen der Teilrouten. Das Verfahren ist daher direkt anwendbar für beliebige Belohnungsfunktionen. Beispielsweise kann die Belohnung definiert werden als Zeitdauer der Route, wobei auch die benötigte Verweilzeit in einzelnen Städten berücksichtigt werden kann.

24.14 Varianten der REINFORCE-Methode für Optimierungsprobleme

Nach der Veröffentlichung des REINFORCE-Verfahrens von Bello et al. [3] sind weitere Varianten mit geänderten Encoder-Decoder-Architekturen für verschiedene Optimierungsprobleme entwickelt worden. Einige jüngere Forschungsergebnisse sind im Folgenden tabellarisch aufgeführt:

Autoren	Optimierungsproblem
I. Bello et al. [3]	Knapsack-Problem
H. Hu et al. [5]	3d-Bin-Packing-Problem
M. Nazari et al. [6]	Vehicle-Routing-Problem
R. Solozabal et al. [7]	Job-Shop-Problem
S. Gu, Y. Yang [8]	Max-Cut-Problem

Das REINFORCE-Verfahren mit der Transformer-Architektur zur Lösung von Optimierungsproblemen wird im nächsten Kapitel behandelt.

Literatur

1. Vinyals O, Fortunato M, Jaitly N (2015) Pointer networks. In Advances in neural information processing systems 28. S 2692–2700
2. Hochreiter S, Schmidhuber J (1997) Long short-term memory. Neural Comput 9(8):1735–1780
3. Sutskever I, Vinyals O, Le QV (2014) Sequence to sequence learning with neural networks. arXiv:1409.3215
4. Bahdanau D, Cho K, Bengio Y (2016) Neural machine translation by jointly learning to align and translate. arXiv:1409.0473
5. Hu H, Zhang X, Yan X, Wang L, Xu Y (2017) Solving a new 3d bin packing problem with deep reinforcement learning method. arXiv:1708.05930
6. Nazari M, Oroojlooy A, Takác M, Snyder LY (2018) Reinforcement Learning for solving the vehicle routing problem. In: Proceedings of the 32nd conference on advances in neural information processing systems, NeurIPS (S 9839–9849)
7. Solozabal R, Ceberio J, Takác M (2020) Constrained combinatorial optimization with reinforcement learning. arXiv:2006.11984
8. Gu S, Yang Y (2020) A deep learning algorithm for the max-cut problem based on pointer network structure with supervised learning and reinforcement learning strategies. Mathematics 8(2):298

Kapitel 25
Neuronale Optimierung mit Transformer

REINFORCE-Methoden zur Lösung von kombinatorischen Optimierungs-problemen mithilfe von Transformer wurde von Kool et al. [1] eingeführt. Der Transformer ist ein neuronales Netz, das von Google-Forschern im Jahr 2017 für die Übersetzung von einer beliebigen Sprache in eine andere Sprache entwickelt wurde. Der Transformer besteht aus einem Encoder und einem Decoder. Er enthält verschiedene Zellblöcke, die die Lernprozesse beschleunigen bzw. die Gradienten beim Trainingsprozess stabilisieren. Dies ermöglicht eine wesentlich kürzere Trainingszeit als das seq2seq-Modell, da es die Eingabesequenz nicht sequenziell, sondern parallel verarbeitet.

Das REINFORCE-Verfahren mit Transformer von Kool et al., angewendet auf das Problem des Handlungsreisenden, wird in diesem Kapitel vorgestellt.

25.1 Transformer

Im Folgenden wird der Transformer in der an dem TSP angepassten Form, wie in Kool et al. [1] beschrieben, dargestellt:

25.1.1 Encoder

Für die Lösung des TSP wird die Transformer-Architektur von Vaswani et al. [2] adaptiert. Die Ausgabe des Encoders erfolgt in folgenden Schritten:

1. **Einbettung** Eingabewerte des Encoders sind die zweidimensionalen Koordinaten $x_i, i = 1, \ldots n$, der zu besuchenden Orte i der Rundtour. Der Encoder bildet die Eingabewerte x_i auf d_h-dimensionale ($d_h = 128$ nach [1]) Vektoren $h_i^{(0)}$ ab, die bestimmt werden durch die affine Abbildung

R. Hollstein, *Optimierungsmethoden*, https://doi.org/10.1007/978-3-658-39855-2_25

$$h_i^{(0)} = W^x x_i + b_x, \quad i = 1, \ldots n,$$

wobei W^x eine lernbare $d_h \times 2-$ Matrix, x_i ein 2-dimensionaler Spaltenvektor und b_x ein lernbarer d_h-dimensionaler Vektor ist.

2. **Attention Layer** Die Vektoren $h_i^{(0)}$ werden sequentiell N-mal mittels N Attention Layers aktualisiert (praxistauglich $N = 3$ nach [1]). Die Ausgabevektoren von Attention Layer $l \in \{1, \ldots, N\}$ werden mit $h_i^{(l)}$ bezeichnet (s. Abb. 25.1).

3. **Attention Modul** Das *Attention Modul* ist eine Komponente des Attention Layers. (Aus Gründen der Lesbarkeit wird die Nummer des Attention Layers in diesem Abschnitt nicht angegeben.) Die Aufgabe des Attention Moduls besteht darin, die Kompatibilität einer Stadt zu den anderen Städten zu berechnen. Hierzu werden die Vektoren *Abfragevektor (Query), Schlüsselvektor (Key)* und *Wertevektor (Value)* eingeführt. Für jeden Eingabevektor $h_i \in \mathbb{R}^{d_h}, i = 1, \ldots, n$, des Attention Layers werden der Abfragevektor q_i, der Schlüsselvektor k_i und Wertevektor v_i definiert durch:

$$\text{Abfragevektor} : q_i = W^Q h_i \in \mathbb{R}^{d_k}$$

$$\text{Schlüsselvektor} : k_i = W^K h_i \in \mathbb{R}^{d_k}$$

$$\text{Wertevektor} : v_i = W^V h_i \in \mathbb{R}^{d_v},$$

wobei W^Q und W^K lernbare $d_k \times d_h$-Matrizen sind und W^V eine lernbare $d_v \times d_h$-Matrix ist. Die Kompatibilität $u_{ij} \in \mathbb{R}$ zwischen dem Abfragevektor q_i und dem Schlüsselvektor k_j wird bestimmt mit dem Skalarprodukt

$$u_{ij} = \frac{1}{\sqrt{d_k}} q_i^T k_j.$$

Dabei ist d_k die Dimension von q_i und k_j. Der Skalierungsfaktor $1/\sqrt{d_k}$ dient zur Stabilisierung des Gradientenverfahrens.

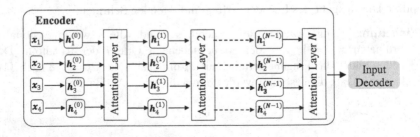

Abb. 25.1 Aktualisierung der Eingabevektoren via Attention Layers

Für das Skalarprodukt zweier Vektoren gilt allgemein

$$q^T k = \cos(\alpha) \|q\|_2 \|k\|_2,$$

wobei α der Winkel zwischen den Vektoren q und k ist und mit $\|\cdot\|_2$ die Euklidische Norm bezeichnet wird.

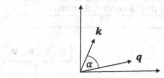

Die Kompatibilität zwischen q und k ist größer, je kleiner der Winkel α ist. Aus den Kompatibilitätsmaßen u_{ij} werden mit der Softmax-Funktion

$$a_{ij} = \frac{e^{u_{ij}}}{\sum_k e^{u_{ik}}}$$

die Attention-Gewichte $a_{ij} \in [0,1]$ bestimmt, die Wahrscheinlichkeiten repräsentieren.

Ausgabe des Attention Moduls ist für jeden Ort i die gewichtete Summe

$$h_i' = \sum_j a_{ij} v_j.$$

Auf diese Vektoren werden innerhalb des Attention Layers weitere Operationen angewendet (s. Abb. 25.2).

4. **Multi-Head-Attention (MHA)** Bei Anwendungen mit Transformer hat es sich als vorteilhaft erwiesen, das Attention Modul in M Zellblöcke aufzuteilen, die Heads (Köpfe) genannt werden und unabhängig voneinander arbeiten. Damit ist es möglich, mehrere unabhängige Pfade zu durchlaufen, wodurch die Knoten der Orte relevante Informationen über mehrere Kanäle austauschen können. Die Dimensionen der lernbaren Matrizen W_m^Q, W_m^K und W_m^V für jeden Head $m \in \{1, \ldots, M\}$ werden entsprechend reduziert auf $d_k = d_v = \frac{d_h}{M}$. Nach [1] wird $M = 8$ gewählt, sodass mit $d_h = 128$ die Werte $d_k = d_v = 16$ sich ergeben. Die Ausgabevektoren für jeden Head $m \in \{1, \ldots, M\}$ werden mit

$$h_{im}' \in \mathbb{R}^{\frac{d_h}{M}}, i = 1, \ldots, n$$

bezeichnet (s. Abb. 25.3).

Die Ausgabevektoren $h_{im}' \in \mathbb{R}^{\frac{d_h}{M}}$ werden durch Multiplikation mit einer lernbaren Matrix $W_m^O \in \mathbb{R}^{d_h \times \frac{d_h}{M}}$ zurück auf einen d_h-dimensionalen Vektor abgebildet (s. Abb. 25.4). Der finale Ausgabevektor $\overline{h}_i$ des MHA ist für jeden Ort $i \in \{1, \ldots, n\}$ definiert durch

$$\overline{h}_i = MHA_i(h_1, .., h_n) = \sum_{m=1}^{M} W_m^O h_{im}' = \sum_{m=1}^{M} \overline{h}_{im} \in \mathbb{R}^{d_h}.$$

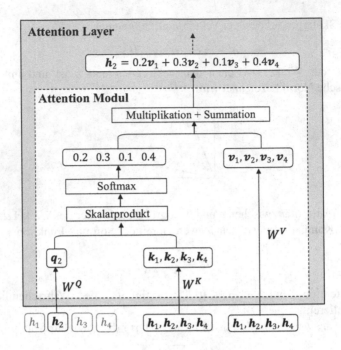

Abb. 25.2 Illustration der Ausgabe des Eingabevektors h_2 (beispielhaft) mittels des Attention Moduls als gewichtete Summe der Wertevektoren v_i. (Aus Gründen der Lesbarkeit ist die Nummer des Attention Layers nicht angegeben.)

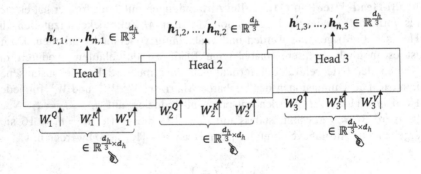

Abb. 25.3 Splitting des Attention Moduls in drei Zellblöcke (Heads)

5. **Skip Connection** Unter Skip Connection versteht man die Addition der Eingabe des MHA im Attention Layer l mit seiner Ausgabe:

$$h_i^{(l-1)} + MHA_i^l\left(h_1^{(l-1)}, \ldots, h_n^{(l-1)}\right).$$

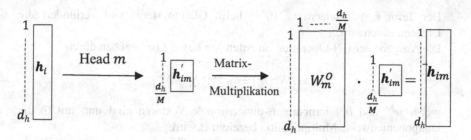

Abb. 25.4 Projektion des $\frac{d_h}{M}$ – dimensionalen Vektors $\boldsymbol{h}'_{im}$ auf einen d_h-dimensionalen Vektor $\overline{h}_{im}$ durch Multiplikation mit einer lernbaren $\left(d_h \times \frac{d_h}{M}\right)$-Matrix W^O_m

Der Input $\boldsymbol{h}_i^{(l-1)}$ überspringt (skip) sozusagen den Block MHA. Damit kann der Lernprozess beschleunigt werden.

6. **Batch-Normalisierung** Die Methode der *Batch-Normalisierung* (BN) wurde von Ioffe und Szegedy 2015 [91] zur Lösung des Problems des schwindenden bzw. explorierenden Gradienten eingeführt. Die Eingaben haben häufig sehr unterschiedliche Wertebereiche. Mit dem BN-Verfahren können die Daten auf Normalmaß transformiert werden. Diese Methode wird angewendet auf

$$\boldsymbol{h}'_i = \boldsymbol{h}_i^{(l-1)} + MHA_i^l\left(\boldsymbol{h}_1^{(l-1)}, \ldots, \boldsymbol{h}_n^{(l-1)}\right) = \left(h'_{ij}\right)_{j=1,\ldots,d_h}, i = 1, \ldots, n.$$

Hierzu wird zunächst der Mittelwert

$$\mu_i = \frac{1}{d_h}\sum\nolimits_{j=1}^{d_h} h'_{ij}$$

und die Varianz

$$\sigma_i^2 = \frac{1}{d_h}\sum\nolimits_{j=1}^{d_h}\left(h'_{ij} - \mu_i\right)^2$$

berechnet. Mit $\tilde{h}_i$ wird der Normalisierungsvektor bezeichnet, bestehend aus den Komponenten

$$\tilde{h}_{ij} = \frac{h'_{ij} - \mu_i}{\sqrt{\sigma_i^2 + \varepsilon}}, j = 1, \ldots, d_h.$$

Der Term ε (normalerweise 10^{-5}) heißt Glättungsterm und verhindert die Division durch null.

Die Ausgabe der BN-Operation im Attention Layer l ist gegeben durch

$$\widehat{h}_i = BN^l\left(h_i'\right) = w^{bn} \odot \tilde{h}_i + b^{bn},$$

wobei w^{bn} und b^{bn} lernbare d_h-dimensionale Vektoren sind und mit $\odot$ die komponentenweise Multiplikation bezeichnet wird.

7. **Feedforward Block** Jeder Attention Layer enthält einen nachgelagerten Block, bestehend aus einem vollständig verbundenem Feedforward-Netz mit einer versteckten Schicht von 512 Neuronen. Für jeden Ort i wird mit dem Inputvektor $\widehat{h}_i = \left(\widehat{h}_{ik}\right) \in \mathbb{R}^{128}$ der Outputvektor $\breve{h}_i = \left(\breve{h}_{ik}\right) \in \mathbb{R}^{128}$ bestimmt durch

$$\breve{h}_i = FF\left(\widehat{h}_i\right) = V^{\textit{ff}} \cdot f_{ReLU}\left(W^{\textit{ff}}\widehat{h}_i + b^{\textit{ff}}\right) + c^{\textit{ff}}.$$

Hierbei sind $W^{\textit{ff}} = (w_{rs}) \in \mathbb{R}^{512\times128}$ und $V^{\textit{ff}} = (v_{kr}) \in \mathbb{R}^{128\times512}$ während des Trainings angepasste Matrizen sowie $b^{\textit{ff}} = (b_r) \in \mathbb{R}^{512}$ und $c^{\textit{ff}} = (c_k) \in \mathbb{R}^{128}$ lernbare Vektoren (s. Abb. 25.5). Die Aktivierungsfunktion f_{ReLU} ist definiert durch $f_{ReLU}(x) = \max(0,x)$. Die k-te Komponente des Outputvektors $\breve{h}_i$ ist dann gegeben durch

$$\breve{h}_{ik} = \left(\sum_{r=1}^{512} v_{kr} \cdot \max\left(0, \sum_{s=1}^{218} w_{rs}\widehat{h}_{is} + b_r\right)\right) + c_k, \qquad k = 1,\dots,128.$$

8. **Ausgabe des Attention Layers** l Auf die Ausgabe des Feedforward-Netzes werden wiederum die Operationen Skip Connection und BN-Normalisierung angewendet:

$$h_i^{(l)} = BN^l\left(\widehat{h}_i + FF\left(\widehat{h}_i\right)\right), i = 1,\dots,n.$$

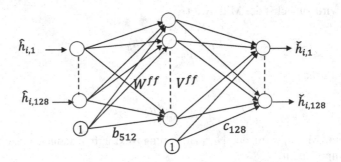

Abb. 25.5 Vollständig verbundenes Feedforward-Netz mit einer versteckten Schicht von 512 Neuronen für jeden Ort $i = 1,\dots,n$ mit $\breve{h}_i = FF\left(\widehat{h}_i\right)$ als Ausgabe

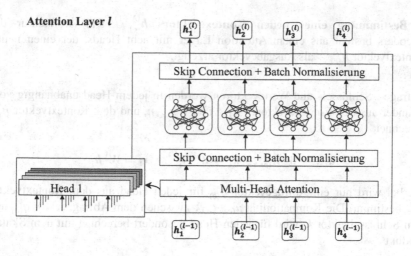

Abb. 25.6 Architektur des Attention Layers l

9. **Ausgabe des Encoders** Der Input des Decoders besteht aus den Ausgabe-vektoren $h_i^{(N)}$, $i = 1, \ldots, n$, des letzten Attention Layers N und dem Mittel-wert $\overline{h}^{(N)} = \frac{1}{n} \sum_{i=1}^{n} h_i^{(N)}$.
Abb. 25.6 illustriert die Architektur eines Attention Layers.

25.1.2 Decoder

Zu jedem Decoderschritt $t \in \{1, \ldots, n\}$ liefert der Decoder einen Ort π_t auf Basis der von dem Encoder erzeugten Ausgabevektoren und der zuvor ermittelten Orte π_s mit $s < t$. Der Decoder arbeitet sequentiell von $t = 1$ und stoppt, wenn alle Orte besucht sind. Dies erfolgt in folgenden Schritten:

1. **Bestimmung eines Kontextvektors** Im Decoder werden die Eingabevektoren $h_1^{(N)}, \ldots, h_n^{(N)}$ erweitert durch einen $(3 \cdot d_h)$-dimensionalen Vektor $h_{(c)}^{(N)}$, genannt Kontextvektor, der für jeden Decoderschritt t definiert wird durch die horizontale Verkettung dreier Vektoren:

$$h_{(c)}^{(N)} = \begin{cases} \left[\overline{h}^{(N)}, h_{\pi_{t-1}}^{(N)}, h_{\pi_1}^{(N)} \right] & t > 1 \\ \left[\overline{h}^{(N)}, v^l, v^f \right] & t = 1 \end{cases}$$

Hierbei werden für $t = 1$ als Platzhalter die lernbaren d_h-dimensionalen Vektoren v^l und v^f eingeführt. Im Decoder wird der Abfragevektor berechnet über den Kontextvektor $h_{(c)}^{(N)}$.

2. **Bestimmung eines neuen Kontextvektors** $h_{(c)}^{(N+1)}$ Die Architektur des Decoders besteht aus einem Attention Layer mit acht Heads, der einen neuen Kontextvektor $h_{(c)}^{(N+1)}$ als Ausgabevektor erzeugt.

Abfrage-, Schlüssel- und Wertevektoren werden in jedem Head unabhängig voneinander aus den Eingabevektoren $h_i^{(N)}$, $i = 1, \ldots, n$, und dem Kontextvektor $h_{(c)}^{(N)}$ berechnet:

$$q_{(c)} = W^Q h_{(c)}^{(N)}, \quad k_i = W^K h_i^{(N)}, \quad v_i = W^V h_i^{(N)}$$

Hierbei wird nur ein Abfragevektor $q_{(c)}$ für jeden Head aus dem Kontextvektor $h_{(c)}^{(N)}$ bestimmt. Die Kompatibilität $u_{(c)j} \in \mathbb{R}$ zwischen dem Abfragevektor $q_{(c)}$ und dem Schlüsselvektor k_j wird für jeden Head gesondert berechnet mit dem Skalarprodukt

$$u_{(c)i} = \begin{cases} -\infty & \text{falls } i \in \{\pi_1, \ldots, \pi_{t-1}\} \\ \frac{1}{\sqrt{d_k}} q_{(c)}^T k & \text{sonst} \end{cases},$$

wobei $d_k = \frac{d_h}{M}$ mit $M = 8$ die Dimension der Schlüssel- und Wertevektoren ist.

Wie im Schritt 4 des Encoders beschrieben, wird der Kontextvektor $h_{(c)}^{(N+1)}$ berechnet durch

$$h_{(c)}^{(N+1)} = \sum_{m=1}^{M} W_m^O h_{(c)m}',$$

wobei W_m^O eine lernbare $d_h \times \frac{d_h}{M}$ – Matrix und $h_{(c)m}'$ Ausgabevektor des Head m ist, gebildet aus der gewichteten Summe der Wertevektoren $v_i^{(m)}$ mit den Gewichtsfaktoren aus $[0, 1]$, die aus den Kompatibilitätsmaßen $u_{(c)i}^{(m)}$ mit der Softmax-Funktion berechnet werden (siehe Abb. 25.7).

Die Zellblöcke Skip Connection, Batch-Normalisierung und Feedforward-Netz werden im Decoder nicht verwendet.

3. **Erweiterung der Teilroute** Der Decoder enthält einen nachgelagerten Layer mit nur einem Head ($M = 1, d_k = d_h$), mit dem die Wahlwahrscheinlichkeitsverteilung zur Bestimmung der nächsten Stadt π_t im Decoderschritt t ermittelt wird. Hierzu werden zunächst die Kompatibilitätsmaße

$$u_{(c)i} = \begin{cases} -\infty & \text{wenn } i \in \{\pi_1, \ldots, \pi_{t-1}\} \\ D \cdot \tanh\left(\frac{q_{(c)}^T k_i}{\sqrt{d_k}}\right) & \text{sonst} \end{cases}$$

berechnet, wobei nach [1] $D = 10$ gewählt wird (s. Abb. 25.8). Dabei stehen die Knoteneinbettungen mit dem Kontextvektor $h_{(c)}^{(N+1)}$ in Verbindung.

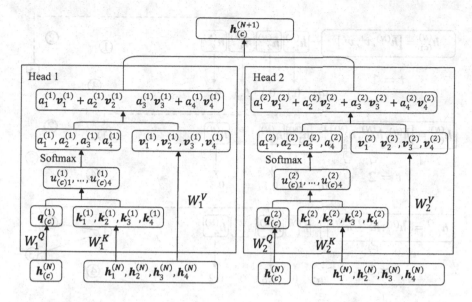

Abb. 25.7 Veranschaulichung der Konstruktion des Ausgabevektors $h_{(c)}^{(N+1)}$, dargestellt mit zwei Heads anstelle von acht Heads

Mittels der Softmax-Funktion kann aus diesen Kompatibilitätsmaßen die Wahrscheinlichkeitsverteilung

$$a_i = \frac{e^{u_{(c)i}}}{\sum_{j=1}^{n} e^{u_{(c)j}}}, i = 1, \ldots, n$$

berechnet werden. Hierbei ist die Wahrscheinlichkeit $a_i = 0$, wenn die Stadt i bereits besucht wurde (s. Abb. 25.8).

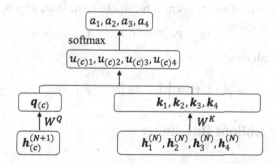

Abb. 25.8 Bestimmung der Wahrscheinlichkeitsverteilung $(a_1, \ldots, a_4)$ für die Auswahl der nächsten zu besuchenden Stadt

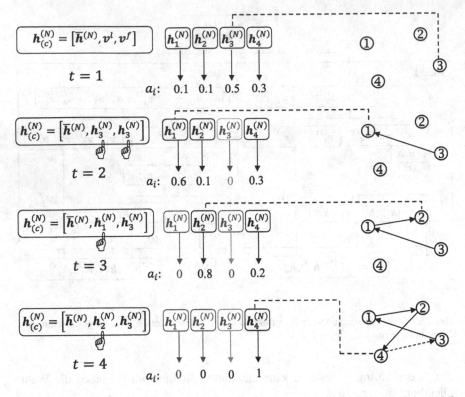

Abb. 25.9 Illustration der Konstruktion der Tour $\pi = (3, 1, 2, 4)$. In jedem Decoderschritt t wird mit der Wahrscheinlichkeit a_i der nächste zu besuchende Ort ausgewählt.

Mit der Wahrscheinlichkeitsverteilung $(a_1, \ldots, a_n)$ wird im Decoderschritt t der nächste Ort π_t ausgewählt (s. Abb. 25.9).

Zu einer Städtesequenz s ist die bedingte Wahrscheinlichkeit von π_t unter der Voraussetzung, dass die Orte π_1 bis π_{t-1} bereits besucht sind, gegeben durch

$$a_i = p_\theta(\pi_t = i | \pi_{1:t-1}, s).$$

Für die Policy p_θ gilt dann

$$p_\theta(\pi | s) = \prod_{t=1}^{n} p_\theta(\pi_t | \pi_{1,t-1}, s).$$

25.2 Greedy Rollout Baseline

Eine effektive und einfache Baseline-Methode ohne zusätzliches neuronales Netz wurde von Kool et al. [1] eingeführt. Bei diesem Verfahren wird unterschieden zwischen der Training-Policy p_θ und der Baseline-Policy $p_{\theta^{BL}}$, wobei θ und θ^{BL}

Parametervektoren desselben Transformer-Netzwerks sind. Die Baseline $b(s)$ zu einer Städtesequenz s ist definiert als Tourlänge $L(\pi^{BL}|s)$, wobei die Permutation π^{BL} unter der Baseline-Policy $p_{\theta^{BL}}$ mit der Greedy-Methode bestimmt wird, d. h. bei jedem Schritt wird die nächste Stadt mit der größten Output-Wahrscheinlichkeit ausgewählt.

In jeder Epoche wird bei einer vorgegebenen Anzahl von Iterationsschritten mit dem REINFORCE-Algorithmus die Training-Policy p_θ aktualisiert, während die Baseline-Policy $p_{\theta^{BL}}$ eingefroren wird. Nach Ende der Epochenphase wird der Baseline-Parametervektor θ^{BL} ersetzt durch den aktuellen Parametervektor θ, wenn die Policy p_θ besser ist als die Policy $p_{\theta^{BL}}$, d. h. wenn während der Epochenphase die Tourlänge $L(\pi|s)$ signifikant häufiger kleiner ist als $L(\pi^{BL}|s)$, wobei nach [1] die Signifikanz mit dem gepaarten t-Test bestimmt wird.

Im Folgenden wird der von Kool et al. [1] entwickelte REINFORCE-Algorithmus zur Lösung des TSP beschrieben:

25.3 REINFORCE mit Greedy Rollout Baseline

Gegeben: Trainingsmenge S von Städtesequenzen, Batch Größe B, Anzahl E der Epochen, Anzahl T der Schritte je Epoche

1. Initialisierung: Parametervektor θ (Training Policy),
$\qquad\qquad\qquad$ Parametervektor θ^{BL} (Baseline Policy)

2. Ablauf für jede Epoche 1 bis E.
$\quad$ **2.1 Ablauf für jeden Schritt** 1 bis T einer Epoche
$\qquad$ **(1)** Wähle zufällige Städtesequenzen $s_1, \ldots, s_B \in S$
$\qquad$ **(2)** Generiere zu s_i Permutation π_i für alle $i \in \{1, \ldots, B\}$, indem $p_\theta(\cdot|s_i)$ mit der Monte-Carlo-Methode gefolgt wird.
$\qquad$ **(3)** Generiere zu s_i Permutation π_i^{BL} für alle $i \in \{1, \ldots, B\}$, indem mit der Greedy-Methode $p_{\theta^{BL}}(\cdot|s_i)$ gefolgt wird.
$\qquad$ **(4)** Bestimme $g_\theta = \frac{1}{B}\sum_{i=1}^{B}(L(\pi_i|s_i) - L(\pi_i^{BL}|s_i))\nabla_\theta \ln p_\theta(\pi_i|s_i)$
$\qquad$ **(5)** Bestimme $\theta' = \text{Adam}(\theta, g_\theta)$ mit dem Adam-Optimierer
$\qquad$ **(6)** Wiederhole **2.1**, bis alle T Schritte durchgeführt wurden

$\quad$ **2.2** Ersetze Parametervektor θ^{BL} durch θ, wenn die Performance p_θ besser ist als $p_{\theta^{BL}}$.

3. Wiederhole **2**, bis alle E Epochen durchgeführt wurden.

Ausgabe: Bester gefundener Parametervektor θ

25.4   Testphase

In der Testphase wird zu dem trainierten Parametervektor θ für eine Städtesequenz s mit der Greedy-Methode in jedem Schritt der Ort mit der größten Wahrscheinlichkeit ausgewählt oder es werden mehrere Testdurchläufe mit der Monte-Carlo-Methode durchgeführt und die beste Tour ermittelt.

Literatur

1. Kool W, van Hoof H, Welling M (2019) Attention, learn to solve routing problems! In: Proc Int Conf Learn Represent, S 1–25
2. Vaswani A, Shazeer N, Parmar N, Uszkoreit J, Jones L, Gomez A, Kaiser L, Polosukhin I (2017) Attention is all you need. In: Advances in Neural Information Processing Systems, S 5998–6008

Kapitel 26
Optimierung mit graphischen neuronalen Netzen

Viele Optimierungsprobleme der realen Welt können auf die Optimierung von Graphen reduziert werden. Optimierung mit graphischen neuronalen Netzen ist ein neues aktives Forschungsgebiet. Eine Methode zur Lösung von kombinatorischen Optimierungsproblemen mit graphischen neuronalen Graphen, kombiniert mit dem DQN-Verfahren, wurde 2017 von Dai et al. entwickelt. Diese Methode wird mit S2V-DQN bezeichnet. In diesem Kapitel wird der S2V-DQN-Algorithmus für das Problem des Handlungsreisenden beschrieben.

26.1 Graphische neuronale Netze

Graphische neuronale Netze (abgekürzt GNN) sind neuronale Netzwerkarchitekturen, die auf Daten eines Graphen basieren. GNN wurden erfolgreich in vielen verschiedenen Bereichen eingesetzt. Hierzu einige Beispiele:

- **Soziale Netzwerke** Soziale Netzwerke (Facebook, Twitter, WhatsApp, …) können als Graph dargestellt werden, wobei die Knoten die Benutzer repräsentieren und die Kanten Beziehungen zwischen Benutzern wie zum Beispiel Aktivitäten, Interessen oder Freundschafts/Verwandtschaftsverhältnisse. Merkmale werden Knoten (Benutzern) zugeordnet, beispielsweise Name, Alter, Wohnort oder Beruf. Mit Methoden des Machine Learning können wichtige Informationen extrahiert werden. Zum Beispiel können Gruppen mit gleichen Interessen bestimmt werden, neue Freunde dem Benutzer vorgeschlagen werden oder es können den Benutzern personenbezogene Produkte empfohlen werden (s. Abb. 26.1).
- **Biologische Netzwerke** In biologischen Netzwerken repräsentieren Knoten Moleküle (z. B. Proteine oder DNA) und die Kanten die biochemischen Prozesse zwischen den Molekülen. GNN konnten mit Methoden des Machine Learning erfolgreich für die Entwicklung neuer Medikamente und bei der Diagnose von Krankheiten eingesetzt werden.

R. Hollstein, *Optimierungsmethoden*, https://doi.org/10.1007/978-3-658-39855-2_26

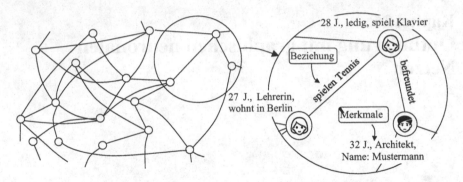

Abb. 26.1 Darstellung eines sozialen Netzwerks als GNN, wobei der Graph mehrere Hundert Millionen Knoten und Milliarden Kanten enthalten kann. Jeder Kante werden Beziehungen zwischen Knoten und jedem Knoten (Benutzer) Merkmale zugeordnet.

- **Computerchip** Ein Computerchip kann als Graph dargestellt werden, wobei die Knoten die Logik- und Speicherkomponenten repräsentieren und die Kanten die Verbindungen. Das Google Brain-Team verwendete GNN für den Entwurf des Computerchips TPU (Tensor Processing Unit). Damit konnte unter Einhaltung von Randbedingungen die Platzierung der Komponenten auf dem Chip optimiert werden. Dadurch wurde ein sehr komplexes kombinatorisches Optimierungsproblem gelöst.
- **Verkehrsnetze** Ein Straßennetz stellt einen Graphen dar, wobei die Knoten Straßenverzweigungen und die Kanten die Straßenverbindungen repräsentieren. GNN wurden erfolgreich für die Verkehrsvorhersage angewendet, wobei mittels Sensoren in den Knotenpunkten der Verkehrsfluss zwischen zwei Knoten gemessen wird.

Graphische neuronale Netze werden eingesetzt, um Vorhersagen zu treffen. Je nach Aufgabenstellung unterscheidet man drei allgemeine Vorhersageebenen: die Graphenebene, Kantenebene und Knotenebene.

- **Graphenebene** Bei der Graphenebene wird eine Eigenschaft für den ganzen Graphen vorausgesagt, beispielsweise die kürzeste Rundreise in einem Hamiltonkreis oder die chemische Eigenschaft eines Moleküls, das als Graph darstellbar ist, wobei die Atome die Knoten und die Bindungen zwischen den Atomen die Kanten sind.
- **Kantenebene** Beispiele für die Vorhersage auf Kantenebene sind die personalisierten Angebote für Produkte eines Empfehlungssystems, die Vorhersage krimineller Vereinigungen oder die Verkehrsvorhersage in einem Verkehrsnetz.
- **Knotenebene** GNN werden eingesetzt, um auf Knotenebene neue Informationen hinzuzufügen, die aus dem GNN extrahiert werden.

GNN können ebenso eingesetzt werden für die Lösung von Optimierungsproblemen. In diesem Kapitel wird das Optimierungsverfahren S2V-DQN vorgestellt, das von

Dai et al. [2] entwickelt wurde. Als Illustration beschränken wir uns wieder auf das Problem des Handlungsreisenden.

26.2 Grapheneinbettung

Graphen sind festgelegt durch Knoten und ihre Verbindungen, die Anordnung ist jedoch ohne bestimmte Struktur. Um Methoden des Machine Learning auf Graphen anwenden zu können, ist es erforderlich, Vektoren zu erzeugen, die die Informationen über Knoten und ihre Beziehungen repräsentieren (s. Abb. 26.2).

Es sind verschiedene Einbettungsverfahren eingeführt worden, darunter das Einbettungsverfahren *Structure2Vec* (abgekürzt S2V) von Dai et al. [2], das im Folgenden für das TSP vorgestellt wird.

26.3 S2V-Einbettung

Sei $G = (V, E)$ gewichteter Graph zu einer gegebenen Städtesequenz s. Das S2V-Einbettungsverfahren berechnet zu jedem Knoten $v \in V$ einen p-dimensionalen Einbettungsvektor, der iterativ für eine bestimmte Anzahl von Iterationen T ermittelt wird. Die Dimension p der Einbettungsvektoren ist von der Tourgröße unabhängig. Durch eine rekursive Nachrichtenübermittlung längs der eingehenden Kanten empfängt jeder Knoten Merkmale von seinen Nachbarn. Die Berechnung der Einbettungsvektoren erfolgt iterativ für jedes $v \in V$ auf folgende Weise:

S2V-Einbettung

$$\mu_v^{(t+1)} = f_{ReLU}\left(\theta_1 x_v + \theta_2 \sum_{u \in N(v)} \mu_u^{(t)} + \theta_3 \sum_{u \in N(v)} f_{ReLU}(\theta_4 w(u,v))\right),$$
$$t = 0, \dots, T-1$$

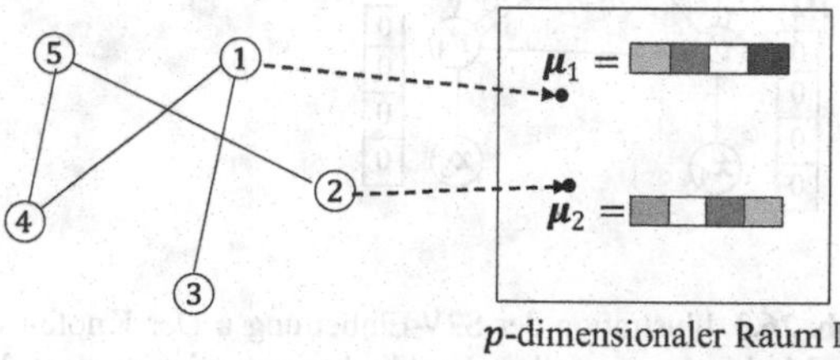

Abb. 26.2 Illustration der Grapheneinbettung in den $\mathbb{R}^p$, wobei die Merkmale der Knoten mit seinen Nachbarknoten verknüpft werden

p-dimensionaler Raum $\mathbb{R}^p$

Dabei gilt:

- t ist der Iterationsindex und T die Iterationsdauer (nach [2] $T = 4$).
- $\boldsymbol{\theta}_1$ und $\boldsymbol{\theta}_4$ sind lernbare p-dimensionale Vektoren.
- $\boldsymbol{\theta}_2$ und $\boldsymbol{\theta}_3$ sind lernbare $p \times p$-Gewichtsmatrizen.
- x_v ist Knotenmerkmal von v, definiert als Binärvariable, wobei $x_v = 1$ gesetzt wird, wenn v in der Teilroute enthalten ist und sonst 0.
- $w(u, v)$ ist das Kantengewicht (Entfernung oder Zeitdauer) zwischen den Knoten u und v.
- $N(v)$ ist die Nachbarschaft von v, wobei beim TSP die K nächsten Nachbarn betrachtet werden. Nach [2] wird $K = 10$ gesetzt und wird bei größeren Graphen erhöht.
- Die Aktivierungsfunktion $f_{ReLU}(x) = \max(0, x)$ ist die Rectified Linear Unit, die komponentenweise angewendet wird.
- Die Einbettungsvektoren $\boldsymbol{\mu}_v^{(0)}$ werden für alle $v \in V$ mit dem Nullvektor initialisiert.

Abb. 26.3 illustriert die S2V-Einbettung.

26.4 TSP als Markovscher Entscheidungsprozess

Im Folgenden werden Zustände, Aktionen und Rewards für das TSP beschrieben, das als gewichteter Graph $G = (V, E)$ gegeben ist.

- **Zustand** Ein Zustand ist eine Teilroute $s = (v_1, \ldots, v_{|s|})$, $v_i \in V$, und wird dargestellt als p-dimensionaler Vektor $\sum_{v \in V} \boldsymbol{\mu}_v$. Mit $\bar{s}$ wird die Menge aller $v \in V$

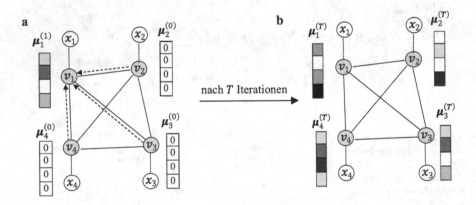

nach T Iterationen

Abb. 26.3 Illustration der S2V-Einbettung **a** Der Knoten v_1 empfängt zu Beginn der Iterationen die Merkmale von allen Nachbarknoten, die in dem Vektor $\boldsymbol{\mu}_1^{(1)}$ abgespeichert werden. **b** Aktualisierte Knoteneinbettungsvektoren $\boldsymbol{\mu}_i^{(T)}$ nach T Iterationen

bezeichnet, die nicht in der Teilroute s enthalten sind. Der Endzustand $\hat{s}$ ist erreicht, wenn alle Knoten besucht sind.

- **Übergangsfunktion** Die Übergangsfunktion ist deterministisch und entspricht der Wertzuweisung $x_v = 1$ für einen Knoten $v \in V$, der bei der letzten Aktion ausgewählt wurde.
- **Aktionen** Eine Aktion ist eine Auswahl eines Knotens aus V, der nicht zu dem aktuellen Zustand s gehört. Die Aktionen v können dargestellt werden als p-dimensionale Einbettungsvektoren $\boldsymbol{\mu}_v$.
- **Rewards** Die Zielfunktion $c(s, G)$ für $s = (v_1, \ldots, v_{|s|})$ ist definiert als negative Tourlänge:

$$c(s, G) = -\left(w\left(v_{|s|}, v_1\right) + \sum\nolimits_{i=1}^{|s|-1} w(v_i, v_{i+1}) \right),$$

wobei $w(u, v)$ die Entfernung zwischen den Knoten u und v ist.

Der Reward $r(s, v)$ von Zustand s beim Übergang zum Zustand $s' = (s, v)$ nach Ausführung der Aktion v ist definiert als Änderung der Zielfunktion:

$$r(s, v) = c\left(s', G\right) - c(s, G),$$

wobei $c(\emptyset, G) = 0$.

26.5 Parametrisierung der Action-Value-Funktion

Die mit dem S2V-Verfahren berechneten Knoteneinbettungen werden verwendet, um die geschätzten kumulativen Belohnungen für jeden Knoten zu bestimmen. Dazu wird die parametrisierte Action-Value-Funktion $\hat{Q}(s, v; \boldsymbol{\Theta})$ mittels der folgenden Formel berechnet:

$$\hat{Q}(s, v; \boldsymbol{\Theta}) = \boldsymbol{\theta}_5^T f_{ReLU}\left(\left[\boldsymbol{\theta}_6 \sum\nolimits_{u \in V} \boldsymbol{\mu}_u^{(T)}, \boldsymbol{\theta}_7\, \boldsymbol{\mu}_v^{(T)} \right] \right)$$

Dabei gilt:

- Der Klammerausdruck $[\cdot, \cdot]$ steht für die Verkettung der Summe aller Einbettungen und der lokalen Einbettung.
- v steht für den nächsten zu besuchenden Knoten, der die Aktion repräsentiert.
- $\boldsymbol{\theta}_5$ ist ein $2p$-dimensionaler lernbarer Vektor und $\boldsymbol{\theta}_6$, $\boldsymbol{\theta}_7$ sind lernbare $p \times p$-Gewichtsmatrizen. $\hat{Q}(s, v; \boldsymbol{\Theta})$ hängt von der Zusammensetzung der 7 Parametervektoren $\boldsymbol{\Theta} = \{\boldsymbol{\theta}_1, \ldots, \boldsymbol{\theta}_7\}$ ab.

Das Q-Learning-Verfahren wird verwendet, um die Parameter von $\boldsymbol{\Theta}$ zu bestimmen.

26.6 S2V-DQN-Algorithmus für TSP

Im Folgenden geben wir den S2V-DQN-Algorithmus von Dai et al. [2] an, wobei wir anstelle des n-Schritt-Q-Learning-Verfahrens die in Abschn. 22.11 beschriebene Standard-(1-Schritt)-Methode verwenden.

Gegeben: Trainingsmenge $D = \{G_i\}_{i=1}^m$ von Graphen G_i in unterschiedlichen Größen

1. Initialisierung: Parametervektor Θ, Replay Buffer R mit der Kapazität N

2. Ablauf der Episoden: Die Anpassung der Gewichte erfolgt zu jedem Zeitschritt t in folgenden Schritten:

2.1 Wähle zufällig einen Graphen $G = (V, E)$ aus D

2.2 Initialisiere Zustand $s_1 = \emptyset$

2.3 Wähle zu dem aktuellen Zustand s_t mit der ε-Greedy-Methode zu einer gegebenen Schranke $0 \leq \varepsilon \leq 1$ und einer Zufallszahl $0 \leq p \leq 1$ einen Knoten $v_t \in \overline{s_t}$ nach folgendem Auswahlverfahren:

- Ist $p \geq \varepsilon$, so wähle zufällig ein $v_t \in \overline{s_t}$.
- Ist $p < \varepsilon$, so wähle $v_t = \arg\max\limits_{v \in \overline{s_t}} \hat{Q}(s_t, v; \Theta)$.

2.4 Erweitere die Teilroute s_t durch v_t : $s_{t+1} := (s_t, v_t)$

2.5 Speichere das Erfahrungstupel $(s_t, v_t, r(s_t, v_t), s_{t+1})$ in den Replay Buffer $\mathcal{R}$

2.6 Wähle ein Mini-Batch B von Erfahrungstupeln aus $\mathcal{R}$

2.7 Führe zu jedem Erfahrungstupel $(s, v, r(s, v), s')$ aus B mit dem stochastischen Gradientenverfahren zu der Fehlerfunktion

$$L = \left(y - \hat{Q}(s, v; \Theta)\right)^2$$

ein Update von Θ durch. Dabei ist

$$y = \gamma \max_{v'} \hat{Q}(s', v'; \Theta) + r(s, v)$$

der Zielwert und γ der Diskontierungsfaktor.

2.8 Ersetze den aktuellen Zustand durch s_{t+1}, sofern der Endzustand $\hat{s}$ nicht erreicht ist.

Abbruch: Abbruch erfolgt nach einer vorgegebenen Anzahl von Episoden.

Ausgabe: Bester gefundener Parametervektor Θ

Bei dem S2V-DQN-Verfahren wird keine Heuristik für die Suche einer optimalen Tour angewendet, sondern es werden nur die zurückgelegten Entfernungen bei dem Ablauf von Episoden beobachtet.

| Zustand s_t | S2V-Einbettung (2 Iterationen) | $\hat{Q}(s_t, v; \Theta)$ | Auswahl Knoten (ε –Greedy- Methode) |

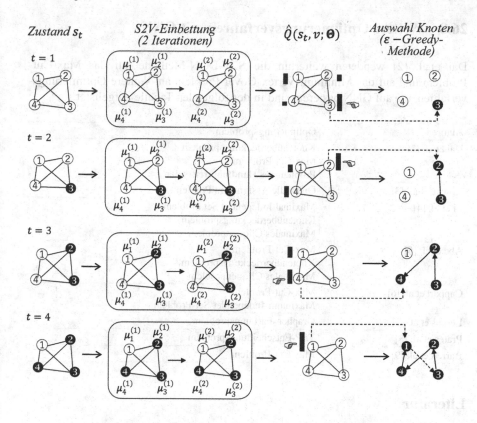

Abb. 26.4 Illustration der Tour-Konstruktion $3 \to 2 \to 4 \to 1 \to 3$ mit dem S2V-DQN-Algorithmus. In jedem Iterationsschritt wird nach der Berechnung der Einbettungsvektoren (hier aus Gründen der Übersichtlichkeit zwei Iterationen) für jeden Knoten der $\hat{Q}$-Wert berechnet und der nächste Knoten mit der ε-Greedy-Methode ausgewählt. Die Balken neben den Knoten symbolisieren die $\hat{Q}$-Werte.

Abb. 26.4 zeigt exemplarisch den Ablauf der Tour-Konstruktion mit dem SV-DQN-Algorithmus

26.7 Testphase

Ist die Trainingsphase abgeschlossen, so erfolgt der Test für eine Städtesequenz s nach [2] deterministisch mit der Greedy-Methode bzgl. der Policy

$$\pi_{\Theta}(v|s) = \arg \max_{v \in \bar{s}} \hat{Q}(s, v, \Theta).$$

Das neuronale Netz gibt dann die nächstbeste Stadt aus. Das S2V-DQN-Verfahren eignet sich insbesondere, wenn dynamisch eine geeignete Tour zu bestimmen ist.

26.8   Weitere Optimierungsverfahren mit GNN

Dai et al. [2] wendeten weiterhin die S2V-DQN-Methode auf das Max-Cut-Problem und auf das Minimum-Vertex-Cover-Problem an. Weitere Optimierungs-verfahren, die auf GNN basieren, sind in der folgenden Tabelle aufgelistet.

Autoren	Optimierungsproblem
Dai et al. [2]	Knotenüberdeckungsproblem Max-Cut-Problem Problem des Handlungsreisenden
Nowak et al. [3]	Quadratic Assignment Problem
Li et al. [4]	Maximal Independet Set Problem Knotenüberdeckungsproblem Maximales Cliquenproblem
Abe et al. [5]	Max-Cut-Problem Knotenüberdeckungsproblem Maximales Cliquenproblem
Cappart et al. [6]	Max-Cut-Problem Maximum-Independet-Set-Problem
Lemos et al. [7]	Graphen-Färbungsproblem
Prates et al. [8]	TSP-Entscheidungsproblem
Barrett et al. [9]	Max-Cut-Problem

Literatur

1. Ioffe S, Szegedy C (2015) Batch normalization: accelerating deep network training by reducing internal covariate shift. In: International Conference on Machine Learning, Lille, S 448–456
2. Dai H, Khalil E, Zhang Y, Dilkina B, Song L (2017) Learning combinatorial optimization algorithms over graphs. In: Proc Advances in Neural Inf Process Syst (NeurIPS), S 6348–6358
3. Nowak A, Villar S, Bandeira S, Bruna J (2017) A note on learning algorithms for quadratic assignment with graph neural networks. In: ICML Workshop on Principled Approaches to deep learning (PADL)
4. Li Z, Chen Q, Koltun V (2018) Combinatorial optimization with graph convolutional networks and guided tree search. In: Proc Advances in Neural Inf Process Syst (NeurIPS), S 539–548
5. Abe K, Xu Z, Sato I, Sugiyama M (2019) Solving NP-hard problems on graphs with extended AlphGo Zero. arXiv:190.11623
6. Cappart Q, Goutierre E, Bergman D, Rousseau L-M (2019) Improving optimization bounds using machine learning: Decision diagramms meet deep reinforcement learning. In: Proceedings of the 33rd AAAI Conference on Artificial Intelligence, Bd. ISBN 9781577358091. https://doi.org/10.1609/aaai.v33i01.33011443
7. Lemos H, Prates M, Avelar P, Lamb L (2019) Graph colouring meets deep learning: Effective graph neural network models for combinatorial problems. In: IEEE 31st Inst Conf Tools Artif Intell (ICTAI), S 879–885
8. Prates M, Avelar PH, Lemos H, Lamb LC, Vardi MY (2019) Learning to solve np-complete problems: a graph neural network for decision TSP. Proc AAAI Conf on Artf Intell 33:4731–4738
9. Barett TD, Clements WR, Foerster JN, Lvovsky A (2020) Exploratory combinatorial optimization with reinforcement learning. In: Proceedings of the 34th National Conference on Artificial Intelligence, AAAI, Bd. https://doi.org/10.1609/aaaiv34i04.5723, S 3243–3250

Kapitel 27
Programmbibliotheken für Machine Learning

Neuronale Netze eigenhändig zu programmieren, ist sehr aufwendig und zeit-intensiv. Es gibt eine Vielzahl von Softwarebibliotheken, die viele bereits fertige Bausteine zur Modellierung und zum Trainieren von neuronalen Netzen enthalten. Die Bibliotheken sind in gängigen Programmiersprachen programmiert und auf verschiedenen Betriebssystemen lauffähig. Eine weitverbreitete Open-Source-Softwarebibliothek für Machine Learning ist TensorFlow, das vom Google Brain Team entwickelt wurde und in diesem Kapitel kurz vorgestellt wird. Alle Ver-fahren aus dem Bereich Machine Learning, die in diesem Buch behandelt werden, werden von TensorFlow unterstützt.

27.1 Programmbibliothek TensorFlow

Die Berechnungen in TensorFlow erfolgen in sogenannten Datenflussgraphen, deren Knoten mathematische Operationen repräsentieren und die Kanten mehr-dimensionale Daten-Arrays *(Tensoren)* darstellen. Tensoren haben in TensorFlow eine andere Bedeutung als in der Mathematik.

Im Folgenden einige Eigenschaften von TensorFlow:

Tensoren Tensoren sind geeignet, Daten darzustellen, wie z. B. Bilder als 3d-Tensoren mit den Komponenten aus Koordinaten und Farbtiefe (RGB-Werte) der Pixel oder ein Video als 4d-Tensor von n Bildern. In TensorFlow können Tensoren mit verschiedenen TensorFlow-Funktionen generiert sowie verschiedene mathematische Operationen auf Tensoren ausgeführt werden (s. Abb. 27.1).

Keras Keras ist eine Open-Source-Bibliothek, die in TensorFlow integriert ist. Mithilfe von Keras können einzelne Module für Layer, Zielfunktionen, Aktivierungsfunktionen oder Optimierer miteinander kombiniert werden, wodurch schnell neue Modelle erstellt werden können.

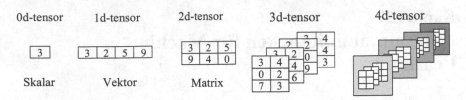

Abb. 27.1 Tensoren mit verschiedenen Dimensionen

Unterstützte Modelle In TensorFlow werden u. a. folgende in diesem Buch behandelten Verfahren und Modelle unterstützt:

- Optimierer: SGD, Adam, RMSProp, Momentum-Optimierung u. a.
- Neuronale Netze: Feedforward-Netze, Rekurrente Netze, LSTM, Transformer, Pointer-Netzwerk, Hopfield-Netze, selbstorganisierende Karten, graphische neuronale Netze u. a.
- Backpropagation: Partielle Ableitungen werden nicht numerisch über Differenzenquotienten bestimmt, sondern mit dem sogenannten *Autodiff-Verfahren (Automatisches Differenzieren)*.
- Aktivierungsfunktionen: Heaviside-Funktion, Signum-Funktion, lineare Funktion, Tangenshyperbolicus, Sigmoid-Funktion, Rectfied Linear Unit u. a.

Tensorboard In TensorFlow ist das Graphiktool Tensorboard integriert, mit dem während des Trainingsprozesses in Echtzeit das Netz visualisiert werden kann. Graphen mit den jeweiligen Knoten können in Tensorboard dargestellt werden.

Vortrainierte Modelle In TensorFlow wird eine große Bibliothek von vortrainierten Modellen als Open-Source bereitgestellt.

Prozessoren TensorFlow ist anwendbar für CPUs (Central Processing Units) und GPUs (Graphics Processing Units). Grafikprozessoren werden oft für das Deep-Learning-Training eingesetzt, da sie parallel für alle Knoten einer Schicht gleichzeitig die einfachen Rechenoperationen Addition und Multiplikation ausführen können. Von Google wurden spezielle Chips (Tensor Processing Units) entwickelt, die das Machine Learning unterstützen, wodurch eine erhebliche Leistungssteigerung erzielt werden kann.

27.2 Weitere Programmbibliotheken

Es gibt eine Vielzahl weiterer Open-Source-Programmbibliotheken für Machine Learning, von denen einige in der folgenden Tabelle aufgelistet sind:

Bibliothek	Programmschnittstellen	Plattformen	Organisation
TensorFlow	C++, Python, Java, Go	Linux, macOS, Windows, iOs, Android	Google
Caffe	C++, Python, Matlab	Linux, macOS, Windows	Berkeley AI Research
Pytorch	Python	Linux, macOS, Windows	Open Community
Theano	Python	Linux, macOS, Windows	Université de Montréal
MXNet	C++, Python, R, Matlab u. a.	Linux, macOS, Windows	Apache Software Foundation
Torch	C++, Lua	Linux, macOS, iOs, Android	Open Community

Literatur

Abe K, Xu Z, Sato I, Sugiyama M (2019) Solving NP-hard problems on graphs with extended AlphGo Zero. arXiv:190.11623

Alvarez-Benitez J, Everson R, Fieldsend J (2005) A MOPSO algorithm based exclusively on pareto dominance concepts. *Evolutionary multi-criterion optimization*, springer, S 459–473

Atashpaz-Gargari E, Lucas C (2007) Imperialist competitive algorithm: An algorithm for optimization inspired by imperialistic competition. IEEE Congress on Evolutionary Computation 7:4661–4666

Bahdanau D, Cho K, Bengio Y (2016) Neural machine translation by jointly learning to align and translate. arXiv:1409.0473

Barett TD, Clements WR, Foerster JN, Lvovsky A (2020) Exploratory combinatorial optimization with reinforcement learning. In: Proceedings of the 34th National Conference on Artificial Intelligence, AAAI, Bd. https://doi.org/10.1609/aaaiv34i04.5723, S 3243–3250

Bello I, Pham H, Le QV, Norouzi M, Bengio S (2016) Neural combinatorial optimization with reinforcement learning. arXiv:1611.09940

Bullnheimer B, Hartl RF, Strauss C (1999) An improved Ant System algorithm for the Vehicle Routing Problem. Annals of Operation Research 89:319–328

Cappart Q, Goutierre E, Bergman D, Rousseau L-M (2019) Improving optimization bounds using machine learning: Decision diagramms meet deep reinforcement learning. In: Proceedings of the 33rd AAAI Conference on Artificial Intelligence, Bd. ISBN 9781577358091. https://doi.org/10.1609/aaai.v33i01.33011443

Clerc M (2004) Discrete particle swarm optimization, illustrated by the travelling salesman problem. *Springer,* S 219–239

Clerc M, Kennedy J The particle swarm: Explosion, stability, and convergence in a multi-dimensional complex space. *IEEE transactions on evolutionary computation,* Bd. 6(1), S. 58–73

Cho YB, Kurokawa T, Takefuji Y, Kim HS (1993) An O(1) approximate parallel algorithm for the n-Task n-Person assignment problem. Proceedings International Joint Conference on neural networks 2:1503–1506

Chou J-S, Nguyen N-M (2020) FBI inspired meta-optimization. Appl Soft Comput 93:106339

Chou JC, Truong DN (2021) A novel metaheuristic optimizer inspired by behavior of jellyfish in ocean. Appl Math Comput 389:125535

Coello Coello, C, Lechuga M (2002) Mopso: A proposal of multiple objective particle swarm optimization. *Proceedings of the IEEE congress on evolutionary computation (CEC 2002),* S 1051–1056

Dai H, Khalil E, Zhang Y, Dilkina B, Song L (2017) Learning combinatorial optimization algorithms over graphs. In: Proc Advances in Neural Inf Process Syst (NeurIPS), S 6348–6358

de Castro LN, von Zuben FJ (2002) Learning and optimization using the clonal selection principle. IEEE Transactions on evolutionary computation, Special issue on artificial immune systems 6:239–251

de Castro LN, von Zuben FJ (2001) aiNet: an artificial immune network for data analysis. In: HA Abbas, RA Sarker, CS Newton (Hrsg) Data mining: a heuristic approach, chapter XII. USA: Idea Group publishing, S 231–259

de Castro LN, Timmis J (2002) An Artificial Immune Network for multimodal function optimization. Proceedings of the IEEE Congress on Evolutionary Comptation 1:699–674

de Franca FO, Coelho GP, Castro P, Von Zuben FJ (2010) Conceptual and Practical Aspects of the aiNet Family of Algorithms. International Journal of Natural Computing Research 1:1–35

Deb K, Pratap A, Agarwal S, Meyarivan T (2002) A fast and elitist multiobjective genetic algorithm: NSGA II. IEEE Trans Evol Comput 6(2):182–197

Dehghani M, Samet H (2020) Momentum search algorithm: a new meta-heuristic optimization algorithm inspired by momentum conservation law. SN Applied Schiences 2:1720

Di Caro G, Dorigo M (1997) „AntNet: A mobile agents approach to adaptive routing, " Technical Report 97–12. IRIDIA, Université Libre Bruxelles, S 1–27

Dorigo M (1992) Optimization, learning and natural algorithms. PhD thesis, Politecnico di Milano

Dorigo M, Gambardella LM (1997) Ant Colony System: A cooperative learning approach to the travelling salesman problem. IEEE Trans Evol Comput 1(1):53–66

Dorigo M, Stützle T (2004) Ant Colony Optimization, Cambridge. MIT Press, MA

Dorigo M, Maniezzo V, Colorni A (1996) Ant System: Optimization by a colony of cooperating agents. IEEE Transactions on Systems, Man, and Cybernetics - Part B 26(1):29–41

Dueck G, Scheuer T (1990) Threshold accepting: a general purpose optimzation algorithm appearing superior to simulated annealing. J Comput Phys 90:161–175

Dueck G, Scheuer T, Wallmeier H (1993) „Toleranzschwelle und Sintflut: neue Ideen zur Optimierung," Spektrum der Wissenschaft 49–51.

Dykhoff H (1990) A topology of cutting and packing problem. Eur J Oper Res 44:145–159

Eesa AS, Brifcani AM, Orman Z (2014) A new tool for global optimization Problems - cuttlefish algorithm. International Scholarly Research Innovation 8(9):1235–1239

Foo YPS, Takefuji Y (1988) Integer linear Programming neural networks for job jop scheduling. Proceedings of the IEEE International Conference on Neural Networks 2:341–348

Forrest S, Perelson S, Allen L, Cherukuri R. 1994. Self-nonself discrimination in a computer. In: Proceedings of the 1994 IEEE symposium on research in security and privacy, S 202–212

Gandomi AH, Alavi AH (2012) Krill herd: A new bio-inspired optimization algorithm. Commun Nonlinear Sci Numer Simul 17(12):4831–4845

Ghorbani N, Babaei E (2014) Exchange market algorithm. Appl Soft Comput 19, 177–187

Glover F (1989) Tabu search: part:I. ORSA J Comput 1(2):190–206

Gu S, Yang Y (2020) A deep learning algorithm for the max-cut problem based on pointer network structure with supervised learning and reinforcement learning strategies. Mathematics 8(2):298

Hansen N, Ostermeier A (2001) Completely derandomized Self-adaption in evolution strategies. Evol Comput 9(2):159–195

Heppner F, Grenander U A stochastic nonlinear model for coordinate bird flocks. The Ubiquity of chaos: AAAS Publications, Editors: Krasner.

Hochreiter S, Schmidhuber J (1997) Long short-term memory. Neural Comput 9(8):1735–1780

Holland J (1975) „Adaption in natural and artificial systems," The University of Michigan Press.

Hopfield JJ (1982) Neural networks and physical systems with emergent collective computational abilities. Proceedings of the National Academy of Sciences of the USA 79:2554–2558

Hopfield JJ, Tank DW (1985) Neural computation of decisions in optimization problems. Biol Cybern 52:141–152

Hu H, Zhang X, Yan X, Wang L, Xu Y (2017) Solving a new 3d bin packing problem with deep reinforcement learning method. arXiv:1708.05930

Ioffe S, Szegedy C (2015) Batch normalization: accelerating deep network training by reducing internal covariate shift. In: International Conference on Machine Learning, S 448–456

Jagota A (1995) Approximating maximum clique with a Hopfield network. IEEE Trans Neural Networks 6:724–735

Karaboga D (2005) „An idea based on honey bees swarm for numerical optimization, " *Technical Report TR06*. Erciyes University, Engineering Faculty, Computer Engineering Department

Kennedy J, Eberhart R (1995) Particel swarm optimization. Proceedings of the IEEE International Joint Conference on Neural Networks, IEEE Press 8(3):1943–1948

Kennedy J, Eberhart R (1997) A discrete binary version of the particle swarm algorithm. IEEE Conference on Systems, Man, and Cypernetics 5:4104–4108

Kingma DP, Ba JL (2015) A method for stochastic optimization. *arXiv: 1412.6980*

Kirkpatrick S, Gellatt C Jr, Vecchi M (1983) Optimization by simulated annealing. Science 22:671–680

Kohonen T (1982) Self-organized formation of topologically correct feature maps. Bioloical Cybernetics 43:59–69

Kool W, van Hoof H, Welling M (2019) Attention, learn to solve routing problems! In: Proc Int Conf Learn Represent, S 1–25

Kumar S, Datta D, Singh SK (2015) Black hole algorithm and its applications. In: Computational intelligence applications in modeling and control. Springer International Publishing, S 147–170

Lalwani S, Singhal S, Kumar R, Guptaa N (2013) Comprehensive Survey: Applications of Multi-Objective Particle Swarm Optimization (Mopso) Algorithm. Transactions on Combinatorics ISSN 2(1):39–101

Lai JS, Kuo SY, Chen IY (1994) Neural networks for optimization problems in graph theory. Proceedings IEEE International Symposium on Circuits and Systems 6:269–272

Lee S, Park J (1993) Dual-mode dynamics neural network (D2NN) for knapsack packing problem. Proceedings International Joint Conference on Neural Networks 3:2425–2428

Lemos H, Prates M, Avelar P, Lamb L (2019) Graph colouring meets deep learning: Effective graph neural network models for combinatorial problems. In: IEEE 31st Inst Conf Tools Artif Intell (ICTAI), S 879–885

Li Z, Chen Q, Koltun V (2018) Combinatorial optimization with graph convolutional networks and guided tree search. In: Proc Advances in Neural Inf Process Syst (NeurIPS), S 539–548

Mohammadi-Balani A, Dehghan Nayeri M, Azar A, Taghizadeh-Yazdi M (2021) Golden eagle optimizer: a nature-inspired metaheuristic algorithm. Comput Ind Eng 152:107050

Moghaddam FF, Moghaddam RF, Cheriet M (2012) Curved space optimization: a random search based on general relativity theory. arXiv: 1208.2214:1–16

Mostaghim S, Teich J (2003) Strategies for finding local guides in multi-objective particle swarm optimization (MOPSO). *Proceedings of the IEEE swarm intelligence symposion 2003 (SIS 2003),* S 26–33

Michel R, Middendorf M (1999) „An Aco algorithm for the shortest supersequence problem, " in *New Ideas in Optimization*. UK, McGraw Hill, London, S 51–61

Mirjalili S (2016) Dragonfly Algorithm: a new meta-heuristic optimization technique for solving single-objective, discrete, and multi-objective problems. Neural Comput Appl 27:1053–1073

Mnih V, Kavukcuoglu K, Silver D, Rusu A, Veness J, Bellemare M, Graves A, Riedmiller M, Fidjeland A, Ostrovski G (2015) Human-level control through deep reinforcement learning. Nature, 518(7540):529

Montanam DJ, Davis L (1989) Training feedforward networks using genetic algorithms. In Proceedings of the 11 th international joint conference on artificial intelligence, San Mateo, Ca, S 762–67

Nazari M, Oroojlooy A, Takác M, Snyder LY (2018) Reinforcement Learning for solving the vehicle routing problem. In: Proceedings of the 32nd conference on advances in neural information processing systems, NeurIPS (S 9839–9849)

Nowak A, Villar S, Bandeira S, Bruna J (2017) A note on learning algorithms for quadratic assignment with graph neural networks. *ICML Workshop on Principled Approaches to deep learning (PADL)*

Oftadeh R, Mahjoob MJ, Shariatpanahi M (2011) A novel metaheuristic optimization algorithm inspired by group hunting of animals: hunting search. Comput Math Appl 60:2087–2098

Osaba E, Yang X, Diaz F, Lopez-Garcia P, Carballedo R (2016) An improved discrete bat algorithm for symmetric and asymmetric traveling salesman problems. Engl Appl Artif Intell 48.C:59–71

Passino KM (2002) Biomimicry of bacterial foraging for distributed optimization and control. IEEE Control Syst 22(3):52–67

Pham DT, Ghanbarzadeh A, Koc E, Otri S, Rahim S, Zaidi M (2005) The bees algorithm. Manufacturing Engineering Center, Cardiff University, Cardiff, UK, Technical Note

Prates M, Avelar PH, Lemos H, Lamb LC, Vardi MY (2019) Learning to solve np-complete problems: A graph neural network for decision TSP. Proc. AAAI Conf. on Artf. Intell. 33:4731–4738

Rashedi E, Nezamabadi-pour H, Saryazdi S (2009) GSA: A gravitational search algorithm. Inf Sci 179:2232–2248

Rechenberg I (1973) Evolutionsstrategie. Optimierung technischer Systeme nach Prinzipien der biologischen Evolution. Frommann Holzboog, Stuttgart

Ritter H, Kohonen T (1989) Self-organizing semantic maps. Biol Cybern 61:241–254

Sabba S, Chikhi S (2014) A discrete binary version of bat algorithm for multidimensional knapsack problem. International Journal of Bio-Inspired Computaion 6(2):140–152

Schiff K (2013) Ant colony optimization algorithm for the 0–1knapsack problem. Czasopismo Techniczne 2013, Automatyka Zeszyt 3-AC(11), 39–52

Schoonderwoerd R, Holland O, Bruten J, Rothkrantz L (1996) Ant-based load balancing in telecommunications networks. Adapt Behav 5(2):169–207

Schwefel H (1975) „Evolutionsstrategie und numerische Optimierung," *Dissertation TU Berlin*

Sharma A, Sharma A, Panigrahi BK, Kiran D, Kumar R (2016) Ageist spider monkey optimization. Computation 28:58–77

Shi Y, Eberhart R (1998) A modified particle swarm optimizer. *Evolutionary Computation Proceedings*, Bd. IEEE World Congress on Computational Intelligence, S 69–73

Solozabal R, Ceberio J, Takác M (2020) Constrained combinatorial optimization with reinforcement learning. arXiv:2006.11984

Stutzle T, Hoos H (2000) Max-Min Ant System. Journal of Future Generation Computer Systems 16:889–914

Sutskever I, Vinyals O, Le QV (2014) Sequence to sequence learning with neural networks. arXiv:1409.3215

Sutton RS, Barto AG (2017) Reinforcement learning: an introduction. Bradford Book

Tamura K, Yasuda K (2011) Primary study of spiral dynamics inspired optimization. IEEJ Trans Electr Electron Eng 6(S1):98–100

Tan Y, Zhu Y (2010) Fireworks algorithm for optimization. In International Conference in Swarm Intelligence, LNCS 6145. Springer Verlag, S 355–364

Vinyals O, Fortunato M, Jaitly N (2015) Pointer networks. In Advances in neural information processing systems (S 2692–2700)

Vaswani A, Shazeer N, Parmar N, Uszkoreit J, Jones L, Gomez A, Kaiser L, Polosukhin I (2017) Attention is all you need. In: Advances in Neural Information Processing Systems, S 5998–6008

Wachowiak M, Smolikova R, Zheng Y, Zurada J, Elmaghraby A (2004) An approach to multimodal biomedical image registration utilizing particle swarm optimization. IEEE Trans Evol Comput 8(3):289–301

Williams RJ (1992) Simple statistical gradient-following algorithms for connectionist reinforcement learning. Mach Learn 8:229–256

Wolpert DH, Macready WG (1997) No free lunch theorems for optimization. IEEE Trans Evol Comp 1(1):67–82

Yang X (2009) Firefly algorithms for multimodal optimization. In: Stochastic algorithms: foundation and applications. Lecture notes in computer sciences, Bd. 5792, S 169–178

Yang XS (2010) „A New Metaheuristic Bat-Inspired Algorithm. In: Nature Inspired Cooperative Strategies for Optimization (NISCO), vol. SCI 284. Berlin, Springer 2010:65–74

Yang XS (2011) Bat Algorithm for Multiobjective Optimization. Int. J. Bio-Inspired Computation 3(5):267–274

Yang XS (2012) Flower pollination algorithm for global optimization. International Conference on Unconventional Computation and Natural Computation, Lecture Notes in Computer Science 7445:240–249

Yang XS, Deb S (2009) Cuckoo search via Lévy flights. World congress on nature & biologically inspired computing. IEEE Publications, S 210–214

Zervoudakis K, Tsafarakis S (2020) A mayfly optimization algorithm. Comput Ind Eng 145:106559

Zhu Y, Dai C, Chen W (2014) Seeker optimization algorithm for several practical applications. International Journal of Computational Intelligence Systems 7(2):353–359

Stichwortverzeichnis

Printed in the United States
by Baker & Taylor Publisher Services

Printed in the United States
by Baker & Taylor Publisher Services